医学高职高专“十二五”规划教材

供临床医学类、护理类（含助产）、医学技术类、药学类等专业使用

# 生物化学基础

SHENGWU HUAXUE JICHU

第2版

主编 程 伟

郑州大学出版社

**图书在版编目(CIP)数据**

生物化学基础/程伟主编. —2版. —郑州:郑州大学出版社,2011.8(2017.1重印)

医学高职高专“十二五”规划教材

ISBN 978-7-5645-0491-5

Ⅰ.①生… Ⅱ.①程… Ⅲ.①生物化学-高等职业教育-教材 Ⅳ.①Q5

中国版本图书馆CIP数据核字(2011)第115856号

郑州大学出版社出版发行

郑州市大学路40号　　邮政编码:450052

出版人:张功员　　发行部电话:0371-66966070

全国新华书店经销

郑州市诚丰印刷有限公司印制

开本:787 mm×1 092 mm　1/16

印张:19.75

字数:471千字

版次:2011年8月第2版　　印次:2017年1月第6次印刷

书号:ISBN 978-7-5645-0491-5　　定价:33.00元

本书如有印装质量问题,请向本社调换

# 编者名单

**主　编**　程　伟

**副主编**　杨五彪　代林远　王天云

**编　委**　（以姓氏笔画为序）

王天云　新乡医学院

王慧玲　郑州铁路职业技术学院

代林远　信阳职业技术学院

杨五彪　河南科技大学

肖明贵　湖北职业技术学院

张　婷　达州职业技术学院

李湘苏　南华大学

赵亚杰　信阳职业技术学院

程　伟　信阳职业技术学院

谢　洪　南华大学

董卫华　新乡医学院

# 出版说明

近年来，我国医学教育快速发展，在深化教育改革、提高教育质量等方面进行了积极地探索和实践，取得了显著成效。医学高职高专教育是医学教育的重要组成部分，是发展我国医疗卫生事业的重要基础。深化教育教学改革，提高人才培养质量是一个时期以来医学高职高专教育工作的核心，人才培养模式改革、课程体系改革和教学内容改革是提高教育质量的关键，教材建设是教育教学改革的重要推动力，教材是教育教学改革成果的反映和固化。

我们高度重视医学高职高专教材建设和出版工作，在全国医学高职高专教育研究会和有关教指委的指导与帮助下，2002年出版了医学高职高专教育系列教材，2007年又进行了再版，全国几十所学校和数百位专家积极参与，这两版教材对医学高职高专教育教学改革和人才培养起到了积极的推动作用。2006年《教育部关于全面提高高等职业教育教学质量的若干意见》（教高[2006]16号）实施以来，各医学高职高专院校进一步明确了人才培养目标，加快了专业改革与建设步伐，加大了课程建设与改革的力度，涌现了一批新的教育教学改革成果。为更好贯彻落实《国家中长期教育改革和发展规划纲要（2010—2020年）》和《教育部卫生部关于加强医学教育工作提高医学教育质量的若干意见》（教高[2009]4号），我们分专业多次召开教育教学研讨和教材编写会议，组织学术水平高、教学经验丰富的一线教师，吸收了近年来教育教学改革成果，编写了本版教材。

教育教学改革是一个不断深化的过程，教材建设是一个不断推陈出新、反复锤炼的过程，希望本版教材的出版对医学高职高专教育教学改革和提高教育教学质量起到更大的推动作用，也希望使用教材的师生多提意见和建议，以便及时修订、不断完善。

2011年7月

# 再版前言

《生物化学基础》第一版于2007年出版至今已有5年,在使用中受到师生的好评和肯定,被评定为国家卫生部“十一五”规划教材。鉴于生物化学和分子生物学的迅速发展和我国医学高职高专教育改革和发展的需要,现对其内容进行了更新和调整。

本版教材是在上版基础上进行修订的,保留了原来基本框架与内容,主要修订的思路是:既要符合医学高职高专学生培养目标,又要适应生物化学学科的发展。根据这一原则,我们对内容和形式进行了整合和完善。

1. 删减部分内容:①物质代谢部分,对代谢化学过程的描述精简,强调其生物学与医学意义。②删去偏重理论验证、实践意义不大的实验项目。

2. 补充部分内容:①补充新知识、新概念,主要在分子生物学领域。②突出医学高职高专特点,将与医学实践密切相关的部分独立成章,包括血液生化、维生素、癌基因与抑癌基因等。

3. 修订部分内容:如糖代谢、脂肪酸代谢中的能量计算方法,按照目前最新的理论逐一修订。

4. 调整编写格式:增设了“知识链接”模块,增加了病案讨论等与临床紧密相关的内容,有利于培养学生分析问题和解决问题的能力。

本书分16章,基本内容包括生物大分子的结构和功能,物质代谢及调节,基因信息的传递及专题内容等四部分。

本书安排了最基本、最常用的理论知识,同时也考虑到学生未来持续发展所必需深化和拓展的基础知识,各院校可根据具体情况选择教学内容。本教材可供高职高专临床医学类、护理类(含助产)、医学技术类、药学类等专业使用。

在教材编写及修订中,各位编者付出了辛勤的劳动。河南科技大学杨五彪老师制作部分插图,信阳职业技术学院代林远、赵亚杰老师协助整理文稿,在此一并表示衷心的感谢。

限于我们学术水平有限,教材可能存在诸多不足之处,期盼同行专家、使用本教材的师生和读者批评、指正。

程　伟

2011年5月

# 前言

本书是国家卫生部“十一五”规划教材，供医学高专、高职教育使用。针对特定的培养目标和培养对象，编写尽量达到概念清晰、重点突出、内容丰富、联系实际，使教材符合学生发展的需要并适应社会进步和卫生事业发展的需求。

本书大致可分为四个部分。第1～3章介绍生物分子蛋白质、核酸与酶的结构和功能；第4～8章介绍物质代谢，包括糖、脂类、氨基酸、核苷酸代谢，其中第5章生物氧化主要讨论伴随物质代谢过程发生的能量代谢；第9章介绍遗传信息的传递和表达，依次描述了遗传信息的复制、转录、翻译和调控；第10～12章是与临床医学结合较紧密的专题内容。

本教材注重对学生进行科学态度和科学精神的培养，同时还渗透进了人文精神。在教材编写方式上有所突破，“绪论”作为引言，注重创设问题情境，引导学生主动探究。在正文中安排有关内容时，每章都有“学习目标”、“想一想”、“议一议”、“小结”等，这些探究活动的设计尽量融进学生生活，给予学生较大的自主性，对促进学生变被动接受式学习为主动探究式学习，培养创新精神、实践能力，全面提高学生的科学素养有重要意义。

本教材编写中，教材编审委员会始终给予支持。各位编者治学严谨、工作艰辛、力求完美。绪论、第四章、第十一章、实验五、实验六、实验七由程伟编写，第一章、实验指导总论、实验一由谢洪编写，第二章、实验二由张婷编写，第三章、第九章、实验三、实验四由肖明贵编写，第五章、实验八由廖兴碧编写，第六章、第十章由杨五彪编写，第七章、第十二章、实验九、实验十由王天云编写，第八章由王鹤桦编写。河南科技大学杨五彪老师制作部分插图，信阳职业技术学院王利平老师协助整理文稿，在此一并表示谢意。

限于本人水平、能力和经验，书中可能有不足之处，恳请广大读者批评、指正。

程　伟

2007年5月

# 目　录

# 绪　论

当你拿起这本书的时候，你一定想知道为什么开设此课程，本教材有哪些内容。绪论将帮助你初步了解生物化学这门重要的医学基础课程。

## 一、什么是生物化学——生物化学的概念

生物化学（biochemistry）是研究生物体的化学组成与化学反应的一门科学。它用化学的理论和方法，从分子水平上探讨生命现象的本质，所以生物化学是生命的化学。生物化学研究所有的生命形式，医学生学习生物化学是以人体为主要研究对象，也称人体生物化学或医学生物化学。通常将研究核酸、蛋白质等生物大分子的结构、功能及基因结构、表达与调控的内容称为分子生物学。分子生物学是生物化学的重要组成部分，也被视作生物化学的发展和延续。

## 二、学什么——生物化学的主要内容

生物化学的主要研究内容包括以下几个方面。

### （一）生物分子的结构与功能

人体由各种组织、器官构成，各组织、器官又以细胞为基本组成单位，细胞又由成千上万种化学物质组成，包括无机物、有机小分子和生物大分子。

1. 许多化学元素是生命所需要的　人体的化学元素主要有碳、氢、氧、氮、钙、磷、硫、镁、钠、钾、氯等，此外尚有占体重 0.01% 以下的微量元素，如锌、铜、碘、硒、锰等。这些元素不仅在体内有多种重要作用，还以无机化合物和各种有机化合物的形式存在于体内。

2. 有机小分子与人体物质代谢、能量代谢等密切相关　如各种有机酸、有机胺、氨基酸、核苷酸、单糖、维生素等。

3. 生物大分子是生物体结构和功能的重要基础　生物大分子是指体内特有的，由一定的基本结构单位（构件分子）按一定排列顺序和连接方式所形成的多聚体。如蛋白质、核酸、多糖和复合脂类等。生物大分子种类繁多，结构复杂，功能各异。蛋白质与核酸是体内主要的生物大分子，参与机体构成并发挥重要生理作用。生物大分子的重要特征之一是具有信息功能，也称之为生物信息分子。

学习生物体的物质组成、结构、性质及其功能，对认识生命，探讨生命的本质具有重要意义。

### （二）物质代谢及其调节

新陈代谢是生命的最基本特征。机体在生命活动中，一方面不断地从外界环境中摄

取氧气和营养物质,并将其转化成自身的组成成分,以实现生长发育和组成成分的更新,同时储存能量,这称为合成代谢(同化作用);另一方面,体内的组成成分不断地分解,转化成代谢终产物,并将其排出体外,同时释放能量供应机体利用,这称为分解代谢(异化作用)。这种机体与周围环境之间进行的物质交换和能量交换以实现自我更新的过程,称为新陈代谢。新陈代谢的过程中物质的合成和分解称为物质代谢。物质代谢与能量代谢密切相关,相互依存。

人体的物质代谢主要包括糖、脂肪、蛋白质、水和无机盐等代谢,其本质是一系列复杂的化学反应过程,它是机体实现自我更新、生长、发育、繁殖的基础,也是一切生理活动的基础。在一个细胞中,同一时间有近2000多种酶催化着不同代谢途径中的各种化学反应,并使其互不妨碍、互不干扰、各自有条不紊地以惊人的速度进行,这与神经、激素等全身性精细准确地调节作用密切相关。

生命活动是靠物质代谢来维持的。这种新的物质再生,旧的物质解体的物质代谢发生紊乱,即可导致疾病发生;物质代谢一旦停止,生命即终止。物质代谢及调控是生物化学研究和学习的重要内容。

### (三)基因信息的传递及调控

生物体的另一重要特征是具有繁殖能力和遗传特性,通过繁殖保持物种的繁衍。在繁殖中通过自我复制致使生物特性代代相传。生物体通过自我复制而完成的生物遗传特性,即细胞内储存的遗传信息传递和表达的过程。DNA是遗传的物质基础,基因即DNA分子的功能片段,个体的遗传信息以基因为基本单位储存于DNA分子中。遗传信息传递涉及遗传、变异、生长、分化等诸多生命过程,也与遗传疾病、恶性肿瘤等多种疾病的发生机制有关。

1990年10月,被誉为生命科学"阿波罗登月计划"的国际人类基因组计划正式启动。基因组指的是一个物种遗传信息的总和。人类基因组研究的目标不仅要从整体上阐明人类遗传的组成,而且要识别人类基因的结构,包括所有遗传疾病及若干有遗传背景多因素疾病的相关基因,并研究其功能及其表达调控方式。人类基因组及功能基因组研究将彻底揭开人类生长、发育、健康、长寿的秘密,极大地提高人类的生存质量。

## 三、为什么学——生物化学与医学

生物化学是医学实践和医学科学研究的重要理论基础和手段。随着生命科学研究的深入,生物化学逐渐渗透到各有关学科。生物化学是生物学各学科之间,医学各学科之间相互联系的共同语言,为推动医学各学科发展作出了重要的贡献。

### (一)生物化学与基础医学

生物化学是从有机化学及生理学发展起来的,许多生理现象运用生物化学的知识和方法来解释,两者有着密切的关系。生物化学的研究和学习建立在对人体的形态、结构和功能全面认识的基础上。因此,解剖学、组织学、生物学是学习生物化学的前提。微生物作用机制、免疫机制、病理过程、药物体内代谢过程及作用机制都需要运用生物化学的理论和技术。随着新知识不断涌现,学科间的相互渗透,逐渐出现了一批交叉学科。如分子免疫学、分子病理学、分子药物学、免疫化学、生物工程学等。生物化学在上述学科间处于重要的地位，尤其是其中的分子生物学已经成为生命科学与医学的“共同语言”。

**（二）生物化学与临床医学**

生物化学与临床医学之间密切相关、相互促进。生物化学为临床医学提供了大量现代化诊断技术，如通过测定血清酶、同工酶谱及血清化学成分，大大提高了疾病的诊断水平。生化药物和基因药物在治疗某些疾病中取得重大进展。随着生物化学的发展，又促进了许多长期危害人类健康的疾病如肿瘤、遗传性疾病、代谢异常疾病（如糖尿病）、免疫缺陷性疾病等病因、诊断、治疗的研究。生物化学是现代医学发展的重要支柱，而医学又为生物化学的发展开辟了广阔道路。

**（三）生物化学与保健**

生物化学的研究成果，从分子水平阐明了健康和维持健康的基本知识。人类的一切生命过程都是极其复杂的物质变化过程。维持健康的前提是合理膳食，从适宜的食物中摄取适量的营养物质。营养物质主要有蛋白质、脂类、糖、维生素、水和无机盐等。运用营养生化的知识，指导人们合理膳食，甚而食疗，对抵御疾病、延缓衰老、保证身体健康，有重要作用。

由此可见，学习生物化学的基础理论和基本技能，对理解人体的功能、维持机体的健康、认识疾病的本质、探讨疾病的预防、诊断及治疗是十分必要的。

## 四、怎样学——生物化学的学习方法

生物化学的学习，首先要掌握学习的最基本技巧：课前预习；上课认真听讲、做好笔记、积极思考、主动参与课堂教学活动；实验中规范操作、仔细观察、认真记录；课后复习、认真完成作业。其次，要掌握生物化学基础知识，形成基本技能，主要取决于自己愿意付出多大的努力。怎样努力，才能更好地提高学习质量和效率呢？下面提供几点建议。

1. 明确重点　学习生物化学首先应明确各章节的学习目标和学习内容。对本专题内的重点知识、疑难问题做到心中有数，在此基础上进行思考分析，把一个概念分解成若干个知识点并找出知识点之间的内在联系和相互关系。再通过点了解面，从而掌握一个概念的整体。

2. 抓住主线　生物化学内容复杂、抽象，学习时要抓住各章节的知识框架结构主线，然后把握不同层次的具体内容，再经过综合归纳，形成一套适合自己理解、记忆的知识体系。如从基本元素、基本单位、基本结构、空间结构来分层面掌握蛋白质分子组成与结构。

化学元素：碳、氢、氧、氮等。
基本单位：氨基酸（种类、结构通式、特点等）。
基本结构：多肽链（氨基酸连接方式、特点等）。
空间结构：蛋白质二、三、四级结构（概念、形态、次级键等）。
结构与功能的关系：基本结构、空间结构。

3. 找出规律　生物化学有较强的逻辑性，章节编排秩序环环相扣，学习时要循序渐进。本教材第一部分，介绍生物大分子蛋白质和酶的结构、功能等知识，为后续的学习打下基础。第二部分是物质代谢，与分子的静态结构相比，物质代谢是运动的、变化的、相互联系和相互制约的。在代谢途径中，首先要了解和熟悉糖酵解和柠檬酸循环。这也是糖、蛋白质、脂肪等物质代谢的共同途径。学习时重点放在反应特点、反应性质、反应结果、生理意义及其临床的联系。第三部分要学习遗传信息的复制、转录、翻译及其调控，主要了解 DNA 复制的一些基本规律，转录后的 RNA 加工过程和遗传信息翻译成蛋白质的过程。第四部分要学习组织器官生物化学，在分子水平上认识人体内重要组织器官的新陈代谢特点和与其功能的关系，为进一步学习其他基本医学课程和临床医学、护理学、药学各专业课程奠定坚实的基础。

总之，只要目的明确，方法正确，学习勤奋，就一定能学好生物化学。路漫漫，让我们一路同行为破译充满神秘色彩的生命现象，为预防疾病、维护健康而努力。

（程　伟）

# 第一章　蛋白质的结构和功能

## 学　习　目　标

◆说出蛋白质的元素组成特点及基本组成单位。
◆比较蛋白质的一级、二级、三级和四级结构的主要特点。
◆熟悉蛋白质的理化性质及其在临床上的应用。
◆理解蛋白质的结构与功能的关系。
◆描述血浆蛋白质的生理功能。
◆列举蛋白质的分类方法。

蛋白质(protein)是细胞组分中含量最丰富、功能最多的生物大分子,它不仅是机体组织、器官的结构组分,而且在完成各器官组织生理功能中都起着关键的作用。因此,蛋白质是生命的物质基础,担负着繁多的生理功能。

人体内约有10万多种蛋白质,各种蛋白质均有其特定的结构和功能。蛋白质功能上的多样性是由其结构的千差万别所决定的。所以只有在深入了解蛋白质结构的基础上,才能更透彻了解蛋白质的功能及其在生命活动中的作用。

## 【知识链接】

### 生命是蛋白质的天地

自然界的生命是在氨基酸产生以后才诞生、进化的。人体内的20种氨基酸以不同的比例和排列方式构成千百万种功能各异的蛋白质。在人体的血液、毛发、肌肉、皮肤、韧带和指甲等组织,蛋白质的存在无处不有。人体肌肉的发达、身材的增高、人类基因的遗传、神秘的生儿育女、精密的代谢调控、高度的识别与记忆能力等无一不与蛋白质的功能密切相关。无数事实充分证明:生命是蛋白质的天地,没有蛋白质就没有生命。

# 第一节 蛋白质的分子组成

## 一、蛋白质的元素组成

> 说一说：
> 蛋白质的元素组成有什么特点？

蛋白质元素分析证明，蛋白质主要由碳（50% ~55%）、氢（6% ~7%）、氧（19% ~24%）、氮（13% ~19%）四种基本元素组成，大部分的蛋白质还含硫（0 ~4%），有些蛋白质还含有磷、铁、铜、锌、锰、钼、钴、锗及硒等元素，个别蛋白质含有碘。蛋白质元素组成的特点是其氮的含量相对恒定，平均为16%。由于生物体内含氮化合物主要是蛋白质，因此通过样品中含氮量的测定，即可推算出其中蛋白质的含量。

100 g 样品中蛋白质含量=每克样品中的含氮克数×6.25×100

## 二、蛋白质的基本组成单位——氨基酸

蛋白质在酸、碱或蛋白酶的作用下，最终的水解产物都是氨基酸。因此氨基酸是蛋白质的基本组成单位。

**（一）氨基酸的结构特点**

自然界中存在着300多种氨基酸，但构成人体蛋白质的只有20种氨基酸。在20种氨基酸中，除甘氨酸不具有不对称碳原子和脯氨酸是亚氨基酸外，其余均为L-α-氨基酸。氨基酸分子的结构通式为：

$$H_2N-\underset{R}{\overset{COOH}{\underset{|}{\overset{|}{C}}}}-H \quad 或 \quad {}^{+}H_3N-\underset{R}{\overset{COO^-}{\underset{|}{\overset{|}{C}}}}-H$$

L-α-氨基酸

在氨基酸结构通式中，其基本结构特征为：α-碳原子为手性碳原子，连有四个基团或原子，分别为氨基（亚氨基）、羧基、侧链（R）和氢（甘氨酸除外）。不同的氨基酸其侧链（R）各异，它对形成的蛋白质的空间结构和理化性质有重大影响。

**（二）氨基酸的分类**

根据氨基酸R侧链的结构和理化性质，可将20种氨基酸分为四类（表1-1）。

> 议一议：
> 对组成蛋白质的氨基酸有几种分类方法？

1. 非极性疏水氨基酸　其特征是含有非极性的侧链，具有疏水性。但甘氨酸的侧链仅为氢原子，无疏水性。

2. 极性中性氨基酸　其R侧链带有羟基或巯基、酰氨基等极性基团，又有亲水性，但在中性水溶液中不电离。

3. 碱性氨基酸　其R侧链含有氨基、胍基和咪唑基，易于接受氢离子而具有碱性。

4. 酸性氨基酸　其R侧链都含有羧基，易解离出氢离子而具有酸性。

**表 1-1　组成蛋白质的 20 种氨基酸**

| 中文名 | 英文名 | 结构式 | 三字符号 | 一字符号 | 等电点(pI) |
|---|---|---|---|---|---|
| 1. 非极性氨基酸 | | | | | |
| 甘氨酸 | glycine | $H—CH(^+NH_3)COO^-$ | Gly | G | 5.97 |
| 丙氨酸 | alanine | $CH_3—CH(^+NH_3)COO^-$ | Ala | A | 6.00 |
| 缬氨酸 | valine | $CH_3—CH(CH_3)—CH(^+NH_3)COO^-$ | Val | V | 5.96 |
| 亮氨酸 | leucine | $CH_3—CH(CH_3)—CH_2—CH(^+NH_3)COO^-$ | Leu | L | 5.98 |
| 异亮氨酸 | isoleucine | $CH_3—CH_2—CH(CH_3)—CH(^+NH_3)COO^-$ | Ile | I | 6.02 |
| 苯丙氨酸 | phenylalanine | $C_6H_5—CH_2—CH(^+NH_3)COO^-$ | Phe | F | 5.48 |
| 脯氨酸 | proline | $CH_2—CH_2—CH_2—NH_2^+—CHCOO^-$（环状） | Pro | P | 6.30 |
| 2. 极性中性氨基酸 | | | | | |
| 色氨酸 | tryptophan | (indol-3-yl)$—CH_2—CH(^+NH_3)COO^-$ | Trp | W | 5.89 |
| 丝氨酸 | serine | $HO—CH_2—CH(^+NH_3)COO^-$ | Ser | S | 5.68 |
| 酪氨酸 | tyrosine | $HO—C_6H_4—CH_2—CH(^+NH_3)COO^-$ | Tyr | Y | 5.66 |
| 半胱氨酸 | cysteine | $HS—CH_2—CH(^+NH_3)COO^-$ | Cys | C | 5.07 |
| 蛋氨酸 | methionine | $CH_3—S—CH_2—CH_2—CH(^+NH_3)COO^-$ | Met | M | 5.74 |
| 天冬酰胺 | asparagine | $H_2N—C(=O)—CH_2—CH(^+NH_3)COO^-$ | Asn | N | 5.41 |

续表 1-1

| 中文名 | 英文名 | 结构式 | 三字符号 | 一字符号 | 等电点(pI) |
|---|---|---|---|---|---|
| 谷氨酰胺 | glutamine | $H_2N-C(=O)-CH_2-CH_2-CH(^{+}NH_3)COO^-$ | Gln | Q | 5.65 |
| 苏氨酸 | threonine | $HO-CH(CH_3)-CH(^{+}NH_3)COO^-$ | Thr | T | 5.60 |
| 3. 酸性氨基酸 | | | | | |
| 天冬氨酸 | aspartic acid | $COOH-CH_2-CH(^{+}NH_3)COO^-$ | Asp | D | 2.97 |
| 谷氨酸 | glutamic acid | $COOH-CH_2-CH_2-CH(^{+}NH_3)COO^-$ | Glu | E | 3.22 |
| 4. 碱性氨基酸 | | | | | |
| 赖氨酸 | lysine | $NH_2-(CH_2)_4-CH(^{+}NH_3)COO^-$ | Lys | K | 9.74 |
| 精氨酸 | arginine | $NH_2-C(=NH)-NH-(CH_2)_3-CH(^{+}NH_3)COO^-$ | Arg | R | 10.76 |
| 组氨酸 | histidine | $HC{=}C-CH_2-CH(^{+}NH_3)COO^-$（咪唑环：HC=C、N、NH、CH） | His | H | 7.59 |

## 三、蛋白质多肽链中氨基酸的连接方式

### (一)肽键和肽

蛋白质分子中的氨基酸通过肽键连接。一个氨基酸的 α 羧基与另一个氨基酸的 α 氨基缩合脱水形成的酰胺键(—CO—NH—)称为肽键。肽键是蛋白质分子中的主要共价键,性质比较稳定。

$$H_2N-\underset{R_1}{\overset{H}{C}}-\overset{O}{\overset{\|}{C}}-OH+H-\underset{H}{N}-\underset{R_2}{\overset{H}{C}}-COOH \xrightarrow{-H_2O} H_2N-\underset{R_1}{\overset{H}{C}}-\overset{O}{\overset{\|}{C}}-\underset{H}{N}-\underset{R_2}{\overset{H}{C}}-COOH$$

肽键

氨基酸通过肽键相连而形成的化合物称为肽。由两个氨基酸缩合成的肽称为二肽，三个氨基酸缩合成三肽，以此类推。一般含10个以下氨基酸组成肽的称寡肽，由10个以上氨基酸组成的肽称多肽，它们都简称为肽。由于多肽分子中的氨基酸彼此通过肽键连接形成长链，故称之为多肽链。在肽链中的氨基酸已不是游离的氨基酸分子，因此多肽和蛋白质分子中的氨基酸称为氨基酸残基。

想一想：
蛋白质分子中的氨基酸是如何连接的？

多肽有开链肽和环状肽。在人体内主要是开链肽。开链肽具有一个游离的氨基末端和一个游离的羧基末端，分别保留有游离的$\alpha$-氨基和$\alpha$-羧基，故又称为多肽链的N端（氨基末端）和C端（羧基末端），书写时一般将N端写在分子式的左边，并以此开始对多肽分子中的氨基酸残基依次编号，而将肽链的C端写在分子式的右边，因此多肽链具有方向性。在多肽链的分子结构中，从N端到C端由肽键与$\alpha$-碳原子形成一条骨架，称为多肽链的主链，而各氨基酸残基上的R基团则称为侧链。

**（二）生物活性肽**

生物体中有许多具有重要的生理功能的寡肽或多肽，称为生物活性肽（active peptide）。生物活性肽是体内重要的信息分子，在代谢调节、神经传导和生长发育等方面起重要作用。其中有的具有激素功能，如抗利尿素（九肽）和催产素（九肽）等；有的具有调节血压功能，如血管紧张素Ⅱ（八肽）和神经降压肽（十三肽）等；有的具有镇痛作用，如脑啡肽（五肽）和脑新肽（四肽）等。这些活性肽多是细胞间传递信息的重要信息分子，在沟通细胞之间、组织与器官之间的功能联系以及在调节机体物质代谢中发挥着重要作用。另外，其他一些小分子肽也具有重要生物学活性，如谷胱甘肽（三肽）是体内重要的还原剂和保护剂，具有解毒功能。

# 第二节　蛋白质的分子结构

蛋白质是由许多氨基酸通过肽键连接形成的生物大分子。通常将蛋白质分子结构分为一级、二级、三级和四级结构。一级结构是蛋白质的基本结构，二级、三级和四级结构统称为蛋白质的空间结构或高级结构。蛋白质的分子结构决定蛋白质的理化性质和生物学功能。

## 一、蛋白质的一级结构

多肽链中氨基酸的排列顺序称为蛋白质的一级结构。氨基酸排列顺序是由遗传信息决定的，氨基酸的排列顺序是决定蛋白质空间结构的基础，而蛋白质的空间结构则是实现其生物学功能的基础。1953年，英国生物化学家Frederick Sanger报道了牛胰岛素的一级结构，这是世界上第一个被确定一级结构的蛋白质（图1-1），它有A、B两条多肽链，A链含21个氨基酸残基，B链含30个氨基酸残基，分子中3个二硫键，A链内1个，AB链间2个。

说一说：
何为蛋白质分子的一级结构。

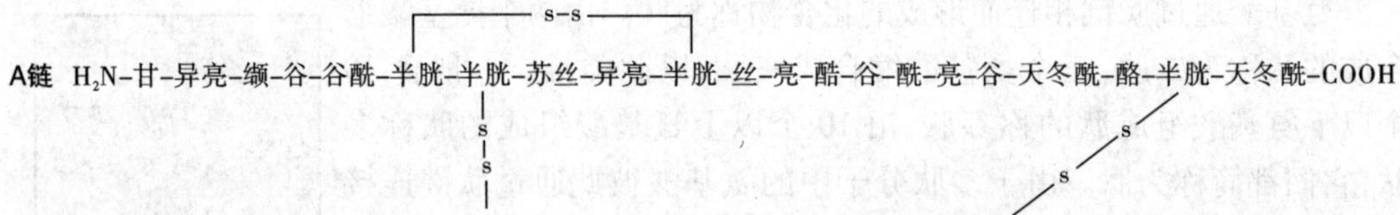


苏-脯-赖-丙-COOH

**图 1-1　牛胰岛素的一级结构**

不同的蛋白质具有不同的一级结构，因此一级结构是区别不同蛋白质最基本、最重要的标志之一。

## 二、蛋白质的空间结构

蛋白质的空间结构是指蛋白质在一级结构的基础上，进行盘曲、折叠所形成特定的空间结构。

> 议一议：
> 维持蛋白质空间构象的主要化学键有哪些？

蛋白质的空间结构主要靠氢键、盐键、疏水键、配位键和范德华力等非共价键维持固定。次级键的作用力较共价键弱，但蛋白质分子内次级键数量较多，在维持蛋白质空间结构方面仍起决定性的作用。此外，许多蛋白质分子中含有二硫键，它是由两个半胱氨酸残基侧链的巯基之间脱氢形成的共价键，对稳定蛋白质的空间结构起重要作用。二硫键一旦破坏，蛋白质的生物活性就可能丧失。二硫键数目越多，则蛋白质抗拒外界因素的能力也越强，即蛋白质的稳定性越强。常见的次级键如图 1-2 所示。

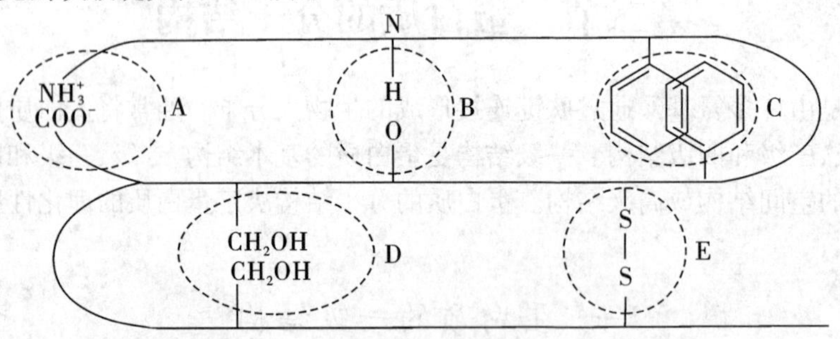


**图 1-2　蛋白质空间结构中的次级键**

A. 离子键　B. 氢键　C. 疏水键　D. 范德华力　E. 二硫键

蛋白质分子中化学键
- 主键（肽键）
- 副键
  - 二硫键
  - 次级键
    - 氢键、盐键
    - 疏水键、范德华力等

### (一)蛋白质的二级结构

蛋白质的二级结构(secondary structure)是指蛋白质多肽链主链骨架折叠卷曲形成的局部空间结构。多肽链中肽键上4个原子与相邻的2个α-碳原子位于同一平面上,此平面称为肽键平面(peptide bond plane)。肽键平面是蛋白质二级结构的基本单位。由于α-碳原子所连的两个单键可以自由旋转,相邻的肽键平面可以围绕α-碳原子旋转形成不同的排布位置,这就是产生多种二级结构的基础。肽键平面的结构如图1-3所示。

二级结构有α-螺旋、β-折叠、β-转角和无规卷曲等形式。一种蛋白质分子可出现一种或数种二级结构。

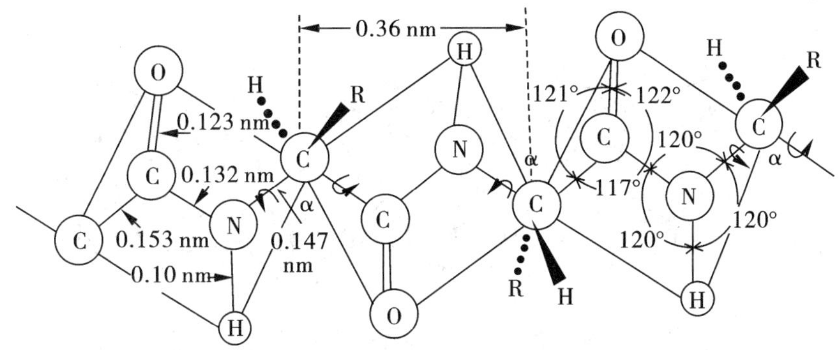


图1-3　多肽链中的肽键平面

1. α-螺旋　多肽链的主链围绕一个中心轴盘曲形成的螺旋状构象即α-螺旋(α-helix)(图1-4)。

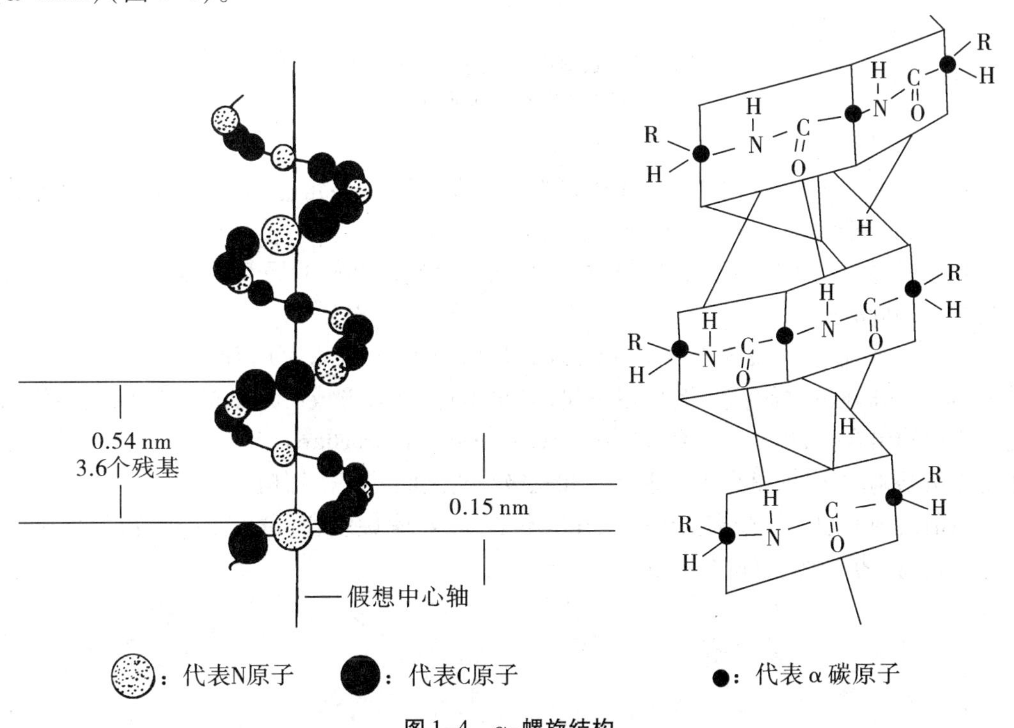


图1-4　α-螺旋结构

$\alpha$-螺旋的走向为顺时针方向,称右手螺旋,每 3.6 个氨基酸残基螺旋上升一圈,螺距为 0.54 nm,氨基酸的侧链伸向螺旋外侧。氢键是稳定 $\alpha$-螺旋的主要次级键。上下螺旋之间形成链内氢键,即第 1 个肽键的 NH 与第 4 个肽键的 CO 之间形成氢键;第 2 个肽键的 NH 与第 5 个肽键的 CO 形成氢键,第 3 个肽键的 NH 与第 6 个肽键的 CO 形成氢键,以此类推,肽键中全部 NH 都和 CO 生成氢键,使 $\alpha$-螺旋结构十分牢固。

2. $\beta$-折叠　$\beta$-折叠($\beta$-pleated sheet)与 $\alpha$-螺旋截然不同,它的多肽链主链走向呈折纸状,氨基酸侧链则交替地位于折纸状结构的上下方。一条多肽链或两条多肽链的若干个 $\beta$-折叠结构可顺向平行排列,也可逆向平行排列,链间有氢键相连,以维持$\beta$-折叠结构的稳定(图 1-5)。

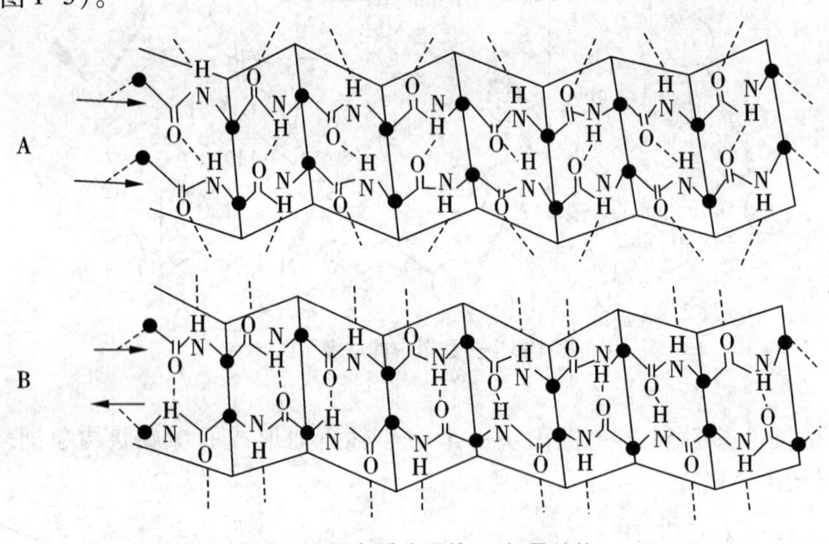


**图 1-5　蛋白质分子的 β-折叠结构**

A. 顺向平行　B. 逆向平行

3. β-转角　多肽链主链形成的 180°的回折结构即 β-转角(β-turn)。此结构通常由 4 个氨基酸残基组成,其第二个残基常为脯氨酸。

4. 无规卷曲　在蛋白质分子结构中还存在没有确定规律的局部肽链结构,称之为无规卷曲(random coil)。

研究表明,在蛋白质分子中,特别在球状蛋白分子中,经常可以看到若干个二级结构单元(即 $\alpha$-螺旋、$\beta$-折叠等)组合在一起,彼此相互作用,形成有规则的在空间上能辨认的二级结构组合体,称为超二级结构(super-secondary structure)。超二级结构可以直接作为三级结构的构件,是介于二级结构和三级结构之间的一个结构层次。

目前发现的超二级结构主要有三种基本形式:$\alpha$-螺旋组合($\alpha\alpha$)、β-折叠组合($\beta\beta\beta$)及 $\alpha$-螺旋 β-折叠组合($\beta\alpha\beta$)(图 1-6)。

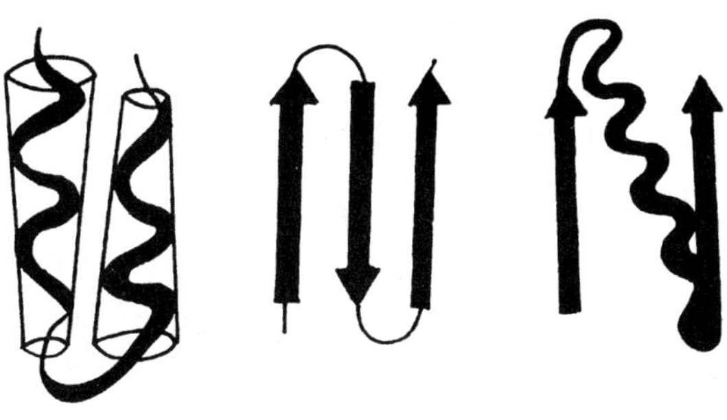


图 1-6　蛋白质分子的几种超二级结构示意图

### (二)蛋白质的三级结构

蛋白质的三级结构(tertiary structure)是指在二级结构的基础上多肽链在三维空间中进一步盘曲或折叠所形成的立体结构,包括由主链和侧链原子在空间排布所形成的全部分子结构。有些在一级结构上相距甚远的氨基酸残基,经肽链折叠卷曲在空间上可以非常接近。三级结构的形成与稳定主要依靠侧链基团之间的相互作用所形成的非共价键来维持,如氢键、盐键、疏水键和范德华力等(图 1-2)。其中的疏水键最重要。此外,由两个半胱氨酸残基的侧链脱氢缩合形成的二硫键,对稳定三级结构也具有重要意义。

具有稳定的三级结构是蛋白质分子具有生物学活性的基本特征之一。例如肌红蛋白是一条由 153 个氨基酸残基组成的多肽链,肽链有 A ~ H 8 个长短不一的螺旋区,$\alpha$-螺旋间经$\beta$-转角与无规卷曲折叠形成近似球状的三级结构(图 1-7)。其绝大部分亲水基团位于分子表面,疏水基团则位于分子内形成一个疏水的洞穴,含 $Fe^{2+}$ 的血红素就位于洞穴中起储存 $O_2$的功能。

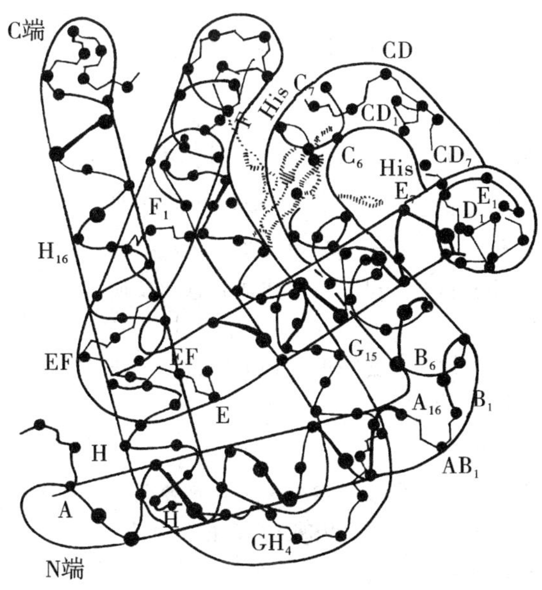


图 1-7　肌红蛋白的三级结构

### (三)蛋白质的四级结构

蛋白质的四级结构(quaternary structure)是指两个或两个以上独立三级结构的多肽链相互作用,彼此以非共价键结合形成的复杂结构。四级结构中每一个具有独立三级结构的多肽链称为一个亚基(subunit)。亚基单独存在时不具有生物活性,只有按特定的方式结合形成四级结构时,蛋白质分子才具有生物活性。四级结构的稳定靠各亚基间相互作用形成的疏水键、氢键、盐键等非共价键来维持,其中疏水键起主要作用。

血红蛋白(hemoglobin,Hb)是由两个 $\alpha$-亚基和两个 $\beta$-亚基构成的四聚体(图 1-8)。$\alpha$-亚基含有 141 个氨基酸残基,$\beta$-亚基含有 146 个氨基酸残基。有意义的是这两种亚基的三级结构与肌红蛋白的三级结构非常相似,分析这三条多肽链的一级结构,实际上只有 20 多个位置的氨基酸排列顺序是一致的,这表明多肽链氨基酸排列顺序中的不同氨基酸残基在三级结构的形成中作用是不均衡的。

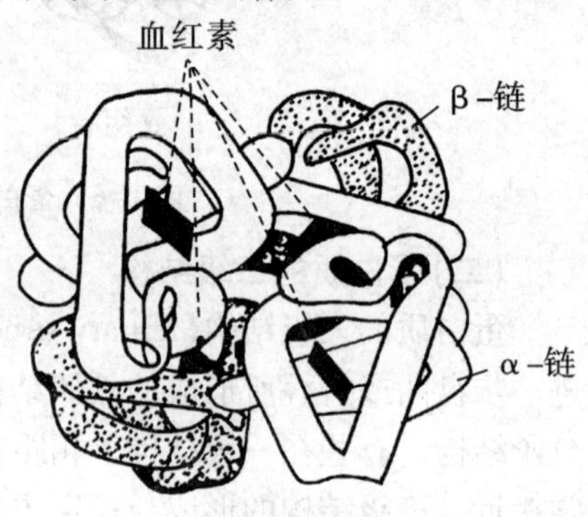

图 1-8 血红蛋白的四级结构示意

大多数蛋白质分子只有一条多肽链构成,其具有三级结构就具有生物学活性;一部分相对分子质量更大或具有调节功能的蛋白质往往有两条或两条以上多肽链构成,其具有特定四级结构时才具有生物学活性。

蛋白质分子的四级结构比较见表 1-2。

**表 1-2 蛋白质分子的一、二、三、四级结构比较**

| | 概念 | 特点 | 各级结构稳定化学键 |
|---|---|---|---|
| 一级结构 | 指蛋白质分子中多肽链的氨基酸排列顺序 | 一级结构是由基因上遗传密码的排列顺序决定的 | 主要是肽键,还有二硫键 |
| 二级结构 | 指多肽链中主链原子在各局部空间的排列分布状况,而不涉及各 R 侧链的空间排布 | 主要形式包括 $\alpha$-螺旋结构、$\beta$-折叠和 $\beta$-转角等。基本单位是肽键平面或称酰胺平面 | 稳定二级结构的主要是氢键 |
| 三级结构 | 是指上述蛋白质的 $\alpha$-螺旋、$\beta$-折叠等二级结构受侧链和各主链构象单元间的相互作用,从而进一步卷曲、折叠成具有一定规律性的三维空间结构 | 三级结构包括每一条肽链内全部二级结构的总和及所有侧链原子的空间排布和它们相互作用的关系 | 主要是疏水键 |
| 四级结构 | 是指由两条或两条以上具有独立三级结构的多肽链通过非共价键相互结合而成一定空间结构的聚合体 | 四级结构中每条具有独立三级结构的多肽链称为亚基 | 主要是疏水键 |

# 第三节　蛋白质结构和功能的关系

蛋白质是生命的重要物质基础，不同的蛋白质有着不同的生物学功能，也就是说蛋白质的结构与其特异的功能密切相关，即结构是功能的基础，而功能又是结构的体现。

## 一、蛋白质一级结构和功能的关系

蛋白质分子中关键活性部位氨基酸残基的改变，会影响其生理功能，甚至造成分子病。例如镰状红细胞贫血，就是由于血红蛋白分子中β亚基第6位正常的谷氨酸变异成了缬氨酸，从酸性氨基酸换成了中性支链氨基酸，降低了血红蛋白在红细胞中的溶解度，使它在红细胞中随血流至氧分压低的外周毛细血管时，容易凝聚并沉淀析出，从而造成红细胞破裂溶血和运氧功能的低下。另有实验证明，若切除了促肾上腺皮质激素或胰岛素A链N端的部分氨基酸，它们的生物活性也会降低或丧失，可见关键部位氨基酸残基对蛋白质和多肽功能的重要作用。

> 议一议：
> 蛋白质的结构与功能有什么关系？

所谓"分子病"，指的是蛋白质一级结构的改变，从而引起功能的异常或丧失所造成的疾病。可见蛋白质关键部位甚至仅一个氨基酸残基的异常，对蛋白质理化性质和生理功能均会有明显的影响。分子病是1949年美国科学家Pauling在研究血红蛋白时首先提出来的。目前已知血红蛋白分子异常有500多种，其中约一半在临床上可造成分子病。分子病也包括整条多肽链在合成时的缺失，如血红蛋白分子病中的地中海贫血，可缺失血红蛋白$\alpha$-亚基或$\beta$-亚基等。现在已知人类有几千种先天遗传性疾病，其中大多是由于相应蛋白质分子异常或缺失所致。

另外，在蛋白质结构和功能关系中，一些非关键部位氨基酸残基的改变或缺失，则不会影响蛋白质的生物活性。例如人、猪、牛、羊等哺乳动物胰岛素分子A链中8、9、10位和B链30位的氨基酸残基各不相同，有种族差异，但这并不影响它们都具有降低生物体血糖浓度的共同生理功能。又如在人群的不同个体之间，同一种蛋白质有时也会有氨基酸残基的不同或差异，个体之间，同一种蛋白质中有时会存在一级结构的微小差异，但这也并不影响不同个体中它们担负相同的生理功能。但差异的氨基酸，若是在氨基酸分类中从脂肪族换成芳香族氨基酸等，即蛋白质之间的免疫原性就会差异较大，由这些蛋白质组成人体组织、器官，在临床上进行移植时，就可产生排异反应。

蛋白质一级结构与功能间的关系十分复杂。不同生物中具有相似生理功能的蛋白质或同一种生物体内具有相似功能的蛋白质，其一级结构往往相似，但有些相差很大。如催化DNA复制的DNA聚合酶，细菌的和小鼠的就相差很大，具有明显的种族差异，可见生命现象十分复杂多样。

## 二、蛋白质空间结构和功能的关系

蛋白质分子空间结构与其功能有更为直接的关系。不同的蛋白质，正因为具有不同的空间结构,因此具有不同的理化性质和生理功能。如指甲和毛发中的角蛋白,分子中含有大量的 $\alpha$-螺旋,因此性质稳定坚韧又富有弹性,这是和角蛋白的保护功能分不开的;丝心蛋白分子中富含 $\beta$-片层结构,因此分子伸展,蚕丝柔软却没有多大的延伸性。事实上不同的酶,催化不同的底物起不同的反应,表现出酶的特异性,也是和不同的酶具有各自不相同且独特的空间结构密切有关。

一些具有四级结构的蛋白质,尚有重要的别构作用,又称变构作用。别构作用是指一些代谢物分子,作用于具有四级结构的蛋白质,与其活性中心外别的部位结合,引起蛋白质亚基间一些副键的改变,使蛋白质分子构象发生轻微变化,包括分子变得疏松或紧密,从而使其生物活性升高或降低的过程。具有四级结构蛋白质的别构作用,其活性得到不断调整,从而使机体适应千变万化的内、外环境,因此推断这是蛋白质进化到具有四级结构的重要生理意义之一。

血红蛋白运氧中也有别构作用:当血红蛋白分子第一个亚基与氧结合后,该亚基构象的轻微改变,可导致 4 个亚基间盐键的断裂,使亚基间的空间排布和四级结构发生轻微改变,血红蛋白分子从较紧密的 T 型转变成较松弛的 R 型构象,从而使血红蛋白其他亚基与氧的结合容易化,产生了正协同作用,呈现出与肌红蛋白不同的"S"形氧解离曲线,完成其更有效的运氧功能。氧对生命十分重要,但氧又难溶于水,生物进化到脊椎动物,产生了血红蛋白与肌红蛋白,尤其是血红蛋白具有四级结构和别构作用,使之能更有效地完成运氧功能。它就像撕一张四联邮票,当撕第一张时较费力,但撕第二、三张时就容易些了,当撕到第四张邮票时几乎可以不费力气一样,即血红蛋白变构到第四个亚基与氧的结合时就更容易了。当然,血红蛋白是由四个亚基聚合而成的蛋白质,在变构中亚基是绝对不能分开的,只是整个构象的改变。

## 第四节　蛋白质的理化性质

### 一、蛋白质的两性解离与等电点

蛋白质是由氨基酸组成的,其分子除两端有游离的氨基及羧基外,侧链上尚有一些游离的酸性、碱性基团,如天冬氨酸的 $\beta$-羧基和谷氨酸的 $\gamma$-羧基解离成负离子的酸性基团;赖氨酸的 $\varepsilon$-氨基、精氨酸的胍基和组氨酸的咪唑基解离成正离子的碱性基团,因此,蛋白质也和氨基酸一样是两性电解质。在溶液中可呈阳离子、阴离子或兼性离子,这取决于溶液的 pH 值、蛋白质游离基团的性质与数量。当蛋白质在某溶液中,带有等量的正电荷和负电荷时,此溶液的 pH 值即为该蛋白质的等电点(pI)。当 pH 小于 pI 时,蛋白质分子带正电荷;相反,蛋白质分子带负电荷。

$$\underset{\substack{\text{阳离子}\\ pH<pI}}{P\begin{matrix}NH_3^+\\COOH\end{matrix}} \underset{H^+}{\overset{OH^-}{\rightleftharpoons}} \underset{\substack{\text{兼性离子}\\ pH=pI}}{P\begin{matrix}NH_3^+\\COO^-\end{matrix}} \underset{H^+}{\overset{OH^-}{\rightleftharpoons}} \underset{\substack{\text{阴离子}\\ pH>pI}}{P\begin{matrix}NH_2\\COO^-\end{matrix}}$$

蛋白质溶液的 pH 值在等电点时，蛋白质的溶解度、黏度、渗透压、膨胀性及导电能力均最小，胶体溶液呈最不稳定状态。凡碱性氨基酸含量较多的蛋白质，等电点往往偏碱，如组蛋白和精蛋白。反之，含酸性氨基酸较多的蛋白质如酪蛋白、胃蛋白酶等，其等电点往往偏酸。人体内血浆蛋白质的等电点大多是 pH 5.0 左右。而体内血浆 pH 值正常时在7.35～7.45，故血浆中蛋白质均呈负离子形式存在。由于各种蛋白质的等电点不同，在同一 pH 值缓冲溶液中，各蛋白质所带电荷的性质和数量不同。因此，它们在同一电场中移动方向和速度均不相同。利用这一性质来进行蛋白质的分离和分析，称为蛋白质电泳分析法。血清蛋白电泳是临床检验中最常用的项目之一。如利用醋酸纤维薄膜电泳技术，可将血清蛋白质分离成五条区带：清蛋白（A）、$\alpha_1$球蛋白、$\alpha_2$球蛋白、$\beta$ 球蛋白、$\gamma$ 球蛋白。肝硬化时，清蛋白显著降低，肾病综合征时，清蛋白明显降低，而 $\alpha_2$球蛋白升高。

## 二、蛋白质的高分子性质

蛋白质是高分子化合物，相对分子质量在 1 万至 100 万 kDa 之间，甚至更高。蛋白质分子颗粒的直径一般在 1～100 nm，达到胶体颗粒的范围，因此具有胶体溶液的性质，如丁道尔现象、布朗运动、不能透过半透膜、扩散速度减慢、黏度大等特征。

蛋白质分子表面含有很多亲水基团，如氨基、羧基、羟基、巯基、酰胺基等，能与水分子形成水化层，把蛋白质分子颗粒分隔开来。此外，蛋白质在一定 pH 溶液中都带有相同电荷，因而使颗粒相互排斥。水化层的外围，还可有被带相反电荷的离子所包围形成双电层，这些因素都是防止蛋白质颗粒的互相聚沉，促使蛋白质成为稳定胶体溶液的因素（图 1–9）。

> 想一想：
> 维持蛋白质亲水胶体性质的两个稳定因素是什么？

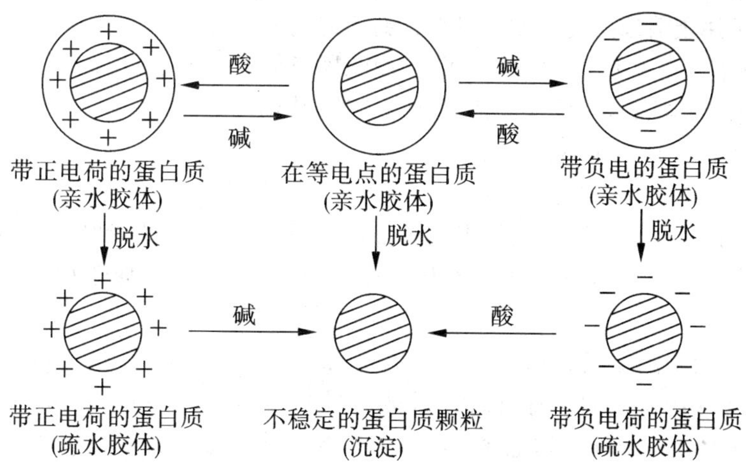


**图 1–9　蛋白质的稳定因素与沉淀**

蛋白质分子不能透过生物膜的特点，在生物学上有重要意义，它能使各种蛋白质分别存在于细胞内外不同的部位，对维持细胞内外水和电解质分布的平衡、物质代谢的调节都起着非常重要的作用。另外，利用蛋白质不能透过半透膜的特性，将含有小分子杂质的蛋白质溶液放入半透膜袋内，然后将袋浸于蒸馏水中，小分子物质由袋内移至袋外水中，蛋白质仍留在袋内，这种方法叫做透析。透析是纯化蛋白质的方法之一。

## 三、蛋白质的沉淀

蛋白质从溶液中以固体状态析出的现象称为蛋白质的沉淀。它的作用机制主要是破坏了水化膜或中和蛋白质所带的电荷。沉淀出来的蛋白质，根据实验条件，可以是变性或不变性。其主要沉淀方法如下。

### (一)盐析法

在蛋白质溶液中加入高浓度的中性盐(如硫酸铵、硫酸钠、氯化钠等)破坏蛋白质的胶体稳定性，使蛋白质从溶液中沉淀出来，称为盐析。它的机制是高浓度的盐溶液中的异性离子中和了蛋白质颗粒的表面电荷，从而破坏了蛋白质颗粒表面的水化层，失去了蛋白质胶体溶液的稳定因素，降低了溶解度，使蛋白质从水溶液中沉淀出来。盐析所得蛋白质加水稀释尚可复溶。盐析时，若把溶液 pH 值调节至该蛋白质的等电点，则沉淀效果更好。根据各种蛋白质的颗粒大小、亲水性的程度不同，在盐析时需要盐的浓度也不一致。因此，调节中性盐的浓度，可使蛋白溶液中的几种蛋白质分段析出，这种方法称分段盐析法。临床检验中常用此法来分离和纯化蛋白质。盐析法一般不引起蛋白质变性，是分离纯化蛋白质的常用方法之一。

### (二)重金属盐沉淀蛋白质

蛋白质可以与重金属离子(如汞、铅、铜、锌等)结合生成不溶性盐而沉淀。此反应的条件是溶液的 pH 值应稍大于该蛋白质的等电点，使蛋白质带较多的负电荷，易与带正电荷的重金属离子结合。

临床上常用蛋清或牛乳解救误服重金属盐的病人，目的是使重金属离子与蛋白质结合而沉淀，阻止重金属离子的吸收。然后，用洗胃或催吐的方法，将含重金属离子的蛋白质盐从胃内清除出去，也可用导泻药将毒物从肠管排出。

### (三)某些酸类沉淀蛋白质

蛋白质可与钨酸、苦味酸、鞣酸、三氯醋酸、磺柳酸等发生沉淀。反应条件是溶液的 pH 值应小于该蛋白质的等电点，使蛋白质带正电荷，与酸根负离子结合生成不溶盐而沉淀。生化检验中常用钨酸或三氯醋酸作为蛋白沉淀剂，以检查尿蛋白或制备无蛋白血滤液。

### (四)有机溶剂沉淀蛋白质

乙醇溶液、甲醇、丙酮等有机溶剂可破坏蛋白质的水化层，因此，能发生沉淀反应。如把溶液的 pH 值调节到该蛋白质的等电点时，则沉淀更加完善。在室温条件下，有机溶剂沉淀所得蛋白质往往已发生变性。若在低温(0 ~ 4℃)条件下进行沉淀，则变性作用进行缓慢，故可用有机溶剂在低温条件下分离和制备各种血浆蛋白。此法优于盐析，因不需透析去盐，而且有机溶剂很易通过蒸发去除。

> 议一议：
> 使蛋白质沉淀的方法有哪些？蛋白质的变性与沉淀有什么关系？

乙醇溶液作为消毒剂，作用机制是使细菌内的蛋白质发生变性沉淀，而起到杀菌作用。

## 四、蛋白质的变性

天然蛋白质受理化因素的作用，使蛋白质的构象发生改变，导致蛋白质的理化性质和生物学特性发生变化，但并不影响蛋白质的一级结构，这种现象叫变性作用。变性的实质是次级键（氢键、离子键、疏水作用等）的断裂，而形成一级结构的主键（共价键）并不受影响。变性后的蛋白质称变性蛋白质，其特点如下：

（1）蛋白质溶解度降低。在等电点的 pH 溶液中可发生沉淀，但仍能溶于偏酸或偏碱的溶液。

（2）生物活性丧失，如酶的催化功能消失，蛋白质的免疫性能改变等。

（3）变性蛋白质溶液的黏度往往增加。

（4）变性蛋白质容易被酶消化。

> 说一说：
> 何为蛋白质变性？哪些因素可促使蛋白质变性？

能使蛋白质变性的物理因素有加热（70～100℃）、剧烈振荡、超声波、紫外线和 X 射线的照射。化学因素有强酸、强碱、尿素、去污剂、重金属盐、生物碱试剂、有机溶剂等。如果蛋白质变性仅影响三、四级结构，其变性往往是可逆的。如被盐酸变性的血红蛋白，再用碱处理可恢复其生理功能。胃蛋白酶加热到 80～90℃时失去消化蛋白质的能力，如温度慢慢下降到 37℃时，酶的催化能力又可恢复。

天然蛋白质变性后，所得的变性蛋白质分子互相凝聚或互相穿插结合在一起的现象称为蛋白质凝固。蛋白质凝固后一般都不能再溶解。变性蛋白质不一定发生沉淀，即有些变性蛋白质在溶液中不出现沉淀，凝固的蛋白质必定发生变性，而沉淀的蛋白质不一定发生凝固。

### 【知识链接】

患者，男，48 岁，因阑尾炎住院，需行阑尾切除手术，术前准备工作摘要如下：

1. 手术室保持整洁、无菌，室内空间应用紫外线照射消毒（每次不少于 1 h）。

2. 检查阑尾切除备用手术包消毒有效期。备用手术包的准备过程：将手术专用器械及敷料备齐、刷净、包好，按要求进行高压蒸汽消毒，注明消毒日期。

3. 手术人员使用肥皂刷洗双手及上臂，用 5% 碘伏涂抹双臂、双手，穿无菌手术衣、戴无菌手套等。

4. 病人腹部手术区备皮。应用 5% 碘伏常规皮肤消毒，铺无菌手术巾。

分析思考：

（1）术前采取上述措施的目的是什么？

（2）分析说明采取这些措施的理论依据。

### 五、蛋白质的紫外线吸收特征及呈色反应

**（一）蛋白质的紫外线吸收特征**

蛋白质分子中常含酪氨酸、色氨酸等芳香族氨基酸，在 280 nm 紫外光谱处有一特征性吸收峰。在该波长处，蛋白质的吸光度与其浓度呈正比，因此，常用于蛋白质的定量测定。

**（二）蛋白质的呈色反应**

1. 双缩脲反应　双缩脲由两分子尿素加热缩合而成，双缩脲在碱性条件下与硫酸铜发生紫红色反应。蛋白质分子中含有许多和双缩脲结构相似的肽键，因此，也能发生类似反应，呈紫红色，对 540 nm 波长的光有最大吸收峰，通常用此反应来鉴定蛋白质和定量测定。

2. 福林（Folin）反应（酚试剂反应）　蛋白质分子中含有一定量的酪氨酸残基，其中的酚基在碱性条件下与酚试剂的磷钼酸及磷钨酸还原成蓝色化合物，根据颜色的深浅可作为蛋白质的定量测定，其反应的灵敏度比双缩脲反应高 100 倍。

3. 茚三酮反应　蛋白质分子游离的 $\alpha$-氨基能与茚三酮反应生成蓝紫色化合物，此化合物在 570 nm 波长处有最大吸收峰。由于此吸收峰的大小与蛋白质的含量成正比，因此可作为蛋白质定量分析方法。

## 第五节　蛋白质的分类

蛋白质的结构复杂，种类繁多，功能各异，分类的方法也有多样，通常根据其分子形状、组成成分和功能进行分类。

### 一、按蛋白质形状分类

根据蛋白质的形状不同可分为球状蛋白质和纤维蛋白质。

**（一）纤维蛋白质**

纤维蛋白质是指呈纤维状、不溶于水的一类蛋白质。此类蛋白质在生物体作为组织的结构材料。如毛发、甲壳中的角蛋白，皮肤和结缔组织中的胶原蛋白等。

**（二）球状蛋白质**

球状蛋白是指具有球状或椭圆形、一般可溶于水的一类蛋白质。此类蛋白质在生物体具有特异的生物活性，如酶、免疫球蛋白、血红蛋白和肌红蛋白等。

### 二、按蛋白质组成分类

根据蛋白质的分子组成特点，可将蛋白质分为单纯蛋白质和结合蛋白质两大类。

**（一）单纯蛋白质**

单纯蛋白质是水解后终产物仅为氨基酸的一类蛋白质，如清蛋白、球蛋白、组蛋白、硬蛋白等。

### (二)结合蛋白

结合蛋白质是水解后终产物除氨基酸外,还有非蛋白物质,此非蛋白物质称为辅基。根据辅基的不同,又可分为不同的类别,但只有两者结合在一起才具有生物活性。

表1-3　蛋白质按化学组成分类

| 类别 | 辅基 | 举例 |
|---|---|---|
| 单纯蛋白质 | | 清蛋白、球蛋白、精蛋白、组蛋白、硬蛋白、谷蛋白 |
| 结合蛋白质 | | |
| 糖蛋白 | 糖类 | 黏蛋白、血型糖蛋白、免疫球蛋白 |
| 核蛋白 | 核酸 | 病毒核蛋白、染色体核蛋白 |
| 脂蛋白 | 脂类 | 乳糜微粒、低密度脂蛋白 |
| 磷蛋白 | 磷脂 | 酪蛋白、卵黄磷蛋白 |
| 金属蛋白 | 金属离子 | 铁蛋白、铜蓝蛋白 |
| 色蛋白 | 色素 | 血红蛋白、肌红蛋白、细胞色素 |

## 三、按蛋白质功能分类

根据蛋白质在机体生命活动中所起的作用不同,可将其分为功能蛋白和结构蛋白两大类。

### (一)功能蛋白

功能蛋白是指在生命活动中发挥调节、控制作用,参与机体具体生理活动并随生命活动的变化而被激活或抑制的一类蛋白质。此类蛋白质种类较多。

### (二)结构蛋白

结构蛋白是指参与生物细胞或组织器官的构成,起支持或保护作用的一类蛋白质。

表1-4　蛋白质的功能分类

| 功能类别 | 举例 |
|---|---|
| 运输作用 | 血红蛋白、脂蛋白、清蛋白 |
| 防御作用 | 血纤维蛋白、免疫球蛋白 |
| 收缩作用 | 肌动球蛋白、肌凝球蛋白 |
| 激素作用 | 胰岛素 |
| 基因调节作用 | 阻遏蛋白、转变因子 |
| 催化作用 | 酶 |
| 调节作用 | 钙调蛋白 |
| 结构作用 | 胶原蛋白、弹性蛋白 |

# 小 结

蛋白质是生命的物质基础，它不仅在生物体内含量丰富，而且具有多种多样的生物学功能。组成蛋白质的主要元素有碳、氢、氧、氮、硫等，各种蛋白质的平均含氮量为16%左右，这是蛋白质元素组成的重要特点，也是蛋白质定量测定的依据。

蛋白质的基本组成单位是氨基酸。构成人体的氨基酸有20种，且基本上为L-α-氨基酸。氨基酸在同一分子上有碱性的氨基和酸性的羧基，故能与酸类或碱类物质结合成盐。在酸性环境中，氨基酸与酸结合而游离成阳离子；在碱性环境中，氨基酸与碱结合而游离成阴离子，所以它是一种两性电解质。改变溶液的pH值，可使氨基酸呈电中性，即带相等的正、负电荷数，此时溶液的pH值即为该氨基酸的等电点，通常以pI表示。在等电点pH环境中，氨基酸既不游离成阳离子也不游离成阴离子，而是游离成为兼性离子。α-氨基酸可与茚三酮反应生成蓝紫色化合物，此反应可用于氨基酸定量测定。芳香族氨基酸在280 nm紫外线光谱处有最大吸收，可测定溶液中的蛋白质含量。

蛋白质的分子结构非常复杂，可概括为一级、二级、三级及四级结构。一级结构即是氨基酸借肽键连接成肽链的结构，是指肽链中氨基酸的排列顺序。二级结构是指多肽链中主链原子在各局部空间的排列分布状况，而不涉及各R侧链的空间排布。构成蛋白质二级结构的基本单位是肽键平面或称酰胺平面。二级结构包括α螺旋、β-折叠、β-转角和无规卷曲，主要靠氢键维系。三级结构包括蛋白质主链和侧链在内的空间排列。四级结构是指蛋白质亚基之间的缔合。三、四级结构主要靠次级键维系。

蛋白质的结构与功能关系密切。蛋白质的一级结构决定其空间结构。空间结构相似就有相似的生物学功能。一级结构是生物学功能的基础，不同种属来源的同种蛋白质的一级结构会有某些差异，这是进化的结果；但与生理功能密切相关的氨基酸不会改变。由一级结构改变，蛋白质的功能障碍引起的疾病称为分子病。蛋白质的功能多样性与其空间结构的复杂性密切相关。

蛋白质由氨基酸构成，因此一部分性质与氨基酸相同，如有两性电离和等电点，某些呈色反应等；但蛋白质是由氨基酸借肽键构成的高分子化合物，又不同于氨基酸的性质，如胶体性质，易沉降，不易透过半透膜，变性、沉淀、凝固等。根据蛋白质的两性电离特性和在等电点易沉淀的性质，可以用电泳法、等电点沉淀法、离子交换层析法、盐析法等分离和纯化蛋白质。在某些物理或化学因素影响下，蛋白质分子可发生变性或沉淀，变性并未破坏一级结构，因此在一定条件下仍有可复性。

（谢 洪）

# 第二章　核酸结构与功能

**学　习　目　标**

◆比较两类核酸的分子组成和基本单位。
◆说出体内几种重要的游离核苷酸的组成和功能。
◆叙述 DNA 双螺旋结构特点。
◆简述 DNA、mRNA、tRNA 的结构特点。
◆解释核酸的变性、复性、Tm 值和分子杂交的概念。

1868 年，瑞士的外科医生 Friedrich Miescher 从包扎伤口的绷带上的脓细胞核中提取到一种富含磷元素的酸性化合物，此酸性物质即是现在所知的核酸（nucleic acid）。

核酸是以核苷酸为基本组成单位的生物信息大分子，天然存在的核酸可以分成脱氧核糖核酸（DNA）和核糖核酸（RNA）两大类。DNA 存在于细胞核和线粒体内，携带遗传信息，决定着细胞和个体遗传型；RNA 存在于细胞质、细胞核和线粒体内，参与遗传信息的复制与表达。

## 第一节　核酸的分子组成

想一想：
了解核酸的组成和结构有何实际意义？

### 一、核酸的元素组成

核酸由 C、H、O、N 和 P 元素组成，其中 P 元素在各种核酸中含量比较恒定，平均为 9%～10%。因此，可以通过测定生物样品中核酸的 P 元素含量，进一步推算出生物样品中核酸含量。

### 二、核酸的基本成分

核酸在核酸酶作用下水解为单核苷酸。核苷酸完全水解产物为含氮碱基、戊糖和磷酸。所以说，组成核酸的基本单位是单核苷酸，组成核酸的最基本化学成分是碱基、戊糖和磷酸（图 2-1）。

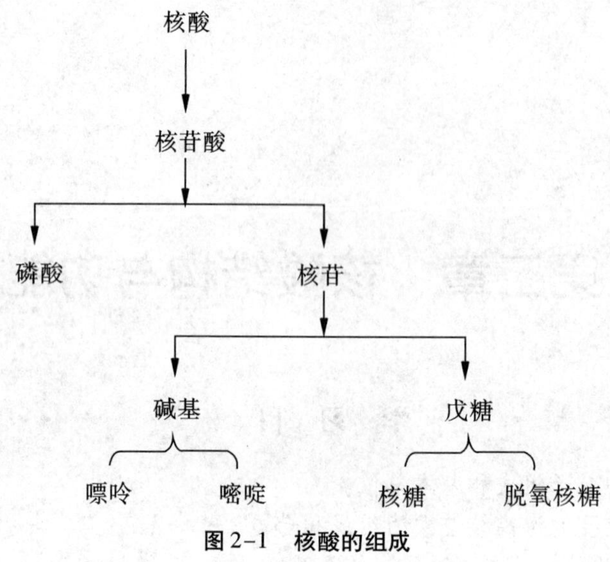


图 2-1　核酸的组成

**(一)磷酸**

核酸分子中含有磷酸,所以成酸性。

**(二)戊糖**

核酸中的戊糖有两类:D-核糖(D-ribose)和 D-2-脱氧核糖(D-2-deoxyribose)。核酸的分类就是根据所含戊糖种类不同而分为 RNA 和 DNA。戊糖中的碳原子编号加撇(如 C-1′),以区别与碱基中的碳原子编号,其结构式见图 2-2。

图 2-2　核糖的结构

**(三)碱基**

核酸中碱基是含氮杂环化合物,分两类,嘧啶碱和嘌呤碱。

1. 嘧啶碱　嘧啶碱是嘧啶衍生物,核酸中常见的嘧啶有三类:胞嘧啶(C)、尿嘧啶(U)和胸腺嘧啶(T),如图 2-3 所示。其中胞嘧啶为 DNA 和 RNA 两类核酸所共有。胸腺嘧啶只存在于 DNA 中,但是 tRNA 中也有少量存在;尿嘧啶只存在于 RNA 中。

2. 嘌呤碱　嘌呤碱是嘌呤衍生而来的,核酸中常见的嘌呤碱有两类:腺嘌呤(A)及鸟嘌呤(G)。

RNA 中的碱基有四种:腺嘌呤(A)、鸟嘌呤(G)、胞嘧啶(C)、尿嘧啶(U)。

DNA 中的碱基有四种:腺嘌呤(A)、鸟嘌呤(G)、胞嘧啶(C)、胸腺嘧啶(T)。

其结构式如下(图 2-3):

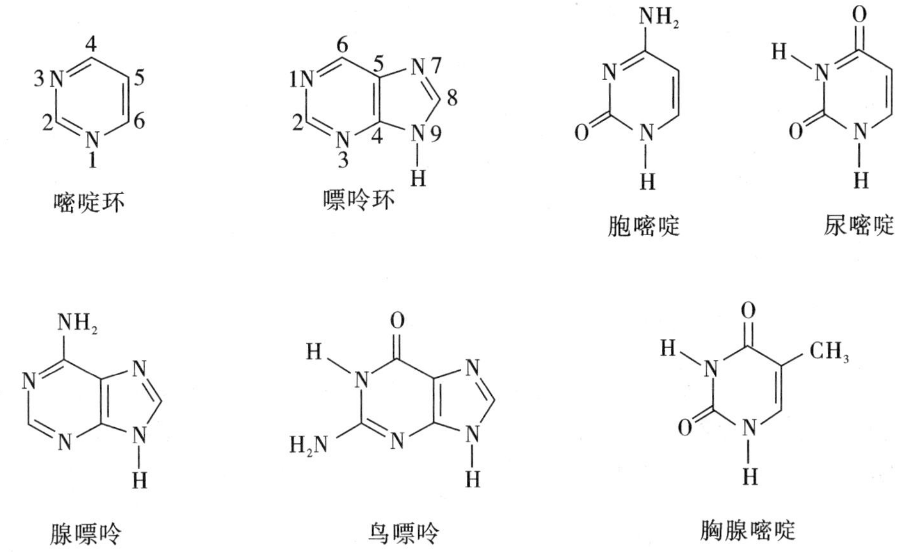


**图 2-3　参与组成核酸的主要碱基**

3. 稀有碱基　核酸中除了这 5 种基本的碱基外，还有一些含量甚少的碱基，称为稀有碱基。稀有碱基种类极多，大多数都是甲基化碱基，tRNA 中含有较多的稀有碱基可高达 10%（表 2-1）。

**表 2-1　核酸中的一些稀有碱基**

| DNA | RNA |
|---|---|
| 尿嘧啶（U） | 5,6-二氢尿嘧啶（DHU） |
| 5-羟甲基尿嘧啶（$^{hm5}$U） | 5-甲基尿嘧啶，即胸腺嘧啶（T） |
| 5-甲基胞嘧啶（$^{m5}$C） | 3-硫尿嘧啶（$^{s3}$U） |
| 5-羟甲基胞嘧啶（$^{hm5}$C） | 5-甲氧基尿嘧啶（$^{mo5}$U） |
| $N_6$-甲基腺嘌呤（$^{m6}$A） | $N_3$-乙酰基胞嘧啶（$^{ac4}$C） |
| | 2-硫胞嘧啶（$^{s2}$C） |
| | 1-甲基腺嘌呤（$^{m1}$A） |
| | $N_6$，$N_6$-二甲基腺嘌呤（$^{m6,6}$A） |
| | $N_6$-异戊烯基腺嘌呤（$^{i}$A） |
| | 1-甲基鸟嘌呤（$^{m1}$G） |
| | $N_1$，$N_2$，$N_7$-三甲基鸟嘌呤（$^{m1,2,7}$G） |

现将两类核酸的基本化学组成列于表 2-2 中。

表 2-2 DNA 和 RNA 分子组成的区别

| 组成成分 | | DNA | RNA |
|---|---|---|---|
| 碱基 | 嘌呤碱 | 腺嘌呤(A)、鸟嘌呤(G) | 腺嘌呤(A)、鸟嘌呤(G) |
| | 嘧啶碱 | 胞嘧啶(C)、胸腺嘧啶(T) | 胞嘧啶(C)、尿嘧啶(U) |
| 戊糖 | | D-2-脱氧核糖 | D-核糖 |

## 三、组成核酸的基本单位——核苷酸

1. 核苷　核苷是碱基与戊糖以糖苷键相连接所形成的化合物。戊糖的第一位碳原子($C_{1'}$)与嘧啶的第一位氮原子($N_1$)或与嘌呤碱的第九位氮原子($N_9$)相连接。

根据核苷中所含戊糖的不同,将核苷分成两大类:核糖核苷和脱氧核糖核苷,如图2-4所示。

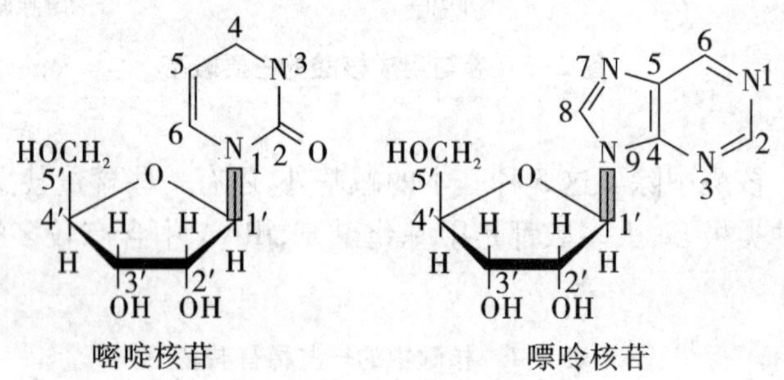


图 2-4　核苷的结构

核苷的命名是在核苷的前面加上碱基的名字,如腺嘌呤核苷(简称腺苷)、胞嘧啶脱氧核苷(简称脱氧胞苷)等。各种常见核苷命名见表 2-3。

表 2-3　各种常见核苷

| 碱基 | 核糖核苷 | 脱氧核糖核苷 |
|---|---|---|
| A | 腺嘌呤核苷(AR) | 腺嘌呤脱氧核苷(dAR) |
| G | 鸟嘌呤核苷(GR) | 鸟嘌呤脱氧核苷(dGR) |
| C | 胞嘧啶核苷(CR) | 胞嘧啶脱氧核苷(dCR) |
| U | 尿嘧啶核苷(UR) | - |
| T | - | 胸腺嘧啶脱氧核苷(dTR) |

2. 核苷酸　核苷(脱氧核苷)中戊糖的自由羟基与磷酸通过酯键相连接构成核苷酸(脱氧核苷酸)。生物体内游离存在的核苷酸多是 5′-核苷酸,即核苷酸的磷酸多是连接在核糖或脱氧核糖的 C-5′上。RNA 的基本单位是核糖核苷酸;DNA 的基本单位是脱氧核糖核苷酸。组成 DNA 和 RNA 的碱基、核苷与相应核苷酸总结于表 2-4。

表 2-4　组成核酸的碱基、核苷与相应核苷酸

| | 碱基 | 核苷 | 5′-核苷一磷酸 NMP |
|---|---|---|---|
| RNA | 腺嘌呤(A) | 腺嘌呤核苷(AR) | 腺嘌呤核苷一磷酸(AMP) |
| | 鸟嘌呤(G) | 鸟嘌呤核苷(GR) | 鸟嘌呤核苷一磷酸(GMP) |
| | 胞嘧啶(C) | 胞嘧啶核苷(CR) | 胞嘧啶核苷一磷酸(CMP) |
| | 尿嘧啶(U) | 尿嘧啶核苷(UR) | 尿嘧啶核苷一磷酸(UMP) |
| DNA | 腺嘌呤(A) | 腺嘌呤脱氧核苷(dAR) | 腺嘌呤脱氧核苷一磷酸(dAMP) |
| | 鸟嘌呤(G) | 鸟嘌呤脱氧核苷(dGR) | 鸟嘌呤脱氧核苷一磷酸(dGMP) |
| | 胞嘧啶(C) | 胞嘧啶脱氧核苷(dCR) | 胞嘧啶脱氧核苷一磷酸(dCMP) |
| | 胸腺嘧啶(T) | 胸腺嘧啶脱氧核苷(dTR) | 胸腺嘧啶脱氧核苷一磷酸(dTMP) |

现择几种核苷酸的结构式,如图 2-5 所示。

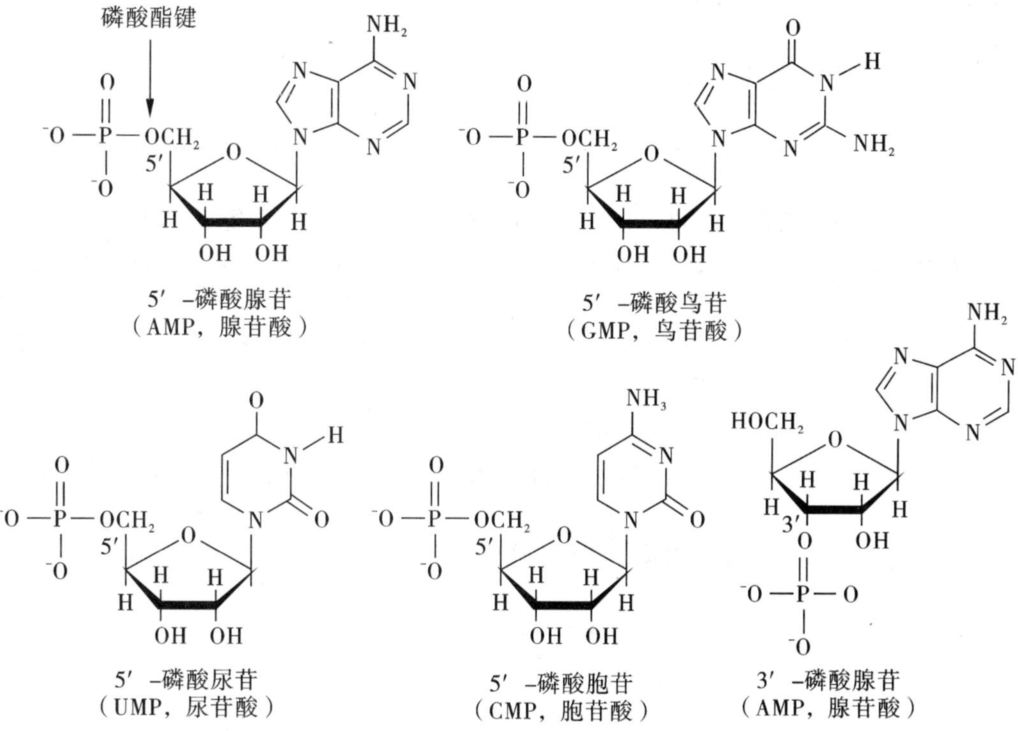


图 2-5　几种核苷酸的结构式

## 四、几种重要的游离核苷酸

体内游离存在的核苷酸,除构成核酸外,还可以参与其他物质或形成一定结构,具有许多重要生理功能。

核苷酸的5′-磷酸基可再磷酸化,含有 1 个磷酸基团的称为核苷一磷酸(NMP 或 dNMP);有 2 个磷酸基团的核苷酸称为核苷二磷酸(NDP 或 dNDP);有 3 个磷酸基团的称为核苷三磷酸(NTP 或 dNTP)。常见的多磷酸核苷见表 2-5。

表 2-5　常见的多磷酸核苷

| 碱基 | 核糖核苷酸 | | | 脱氧核糖核苷酸 | | |
|---|---|---|---|---|---|---|
| | NMP | NDP | NTP | dNMP | dNDP | dNTP |
| A | AMP | ADP | ATP | dAMP | dADP | dATP |
| G | GMP | GDP | GTP | dGMP | dGDP | dGTP |
| C | CMP | CDP | CTP | dCMP | dCDP | dCTP |
| U | UMP | UDP | UTP | – | – | – |
| T | – | – | – | dTMP | dTDP | dTTP |

核苷二磷酸和核苷三磷酸分子中含高能磷酸键,水解时可释放能量,是机体生命活动的重要能源,在代谢中 GTP,UTP,CTP 均可提供能量,可激活许多化合物生成代谢上活泼的物质。如 UDP-葡萄糖(UDPG),CDP-二酯酰甘油,S-腺苷蛋氨酸等。ATP 是体内最重要的三磷酸核苷,ATP 中高能磷酸键水解释放能量是机体生命活动可直接利用的能源。ATP 的分子结构如图 2-6 所示。

体内某些核苷酸及其衍生物是重要调节因子,如 3′,5′-环化腺苷酸(cAMP)与 3′,5′-环化鸟苷酸(cGMP)在细胞内信号转导过程中作为激素第二信使,发挥信息分子作用(图 2-7)。

体内还有一些核苷酸参与物质代谢和能量代谢,例如腺苷酸是 $NAD^+$,$NADP^+$,FAD,辅酶 A 等的组成成分。

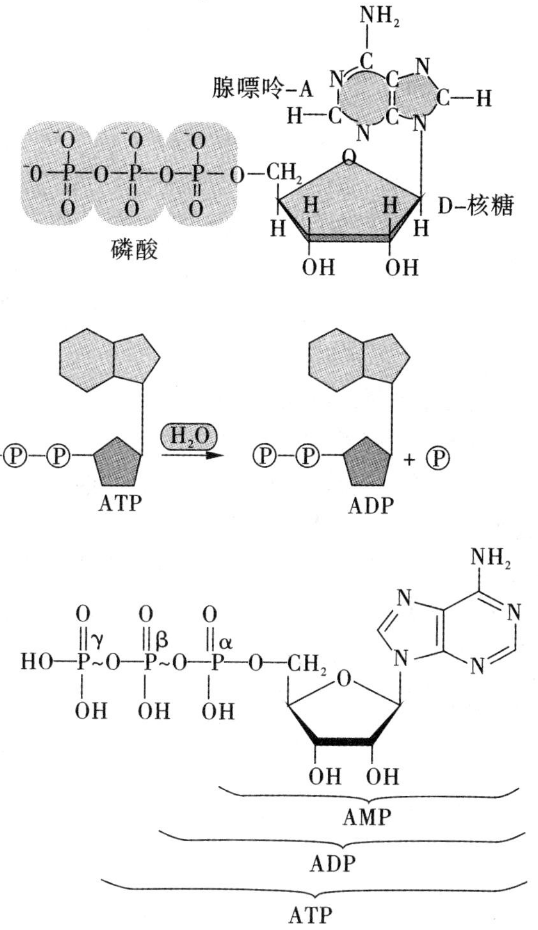

图 2-6　ATP 的分子结构

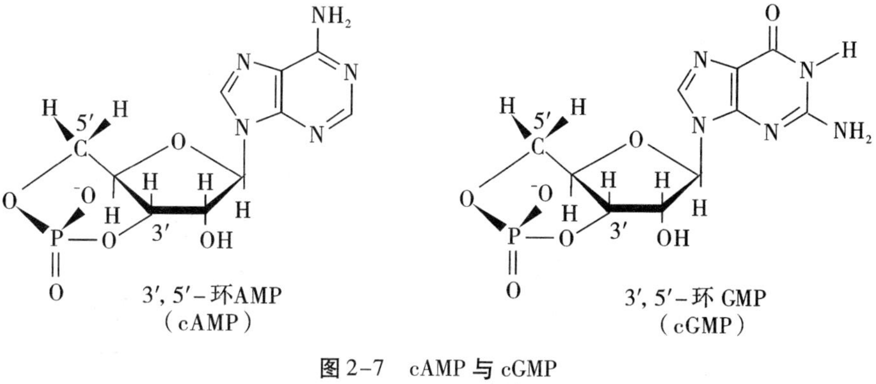

图 2-7　cAMP 与 cGMP

## 第二节　核酸的分子结构

核酸是一类生物大分子，DNA 和 RNA 在分子的空间结构上有很大区别，现分别加以介绍。

## 一、核酸的基本结构

> 议一议：
> 核酸的结构和功能有何关系？

1. 核苷酸之间的连接　构成核酸大分子的基本单位是核苷酸。核苷酸之间通过3′,5′-磷酸二酯键相连接，它是每个核苷酸戊糖上的3′-羟基与相邻核苷酸的5′-磷酸缩合而成。多个核苷酸相连成多核苷酸链，多核苷酸链有两个端点，戊糖5′位带有游离磷酸基的称为5′末端，戊糖3′位带有游离羟基的一端称为3′末端，如图2-8所示。

2. 核酸的一级结构　各核苷酸残基沿多核苷酸链排列的顺序称为核酸的一级结构。一级结构是核酸的基本结构。核苷酸的种类虽不多，但可因核苷酸的数目、比例和序列的不同构成多种结构不同的核酸。核酸一级结构以3′,5′-磷酸二酯键连接，由相间排列的戊糖和磷酸构成核酸大分子主链，侧链碱基的有序排列体现了它的生物学特性。DNA一级结构由四种脱氧核糖核苷酸（dNMP）按一定顺序连接形成；RNA一级结构由四种核糖核苷酸（NMP）按一定顺序连接形成，一级结构是形成二级结构和三级结构的基础。

核酸的一级结构常用简写式表示，读向是从左到右，表示的碱基序列是从5′到3′，即表示核苷酸链从5′末端磷酸基到3′末端羟基。如5′pApCpGpC 3′，可进一步省略为5′-ACGC-3′。

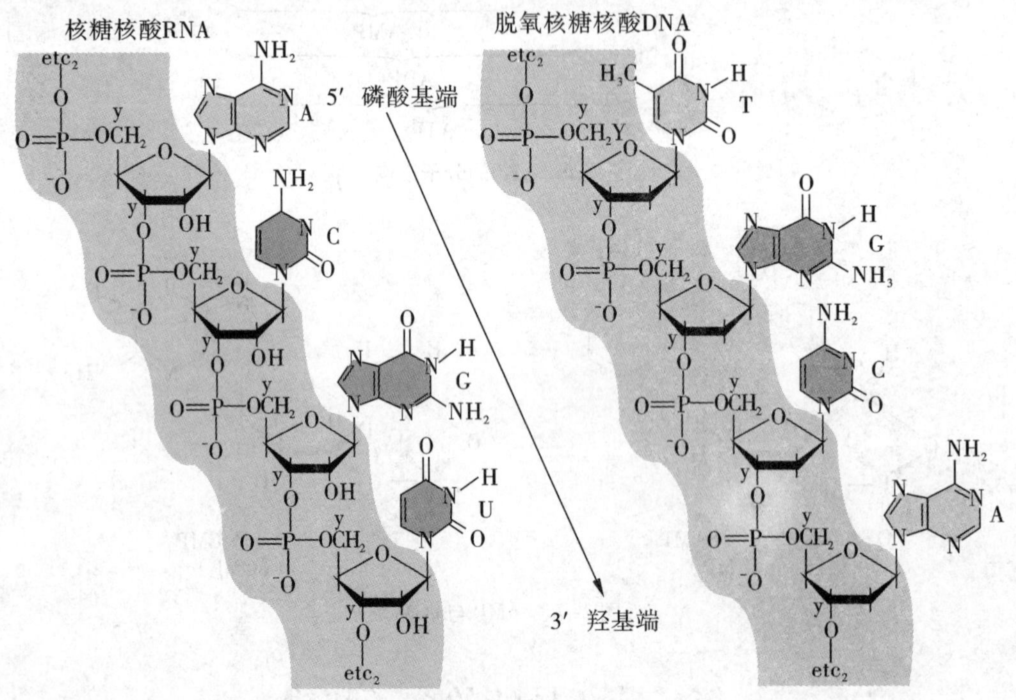


图2-8　核苷酸之间的连接的基本结构

## 二、核酸的空间结构

### (一)DNA 的空间结构与功能

1. DNA 的碱基组成特点　在 20 世纪 50 年代初,经 Chargaff 等人的分析研究表明,DNA 的碱基组成有下列一些特点:

(1)各种生物的 DNA 分子中腺嘌呤与胸腺嘧啶的摩尔数相等,即 A=T;鸟嘌呤与胞嘧啶的摩尔数相等,即 G=C。因此,嘌呤碱的总数等于嘧啶碱的总数,即 A+G=C+T。

(2)DNA 的碱基组成具有种属特异性,即不同生物种属的 DNA 具有各自特异的碱基组成,如人、牛和大肠杆菌的 DNA 碱基组成比例是不一样的。

(3)DNA 的碱基组成没有组织器官特异性,即同一生物体的各种不同器官或组织 DNA 的碱基组成相似。比如牛的肝、胰、脾、肾和胸腺等器官的 DNA 的碱基组成十分相近而无明显差别。

(4)生物体内的碱基组成一般不受年龄、生长状况、营养状况和环境等条件的影响。这就是说,每种生物的 DNA 具有各自特异的碱基组成,与生物的遗传特性有关。

2. DNA 的二级结构——双螺旋结构模型　DNA 双螺旋结构模型是 1953 年由美国的 Watson 和英国的 Crick 两位科学家共同提出。X 射线衍射数据说明 DNA 含有两条具有螺旋结构的多核苷酸链。其要点如下:

(1)DNA 分子是两条反向平行的互补双链结构,一条链是 5′→3′,另一条链是 3′→5′。两条反向平行的多核苷酸链以右手螺旋方式围绕同一中心轴盘曲而形成双螺旋结构。

(2)两条链的主链由戊糖—磷酸相间排列组成,在螺旋外侧;碱基在螺旋内侧。碱基中 A 与 T 配对形成两个氢键,C 与 G 配对形成三个氢键。成对碱基大致处于同一平面,该平面与螺旋轴基本垂直,见图 2-9。

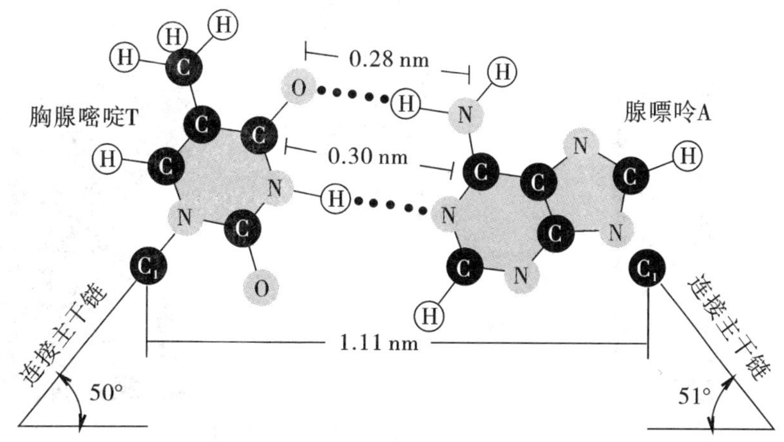


图 2-9　双螺旋结构截面图(一)

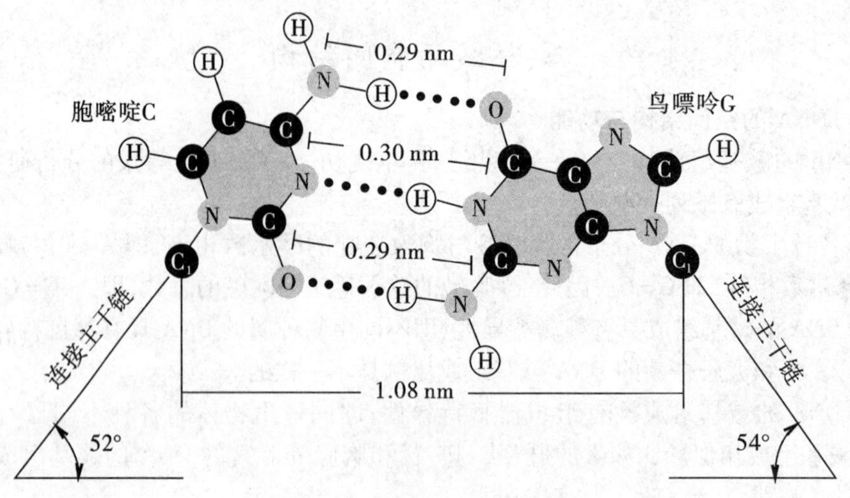


图 2-9　双螺旋结构截面图(二)

(3)DNA 双链所形成的螺旋直径为 2 nm;螺旋每旋转一周包含了 10 对碱基,每个碱基的旋转角度为 36°;螺距为 3.4 nm,每个碱基平面之间的距离为 0.34 nm。从外观上,DNA 螺旋分子表面存在一个大沟和一个小沟,目前认为这些沟状结构与蛋白质和 DNA 间的识别有关。

(4)维系 DNA 双螺旋结构稳定是氢键和疏水力,DNA 双链结构的稳定横向依靠两条链互补碱基间的氢键维系,纵向则靠碱基平面间的疏水性堆积力维持,相对来说,碱基堆积力对于双螺旋的稳定性更为重要。碱基对平面、DNA 双螺旋结构如图 2-10 所示。

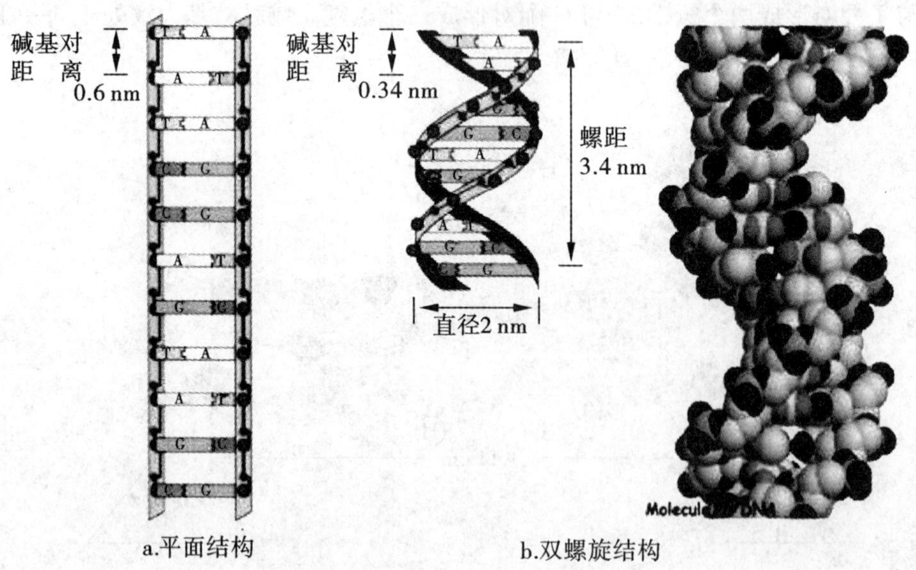


图 2-10　碱基对平面与 DNA 双螺旋结构

Watson 和 Crick 提出的 DNA 模型是在相对湿度 92% 的条件下，从生理盐水溶液中提取的 DNA 纤维的构象，称 B 型构象。天然 DNA 的结构易受溶液的离子强度和相对湿度影响，DNA 螺旋结构沟的深浅、螺距、旋转都会发生改变。当相对湿度是 72% 时为 A 型构象，两者的一些结构参数有很大差别。1979 年 Alexander Rich 等人在研究人工合成的 CGCGCG 的晶体结构时，意外发现这种合成的 DNA 是左手螺旋。后来证明这种结构天然也有存在，人们称为 Z-DNA。在生物体内，不同构象的 DNA 在功能上可能有所差别，与基因表达的调节和控制相适应。

DNA 双螺旋结构的发现是生物学发展的重要里程碑，是 20 世纪最伟大的科学成就。

## 【知识链接】

### DNA 双螺旋结构的发现

沃森

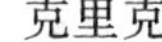

克里克

富兰克林

威尔金斯

对 DNA 双螺旋结构发现作出重大贡献的科学家有英国剑桥大学的克里克和沃森，英国皇家科学院的富兰克林（Franklin）和威尔金斯（Wilkins）。其中富兰克林的工作为 DNA 双螺旋结构模型的提出奠定了基础。富兰克林不仅首先拍摄了一张可清楚显示出双螺旋结构的晶体 X 光衍射图，还指出了克里克和沃森早期提出的 DNA 结构是一个三螺旋结构模型的错误。后来克里克和沃森看到了这张 X 射线衍射图，在 1953 年提出了 DNA 双螺旋结构模型，并通过此结构解释了遗传的分子机制和基因自发突变的可能性。克里克和沃森因最先提出 DNA 双螺旋结构获得了 1962 年的生物和医学诺贝尔奖。

DNA 双螺旋结构的发现是生物学发展重要里程碑，正因为有了 DNA 双螺旋结构的发现，才会有今天的遗传工程和众多基因工程药物，如人重组胰岛素、白细胞介素、干扰素、人重组乙型肝炎疫苗等。

3. DNA 的超级结构　生物界的 DNA 是十分巨大的高分子，DNA 的长度要求其必须形成紧密折叠扭转的方式才能够存在于很小的细胞核内，而且生物进化程度越高，其 DNA 的分子越大，所以细胞内的 DNA 在双螺旋式结构基础上，进一步折叠为超级结构。

DNA 双螺旋链再盘绕即形成超螺旋结构。盘绕方向与 DNA 双螺旋方向相同为正超螺旋；盘绕方向与 DNA 双螺旋方向相反则为负超螺旋。自然界的闭合双链 DNA 主要是以负超螺旋形式存在，如图 2-11 所示。

在原核生物中，线粒体和叶绿体中的 DNA 是共价闭合的环状双螺旋，这种环状双螺旋结构还需再螺旋化形成超螺旋。

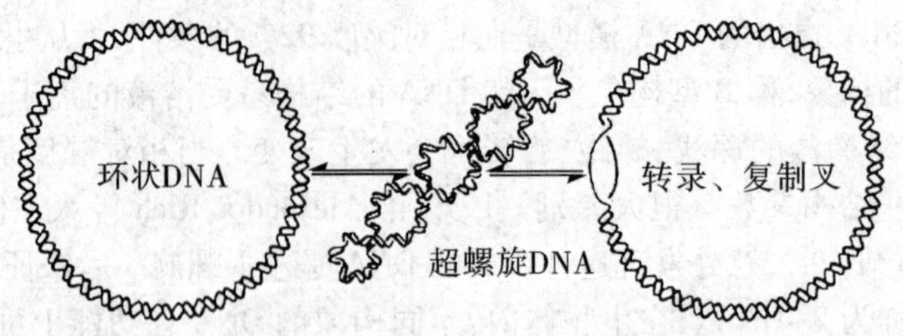


图 2-11　DNA 超螺旋结构

真核生物染色体 DNA 是线性双螺旋结构，染色质的基本组成单位被称为核小体，由 DNA 和五种组蛋白共同构成。核小体中组蛋白分别称为 $H_1$、$H_2A$、$H_2B$、$H_3$和 $H_4$。$H_2A$、$H_2B$、$H_3$和 $H_4$各两分子构成八聚体的核心组蛋白，DNA 双螺旋链缠绕在这一核心上形成核小体的核心颗粒。核小体的核心颗粒之间再由 DNA 和组蛋白 $H_1$构成的连接区连接起来形成串珠样结构，许多核小体形成的串珠样线性结构再进一步盘曲成直径为 30 nm 的纤维结构，后者再经几次卷曲，形成染色体结构。核小体，染色质及染色体如图 2-12 所示。

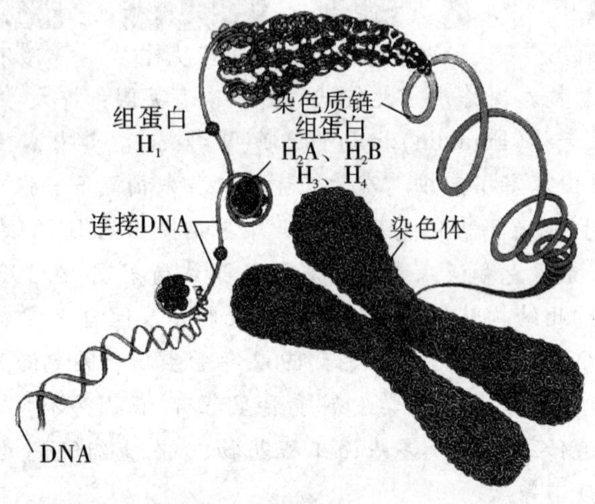


图 2-12　染色体的结构

4. DNA 的功能　DNA 的基本功能是以基因的形式荷载遗传信息，并作为基因复制和转录的模板，它是生命遗传的物质基础，也是个体生命活动的信息基础。

基因是指 DNA 分子中的特定区段，其中的核苷酸排列顺序决定了基因的功能。DNA 利用四种碱基的不同排列，可以对生物体所有遗传信息进行编码，经过复制遗传给子代，并通过转录和翻译保证维持生命活动的各种 RNA 和蛋白质在细胞内有序合成。DNA 的结构特点是具有高度的复杂性和稳定性，可以满足遗传多样性和稳定性的需要。

**（二）RNA 的结构与功能**

RNA 在生命活动中同样具有重要作用，RNA 分子比 DNA 分子小得多，RNA 通常以单链形式存在，但也有复杂的局部二级结构或三级结构，以完成一些特殊功能。RNA 可分为多种类型,除信使 RNA(mRNA)、核糖体 RNA(rRNA)、转运 RNA(tRNA)外,还有真核结构基因转录产生的 mRNA 前体分子,核内不均一 RNA(hnRNA)、核内小 RNA(snRNA)、反义 RNA(asRNA)等。不同种类的 RNA 结构和功能各不相同。

1. 信使 RNA　DNA 主要存在于细胞核内,而蛋白质的合成是在细胞质进行的。DNA 的遗传信息是通过特殊的 RNA 转移到细胞质,并在那里作为蛋白质合成的模板,决定其合成的蛋白质中氨基酸顺序。传递 DNA 遗传信息的 RNA 称为信使 RNA。

真核生物的 mRNA 结构特点是含有特殊 5′-末端的帽子和 3′-末端的多聚 A 尾结构。原核生物 mRNA 未发现类似结构。

(1)mRNA 的 3′-末端有一段含 30～200 个核苷酸残基组成的多聚腺苷酸(polyA)。此段 polyA 不是直接从 DNA 转录而来,而是转录后逐个添加上去的。有人把 polyA 称为 mRNA 的"靴"。原核生物一般无 polyA 的结构。此结构与 mRNA 由胞核转运到胞质及维持 mRNA 的结构稳定有关,它的长度决定 mRNA 的半衰期。

(2)mRNA 的 5′-末端有一个 7-甲基鸟嘌呤核苷三磷酸的"帽"式结构。此结构在蛋白质的生物合成过程中可促进核蛋白体与 mRNA 的结合,加速翻译起始速度,并增强 mRNA 的稳定性,防止 mRNA 从头水解。

mRNA 的功能是把核内 DNA 的碱基顺序按照碱基互补原则,抄录并转移到细胞质,决定蛋白质合成过程中的氨基酸排列顺序。

2. 转运 RNA　tRNA 含 70～100 个核苷酸残基,是相对分子质量最小的 RNA,占 RNA 总量的 16%,现已发现有 100 多种。tRNA 的主要生物学功能是转运活化了的氨基酸,参与蛋白质的生物合成。

各种 tRNA 的一级结构互不相同,但它们的二级结构都呈三叶草形。这种三叶草形结构的主要特征是,含有四个螺旋区、三个环和一个附加叉。四个螺旋区构成四个臂,其中含有 3′末端的螺旋区称为氨基酸臂,因为此臂的 3′-末端都是 C-C-A-OH 序列,可与氨基酸连接。三个环分别用Ⅰ、Ⅱ、Ⅲ表示。环Ⅰ含有 5,6 二氢尿嘧啶,称为二氢尿嘧啶环(DHU 环)。环Ⅱ顶端含有由三个碱基组成的反密码子,称为反密码环;反密码子可识别 mRNA 分子上的密码子,在蛋白质生物合成中起重要的翻译作用。环Ⅲ含有胸苷(T)、假尿苷(ψ)、胞苷(C),称为 TψC 环;此环可能与结合核糖体有关(图 2-13)。

tRNA 分子中稀有碱基的数量是所有核酸分子中比例最高的,这些稀有碱基的来源是转录之后经过加工修饰形成的。

tRNA 在二级结构的基础上进一步折叠成为倒"L"字母形的三级结构,一端为反密码环,另一端为氨基酸臂,DHU 环和 TψC 环在拐角处。此种结构与 tRNA 和核蛋白质及 rRNA 的相互作用相关。tRNA 的二级结构和三级结构如图 2-13 所示。

3. 核糖体 RNA　rRNA 是细胞中含量最多的 RNA,约占 RNA 总量的 82%。rRNA 单独存在时不执行其功能,它与多种蛋白质结合成核糖体,作为蛋白质生物合成的"装配机"。

rRNA 的相对分子质量较大,结构相当复杂,目前虽已测出不少 rRNA 分子的一级结构,但对其二级、三级结构及其功能的研究还需进一步的深入。原核生物的 rRNA 分三类:5S rRNA、16S rRNA 和 23S rRNA。真核生物的 rRNA 分四类:5S rRNA、5.8S rRNA、

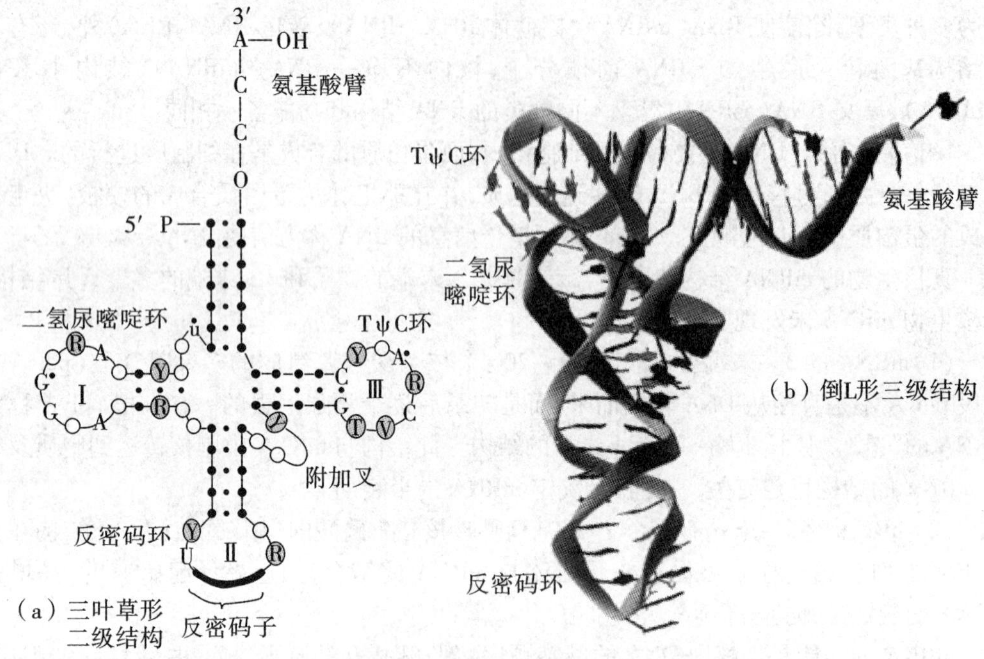


**图 2-13 tRNA 的二级结构和三级结构**

18S rRNA 和 28S rRNA。S 为大分子物质在超速离心沉降中的一个物理学单位,可间接反映相对分子质量的大小。原核生物和真核生物的核糖体均由大、小两种亚基组成。以大肠杆菌和小鼠肝为例,各亚基所含 rRNA、蛋白质的种类和数目见表 2-6。

**表 2-6 核糖体中包含的 rRNA 和蛋白质**

| 来源 | 亚基 | rRNA 种类 | 蛋白质种类数 |
|---|---|---|---|
| 原核生物(大肠杆菌) | 大亚基(50S) | 5S、23S | 31 |
| | 小亚基(30S) | 16S | 21 |
| 真核生物(小鼠肝) | 大亚基(60S) | 5S、5.8S、28S | 49 |
| | 小亚基(40S) | 18S | 33 |

### (三)核酶

1982 年 Thomas Cech 在研究四膜虫 rRNA 前体加工时发现,rRNA 前体本身具有自我催化作用,开创了 RNA 具有酶功能的先河。提出了核酶的二级结构呈锤头状,即锤头核酶。

1994 年 Breaker 发现人工合成 DNA 的某些片段具有酶的活性而称为脱氧核酶。由于 DNA 较 RNA 稳定且成本低廉,脱氧核酶的应用已成为新药开发的热门课题。

# 第三节　核酸的理化性质

## 一、一般理化性质

> 议一议：
> 利用核酸的理化性质能解决哪些实际问题？

核酸分子中有酸性基团和碱性基团，为两性电解质。DNA 是线性的大分子，具有大分子物质的一般特性。由于 DNA 分子细长，其在溶液中的黏度很高。RNA 分子比 DNA 短，在溶液中的黏度低于 DNA。

核酸分子中的碱基都含有共轭双键，故都有吸收紫外线的性质，其最大吸收峰在 260 nm 附近。这一重要的理化性质被广泛用来对核酸、核苷酸和碱基进行定性、定量分析。在同一浓度的核酸溶液中，单链 DNA 的吸光度较双链 DNA 大。

## 二、DNA 的变性和复性

### （一）DNA 的变性

在某些理化因素（温度、pH、离子强度等）作用下，DNA 双链的互补碱基之间的氢键断裂，使 DNA 双螺旋结构松散，成为单链的现象即为 DNA 变性。DNA 双螺旋结构的稳定性主要靠碱基平面间的疏水堆积力和互补碱基之间的氢键来维持。DNA 变性只改变其二级结构，不改变它的核苷酸排列。

在实验室内最常用的使 DNA 分子变性的方法之一是加热。加热时，DNA 双链发生解离，在 260 nm 处的紫外线吸收值增高，此种现象称为增色效应。DNA 的热变性是爆发性的，只在很狭窄的温度范围内进行。

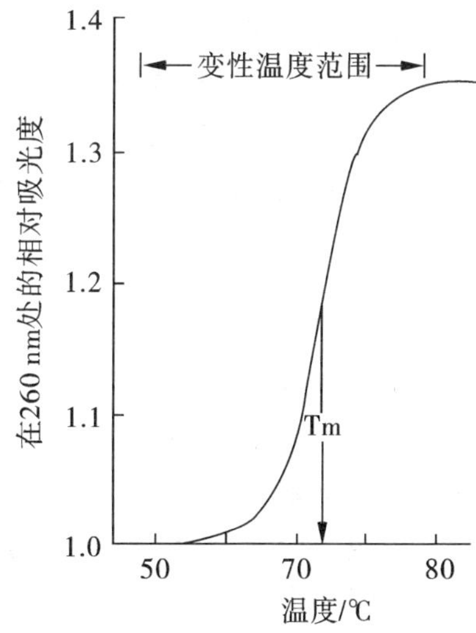

图 2-14　DNA 的解链曲线

如果在连续加热 DNA 的过程中以温度对紫外光吸收值作图，所得的曲线称为解链曲线，DNA 的变性从开始解链到完全解链，是在一个相当狭窄的温度内完成的，在这一范围内，紫外光吸收值达到最大值的 50% 时的温度称为 DNA 的解链温度，由于这一现象和结晶的熔解过程类似，又称熔解温度（Tm）。在 Tm 时，核酸分子内 50% 的双链结构被解开。DNA 的 Tm 值一般在 70～85℃之间，如图 2-14 所示。

DNA 的 Tm 值大小与 DNA 分子中 G、C 的含量有关，因为 G ≡ C 之间有三个氢键，而 A ═T 之间只有两个氢键，所以 G、C 越多的 DNA，其分子结构越稳定，Tm 值较高，这是因为 G 与 C 比 A 与 T 之间多一个氢键，解开 G 与 C 之间的氢键要消耗更多的能量。

### （二）DNA 的复性

变性 DNA 在适宜条件下，两条彼此分开的链经碱基互补可重新形成双螺旋结构，这一过程称为复性。热变性的 DNA 经缓慢冷却即可复性，这一过程也称为退火。最适宜的复性温度比 Tm 约低 25℃,这个温度叫做退火温度。

DNA 的复性速度受温度影响,只有温度缓慢下降才可使其重新配对复性。如加热后,将其迅速冷却至 40℃以下,则几乎不能发生复性。这一特性被用来保持 DNA 的变性状态。一般认为比 Tm 低 25℃的温度是 DNA 复性的最佳条件。

## 【知识链接】

**DNA 指纹技术**

每个人身上都拥有一套独一无二的遗传密码,这些密码记录着人体成长的所有信息,除了极少数外,几乎人身上的每一个细胞都含有这套完整的遗传密码。这些密码存在于细胞里的细胞核内,其中 23 对染色体就是用来储存这些密码的,而这些密码就是由 DNA 分子所组成。生物个体间的差异本质上就是 DNA 分子序列的差异,人类不同个体(同卵双生除外)的 DNA 各不相同。将人基因组 DNA 经酶切、电泳、分子杂交及放射自显影等处理,可获得检测的杂交图谱,其杂交带数目和分子大小具有个体差异性,这如同一个人的指纹图形一样各不相同。因此,把这种杂交带图谱称为 DNA 指纹。DNA 指纹技术已被广泛应用于法医学如物证检测、亲子鉴定、疾病诊断和肿瘤研究等领域。

## 三、分子杂交

DNA 变性后可以复性,在此过程中,如果使不同 DNA 单链分子或 RNA 分子放在同一溶液中,只要两种单链分子之间存在互补碱基,可以进行配对,在合适的条件下(温度及离子强度),可以形成杂化双链。杂化双链可以在 DNA 与 DNA 之间,也可以在 DNA 与 RNA 之间,或者在 RNA 与 RNA 分子之间形成,这就是核酸分子杂交。现代检测手段最新发展出来的基因芯片等最基本的原理就是核酸分子杂交。

## 小　结

核酸是生物大分子物质,包括 DNA 和 RNA 两大类。DNA 主要分布于细胞核内,是遗传的物质基础;RNA 主要分布于细胞质中,参与基因的表达和蛋白质的生物合成。组成核酸的主要元素中磷的含量相对稳定,因此可以用核酸样品中磷的含量代表核酸的含量。构成 DNA 的基本单位是脱氧核糖核苷酸,常用 dNMP 表示,其中 N 代表 A、G、C、T。RNA 则由核糖核苷酸构成,常用 NMP 表示,其中 N 代表 A、G、C、U。

许多核苷酸按一定排列顺序,通过磷酸二酯键连接成的多核苷酸链为核酸的一级结构。DNA 的二级结构为双螺旋结构,由两条反向平行的互补脱氧多核苷酸链围绕分子长轴盘曲成螺旋结构,脱氧核糖基和磷酸基位于双螺旋的外侧,碱基位于双螺旋的内侧,两条链之间的碱基有固定的配对关系,即 A 和 T 配对,G 和 C 配对,这种特征为 DNA 复制提供了结构基础。原核生物 DNA 的三级结构绝大多数是闭链环状的双螺旋分子,进一步螺旋化为麻花状结构,称为超螺旋结构,真核生物 DNA 的三级结构是在双螺旋基础上盘绕在组蛋白分子上形成的核小体结构,它是染色体的基本单位,可进一步多层次盘曲折叠,压缩为染色体。tRNA 的二级结构为三叶草形结构,三叶草形结构进一步折叠成倒 L 形结构,即为 tRNA 的三级结构。

变性和复性是 DNA 的最重要的理化特性之一。变性主要是指 DNA 分子的双链解开,变成不规则单链的现象。在 DNA 解链过程中 $OD_{260}$ 增加并与解链程度正相关(增色效应)。50% DNA 解链时的温度称为解链温度(Tm 值)。复性是指变性 DNA 的两条单链之间碱基互补,重新恢复天然双链的现象。热变性的 DNA 经缓慢降温冷却后即可复性,此过程称为“退火”。复性的最佳温度比 Tm 值约低 25℃。

DNA 是基因的载体,基因是 DNA 分子中的功能片段,是生物遗传信息的携带者,是生物遗传的结构和功能单位。为了深入了解人类基因的结构和功能的相互关系,基因和基因的相互关系,也为了寻找人类疾病的相互基因,人们首先从研究 DNA 的一级结构着手,这就是人类基因组计划。人类基因组是人类所有基因的集合。人类基因组计划是生命科学史上最伟大的工程。

(张　婷)

# 第三章　维生素

**学　习　目　标**

◆说出维生素的概念及特征。
◆了解维生素的命名、分类,熟悉维生素缺乏的常见原因。
◆熟悉脂溶性维生素的生化功能及缺乏病。
◆说出B族维生素与辅酶的关系及主要生化功能。
◆说出维生素C的生化功能及缺乏病。

维生素(Vitamin)也称维他命,是由波兰科学家冯克命名的,冯克称它为维持生命的营养素。人体中如果缺少维生素,就会患多种疾病。因为维生素常与酶一起参与人体的新陈代谢与调节。

## 第一节　维生素的概述

### 一、维生素的概念和特征

维生素是维持人体正常生理功能所必需的一类低分子有机化合物。一般具有以下特征:①维生素是天然食物中的成分,人体内不能合成或合成量不能满足机体需求,必须由食物提供;②维生素不是构成组织细胞结构的原料,在体内它常与酶一起参与物质代谢调节和维持机体的生理功能;③人体对维生素的需要量很少,每日需要量仅以毫克或微克计算;④机体缺乏某种维生素时,会导致相应的维生素缺乏病。

**【知识链接】**

**维生素的故事**

维生素的发现有一个漫长的历程,为此人类付出了巨大的代价。1519年,葡萄牙航海家麦哲伦率领远洋船队从南美洲东岸向太平洋进发。三个月后,有些船员牙龈出血、流鼻血,有的船员浑身无力,待船到达目的地时,由原来的200多人,活下来的只有35人,人们对此找不出原因。

1734年,在开往格陵兰的海船上,有一个船员得了严重的坏血病,当时这种病无法医治,其他船员只好把他抛弃在一个荒岛上。待他苏醒过来,用野草充饥,几天后他的坏血病竟不治而愈了。诸如此类的坏血病,曾夺去了几十万英国水手的生命。1747 年英国海军军医林德总结了前人的经验,建议海军和远征船队的船员在远航时要多吃些柠檬,他的建议被采纳,从此未再发生过坏血病。但那时还不知柠檬中的什么物质对坏血病有抵抗作用。

1912 年,波兰科学家冯克,经过千百次的试验,终于从米糠中提取出一种能够治疗脚气病的白色物质。这种物质被冯克称为维持生命的营养素,简称 Vitamin(维他命),也称维生素。随着时间的推移,越来越多的维生素种类被人们认识和发现,维生素成了一个大家族。人们把它们排列起来以便于记忆,维生素按 A、B、C 一直排列到 L、P、U 等几十种。

现代科学进一步肯定了维生素对人体的抗衰老、防止心脏病、抗癌方面的功能。

## 二、维生素的命名

维生素的名称一般是按发现的先后,在“维生素”之后加上 A、B、C、D 等字母来命名;也可以根据维生素的分子结构特点及化学性质给予化学名称,如硫胺素、视黄醇、核黄素等;也有按临床作用给予命名的,如抗坏血酸维生素、抗癞皮病维生素、抗干眼病维生素等。所以,通常同一种维生素有不同的名字。生物化学中使用较多的是化学名称,如尼克酰胺、吡哆醛等。有些在最初发现时认为是一种维生素,后经证明是多种维生素混合存在,命名时便在字母下方标注 1、2、3 等数字加以区别,如维生素 $A_1$、维生素 $A_2$等。

## 三、维生素的分类

维生素根据溶解性质可分为脂溶性维生素和水溶性维生素两大类,脂溶性维生素主要包括维生素 A、维生素 D、维生素 E、维生素 K、硫辛酸等,水溶性维生素包括 B 族维生素和维生素 C 两大家族类。B 族维生素又包括维生素 $B_1$、维生素 $B_2$、维生素 $B_6$、维生素 $B_{12}$、维生素 PP、泛酸、叶酸、生物素等。

## 四、维生素的缺乏与中毒

水溶性维生素易随尿排出体外,在人体内只有少量储存。因此,每天必须通过膳食提供足够的数量以满足机体的需求。当膳食供给不足时,易导致人体出现相应的缺乏症;当摄入过多时,多以原形从尿中排出体外,不易引起机体中毒。

脂溶性维生素在人体内大部分储存于肝及脂肪组织,可通过胆汁代谢并排出体外。但如果大剂量摄人,有可能干扰其他营养素的代谢并导致体内积存过多而引起中毒。

引起维生素缺乏病的常见原因有:

### (一)维生素摄入量不足

膳食构成或膳食调配不合理、严重的偏食、食物的烹调方法和储存不当均可造成机体某些维生素的摄入不足。如做饭时淘米过度、煮稀饭时加碱、米面加工过细等都可造成维生素 $B_1$缺乏;新鲜蔬菜、水果储存过久或炒菜时先切后洗,可造成维生素 C 的丢失和破坏。

**(二)机体的吸收利用率降低**

某些原因造成的消化系统吸收功能障碍,如长期腹泻、消化道或胆道梗阻、胃酸分泌减少等均可造成维生素的吸收、利用减少。胆汁分泌受限可影响脂类的消化吸收,使脂溶性维生素的吸收大大降低。

**(三)维生素的需要量相对增加**

不同的人群或人体不同的生理时期,机体对维生素的需要量会有所不同。如孕妇、哺乳期妇女、生长发育期的儿童、重体力劳动者、慢性消耗性疾病等均可使机体对维生素的需要量相对增加,若不及时补充就会发生维生素缺乏病。

**(四)食物以外的维生素供给不足**

长期服用抗生素可抑制肠道正常菌群的生长,从而影响某些维生素如维生素K、维生素$B_6$、叶酸、维生素PP、生物素、泛酸、$B_{12}$等的产生。日光照射不足,可使皮肤内维生素$D_3$的产生不足,易造成小儿佝偻病或成人软骨病。

# 第二节　脂溶性维生素

脂溶性维生素在食物中与脂类共同存在,并随脂类一同吸收,吸收后的脂溶性维生素在血液中与脂蛋白及某些特殊的结合蛋白特异地结合而运输,多储存于肝脏。

## 一、维生素A

**(一)化学本质、性质及来源**

维生素A的化学本质是含有$\beta$白芷酮环的多聚异戊二烯的不饱和一元醇(图3-1),包括维生素$A_1$和维生素$A_2$。维生素A极易氧化,遇热和光更易氧化。维生素$A_1$又称视黄醇(retinol),主要存在于哺乳动物和海鱼肝脏,维生素$A_2$又称3-脱氢视黄醇,主要存在于淡水鱼、肉类、蛋黄、乳制品中。

植物性食物中不含维生素A,但绿色、黄色蔬菜等植物性食物中含多种胡萝卜素。其中$\beta$胡萝卜素能在小肠黏膜处由$\beta$胡萝卜素加双氧酶的催化转化为2分子的视黄醇,故$\beta$胡萝卜素又称维生素A原。

> 想一想:
> 什么是夜盲症?为什么会出现夜盲症?

**(二)生化功能及缺乏症**

1. 构成视觉细胞内的感光物质　在人类视杆细胞中有感受弱光或暗光的视紫红质,它是由维生素$A_1$转变成的11-顺视黄醛与视蛋白在暗处合成的。

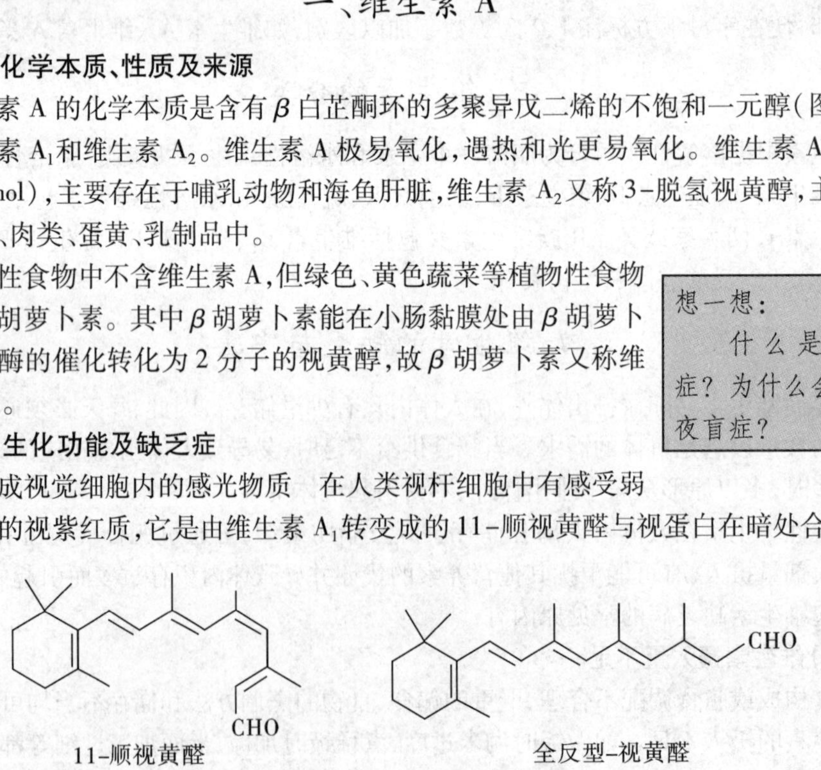

CHO
11-顺视黄醛

CHO
全反型-视黄醛

图3-1　维生素A结构

当视紫红质感光时，其结构中11–顺视黄醛在光异构作用下转变成全反视黄醛，并与视蛋白解离而失色，这一异构变化的过程引起视杆细胞膜 $Ca^{2+}$ 离子通道开放，$Ca^{2+}$ 迅速内流而引发神经冲动产生视觉，如图3–2所示。

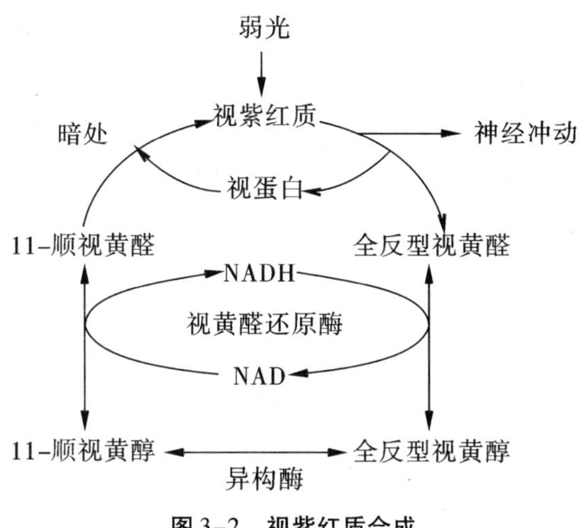


**图3–2　视紫红质合成**

当人从亮处到暗处，最初视物不清，是因为杆状细胞内视紫红质被光照分解，在暗处重新合成后感弱光，方能看清弱光下的物体，这一过程称为暗适应。当缺乏维生素A时，视紫红质合成减少，对弱光敏感性降低，暗适应时间延长，严重时会发生“夜盲症”。

2. 维持上皮组织的结构和功能　由维生素A转变成的视黄醇磷酸酯是寡糖的载体，参与膜糖蛋白的合成。上皮组织的糖蛋白是细胞膜的重要组成成分，与上皮组织的结构和功能密切相关。维生素A缺乏时，引起上皮组织的改变，如腺体分泌减少，上皮干燥、角化及增生。泪腺上皮不健全，泪液分泌减少，故称干眼病。维生素A又称抗干眼病维生素。

3. 促进动物生长及骨骼发育　缺乏维生素A时，儿童生长停顿、发育不良。

4. 抗衰老、抑制癌变作用　动物实验表明，摄入维生素A可减轻致癌物质的作用。β胡萝卜素是抗氧化剂，在氧分压较低情况下，能直接消灭自由基，阻止脂质过氧化，保护细胞膜；自由基还是引起肿瘤和组织损伤的重要因素。

但是，维生素A摄入过多可引起中毒。维生素A中毒目前多见于1～2岁的婴幼儿，主要表现有毛发易脱、皮肤干燥、瘙痒、烦躁、厌食、肝大及易出血等症状。引起维生素A中毒的原因一般是因鱼肝油服用过多。

## 二、维生素D

### （一）化学本质、性质及来源

维生素D又称抗佝偻病维生素，是类固醇衍生物，种类很多，以维生素 $D_2$（麦角钙化醇）和维生素 $D_3$（胆钙化醇）最重要（图3–3）。鱼油、蛋黄、肝等富含维生素 $D_3$；动物皮肤的7–脱氢胆固醇，经紫外线照射转变为维生素 $D_3$；植物中的麦角固醇，经紫外线照射转

变为维生素 $D_2$。婴幼儿、成人经常接受日照,可补充一定量的维生素 $D_3$。

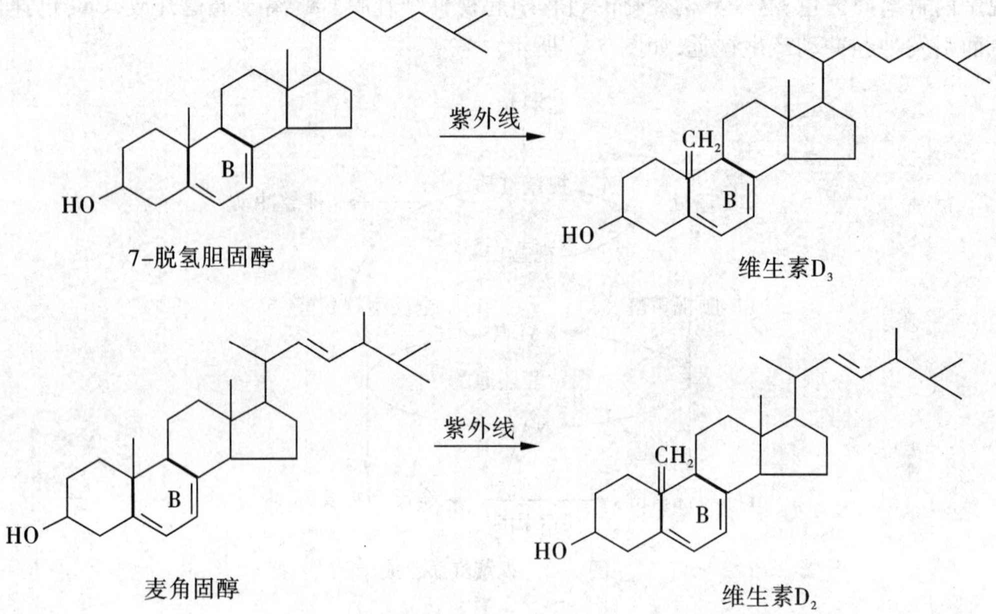

7-脱氢胆固醇 →紫外线→ 维生素$D_3$

麦角固醇 →紫外线→ 维生素$D_2$

图 3-3 维生素 D 的结构

维生素 D 被吸收后经肝和肾的羟化作用,生成 1,25-二羟维生素 $D_3$(1,25-$(OH)_2$-$D_3$)。

1,25-$(OH)_2$-$D_3$是维生素 $D_3$的活性形式。

### (二)生化功能和缺乏病

1,25-$(OH)_2$维生素 $D_3$,可诱导小肠黏膜上皮细胞合成钙结合蛋白,促进小肠对钙、磷的吸收;同时还促进肾小管细胞对钙、磷的重吸收,从而维持正常血钙、血磷的浓度;1,25-$(OH)_2$维生素 $D_3$促进成骨细胞形成和促进骨盐沉积,利于骨骼、牙齿的形成和钙化。当维生素 D 缺乏时,儿童可发生佝偻病,成人引起软骨病。

另外,维生素 D 缺乏可引起自身免疫性疾病。1,25-$(OH)_2$维生素 $D_3$具有对抗 1 型和 2 型糖尿病的作用,对某些肿瘤细胞还具有抑制增殖和促进分化的作用。服用过量的维生素 D 可引起高钙血症、高钙尿症、高血压及软组织钙化及肝损伤等。

## 【知识链接】

### 维生素 D 缺乏性佝偻病的预防

维生素 D 缺乏性佝偻病是婴幼儿期常见的营养缺乏症。婴幼儿期生长发育旺盛,骨骼的生长发育迅速,因此需要足量的维生素 D 才能支持正常的骨骼发育,当维生素 D 缺乏时,即可引起本病。

维生素 D 缺乏的常见原因有:阳光照射不足;食物中含维生素 D 不足;某些婴幼儿生长发育过快,维生素 D 供不应求;肠、肝胆、肾等疾病影响维生素 D 的吸收和利用;食物中钙、磷含量不足或比例不适宜等。

患儿早期常烦躁不安，爱哭闹，睡觉易惊醒，汗多、“枕秃”。骨骼改变和畸形，如前囟门关闭延缓，出牙晚，头较大呈方形，肋缘外翻，“鸡胸”、“O”形或“X”形腿等。生化检验血清碱性磷酸酶活性增高；血浆钙、磷浓度含量偏低。

预防措施：鼓励母乳喂养，坚持母乳喂养至少 8 个月；在出生后 2 周起，每日应给婴儿口服维生素 D 预防量 400 IU；多吃富含维生素 D 和钙的食物，如蛋黄、肝类、鱼类、奶类、豆类、虾皮等。不要吃过多的油脂类和盐，以免影响钙在体内的吸收；增加户外活动，接受阳光照射，是最廉价安全的维生素 $D_3$ 来源。

## 三、维生素 E

### （一）化学本质、性质及来源

维生素 E 俗称生育酚或抗不育维生素，主要分为生育酚（图 3-4）和生育三烯酚两大类，每一类又可根据甲基的数目和位置分为 $\alpha$、$\beta$、$\gamma$、$\delta$ 四种。其中以 $\alpha$-生育酚的生物活性最强。维生素 E 的化学本质为苯并二氢吡喃的衍生物。

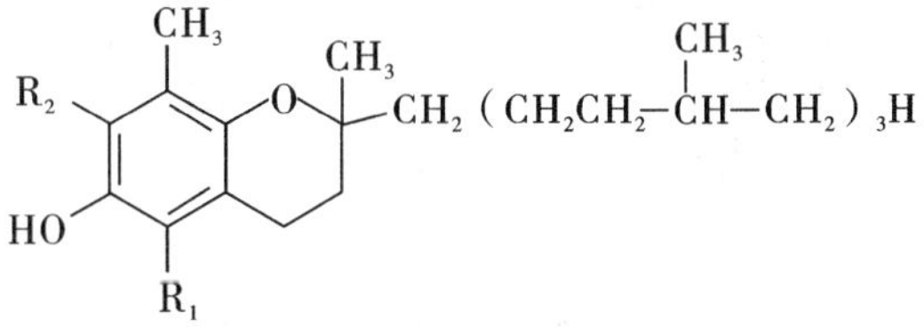

$CH_3$　$CH_3$　$CH_3$
$R_2$　O　$CH_2(CH_2CH_2-CH-CH_2)_3H$
HO
$R_1$

图 3-4　生育酚

维生素 E 为微带黏性的淡黄色油状物，在无氧条件下较为稳定、耐热，但在空气中极易被氧化失效。

维生素 E 在麦胚油、棉子油、豆油和玉米油等植物油中含量最多，豆类及绿叶蔬菜中含量也较丰富。冷冻储存食物或加热油，生育酚易大量丢失。维生素 E 的推荐量为每日 8～10 mg。

### （二）生化功能及缺乏症

1. 维生素 E 的重要作用是具有抗氧化作用　它可保护体内的不饱和脂肪酸、巯基化合物和巯基酶等免遭氧化损害，磷脂是生物膜的重要成分，维生素 E 可防止磷脂中不饱和脂肪酸氧化成过氧化脂质，从而保护生物膜的正常结构和功能。

2. 维生素 E 可维持动物的生殖机能　人类的生育是否需要维生素 E，尚无定论。有关从大鼠试验中获知，维生素 E 缺乏时，雄鼠睾丸不能生成精子，雌鼠的卵不能植入子宫内，胚胎、胎盘易萎缩引起胎儿被吸收或流产。临床常用维生素 E 治疗不育症、习惯性流产、先兆流产等。

3. 促进血红素等合成　维生素 E 能提高 $\delta$ 氨基-$\gamma$ 酮戊酸（ALA）合成酶及 ALA 脱水酶的活性，促进血红素合成，利于血红蛋白的合成，所以孕妇、哺乳期妇女、婴儿应注意补充维生素 E。新生儿缺乏维生素 E 可引起贫血。

由于维生素 E 有抗氧化作用，保持红细胞的完整性，因此缺乏时会引起红细胞膜脆性增加，临床上用维生素 E 治疗溶血性贫血。维生素 E 还与防止不饱和脂肪酸氧化有关，机体衰老时细胞内可出现棕色的色素颗粒，随年龄而增加。该颗粒的生成是由于不饱和脂肪酸氧化成过氧化脂质，再与蛋白质结合成复合物在细胞内积蓄所致。给予维生素 E 可减少色素颗粒，改善皮肤弹性，延缓性腺萎缩等。因此维生素 E 可用于延缓衰老。

## 四、维生素 K

### （一）化学本质、性质及来源

维生素 K 又称凝血维生素，是 2-甲基-1，4-萘醌的衍生物（图 3-5）。自然界中主要以维生素 $K_1$、维生素 $K_2$ 两种形式存在。维生素 $K_1$ 存在于绿叶植物；维生素 $K_2$ 可以由肠道细菌合成。维生素 K 对热稳定，易受光和碱破坏。临床上应用的为人工合成的维生素 $K_3$、维生素 $K_4$ 溶于水，可口服和注射。

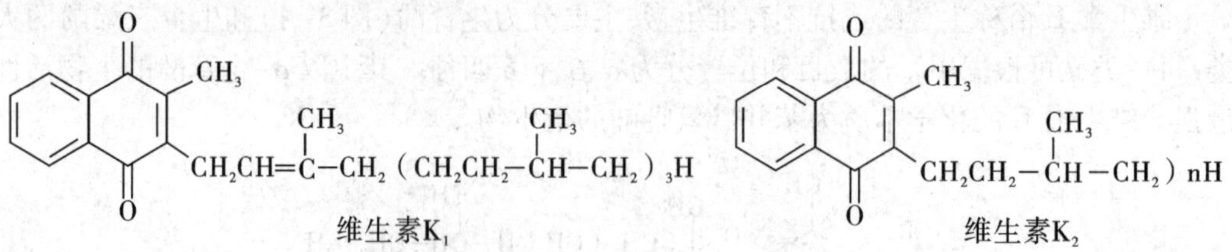

维生素$K_1$　　维生素$K_2$

图 3-5　维生素 $K_1$、维生素 $K_2$

动物的肝脏、鱼、肉和菠菜、青菜等食物中含有丰富的维生素 K。维生素 K 推荐量为每日 60～80 μg。维生素 K 的吸收主要在小肠，与乳糜微粒结合，经淋巴入血，在血液中随 β 脂蛋白转运至肝脏储存。

### （二）生化功能及缺乏症

维生素 K 与血液凝固有关。某些凝血因子（Ⅱ、Ⅶ、Ⅸ、Ⅹ）从无活性转变为有活性是在 γ-羧化酶催化下完成的，维生素 K 是该酶的辅酶。凝血因子 N 末端的谷氨酸残基被羧化成 γ-羧基谷氨酸（Gla），Gla 具有螯合 $Ca^{2+}$ 的能力，在凝血过程中发挥作用。缺乏维生素 K 凝血功能障碍，主要表现皮下、肌肉及胃肠道出血。

维生素 K 因食物中含量丰富，而且体内肠道中的细菌也能合成，一般情况下，人体不会缺乏维生素 K。新生儿肠道中缺乏细菌及吸收不良，可能暂时出现缺乏病。长期口服抗生素，抑制肠道菌群生长，也可出现缺乏病。

# 第三节　水溶性维生素

## 一、维生素 $B_1$

### （一）化学本质、性质及来源

维生素 $B_1$ 又称硫胺素，为白色结晶。耐热、耐酸，若在碱性溶液中加热易被破坏。肉类、种子外皮和胚芽中较为丰富，全粒谷物富含硫胺素，碾成精度很高的谷类可损失 80%

以上。

硫胺素在小肠上部被迅速吸收，吸收后经血液运至肝、脑组织，经硫胺素焦磷酸激酶催化转变为活性形式焦磷酸硫胺素（TPP）（图3-6）。

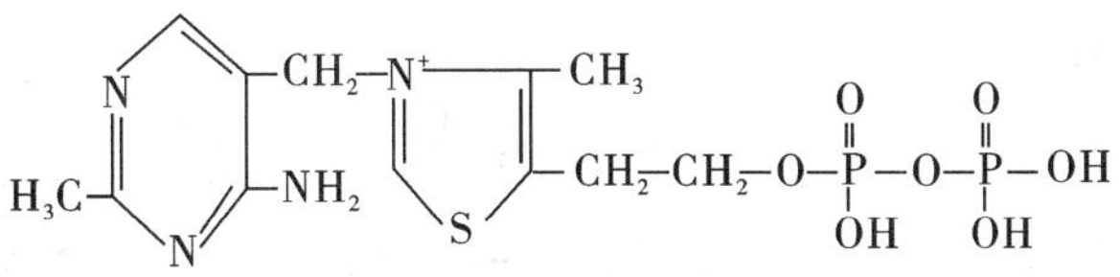

图3-6 焦磷酸硫胺素（TPP）

**（二）生化功能及缺乏症**

1. TPP是$\alpha$-酮酸氧化脱羧酶的辅酶，参与$\alpha$-酮酸的氧化脱羧反应，如丙酮酸和$\alpha$-酮戊二酸的氧化脱羧缺乏维生素$B_1$时，$\alpha$-酮酸氧化脱羧减少，糖代谢受限，首先影响神经组织的能量供应，并积聚较多丙酮酸及乳酸，使神经组织传导障碍，患者出现手足麻木、四肢无力、肌肉萎缩等多发性神经炎的症状。严重时影响心肌代谢，可出现心力衰竭、下肢水肿等症状，临床上称“脚气病”。所以，维生素$B_1$也称抗脚气病维生素。

2. TPP是转酮基酶的辅酶，参与磷酸戊糖代谢途径 磷酸戊糖途径可生成磷酸戊糖和NADPH，核糖是核苷酸合成的原料，而NADPH是脂肪酸、胆固醇等物质合成的重要供氢体。维生素$B_1$缺乏时，使核酸合成及神经髓鞘中磷酸戊糖代谢受到影响。

> 议一议：
> 什么是脚气病？脚气病和“脚气”的区别。

3. 维生素$B_1$在神经传导中起一定作用 TPP参与乙酰胆碱的合成与分解，体内乙酰胆碱是由乙酰辅酶A与胆碱合成，乙酰辅酶A主要来自于丙酮酸的氧化脱羧反应。维生素$B_1$缺乏时，使丙酮酸氧化脱羧反应受阻，影响乙酰胆碱的合成。同时，由于维生素$B_1$对胆碱酯酶的抑制减弱，使乙酰胆碱分解加强，导致神经传导受到影响。主要表现为消化液分泌减少、食欲不振、消化不良等。

## 二、维生素$B_2$

**（一）化学本质、性质及来源**

维生素$B_2$又名核黄素（ribollavin）。它的异咯嗪环上的第1及第10位氮原子与活泼的双键连接，这两个氮原子可反复地受氢和脱氢，具有氧化还原性。维生素$B_2$在碱性溶液中极易变质，在酸性溶液中稳定，对光极为敏感。蛋黄、瘦肉、绿叶蔬菜、米糠等食物是核黄素的主要来源。肠道细菌能合成核黄素。

维生素$B_2$被吸收后在小肠黏膜的黄素激酶的作用下可转变成黄素单核苷酸（FMN），在体细胞内还可进一步在焦磷酸化酶的催化下生成黄素腺嘌呤二核苷酸（FAD），FMN及FAD为其活性型（图3-7）。

**（二）生化功能及缺乏症**

FMN及FAD是体内氧化还原酶的辅基，如琥珀酸脱氢酶、黄嘌呤氧化酶和脂酰CoA脱氢酶等，主要起递氢的作用。人类维生素$B_2$缺乏时，可引起口角炎、唇炎、阴囊炎、眼睑炎等症。

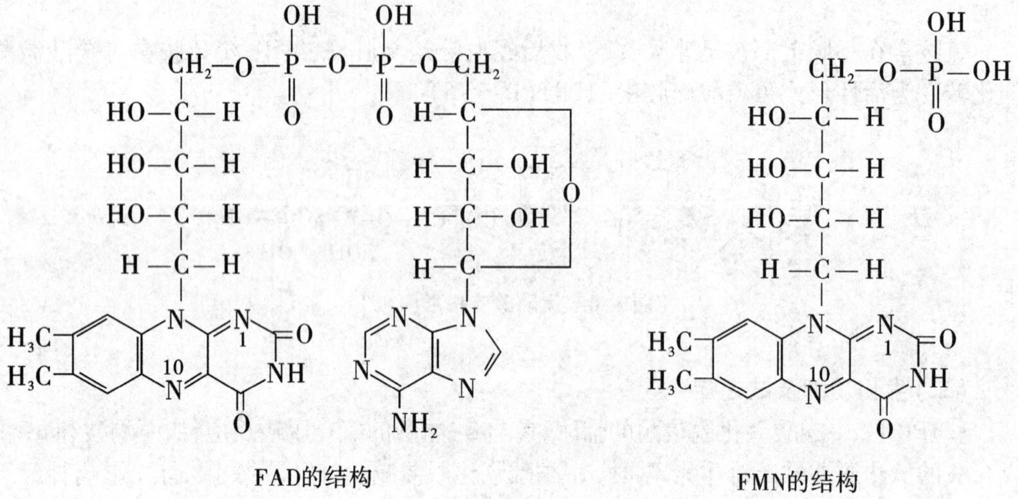

FAD的结构

FMN的结构

图 3-7　FAD、FMN 的结构

## 三、维生素 PP

### (一)化学本质、性质及来源

维生素 PP 又名抗癞皮病维生素,包括尼克酸(nicotinioacid,又称烟酸)及尼克酰胺(nicotinamide,又称烟酰胺),二者均属吡啶衍生物,在体内可相互转化。对酸、碱和热均比较稳定。肉、肝、谷类、胚芽、花生等食物的维生素 PP 含量较多。谷类加工越精细丢失越多。动物性蛋白含色氨酸较多,人体能将色氨酸转变成维生素 PP,但转变率较低。在体内尼克酸可经几步连续的酶促反应与核糖、磷酸、腺嘌呤组成脱氢酶的辅酶,主要包括尼克酰胺腺嘌呤二核苷酸($NAD^+$)和尼克酰胺腺嘌呤二核苷酸磷酸($NADP^+$),它们是维生素 PP 在体内的活性型(图 3-8)。

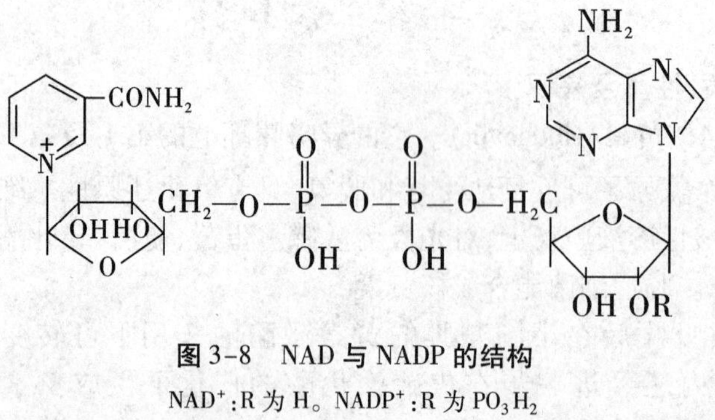

图 3-8　NAD 与 NADP 的结构

$NAD^+$:R 为 H。$NADP^+$:R 为 $PO_3H_2$

### (二)生化功能及缺乏症

$NAD^+$和 $NADP^+$是多种不需氧脱氢酶的辅酶,分子中的尼克酰胺部分具有可逆的加氢及脱氢的特性。

人类维生素 PP 缺乏症称为癞皮病，主要表现是皮炎、腹泻及痴呆。皮炎常呈对称性，并出现于暴露部位；痴呆是因神经组织变性的结果。抗结核药物异烟肼的结构与维生素 PP 十分相似，二者有拮抗作用，长期服用可能引起维生素 PP 缺乏。

## 四、维生素 $B_6$

### （一）化学本质、性质及来源

维生素 $B_6$是吡啶的衍生物，包括吡哆醇（pyridoxine）、吡哆醛（pyridoxal）及吡哆胺（pyridoxamine），在体内以磷酸酯的形式存在（图 3-9）。参加代谢的活性形式是磷酸吡哆醛和磷酸吡哆胺，二者可相互转变。

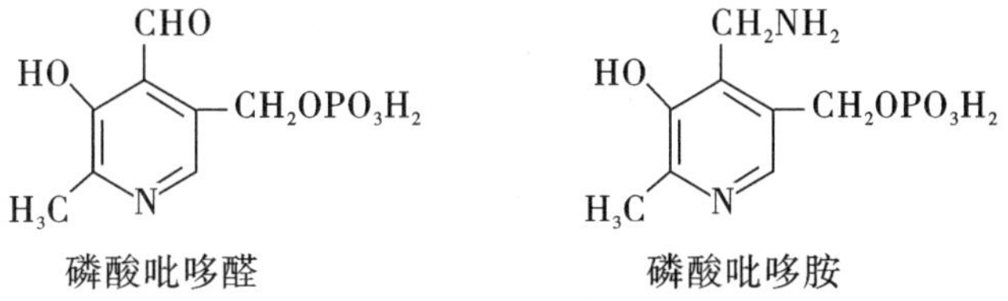

CHO　HO　$CH_2OPO_3H_2$　$H_3C$　N

磷酸吡哆醛

$CH_2NH_2$　HO　$CH_2OPO_3H_2$　$H_3C$　N

磷酸吡哆胺

图 3-9　磷酸吡哆醛、磷酸吡哆胺

维生素 $B_6$在酸性溶液中较稳定，在碱性溶液中易受光、热所破坏。维生素 $B_6$在食物中分布较广，谷类加工与食物储存、烹调过程均可使其丢失；过多纤维素也使其利用率降低。食物中的维生素 $B_6$利用率约为 75%。

### （二）生化功能及缺乏症

1. 磷酸吡哆醛是转氨酶辅酶　磷酸吡哆醛和磷酸吡哆胺二者互变起着传递氨基的作用。

2. 磷酸吡哆醛是氨基酸脱羧酶的辅酶　催化谷氨酸、组氨酸、鸟氨酸、色氨酸等的脱羧反应，生成相应的胺类。如谷氨酸脱羧产生的 $\gamma$-氨基丁酸是抑制性神经递质，临床上常用维生素 $B_6$对小儿惊厥及妊娠呕吐进行治疗。

3. 其他　磷酸吡哆醛是 $\delta$-氨基-$\gamma$-酮戊酸（ALA）合酶的辅酶，而 ALA 合酶是血红素合成的限速酶。缺乏维生素 $B_6$时有可能造成低血色素小细胞性贫血和血清铁增高，故维生素 $B_6$临床用于贫血的辅助治疗。

## 五、泛酸

### （一）化学本质、性质及来源

泛酸（pantothenic acid）又称遍多酸。泛酸广泛存在于生物界，因显酸性而得名。泛酸在肠内被吸收进入人体后，经磷酸化并获得巯基乙胺而成 4-磷酸泛酰巯基乙胺。4-磷酸泛酰巯基乙胺是辅酶 A（CoA-SH）及酰基载体蛋白（ACP）的组成部分，所以 CoA 及 ACP 为泛酸在体内的活性型（图 3-10）。

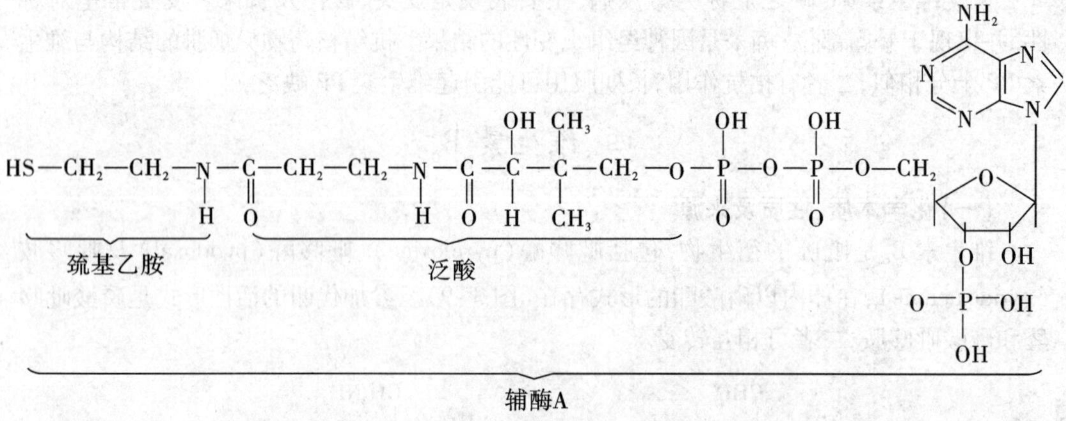

HS—CH$_2$—CH$_2$—N(H)—C(=O)—CH$_2$—CH$_2$—N(H)—C(=O)—C(OH)(H)—C(CH$_3$)$_2$—CH$_2$—O—P(=O)(OH)—O—P(=O)(OH)—O—CH$_2$—(核糖，3′-O—P(=O)(OH)—OH，2′-OH)—腺嘌呤(NH$_2$)

巯基乙胺　　泛酸

辅酶A

图 3-10　辅酶 A

**(二)生化功能及缺乏症**

在体内 CoA 及 ACP 构成各种酰基转移酶的辅酶，它们广泛参与糖、脂类、蛋白质代谢及肝的生物转化作用。有 70 多种酶需 CoA 及 ACP。常以 CoA-SH 表示辅酶 A。人类泛酸缺乏病罕见。

## 六、生物素

**(一)化学本质、性质及来源**

生物素(biotin)是由噻吩环和尿素相结合的双环化合物(图 3-11)，它为无色针状结晶体，耐酸而不耐碱，氧化剂及高温可使其失活。肠道细菌能合成生物素。

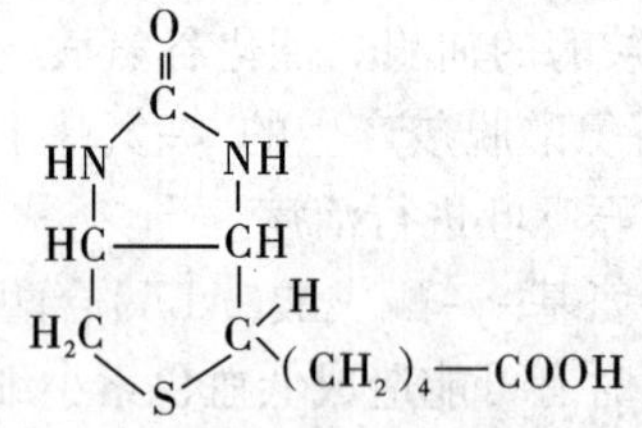

O
‖
C
HN　NH
HC——CH
H$_2$C　C(H)—(CH$_2$)$_4$—COOH
S

图 3-11　β-生物素

**(二)生化功能及缺乏症**

生物素是各种羧化酶的辅酶，是 $CO_2$的载体，参与羧化反应。如丙酮酸羧化为草酰乙酸，乙酰 CoA 羧化为丙二酰 CoA 等过程中均需生物素参与。生物素来源极广泛，人体肠道细菌也能合成，很少出现缺乏症。

## 七、叶酸

**(一)化学本质、性质及来源**

叶酸(folic acid)因绿叶植物中含量十分丰富而得名。叶酸由蝶呤啶、对氨基苯甲酸和谷氨酸三部分组成。叶酸在酸性溶液中不稳定，加热或光照时易破坏。叶酸广泛存在于动物、植物性食物。食物经长时间储存及烹调可损失较多。叶酸在肉及水果、蔬菜中含量较多，肠道的细菌也能合成。

叶酸在小肠上段易被吸收，在十二指肠及空肠上皮黏膜细胞含叶酸还原酶（辅酶为NADPH），在该酶的作用下叶酸可转变成二氢叶酸（$FH_2$），$FH_2$再还原成活性形式四氢叶酸（$FH_4$）（图3-12）。

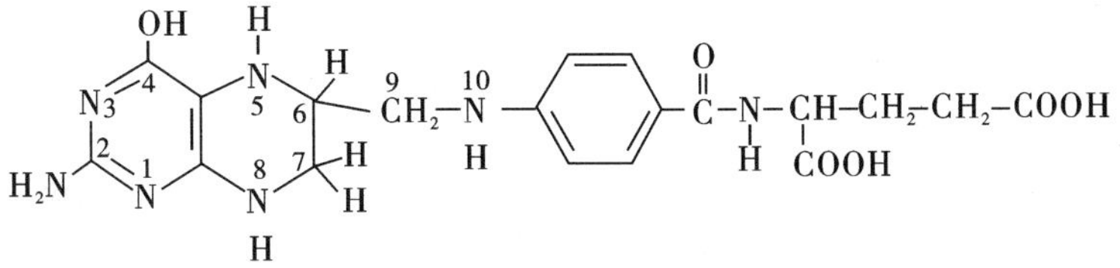

**图3-12　四氢叶酸**

**（二）生化功能及缺乏症**

四氢叶酸是体内一碳单位转移酶的辅酶，作为“一碳单位”载体为嘌呤、胸腺嘧啶核苷酸等物质的合成提供“碳源”等。当叶酸缺乏时，DNA合成必然受到抑制，骨髓幼红细胞DNA合成减少，细胞分裂速度降低，细胞体积变大，造成巨幼红细胞贫血。

## 八、维生素$B_{12}$

**（一）化学本质、性质及来源**

维生素$B_{12}$又称钴胺素（cobalamin），是唯一含金属元素的维生素。维生素$B_{12}$在体内因结合的化学基团不同，可有多种存在形式，如氰钴胺素、羟钴胺素、甲钴胺素和5′-脱氧腺苷钴胺素，后两者是维生素$B_{12}$的活性型，也是血液中存在的主要形式。

维生素$B_{12}$在强酸、强碱和光照下不稳定。人体$B_{12}$主要来源于动物性食物，人体肠道细菌可以合成。维生素$B_{12}$的吸收需要一种由胃壁细胞分泌的高度特异的糖蛋白（内因子）和胰腺分泌的胰蛋白酶参与。故胃和胰腺功能障碍（慢性萎缩性胃炎、胃大部或全切的病人）时可引起维生素$B_{12}$的缺乏。维生素$B_{12}$广泛存在于动物性食物，长期素食者易发生缺乏病。

**（二）生化功能及缺乏症**

1. 甲基钴胺素是转甲基酶的辅酶　甲基钴胺素与四氢叶酸协同进行甲基转移。在蛋氨酸循环中，甲基钴胺素作为转甲基酶的辅酶，从甲基四氢叶酸接受甲基，转移给同型半胱氨酸，同型半胱氨酸甲基化后可以生成蛋氨酸。缺乏维生素$B_{12}$时，甲基四氢叶酸中的甲基不能转移出去，一是引起蛋氨酸合成减少，同型半胱氨酸堆积，可造成高同型半胱氨酸血症，加速动脉硬化、血栓生成和高血压的危险性。二是影响$FH_4$的再生，组织中游离的$FH_4$含量减少，一碳单位的代谢受阻，造成核酸合成障碍，产生巨幼红细胞性贫血。

2. 5′-脱氧腺苷钴胺素是变位酶的辅酶　5′-脱氧腺苷钴胺素是L-甲基丙二酰CoA变位酶的辅酶，使L-甲基丙二酰CoA转变为琥珀酰CoA。缺乏维生素$B_{12}$可使神经组织中L-甲基丙二酰CoA大量堆积，成为丙二酰CoA的竞争性抑制剂，妨碍脂肪酸的合成，导致神经髓鞘质变性退化。

## 九、硫辛酸

### (一)化学本质、性质及来源

硫辛酸(lipoic acid)的化学结构是一个含硫的八碳酸,以氧化型和还原型两种形式存在,氧化型在6、8位上由二硫键相连,又称6,8-二硫辛酸。

硫辛酸不溶于水,而溶于脂溶剂,故有人将其归为脂溶性维生素。在食物中常和维生素 $B_1$ 同时存在。

### (二)生化功能及缺乏症

1. 二氢硫辛酸是二氢硫辛酸乙酰转移酶的辅酶,参与糖代谢中 $\alpha$-酮酸的氧化脱羧作用。

2. 硫辛酸还具有抗脂肪肝和降低血胆固醇的作用;此外,它很容易进行氧化还原反应,故可保护巯基酶免受金属离子的损害。目前尚未发现人类有硫辛酸的缺乏症。

## 十、维生素 C

### (一)化学本质、性质及来源

维生素 C 又称抗坏血酸(ascorbicacid),化学本质是已糖酸内酯。它是六碳多羟酸性化合物,其烯醇式羟基的氢容易解离,而显酸性(图 3-13)。维生素 C 在体内有两种形式,即抗坏血酸和脱氢抗坏血酸,二者通过氧化还原反应可以互变而发挥生理作用。

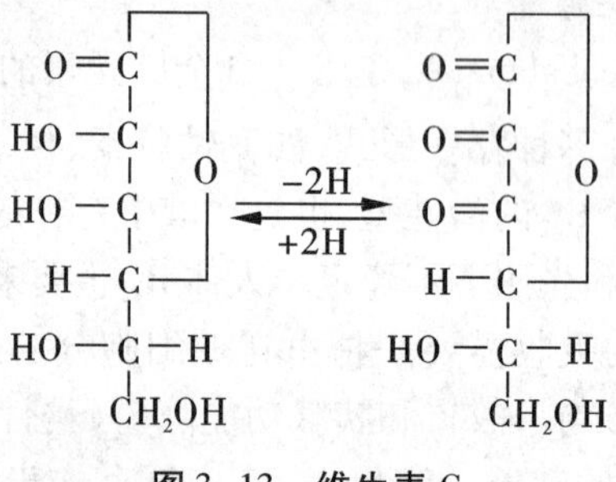

图 3-13　维生素 C

维生素 C 因有极强的还原性,故极不稳定,容易被加热或氧化剂所破坏,在中性或碱性溶液中尤甚。

维生素 C 广泛存在于新鲜蔬菜及水果中,干种子中虽然不含有维生素 C,但一发芽便产生维生素 C,所以豆芽等是维生素 C 的重要来源。

> 想一想:
>
> 维生素 C 都有哪些生理作用? 列出一些富含维生素 C 的食物。

### (二)生化功能及缺乏症

1. 参与体内多种羟化反应

(1)促进胶原蛋白的合成:维生素 C 是胶原脯氨酸羟化酶及胶原赖氨酸羟化酶的辅助因子,参与羟化反应,促进胶原蛋白的合成。胶原蛋白是结缔组织、骨和毛细血管的重要成分。维生素 C 缺乏时将导致毛细血管破裂,引起皮下、黏膜及牙龈等部位出血,严重时引起内脏出血，临床上称之为坏血病。由于维生素 C 能防治坏血病，所以又称抗坏血酸。它对创伤的愈合是不可缺少的。

（2）参与胆固醇的转化：维生素 C 是 $7\alpha$-羟化酶的辅酶。正常时体内 40% 的胆固醇经羟化转变成胆汁酸。缺乏维生素 C 直接影响胆固醇转化，进而影响脂类代谢。

（3）参与芳香族氨基酸的代谢：维生素 C 参与苯丙氨酸转变为酪氨酸、酪氨酸转变为对羟苯丙氨酸及尿黑酸的反应。缺乏维生素 C 可导致尿中出现大量对羟苯丙氨酸。维生素 C 还参与酪氨酸转变为儿茶酚胺，色氨酸转变为 5 羟色胺的反应。

（4）参与肉碱合成：体内肉碱合成过程需要两个依赖维生素 C 的羟化酶，维生素 C 缺乏时，由于脂肪酸 β 氧化减弱，病人出现的倦怠乏力也是坏血病的症状之一。

2. 参与体内的氧化还原反应　维生素 C 能可逆地脱氢和加氢，在许多氧化还原反应中发挥作用。

（1）保护巯基：它能使巯基酶的—SH 维持还原状态，以保护酶的活性。可使氧化型谷胱甘肽（GSSG）还原为还原型谷胱甘肽（G—SH），因而有处理氧化剂，保护细胞膜的作用。

（2）利于血红蛋白运氧和造血：维生素 C 使红细胞中高铁血红蛋白（MHb）还原为血红蛋白（Hb），使其恢复氧运输能力。维生素 C 使 $Fe^{3+}$ 还原为 $Fe^{2+}$，有利于铁的吸收及血红素的合成，促进造血功能。

（3）保护其他维生素：保护维生素 A、维生素 E 及维生素 B 免遭氧化；还能促使叶酸转变为有活性的四氢叶酸。

3. 抗病毒作用　维生素 C 能增加淋巴细胞的生成，提高吞噬细胞的吞噬能力，促进免疫球蛋白的合成，因此能提高机体免疫力。临床上用于心血管疾病、病毒性疾病等的支持性治疗。

植物中含有抗坏血酸氧化酶能将维生素 C 氧化为二酮古洛糖酸而失活，所以长期储存水果、蔬菜时维生素 C 的含量会大量减少。

## 小　结

维生素是维持人体生命活动所必需的，但在人体内不能合成或合成数量不能满足机体需求，必须由食物提供的一类小分子有机化合物。根据溶解性分为脂溶性维生素和水溶性维生素两大类。脂溶性维生素主要包括维生素 A、维生素 D、维生素 E、维生素 K 四种，水溶性维生素包括 B 族维生素和维生素 C 两大类。

脂溶性维生素溶于脂溶剂而不溶于水，在肠道吸收也与脂类密切相关，常因脂类吸收障碍而影响其吸收，其在肝或脂肪组织有一定的储存，长期缺乏供应，才引起缺乏病，若大量摄入，可导致体内积存过多而引起中毒。水溶性维生素易溶于水，长期缺乏会引起缺乏症，在体内不易储存，易从尿中排出，摄入量过多时，多以原形从尿中排出体外，很少发生机体中毒。水溶性维生素中 B 族维生素在体内构成酶的辅酶或辅基，在物质代谢中发挥重要作用。

（代林远）

# 第四章　酶

## 学 习 目 标

◆叙述酶的概念、酶的化学本质及酶促反应的特点。

◆记住酶的分子组成及全酶、酶蛋白、辅助因子、必需基团、活性中心、酶原及酶原的激活的概念。

◆以乳酸脱氢酶为例描述同工酶的概念及其意义。

◆熟记影响酶促反应速度的因素及其作用特点。

◆了解酶的分类与命名。

◆熟悉酶在临床医学上的应用。

酶是生物催化剂,体内几乎99%以上的化学反应都是在酶的催化作用下进行的,在酶的催化作用下,机体的物质代谢才能有条不紊地进行,没有酶就没有新陈代谢,更谈不上生命。1926年James B Sumner第一次从刀豆得到了脲酶结晶,并证明了脲酶的本质是蛋白质。1982年,Thomas Cech从四膜虫研究中发现了具有自身催化作用的核糖核酸(RNA),并提出了核酶的概念。酶广泛应用于现代医学的各个领域,并与疾病的发生、诊断、治疗有着密切的联系。遗传性因素可引起酶的质和量的异常以及酶活性的改变。许多疾病可引起酶的质和量的异常。检测体液,尤其是血液中酶活性的改变可以帮助诊断某些疾病。许多药物可以通过改变人体或致病菌中某些酶的活性达到治疗目的。酶作为药物在不断扩大其应用范围。酶还可作为工具用于临床检验和科学研究,固定化酶、抗体酶、酶联免疫测定等被广泛应用并越来越受到人们的重视。

## 【知识链接】

### 神奇的魔术师

1783年,意大利的科学家斯巴兰让尼设计了巧妙的实验:将肉块放入小巧的金属笼里,然后让鹰把小笼子吞下去,这样,肉块就可以不受物理性消化的影响,而胃液却可以流入笼内。过一段时间后,它把小笼子取出来,却发现笼内的肉块消失了。于是,它推断胃液中一定含有消化肉块的物质。这个实验说明胃具有化学性消化的作用。那么,胃液中究竟是什么物质将肉消化了呢?当时并不清楚。直到1836年,德国的科学家施旺从胃液里提取了消化蛋白质的物质(后来知道,这就是胃蛋白酶)这才解开消化之谜。事后科学家证实酶就是一种蛋白质催化剂,它在瞬间不知不觉地将摄入人体的各种营养物质化为乌有,并将体内的非营养物质处理得干干净净,才使得体内千变万化的化学反应可以有条不紊地进行,维持着人类的生命和健康。酶是我们体内主宰着生命活动的魔术师。

# 第一节　酶的含义及作用特点

## 一、酶的含义

酶(enzyme)是由活细胞产生的具有催化作用的一类特殊蛋白质,也称生物催化剂。近年来发现,某些核酸也具有催化作用,但数量极少。目前从组织细胞中分离纯化的酶已达 2 000 余种,其中近 250 种已得到结晶。

## 二、酶的作用特点

### (一)酶与一般催化剂的共性

酶和一般催化剂一样,只能催化热力学上允许进行的化学反应,只能缩短可逆反应达到平衡所需的时间,而不能改变平衡点,即不改变平衡常数。都能降低反应所需的活化能,从而增加活化分子的数量,加速反应进行。反应前后酶的质和量保持不变。

### (二)酶的催化作用特点

> 想一想:
> 酶作为生物催化剂与一般催化剂相比有哪些相同和不同之处?

酶的化学本质是蛋白质,与一般催化剂相比有其自身的作用特点:

1. 极高的催化效率　在常温、常压及 pH 接近中性的条件下,酶比一般催化剂的效率高 $10^6 \sim 10^{12}$ 倍。例如脲酶水解尿素的速度常数比酸水解尿素高 $7\times10^{12}$ 倍左右,过氧化氢酶催化过氧化氢分解的速度常数比 $Fe^{2+}$ 高 $6\times10^5$ 倍左右。

2. 高度的专一性　酶对其所催化的底物有较严格的选择性。一种酶只作用于一类化合物或一定的化学键,促进一定的化学反应,生成一定的产物,这种现象称为酶的专一性或特异性。根据酶对底物选择的严格程度不同,酶的专一性可分为三种类型。

(1)绝对专一性(absolute specificity):一种酶只能催化一种底物进行一种化学反应,这种专一性称为绝对专一性。如琥珀酸脱氢酶催化琥珀酸脱氢,生成延胡索酸,而对结构相似的丙二酸则不起作用。

(2)相对专一性(relative specificity):一种酶能作用于一类化合物或一种化学键,这种不太严格的选择性称为相对专一性。如蔗糖酶作用于蔗糖分子中的 $\beta$-1,2-糖苷键,也可作用于棉子糖分子中葡萄糖与果糖间的 $\beta$-1,2-糖苷键等。

(3)立体异构特异性(stereospecificity):某些酶对底物的立体构型有严格的要求,称之为立体异构特异性。例如精氨酸酶只能催化 L-精氨酸水解生成 L-鸟氨酸和尿素,而对 D-精氨酸则无作用。

3. 高度不稳定性　由于酶的化学本质是蛋白质,所以凡能使蛋白质变性的理化因素均可影响酶的活性,甚至使酶完全失活。故要保持酶的活性,必须避免能使蛋白质变性的因素。此外,酶活性还受特异抑制剂的抑制。

4. 酶活性的可调控性　酶与体内其他代谢物一样,其自身也要不断进行新陈代谢,通过改变酶的合成和降解速度可调节酶含量。代谢物浓度或产物浓度变化、外界环境变化和生理功能的需要均可通过激素和神经系统,通过关键酶的变构调节和共价修饰来影响整个酶促反应速度,从而保证物质代谢的速度和方向。

## 【知识链接】

**核酶与脱氧核酶**

1981 年,Cech 研究四膜虫的 rRNA 剪接时发现,在没有任何蛋白质的参与下 rRNA 能够完成特异性的自我剪接,这说明 RNA 有自我催化作用。人们将具有催化活性的 RNA 称为核酶(ribozyme)。后来又发现具有催化作用的 DNA,称之为脱氧核酶。

核酶的发现打破了多年来认为的酶全部都是蛋白质的观念,对其进一步的深入研究开拓了人们的视野,拓展了人们对酶学的研究范围。在天然核酶研究的基础上,人们设计并合成出了人工核酶及脱氧核酶,这些人工核酶及脱氧核酶可以特异性地作用于某些基因,可以应用于抗病毒、抗病原微生物、抗肿瘤的实验研究。

# 第二节　酶的命名与分类

## 一、酶的命名

### (一)习惯命名法

1961 年以前,人们使用的是酶的习惯命名法,一般按以下几种情况对酶进行命名。

1. 根据底物命名,如淀粉酶、蛋白酶等。

2. 以酶催化的底物加反应的类型来命名,如乳酸脱氢酶、磷酸己糖异构酶等。

3. 有时在底物前再加上酶的来源,如胰淀粉酶、胃蛋白酶等。

习惯命名法简单,使用方便,但有时出现一酶数名或一名数酶的弊病。

### (二)系统命名法

1961 年国际酶学委员会提出了一套系统命名法,使一个酶只有一个名称。在这个系统内,一个酶是从其底物及所催化反应的类型而得名,同时还有一个由 4 个数字组成的系统编号,数字前冠以 EC,编号第一个数字表示该酶属于六大类中的哪一类;第二个数字表示该酶属于哪一亚类;第三个数字表示亚-亚类;第四个数字是该酶在亚-亚类中的排序。如:

$$\text{L-谷氨酸} + ATP + NH_3 \rightarrow \text{L-谷氨酰胺} + ADP + H_3PO_4$$

催化此反应的酶系统命名为 L-谷氨酸:氨合成酶。它的分类编号是 EC 6. 3. 1. 2,每个酶均有一个名称和一个编号(表 4-1)。一般系统命名都较长,使用不方便,国际酶学委员会还同时为每一个酶从常用的习惯名称中挑选出一个推荐名称。推荐名称简便适用，易于推广。国际酶学委员会规定在发表以酶为主题的论文时，在正文中第一次出现的酶要表明酶的分类编号。

## 二、酶的分类

国际酶学委员会，按酶促反应性质把酶分为六大类。

（1）氧化还原酶类（oxidoreductases）：催化底物进行氧化还原反应，如琥珀酸脱氢酶、细胞色素氧化酶、过氧化氢酶等。

（2）转移酶类（transferases）：催化底物之间某些基团的转移或交换，如转氨酶、转甲基酶、磷酸化酶等。

（3）水解酶类（hydrolases）：催化底物发生水解反应，如胃蛋白酶、唾液淀粉酶、胰脂酶等。

（4）裂合酶类（lyases）：催化一种底物分解为两种化合物或将两种化合物合成一种化合物的反应，如柠檬酸合成酶、醛缩酶、碳酸酐酶等。

（5）异构酶类（isomerases）：催化同分异构体之间的相互转化，如磷酸己糖异构酶、磷酸丙糖异构酶等。

（6）合成酶类（或连接酶类，ligases）：催化两分子底物缔合为一分子化合物，并必须与 ATP 的磷酸键断裂相偶联，如氨基酰-tRNA 合成酶、谷氨酰胺合成酶等。

**表 4-1　酶的分类与命名**

| 酶的分类 | 系统名称 | 编号 | 催化的反应 | 推荐名称 |
|---|---|---|---|---|
| 1. 氧化还原酶类 | (S)-乳酸：$NAD^+$-氧化还原酶 | EC 1.1.1.27 | (S)-乳酸+$NAD^+ \rightleftharpoons$ 丙酮酸+NADH+$H^+$ | L-乳酸脱氢酶 |
| 2. 转移酶类 | L-丙氨酸：α-酮戊二酸氨基转移酶 | EC 2.6.1.2 | L-丙氨酸+α-酮戊二酸 $\rightleftharpoons$ 丙酮酸+L-谷氨酸 | 丙氨酸转氨酶 |
| 3. 水解酶类 | 1,4-α-D-葡聚糖-聚糖水解酶 | EC 3.2.1.1 | 水解含有 3 个以上 1,4-α-D-葡萄糖基的多糖中 1,4-α-D-葡萄糖苷键 | α-淀粉酶 |
| 4. 裂合酶类 | D-果糖-1,6-二磷酸 D-甘油醛-3-磷酸裂合酶 | EC 4.1.2.13 | D-果糖-1,6-二磷酸 $\rightleftharpoons$ 磷酸二羟丙酮+D-甘油醛-3-磷酸 | 果糖二磷酸醛缩酶 |
| 5. 异构酶类 | D-甘油醛-3-磷酸醛-酮-异构酶 | EC 5.3.1.1 | D-甘油醛-3-磷酸 $\rightleftharpoons$ 磷酸二羟丙酮 | 丙糖磷酸异构酶 |
| 6. 连接酶类 | L-谷氨酸：氨连接酶（生成 ADP） | EC 6.3.1.2 | ATP+L-谷氨酸+$NH_3 \rightleftharpoons$ ADP+$P_i$+L-谷氨酰胺 | 谷氨酸-氨连接酶 |

# 第三节　酶的结构与催化活性

## 一、酶的分子组成

根据酶的化学组成成分的不同，可分为单纯酶（simple enzyme）和结合酶（conjugated enzyme）两大类。

**（一）单纯酶**

此类酶仅由氨基酸构成的单纯蛋白质，如脲酶、蛋白酶、淀粉酶、酯酶等均属于此类。

**（二）结合酶**

此类酶既含有蛋白质，又含有非蛋白质成分，如金属离子、铁卟啉、含 B 族维生素的小分子有机物等。结合酶的蛋白质部分称为酶蛋白（apoenzyme），非蛋白部分称为辅助因子（cofactor），两者结合组成全酶（holoenzymes）。只有全酶才具有催化活性，若将酶蛋白与辅助因子分开，催化活性即丧失。可见结合酶的蛋白质部分与辅助因子都是酶催化作用所不可缺少的。

结合酶的辅助因子有两类：一类是金属离子，另一类是小分子有机化合物。金属离子的作用：①有的是稳定酶的分子构象所必需；②有的参与组成酶的活性中心，通过本身的还原而传递电子；③有的在酶和底物之间起桥梁作用；④有的是中和阴离子，降低反应中的静电斥力。小分子有机化合物与酶蛋白以非共价键疏松结合，经透析或超滤等方法能与酶蛋白分离的辅助因子称为辅酶。与酶蛋白以共价键结合，结合比较牢固，用上述方法不易将二者分离的辅助因子称为辅基。辅助因子对热的稳定性较高。它们参与转移氢原子、电子或某些化学基团的反应。

体内酶的种类很多，但作为酶的辅酶或辅基的种类却有限。一种酶蛋白只能与一种辅助因子结合生成一种结合酶（全酶）；而一种辅助因子可与不同的酶蛋白结合形成不同的全酶，催化不同的反应。例如乳酸脱氢酶和苹果酸脱氢酶的酶蛋白均可与 $NAD^+$ 结合，分别成为乳酸脱氢酶全酶和苹果酸脱氢酶全酶，二者都催化脱氢反应，但催化的底物不同，说明酶催化的特异性决定于酶蛋白，而辅助因子的作用是参与具体的酶促反应。

> 想一想：
> 酶蛋白部分和辅助因子部分在酶分子中各起何作用？

B 族维生素在酶促反应中的作用见表 4-2。

表 4-2　B 族维生素与辅助因子

| 维生素 | 化学本质 | 辅助因子形式 | 主要功能 |
|---|---|---|---|
| 维生素 $B_1$ | 硫胺素 | 焦磷酸硫胺素（TPP） | 脱羧 |
| 维生素 $B_2$ | 核黄素 | 黄素腺嘌呤单核苷酸（FMN）<br>黄素腺嘌呤二核苷酸（FAD） | 递氢 |

续表 4-2

| 维生素 | 化学本质 | 辅助因子形式 | 主要功能 |
|---|---|---|---|
| 维生素 PP | 尼克酸或<br>尼克酰胺 | 尼克酰胺腺嘌呤二核苷酸($NAD^+$)<br>尼克酰胺腺嘌呤二核苷酸磷酸($NADP^+$) | 递氢 |
| 维生素 $B_6$ | 吡哆醇<br>吡哆醛<br>吡哆胺 | 磷酸吡哆醇<br>磷酸吡哆醛或<br>磷酸吡哆胺 | 转氨基<br><br>氨基酸脱羧 |
| 泛酸 | | 辅酶 A(HSCOA) | 酰基转移 |
| 维生素 H | | 生物素 | 羧化 |
| 叶酸 | | 四氢叶酸($FH_4$) | 一碳单位转移 |
| 维生素 $B_{12}$ | 钴胺素 | 甲基 $B_{12}$ | 甲基转移 |

## 二、酶催化的关键部位

### (一)酶的必需基团

酶分子中与酶活性密切相关的基团,称为必需基团(essential group)或活性基团。常见的必需基团有丝氨酸的羟基、组氨酸的咪唑基、半胱氨酸的巯基和天冬氨酸、谷氨酸的侧链羧基等。

### (二)酶的活性中心

议一议:
　　酶活性中心有何特点?

酶的必需基团在一级结构上可能相距很远,但在形成空间结构时相互接近,形成具有三维结构的区域,既能与底物结合又能将底物转化为产物的局部区域称酶的活性中心。活性中心的功能基团可分为结合基团(binding group)和催化基团(catalytic group);前者作用是影响底物中某些化学键的稳定性,催化底物发生化学反应并使之转化为产物。有些酶的结合基团同时具有催化基团的功能。

酶在活性中心以外也有必需基团,称为酶活性中心外的必需基团,虽然它们不直接参与催化作用,但却为维持酶的活性中心的空间构象所必需(图4-1)。

酶的活性中心位于酶分子表面一个较小的区域,或为裂缝或为凹陷,不是一个点也不是一个面,更不是一条线,而是一个立体结构的区域。酶的专一性是由酶活性中心的结构决定的。

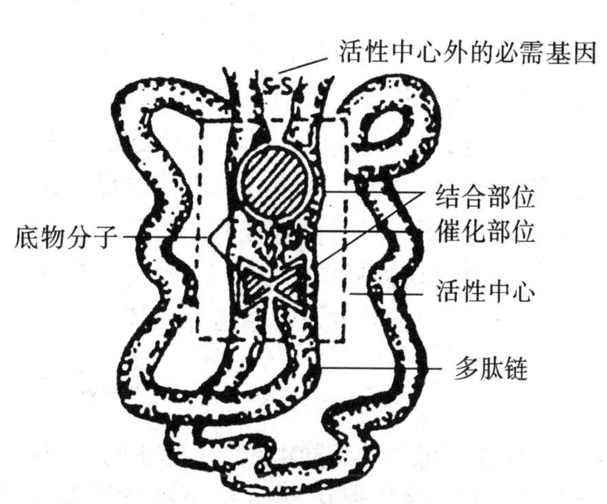


图 4-1　活性中心结构示意

## 三、酶原与激活

有些酶在细胞内合成或初分泌时，没有催化活性，这种无活性状态的酶的前身物称为酶原(zymogen)。如胃蛋白酶原在胃液中 $H^+$ 的作用下水解除去 N-末端 42 个氨基酸残基后，才形成有活性的胃蛋白酶。后者可再催化胃蛋白酶原激活为胃蛋白酶，这种作用称为自身激活作用(auto catalysis)。胰蛋白酶原在小肠内受肠激酶的作用，从 N-末端切去六肽后被激活为胰蛋白酶(图 4-2)。胰蛋白酶原亦能自身激活。酶原激活的本质是去掉部分肽段后有利于活性中心的形成或暴露。

> 想一想：
> 酶以酶原形式存在有何生理意义？

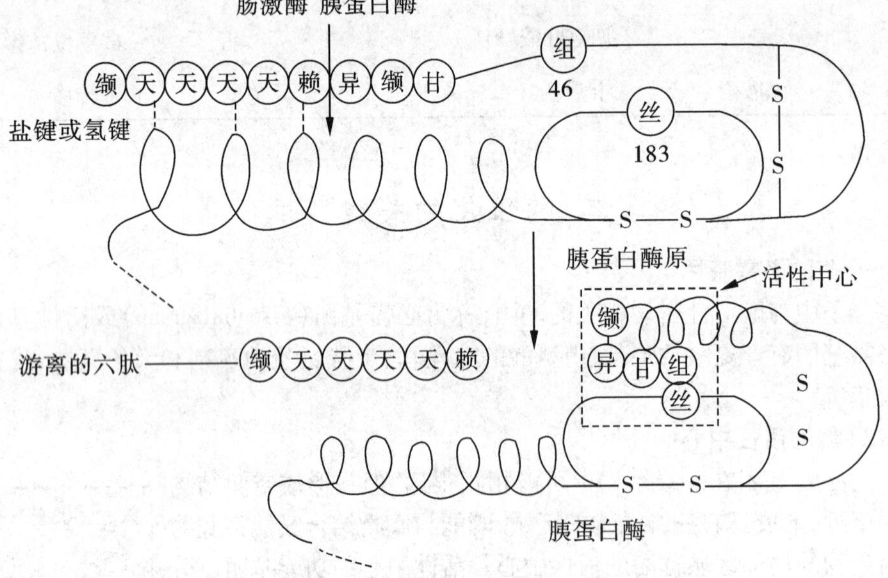


图 4-2　胰蛋白酶原的激活过程

酶以酶原的形式存在具有重要的生理意义。消化道蛋白酶以酶原形式分泌可避免胰腺细胞和细胞外基质蛋白遭受蛋白酶的水解破坏，激活的生理意义在于避免细胞产生的蛋白酶对细胞自身进行消化，同时还能保证了酶在特定的部位和环境中迅速地发挥其生理作用。除胃肠道的蛋白酶有酶原激活过程外，参与血液凝固过程的许多蛋白水解酶在细胞内合成以及进入血液时也以酶原形式存在，可保证血流畅通运行。一旦血管破坏，一系列凝血因子被激活，凝血酶原被激活生成凝血酶，后者催化纤维蛋白原转变为纤维蛋白，产生血凝块以阻止大量失血，对机体起保护作用。此外，酶原还可以看作酶的储存形式，一旦需要时，便可及时激活并发挥作用。

## 四、同工酶

在同一机体的不同组织，甚至在同一组织细胞的不同细胞器中，存在着催化相同反应，而分子结构、理化性质和免疫学性质有所不同的一组酶，称同工酶(isoenzyme or isozyme)。现已发现有 100 多种酶具有同工酶。大多数是由不同亚基组成的聚合体，因其亚基类型、数目或比例不同,形成分子结构不同的一组酶。虽然它们都可催化同一种反应,但它们之间对底物的亲和力、专一性、酶动力学及免疫学性质均不同。例如乳酸脱氢酶(LDH)同工酶是由 H 或 M 两种亚基组成的四聚体,这两种亚基以不同的比例组成 5 种同工酶,即 $LDH_1 \sim LDH_5$(图 4-3)。它们均能催化乳酸与丙酮酸之间的氧化还原反应,在碱性条件下,它们所带的电荷不同,按电泳迁移率的不同,可进行分离和测定,电泳最快的同工酶为 $LDH_1$,最慢者为 $LDH_5$(图 4-4)。不同组织中 LDH 的同工酶酶谱不同,例如心肌中 $LDH_1$ 和 $LDH_2$ 含量最多,而骨骼肌和肝脏中以 $LDH_4$ 和 $LDH_5$ 为主。当骨骼肌病变时,血清中 $LDH_4$ 和 $LDH_5$ 含量升高,而在心肌病变时,血清中 $LDH_1$ 和 $LDH_2$ 含量升高,另外同工酶在疾病出现的早期比总酶升高快,因此,血清同工酶谱分析有助于器官疾病的早期诊断和定位诊断。

> 议一议:
> 同工酶的含义,同工酶在临床疾病诊断方面有何特点?

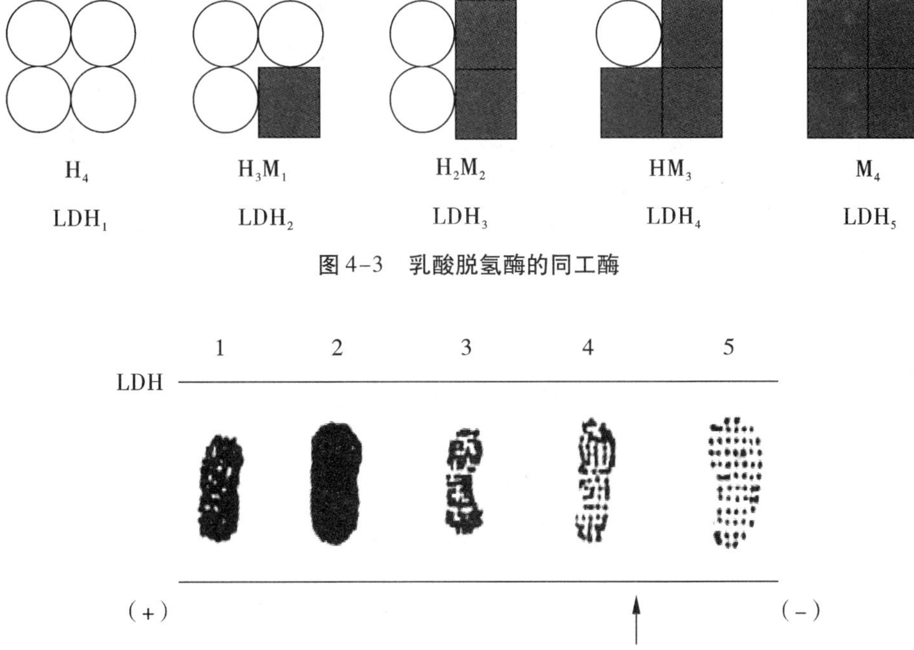


图 4-3　乳酸脱氢酶的同工酶



图 4-4　血清乳酸脱氢酶同工酶的电泳图谱

## 五、酶的作用机制

### (一)降低反应的活化能

化学反应时,底物分子间的有效碰撞是反应进行的基础,所谓有效碰撞是指底物分子获得足够能量后,发生的分子间碰撞。发生有效碰撞的分子称为活化分子,其所获得的能量称为活化能。温度升高,可以增大化学反应的速度,是因为温度升高使更多的底物分子获得活化能。酶增大化学反应的速度却是降低化学反应所需的活化能。在酶的作用下,使原先不能进行有效碰撞的分子变成活化分子,从而加速化学反应的速度。

**(二)中间复合物学说**

酶之所以能降低反应的活化能,主要是因为酶与底物分子形成中间复合物,中间复合物不稳定,它进行反应所需要的活化能就少,因此极易转变为产物和游离的酶。

$$E+S \rightleftharpoons ES \longrightarrow E+P$$

上式中 E 代表游离的酶,S 代表底物,ES 代表酶-底物复合物(中间产物),P 代表产物。

# 第四节　影响酶促反应速度的因素

酶促反应动力学是研究酶促反应速度及其影响因素的作用规律。影响酶促反应的因素有酶浓度、底物浓度、温度、pH、激活剂和抑制剂等。在研究某一因素对酶促反应速度的影响时,必须保持酶促反应系统中其他因素不变,并严格保持反应处于初速度。所谓初速度是反应开始时的速度,此时,产物浓度很低,不会由于产物堆积而导致酶促逆向反应的产生。由于反应时间短,反应系统的其他条件如底物浓度、pH 等不会有明显的改变,在这种条件下,酶促反应速度才与所研究的因素有关。若将产物生成量对反应时间作图,可得到一条酶促反应的时间进程曲线(图 4-5)。

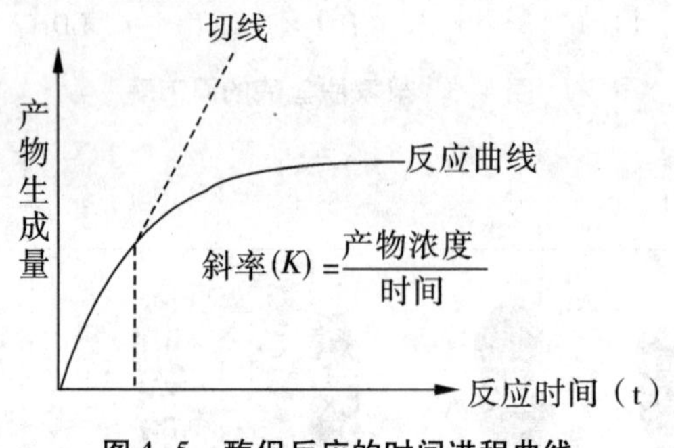


**图 4-5　酶促反应的时间进程曲线**

酶所催化的反应称酶促反应。酶加速化学反应的催化能力称酶活性。用酶促反应速度来反映酶活性。酶促反应速度常用在规定的反应条件下,以单位时间内底物的消耗量或产物的生成量来表示。为便于比较各种酶的活性,1976 年国际生化学会酶学委员会规定:在特定的条件下,1 min 内使底物转变 1 μmol($10^{-6}$ mol)的酶量为一个国际单位。1979 年该学会又推荐以催量(katal)代替国际单位表示酶的活性。1 催量表示的意义是:在特定的测量系统中,酶催化底物 1 s 能转变 1 mol 底物的酶量。1 国际单位 = $16.67\times10^{-9}$ 催量。

## 一、pH 值对酶促反应速度的影响

酶是蛋白质,有许多极性基团,在不同的 pH 值条件下,这些基团的电离状态不同。只有当酶蛋白处于一定的电离状态,酶才能与底物结合。许多底物或辅酶也具有离子特性,随环境 pH 值的改变也会表现出不同的电离状态,同样影响与酶的结合。当酶活性中心、底物、辅酶(或辅基)的可电离基团呈现酶与底物结合并催化底物发生变化的最佳电离状态时，酶促反应速度最快。pH 值过高或过低，都可使酶变性失活，因此溶液 pH 值对酶促反应速度的影响很大(图 4-6)。酶促反应速度最大时的环境 pH 值值称为酶促反应的最适 pH 值。不同的酶的最适 pH 值不相同，一般酶的最适 pH 值在 4 ~ 8 之间。但也有例外，如胃蛋白酶最适 pH 值为 1.8，胰蛋白酶最适 pH 为值 7.7，肝脏精氨酸酶最适 pH 值为 9.8(表 4-3)。

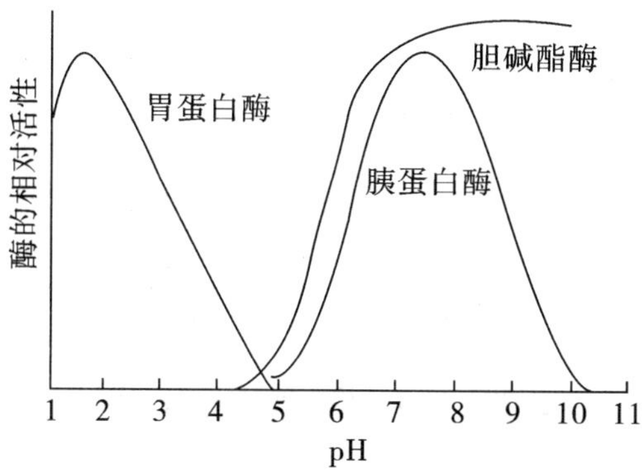


**图 4-6　pH 值对几种酶促活性的影响**

最适 pH 值不是酶的特征性常数，它受缓冲液的种类与浓度、底物浓度、酶的纯度等因素影响而有所变化。

**表 4-3　一些酶的最适 pH 值**

| 酶 | 最适 pH 值 |
|---|---|
| 胃蛋白酶 | 1.8 |
| 过氧化物酶 | 7.6 |
| 胰蛋白酶 | 7.7 |
| 延胡索酸酶 | 7.8 |
| 核糖核酸酶 | 7.8 |
| 精氨酸酶 | 9.8 |

## 二、温度对酶促反应速度的影响

酶促反应在一定范围内(0 ~ 40 ℃)随温度的升高而加快。但酶是蛋白质，故温度继续升高，酶逐渐变性失活，80 ℃以上时大多数酶已不可逆变性。温度低时，反应速度随温度升高而加快，当温度超过一定数值时，反应速度反而随温度上升而减慢，形成倒 V 形曲线(图 4-7)。酶促反应最快时的环境温度称为酶促反应的最适温度。对大多数酶来说，最适温度较接近于细胞所处的环境温度。酶的最适温度不是酶的特征性常数，反应时间延长，最适温度降低，反之最适温度升高。

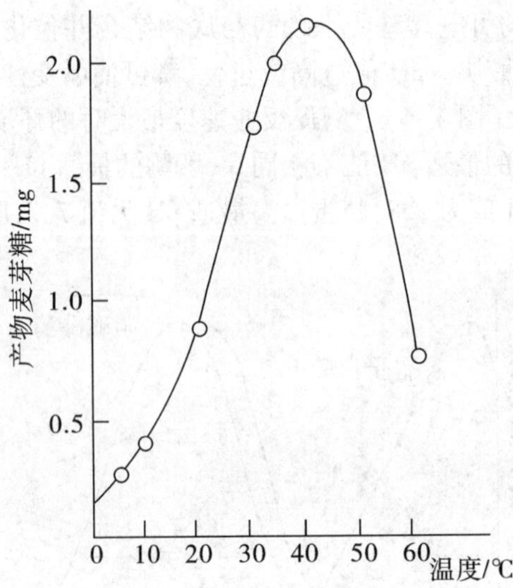


图 4-7 温度对酶促反应速度的影响

> 议一议：
> 举例说明温度对酶促反应速度的影响。

低温不会使酶变性失活，只是酶活性随温度下降而降低，复温后酶又恢复其活性。利用此原理，可低温保存菌种及生物制剂。心脏手术时的低温麻醉及抢救重症流行性脑脊髓膜炎病人时用的亚冬眠疗法及物理降温，均是利用酶活性随温度下降而降低这一性质，以减慢细胞代谢速度，提高机体对氧及营养物质缺乏的耐受性，有利于手术治疗和度过疾病的极期，为康复争得时间。

## 三、底物浓度对酶促反应速度的影响

在反应体系中不含抑制剂，酶浓度恒定，且浓度足够大时，底物浓度对反应速度的影响呈现为矩形双曲线（图 4-8）。

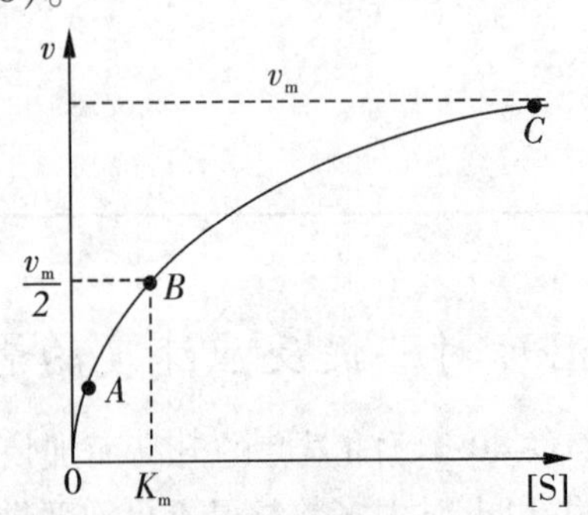


图 4-8 底物浓度对酶促反应速度的影响

图 4-8 说明在底物浓度［S］很低时，反应速度随底物浓度的增加而迅速增加，两者呈正比关系。但进一步增加底物浓度时，反应速度的增加逐渐减慢，两者不成正比。若底物

浓度已很高时再增加底物浓度，反应速度不再增加，趋向于达到反应速度的极限值即最大反应速度（$v_{max}$）。

米-曼（Michaelis-Menten）根据中间产物学说进行数学推导，得出了 $v$ 与[S]关系的公式，即著名的米-曼方程式，式中 $K_m$称为米氏常数。

$$v=\frac{v_m[S]}{K_m+[S]}$$

$K_m$是酶学研究中一个重要常数，其意义有以下几个方面：

1. $K_m$ 值等于酶促反应速度为最大速度一半时的底物浓度，设 $v=1/2v_m$，代入米氏方程，则

$$\frac{1}{2}v_m=\frac{v_m[S]}{K_m+[S]} \qquad 即\ K_m=[S]$$

2. $K_m$值可以近似地表示酶与底物的亲和力。$K_m$值愈大，表示酶与底物的亲和力愈小；$K_m$ 值愈小，酶与底物的亲和力愈大。酶与底物的亲和力大，即 $K_m$ 值小，表示不需要很高底物浓度，便可达到最大速度的一半。

3. $K_m$是酶的特征性常数，不同酶的米氏常数不同。$K_m$ 值一般只与酶的结构和其催化的底物有关，而与酶的浓度无关。各种同工酶 $K_m$ 值也不同，如有来源不同的两种酶，其催化作用相同，若 $K_m$ 值相同，则为同一种酶；若 $K_m$ 值不同，则为同工酶。大多数酶的 $K_m$ 值在 $10^{-7}\sim10^{-6}$mol/L 之间。

4. 判断哪些底物是酶的天然底物或最适底物。如果一种酶同时有几种底物，那么酶催化每一种底物都有一个特定的 $K_m$ 值，其中 $K_m$ 值最小者与酶的亲和力最大，此底物一般为酶的最适底物。

## 四、酶浓度对酶促反应速度的影响

当底物浓度远大于酶浓度时，随着酶浓度（[E]）的增加，酶促反应速度（$v$）亦增加，呈正比关系（图 4-9）。

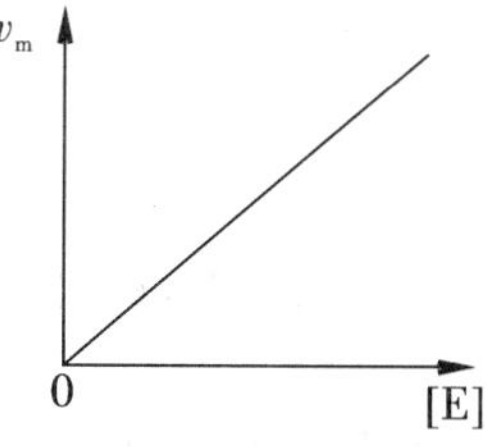


图 4-9 酶浓度对酶促反应速度的影响

## 五、激活剂对酶促反应速度的影响

凡能提高酶活性的物质称为激活剂（activator）。有些激活剂是酶促反应进行必不可少的条件，其作用类似底物，但不被反应所转变，称必需激活剂，多数为金属离子。还有一些酶促反应，在无激活剂存在时，反应能缓慢进行，当加入激活剂后，反应大大加快，称

非必需激活剂。

## 六、抑制剂对酶促反应速度的影响

凡能使酶活性下降或失活但又不使其变性的物质称为酶的抑制剂(inhibitor)。抑制作用可分为两大类，即可逆性抑制作用(reversible inhibition)与不可逆性抑制作用(irreversible inhibition)。

### (一)不可逆性抑制作用

抑制剂与酶分子的某些基团(主要是必需基团)以共价键方式结合，使酶活性丧失。一般不能用稀释、透析、超滤等简单方法除去抑制剂，这种抑制作用称为不可逆性抑制作用。但这类抑制剂使酶活性受抑制后，用某些药物解毒，可使酶恢复活性。

> 想一想：
> 有机磷农药中毒的机制是什么？

1.羟基酶的抑制　羟基酶是指以丝氨酸侧链上的羟基(—OH)为必需基团的一类酶。有机磷杀虫剂如二异丙基氟磷酸(diisopropylphosphofluride，DIFP)、敌敌畏、敌百虫、1605 等均可特异性地与胆碱酯酶活性中心丝氨酸残基上的羟基共价结合，使酶失活。

$$(RO)(R'O)P(=O)-O-X + E-OH \longrightarrow (RO)(R'O)P(=O)-O-E + HX$$

有机磷化合物　　羟基酶　　失活的酶　　酸

胆碱酯酶活性被抑制后，胆碱神经末梢分泌的乙酰胆碱不能及时分解而堆积，导致胆碱神经过度兴奋，表现出一系列中毒症状，这也是有机磷农药杀死昆虫的机制。解磷定等药物置换结合于胆碱酯酶上的磷酰基，从而恢复酶的活性，常用于临床。

$$HON{=}CH-(C_5H_4N^+CH_3) + (RO)(R'O)P(=O)-O-E \longrightarrow (RO)(R'O)P(=O)-O-N{=}CH-(C_5H_4N^+CH_3) + E-OH$$

解磷定　　失活的酶　　有机磷-解磷定复合物　　活化的酶

2.巯基酶的抑制　巯基酶是指以半胱氨酸残基侧链上的巯基(—SH)为必需基团的一类酶。某些重金属离子如 $Hg^{2+}$、$Ag^{+}$、$Pb^{2+}$ 及 $As^{3+}$ 等可与酶分子的活性巯基进行不可逆的结合，使酶活性受抑制。例如第二次世界大战期间法西斯使用的化学毒气——路易士气(Lewisite)就是一种砷化合物，能抑制体内巯基酶。二巯基丙醇(英国抗路易士气剂 british-anti-Lewisite，BAL)或二巯基丁二酸钠等含活泼巯基的化合物能除去酶分子中与巯基结合的化合物，使酶分子上的巯基还原，恢复酶活性。某些重金属盐中毒的解救机制也在于此。

$$\begin{matrix}Cl\\ \quad\backslash\\ \quad As—CH{=}CHCl\\ \quad/\\ Cl\end{matrix} + E\begin{matrix}SH\\ \\ SH\end{matrix} \longrightarrow E\begin{matrix}S\\ \\ S\end{matrix}As—CH{=}CHCl + 2HCl$$

路易士气　　　　巯基酶　　　　失活的酶　　　　酸

$$E\begin{matrix}S\\ \\ S\end{matrix}Hg + \begin{matrix}COONa\\ |\\ CHSH\\ |\\ CHSH\\ |\\ COONa\end{matrix} \longrightarrow E\begin{matrix}SH\\ \\ SH\end{matrix} + \begin{matrix}COONa\\ |\\ CHS\\ |\\ CHS\\ |\\ COONa\end{matrix}Hg$$

二巯基丁二酸钠

$$E\begin{matrix}S\\ \\ S\end{matrix}As—CH{=}CHCl + \begin{matrix}CH_2OH\\ |\\ CHSH\\ |\\ CH_2SH\end{matrix} \longrightarrow E\begin{matrix}SH\\ \\ SH\end{matrix} + \begin{matrix}CH_2OH\\ |\\ CHS\\ |\\ CH_2S\end{matrix}As—CH{=}CHCl$$

失活的酶　　　　二巯基丙醇　　　　巯基酶复活

**(二)可逆性抑制作用**

抑制剂与酶以非共价键结合,两者结合比较疏松,故用透析等物理方法除去抑制剂后,酶的活性能恢复,这种抑制作用称为可逆性抑制作用。根据抑制剂、底物与酶三者的相互关系,可逆性抑制作用又可分为竞争性抑制作用(competitive inhibition)、非竞争性抑制作用(noncompetitive inhibition)等。

1.竞争性抑制作用　竞争性抑制剂的结构与底物类似,能与底物竞争酶的活性中心,酶与这种抑制剂结合后,不能再与底物结合,这种作用称为竞争性抑制作用。例如丙二酸、苹果酸、草酰乙酸与琥珀酸脱氢酶的底物琥珀酸结构相似,故它们能竞争性地与酶的活性中心结合,一旦结合,则生成抑制剂-酶复合物(EI),就不能生成产物,成为反应的"死端",从而减少了反应体系中 ES 的浓度,使酶活性下降。竞争性抑制作用 E、S、I 及其反应的关系如下:

$$\begin{matrix}E + S \underset{k_2}{\overset{k_1}{\rightleftharpoons}} ES \xrightarrow{k_3} E + P\\ +\\ I\\ k_1\updownarrow\\ EI\end{matrix}$$

(图中:EI 与 S 反应→ES 并释放 I)

竞争性抑制作用的显著特点是酶的抑制作用可被高浓度的底物所解除。

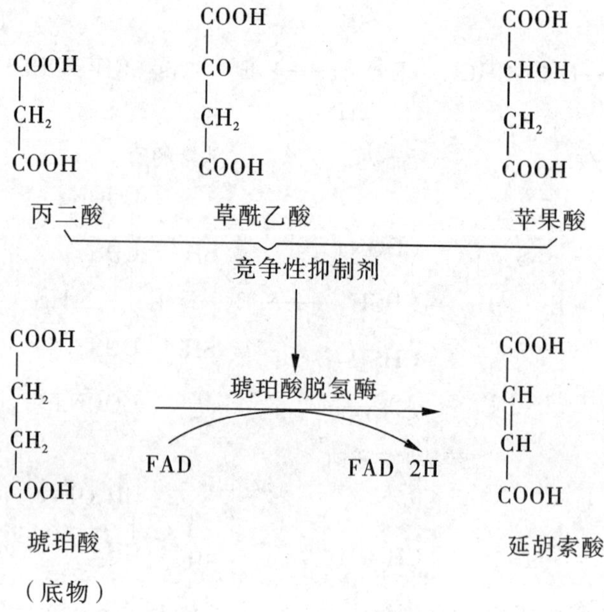


有些药物属酶的竞争性抑制剂，如磺胺类化合物的抑菌作用就是因为其化学结构与对氨基苯甲酸相似，而对氨基苯甲酸、二氢蝶啶及谷氨酸是某些细菌合成二氢叶酸所必需的原料。二氢叶酸转变成四氢叶酸后是细菌合成核酸必不可少的辅酶。磺胺类化合物与二氢叶酸合成酶相结合后，减少了对氨基苯甲酸与二氢叶酸合成酶的结合量，使四氢叶酸和核酸的合成减少，导致细菌的生长和增殖停止。在实际应用中需维持磺胺类药物在体液中的高浓度才能获得满意疗效。人类能直接利用食物中的叶酸，故人体的核酸代谢不易受影响。

> 说一说：
> 磺胺类药物的抑菌作用机制。

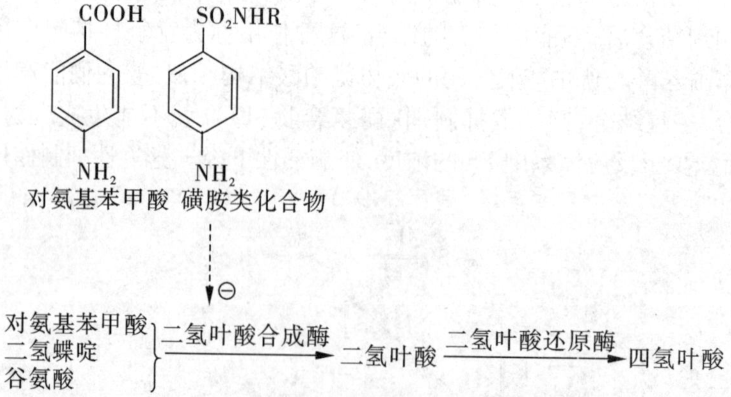

COOH（对位 $NH_2$）　　$SO_2NHR$（对位 $NH_2$）

对氨基苯甲酸　磺胺类化合物

⊖

对氨基苯甲酸、二氢蝶啶、谷氨酸 —二氢叶酸合成酶→ 二氢叶酸 —二氢叶酸还原酶→ 四氢叶酸

2. 非竞争性抑制作用　非竞争性抑制剂也能与酶可逆地结合，但结合的部位不在酶的活性中心，而在活性中心以外的区域。故酶与抑制剂结合后，还可与S结合形成EIS，但这种结合并无催化活性。由于抑制剂不与底物竞争酶的活性中心，故把这种抑制称为非竞争性抑制作用。非竞争性抑制作用E、S、I及其反应的关系如下：

$$E+S \underset{k_2}{\overset{k_1}{\rightleftharpoons}} ES \xrightarrow{k_3} E+P$$

$$\begin{array}{ccc} + & & + \\ I & & I \\ k_1 \Updownarrow & & k_1' \Updownarrow \\ EI+S & \rightleftharpoons & ESI \end{array}$$

> 想一想：
> 竞争性抑制作用与非竞争性抑制作用各有何特点？

非竞争性抑制作用的特点是不能用增加底物浓度的方法解除抑制剂对酶的抑制作用。

哇巴因(ouabain)是细胞膜上 $Na^+$,$K^+$-ATP 酶的强烈抑制剂,这可能与其利尿作用和强心作用有关,其作用就是一种非竞争性抑制作用。

# 第五节 酶在临床医学上的应用

## 一、酶与疾病的关系

有些疾病的发生是由于酶的质和量异常引起的。现已发现 140 多种先天性代谢缺陷中,多由酶的先天性或遗传性缺损所致。例如,酪氨酸酶分子缺陷引起的白化病;6-磷酸葡萄糖脱氢酶分子缺陷引起的蚕豆病;苯丙氨酸羟化酶缺乏引起的苯丙酮酸尿症等。

激素代谢障碍或维生素缺乏也可引起酶的质和量的异常。例如,维生素 K 缺乏时,凝血因子Ⅱ、Ⅶ、Ⅸ、Ⅹ的前体不能在肝内进一步羧化生成成熟的凝血因子,病人表现出因这些凝血因子质的异常所致的出血性疾病。

有些疾病的发生是酶的活性受到抑制引起的。例如,有机磷农药中毒由于抑制了胆碱酯酶的活性,重金属盐中毒由于抑制了巯基酶的活性,氰化物中毒是由于抑制了细胞色素氧化酶。

许多疾病也可引起酶的异常,这种异常又使病情加重。例如,急性胰腺炎时,胰蛋白酶原在胰腺组织中被激活,导致胰腺组织被水解破坏。

## 二、酶与疾病的诊断

临床上更为常见的是许多组织器官的疾病表现为血液等体液中一些酶活性的异常,通过测定血液、尿液等体液中酶活性的改变可以反映某些疾病的发生和发展,有利于临床诊断和预后判断。据统计,当前临床上酶的测定占临床化学检验总量的 25%,可见酶在临床诊断上的重要作用。血液中酶活性的改变大致有以下几方面的原因:

1. 酶从损伤细胞内释放增加　细胞破坏或细胞膜通透性增高时,细胞内的某些酶可大量释放入血。如急性胰腺炎时血清和尿中淀粉酶活性升高;急性肝炎或心肌炎时血清转氨酶活性升高等。

2. 酶合成异常　酶合成异常包括酶合成减少和增加两种情况。由于许多酶在肝内合成,肝功能严重障碍时,某些酶合成减少,如血中凝血酶原、凝血因子Ⅶ等含量下降。患骨骼系统疾病时,可因骨细胞或软骨细胞合成、分泌较多的碱性磷酸酶,而使血清中此酶活性增加。如胆管堵塞时,胆汁的反流可诱导肝合成大量的碱性磷酸酶;巴比妥盐类或酒精可诱导肝中的$\gamma$-谷氨酰转移酶生成增多。

3. 酶的排泄障碍　肝硬化时血清碱性磷酸酶不能被及时清除,胆管阻塞可影响血清碱性磷酸酶的排泄,均可造成血清中此酶浓度的明显升高。

另外同工酶的测定对于疾病的诊断和器官定位具有重要意义。

**【知识链接】**

**端粒、端粒酶与衰老及肿瘤**

古往今来,谁不希望自己的身体永远健康?又有谁不希望自己永远年轻美丽?可是在人体细胞中,却存在着与衰老及肿瘤密切相关的端粒、端粒酶。端粒是真核生物染色体线性 DNA 末端的一个特殊结构,对维持染色体的稳定性起重要作用。端粒缩短到一定长度时,细胞停止分裂、衰老甚至死亡,这是正常的生理现象。端粒酶是使端粒增补不致缩短的一种酶。大部分恶性肿瘤细胞中端粒缩短到一定程度时,又会被异常激活,从而使肿瘤细胞成为"永生"细胞,永不衰亡而增生分裂不止。因此人们在研究通过活组织端粒酶活性的测定,来诊断恶性肿瘤。通过寻找抑制端粒酶活性的药物治疗恶性肿瘤。

## 三、酶与疾病的治疗

酶不仅用于诊断,也可用于治疗。人工合成的酶底物类似物可与酶结合,应用竞争性抑制原理阻碍代谢的进行,达到治疗目的。例如,甲氨蝶呤、5-氟尿嘧啶、6-巯基嘌呤等,都是核酸代谢途径中相关酶的竞争性抑制剂,可达到遏制肿瘤生长的目的。磺胺类药物是细菌二氢叶酸合成酶的竞争性抑制剂。氯霉素可抑制某些细菌转肽酶的活性从而抑制其蛋白质的合成。

水解酶类如胃蛋白酶、胰蛋白酶、淀粉酶、脂肪酶和木瓜蛋白酶,临床上用于助消化;溶菌酶、菠萝蛋白酶、木瓜蛋白酶可缓解炎症及消肿;胰凝乳蛋白酶用于外科清创和烧伤病人痂后的清除;胰凝乳蛋白还用于防治脓胸病人浆膜粘连;链激酶、尿激酶、纤溶酶等可防止血栓形成和溶解血栓,用于缺血性脑病、心血管疾病的防治,如脑血栓、心肌梗死及各种病因所致的血管内凝血(DIC);天冬酰胺酶用于抑制血癌细胞的生长等。但酶是蛋白质,有抗原性,可诱导抗体的生成,重复使用时除可引起过敏反应外,对酶的有效性因抗体生成而降低。

另外,酶还作为工具用于科学研究和临床检验。当前遗传工程进展很快,利用酶具有高度特异性的特点,将酶作为工具,在分子水平上对某些生物大分子进行定向的分割与连接。例如,基因工程中应用的各种限制性核酸内切酶、连接酶以及聚合酶链反应中应用的热稳定的 TaqDNA 聚合酶等。

固定化酶(immobilized enzyme)是将水溶性酶经物理或化学方法处理,将其固定于有机或无机物的介质上,或包埋于某些膜中,使之成为不溶于水的、稳定的可以反复利用的固态酶。由于其具有类似离子交换树脂和亲和层析样的优点,机械性强,对热和酸碱的稳定性好,可长期反复利用,在工业、农业、医药、环保和理论研究等方面具有广阔的应用前景。

抗体酶(abzymes)是人工制造的具有催化活性的单克隆抗体。人们根据酶底物的过渡态与酶的活性中心密切结合并易于生成产物的特性,设计出过渡分子的类似物,并以此作为抗原,接种于动物体内使之产生相应的抗体。该抗体具有催化过渡态反应的酶活性,这种具有酶活性的抗体,称为抗体酶。抗体酶研究是酶工程研究的前沿之一。制造抗体酶的技术比蛋白质工程甚至比生产酶制剂简单,又可大量生产。因此,可通过抗体酶的途径来制备特异性强、药效性高的药物或研发自然界不存在的新酶。

酶联免疫测定法是利用酶作为分析试剂,对一些酶的活性、底物浓度、激活剂、抑制剂等进行定量分析的一种方法。此法具有灵敏、准确、方便、迅速的特点,已广泛地应用于临床检验和科学研究等各领域。

## 小 结

酶是由活细胞产生的一种特殊功能的蛋白质,与一般催化剂相比有相同点和不同点,不同点即酶促反应的特点:有极高的催化效率、高度的专一性、高度的不稳定性,酶活性的可调控性。酶根据其化学成分的不同分为单纯酶和结合酶,单纯酶是仅由氨基酸残基组成的蛋白质,结合酶除有蛋白质部分外,还含有非蛋白辅助因子,酶蛋白部分决定酶促反应的特异性。酶的活性中心由酶的必需基团构成:既能与底物结合又能将底物转化为产物的局部区域。活性中心的功能基团可分为结合基团和催化基团。无活性状态的酶的前身物称为酶原,无活性的酶原在一定条件下能转变成有活性的酶的过程,称为酶原的激活。酶原激活的生理意义在于避免细胞产生的蛋白酶对细胞自身进行消化,同时保证了合成的酶在特定的部位和环境中迅速地发挥其生理作用。同工酶指能催化相同反应,而分子结构、理化性质和免疫学性质有所不同的一组酶,血清同工酶谱分析有助于器官疾病的早期诊断和定位诊断。影响酶促反应速度的因素有酶浓度、底物浓度、温度、pH 值、激活剂、抑制剂等。

酶的命名包括习惯命名法和系统命名法。酶可分为六大类,分别是氧化还原酶类、转移酶类、水解酶类、裂解酶类、异构酶类、合成酶类。按酶的系统命名分类法所分成的六类,每一种酶均有四个数字的编号。

酶与医学的关系十分密切。许多疾病的发生与酶的异常或酶受到抑制有关。机体的某些疾病可以通过血清的测定予以反映。许多药物可以通过作用于细菌或人体的某些酶以达到治疗目的。酶可以作为诊断试剂和药物对某些疾病进行诊断和治疗。酶可以作为工具酶或制成固定化酶用于科学研究。抗体酶是人工制造的兼有抗体和酶活性的蛋白质,具有广阔的开发前景。

(肖明贵　王慧玲)

# 第五章 糖代谢

**学 习 目 标**

- ◆认识糖的生理功能。
- ◆明确血糖的概念、正常值及血糖浓度恒定的重要生理意义。
- ◆归纳总结糖在体内的一般动态概况。
- ◆掌握糖在体内氧化分解的基本过程、特点及生理意义。
- ◆理解体内糖储存和动员的过程及生理意义。
- ◆了解低血糖、高血糖和糖尿病。

> 想一想：
> 糖对人体有哪些重要的生理功能？

糖是广泛存在于生物界的一大类有机化合物，其化学本质为多羟基醛或多羟基酮类及其衍生物或多聚物。植物中含糖较丰富，占其干重的85% ~95%。如种子和块茎中的淀粉、根和茎中的纤维素、水果中的葡萄糖和果糖等。糖占人体干重的2%。糖最主要的生理功能是为机体提供生命活动所需要的能量，人体能量的50% ~70%来自糖的氧化分解。1 mol 葡萄糖完全氧化为二氧化碳和水可释放 2840 kJ (679 kcal)的能量。糖还是机体重要的碳源，糖代谢的中间产物可转变成其他含碳化合物，如氨基酸、脂肪酸、核苷等。糖也是组成人体组织结构的重要成分。糖及糖的衍生物可与其他成分一起构成糖复合物，如糖脂、糖蛋白及蛋白多糖等，它们是细胞膜、神经组织和结缔组织的组成成分。糖在体内还参与构成某些重要生物活性物质，如激素、酶、免疫球蛋白、ATP、$NAD^+$、FAD 等。葡萄糖是体内糖利用、代谢最重要的功能形式，而糖原是体内糖的储存形式。

## 第一节 糖的消化吸收及其在体内代谢概况

### 一、糖的消化吸收

人类食物中的糖主要有植物淀粉，另外有少量动物糖原以及麦芽糖、蔗糖、乳糖和葡萄糖等。淀粉是由许多葡萄糖分子组成的带分支的大分子多糖，直链部分的葡萄糖通过 $\alpha$-1,4-糖苷键相连，分支处以 $\alpha$-1,6-糖苷键相连。淀粉必须经过消化道水解酶的作用变成葡萄糖,才能被吸收。

### (一)糖的消化

食物淀粉的消化从口腔唾液淀粉酶的作用开始,但主要在小肠进行。在胰腺分泌的胰淀粉酶催化下,淀粉水解成分子较小的糊精、麦芽寡糖、麦芽糖等,再受小肠黏膜细胞分泌的糊精酶、麦芽糖酶的作用水解成葡萄糖。蔗糖、乳糖、麦芽糖等双糖,也均在小肠黏膜细胞分泌的相应双糖酶催化下水解成葡萄糖、果糖、半乳糖等单糖后才被机体所吸收。植物中另一种葡萄糖的多聚体为纤维素,葡萄糖之间的连接是β-糖苷键,人体内无β-糖苷酶,故不能被消化,但纤维素具有促进肠蠕动等重要功能,也是维持健康所必需的物质。

### (二)糖的吸收

糖被消化成单糖后才能在小肠被吸收,再经门静脉入肝。小肠黏膜细胞对葡萄糖的摄入是一个依赖于特定载体转运的、主动耗能的过程,在吸收过程中同时伴有 $Na^+$ 的转运。

## 二、血糖的来源与去路

### (一)血糖的概念

消化吸收进入体内的单糖主要是葡萄糖。半乳糖、果糖吸收后,在体内可转 变成葡萄糖。血液中的葡萄糖称为血糖。血糖浓度随进食、活动等变化而有所波动,空腹状态下比较恒定。正常人空腹血糖浓度为3.9～6.1 mmol/L。血糖浓度的相对稳定对保证组织器官,特别是对大脑的正常生理活动具有重要意义。如果血糖过低,会出现脑功能障碍,甚至出现低血糖昏迷。血糖浓度的相对恒定靠机体血糖来源和去路的动态平衡维持。

> 说一说:
> 血糖的来源和去路有哪些?正常人血糖浓度是多少?

### (二)血糖的来源

血糖的来源有三个方面:

1. 食物中的糖　食物中的糖类经消化吸收入血的葡萄糖及其他单糖,是血糖的主要来源。

2. 肝糖原　肝将其储存的肝糖原分解为葡萄糖进入血液,这是空腹时血糖的主要来源。

3. 糖异生作用　体内某些非糖物质可转变生成葡萄糖来维持血糖的浓度。如禁食(>12 h)时脂肪中甘油及肌肉剧烈运动收缩后产生的乳酸可在肝中转变成糖。

### (三)血糖的去路

血糖的去路有四条:

1. 氧化分解　血液中的葡萄糖流经全身各组织时,可被组织细胞摄取,经氧化分解为机体供能,这是血糖的最主要去路。

2. 合成糖原储存　消化吸收的葡萄糖在肝和肌肉中合成糖原储存,这是糖在体内的主要储存形式。

3. 转变成其他糖及糖衍生物　葡萄糖在体内可转变成核糖、脱氧核糖、氨基糖等,作为一些重要物质合成的原料。

4. 转变为非糖物质　葡萄糖在体内可转变成脂肪、某些非必需氨基酸等。

血糖来源与去路总结于图5-1,这就是糖在体内的代谢概况。

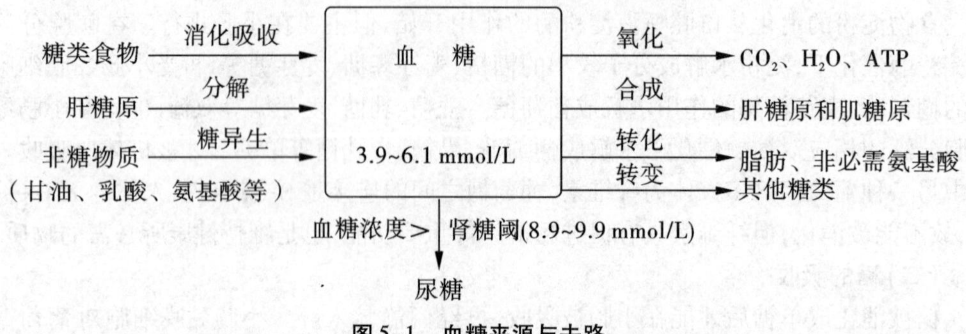


**图5-1　血糖来源与去路**

## 第二节　糖的分解代谢

糖的分解代谢是糖在体内的氧化供能过程。糖在体内主要有三条分解代谢途径:①在不需氧的情况下进行糖酵解;②在有氧情况下进行的有氧氧化;③生成5-磷酸核糖为中间产物的磷酸戊糖途径。

### 一、糖酵解

**(一)糖酵解的概念**

葡萄糖或糖原的葡萄糖单位在无氧或缺氧情况下,分解生成乳酸并生成ATP的过程称为糖的无氧分解,这一过程与酵母中糖生醇发酵的过程相似,故又称糖酵解(glycolysis)。

> 议一议:
> 糖酵解的基本过程及生理意义。

**(二)糖酵解的反应过程**

糖酵解反应的全过程均在胞液中进行,整个途径可分为两个阶段。第一阶段由葡萄糖或糖原的葡萄糖单位分解生成2分子磷酸丙糖,第二阶段由磷酸丙糖转变为乳酸,其反应过程如下。

葡萄糖⟶磷酸丙糖×2 ⟶乳酸×2

1. 磷酸丙糖的生成　此阶段包括4步反应。

(1)葡萄糖磷酸化生成6-磷酸葡萄糖:葡萄糖(glucose,G)在己糖激酶或葡萄糖激酶催化下,由ATP提供磷酸基和能量,生成6-磷酸葡萄糖(glucose-6-phosphate,G-6-P)。这一步反应不仅活化了葡萄糖,以便其进一步参与各种代谢,而且还能捕获进入细胞的葡萄糖,使其不再逸出细胞。己糖激酶是糖酵解途径的关键酶(又称限速酶)之一,催化的反应不可逆。己糖激酶主要存在于肝外组织,对葡萄糖有较强的亲和力,在糖浓度较低时,仍可发挥较强的催化作用,这就保证了大脑等重要生命器官,即使在饥饿、血糖浓度降低的情况下,仍可摄取利用葡萄糖以维持能量供应。葡萄糖激酶主要存在于肝,此酶对葡萄糖的亲和力较小,在葡萄糖浓度高时,催化效率较高,有利于肝在高血糖浓度下将大量葡萄糖磷酸化，进而用于合成肝糖原。

$$葡萄糖 \xrightarrow[Mg^{2+}\ (ATP \to ADP)]{己糖激酶} 6-磷酸葡萄糖$$

糖原（glycogen）进行糖酵解时，首先由磷酸化酶催化糖原分子中的葡萄糖单位磷酸化，生成1-磷酸葡萄糖（glucose-1-phosphate，G-1-P），然后在磷酸葡萄糖变位酶催化下转变成6-磷酸葡萄糖。由糖原转变为6-磷酸葡萄糖是不消耗ATP的。

（2）6-磷酸葡萄糖转变为6-磷酸果糖（fructose-6-phosphate，F-6-P）：这是醛糖和酮糖之间的异构化反应，由磷酸己糖异构酶催化，为可逆反应。

$$6-磷酸葡萄糖 \xrightleftharpoons{磷酸己糖异构酶} 6-磷酸果糖$$

（3）6-磷酸果糖磷酸化为1，6-二磷酸果糖（1，6-fructose-bisphosphate，F-1，6-P或FBP）：6-磷酸果糖在磷酸果糖激酶催化下生成F-1，6-P，这是酵解途径中第二次磷酸化反应，需ATP和$Mg^{2+}$，反应不可逆。磷酸果糖激酶是糖酵解过程中最重要的关键酶，其催化活性的强弱，直接影响着糖酵解的速度。

$$6-磷酸果糖 \xrightarrow[Mg^{2+}\ (ATP \to ADP)]{磷酸果糖激酶} 1,6-二磷酸果糖$$

（4）1，6-二磷酸果糖裂解为2分子磷酸丙糖：在醛缩酶作用下，F-1，6-P裂解为2分子互为异构体的磷酸丙糖，即3-磷酸甘油醛和磷酸二羟丙酮，二者在异构酶作用下可互相转变。当3-磷酸甘油醛在下一步反应中被消耗时，磷酸二羟丙酮迅速转变为3-磷酸甘油醛，继续进行酵解，故一分子6碳的F-1，6-P相当于生成2分子3-磷酸甘油醛。

$$1,6-二磷酸果糖 \xrightleftharpoons{醛缩酶} 3-磷酸甘油醛+磷酸二羟丙酮$$

至此，以上4步反应有两次磷酸化作用，消耗2分子ATP，这一阶段的特点是耗能。

2. 乳酸生成　此阶段包括6步反应。

（1）3-磷酸甘油醛氧化生成1，3-二磷酸甘油酸：在3-磷酸甘油醛脱氢酶催化下，3-磷酸甘油醛脱氢氧化，并生成含有一个高能磷酸键的1，3-二磷酸甘油酸（1，3-bisphosphoglycerate，1，3-BPG）。本反应脱下的2H，由脱氢酶的辅酶$NAD^+$接受，生成$NADH+H^+$。此步反应可逆。

$$3-磷酸甘油醛+H_3PO_4+NAD^+ \xrightleftharpoons{3-磷酸甘油醛脱氢酶} 1,3-二磷酸甘油酸+NADH+H^+$$

（2）1，3-二磷酸甘油酸转变为3-磷酸甘油酸：1，3-二磷酸甘油酸在3-磷酸甘油酸激酶催化下，将分子内部的高能磷酸基团转移给ADP，生成ATP和3-磷酸甘油酸。这是酵解过程中以底物水平磷酸化方式生成ATP的第一个反应。这是体内产生ATP的次要方式，不需要氧。

$$1,3-二磷酸甘油酸+ADP \xrightleftharpoons[Mg^{2+}]{3-磷酸甘油酸激酶} 3-磷酸甘油酸+ATP$$

（3）3-磷酸甘油酸转变为2-磷酸甘油酸：在磷酸甘油酸变位酶的催化下，3-磷酸甘油酸$C_3$位上的磷酸基转移到$C_2$位上，生成2-磷酸甘油酸。

$$3\text{-磷酸甘油酸} \xrightleftharpoons{\text{磷酸甘油酸变位酶}} 2\text{-磷酸甘油酸}$$

(4)2-磷酸甘油酸转变为磷酸烯醇式丙酮酸:2-磷酸甘油酸经烯醇化酶作用进行脱水反应,使分子内部能量重新分配,形成含有1个高能磷酸键的磷酸烯醇式丙酮酸(phosphoenolpyruvate,PEP)。

$$2\text{-磷酸甘油酸} \xrightleftharpoons{\text{烯醇化酶}} \text{磷酸烯醇式丙酮酸}+H_2O$$

(5)丙酮酸的生成:PEP在丙酮酸激酶(PK)催化下,使分子中的高能磷酸基转移给ADP生成ATP,其自身生成烯醇式丙酮酸,并自动转变为丙酮酸。丙酮酸激酶是关键酶,催化的反应不可逆,这是糖酵解途径中第二个以底物水平磷酸化方式生成ATP的反应。

$$\text{磷酸烯醇式丙酮酸} \xrightarrow[\text{ATP} \curvearrowright \text{ADP},\ Mg^{2+}]{\text{丙酮酸激酶}} \text{烯醇式丙酮酸} \longrightarrow \text{丙酮酸}$$

(6)丙酮酸还原为乳酸:乳酸脱氢酶催化丙酮酸还原为乳酸,供氢体$NADH+H^+$来自3-磷酸甘油醛脱下的氢,丙酮酸则起到受氢体的作用,使$NADH+H^+$得以再生为$NAD^+$,保证了糖酵解的继续进行。

$$\text{丙酮酸}+NADH+H^+ \xrightleftharpoons{\text{乳酸脱氢酶}} \text{乳酸}+NAD^+$$

现将糖酵解反应的全过程综合如图5-2。

**(三)糖酵解反应特点**

1. 糖酵解的起始物是葡萄糖或糖原,反应在胞液中进行,全过程没有氧的参与,反应中生成的$NADH+H^+$只能将2H交给丙酮酸,使之还原成乳酸。因此,乳酸是糖酵解的必然产物。

2. 糖酵解途径释放能量较少,1分子葡萄糖可氧化为2分子丙酮酸,经2次底物水平磷酸化,可产生4分子ATP,除去葡萄糖活化时消耗的2分子ATP,可净生成2分子ATP;若从糖原开始,则净生成3分子ATP。

3. 糖酵解反应的全过程中,有三步是不可逆的单向反应。催化这三步反应的己糖激酶(肝中是葡萄糖激酶)、磷酸果糖激酶、丙酮酸激酶是糖酵解过程中的关键酶,其中以磷酸果糖激酶的催化活性最低,是最重要的关键酶。这三个酶催化的反应可通过其他的酶催化而使整个酵解过程可逆。

**(四)糖酵解的生理意义**

1. 糖酵解主要生理意义是在机体缺氧时提供能量　正常生理情况下,人体主要靠糖的有氧氧化供能,但当氧供应不足时,需靠糖酵解提供一部分急需的能量。如剧烈运动时,能量需求增加,呼吸和循环加快,肌肉处于相对缺氧状态,必须通过糖酵解提供急需的能量;又如呼吸或循环功能障碍、严重贫血、大量失血等造成机体缺氧时,也通过糖酵解增强供应能量。倘若机体相对缺氧时间较长,可造成糖酵解产物乳酸的堆积,可能引起代谢性酸中毒。

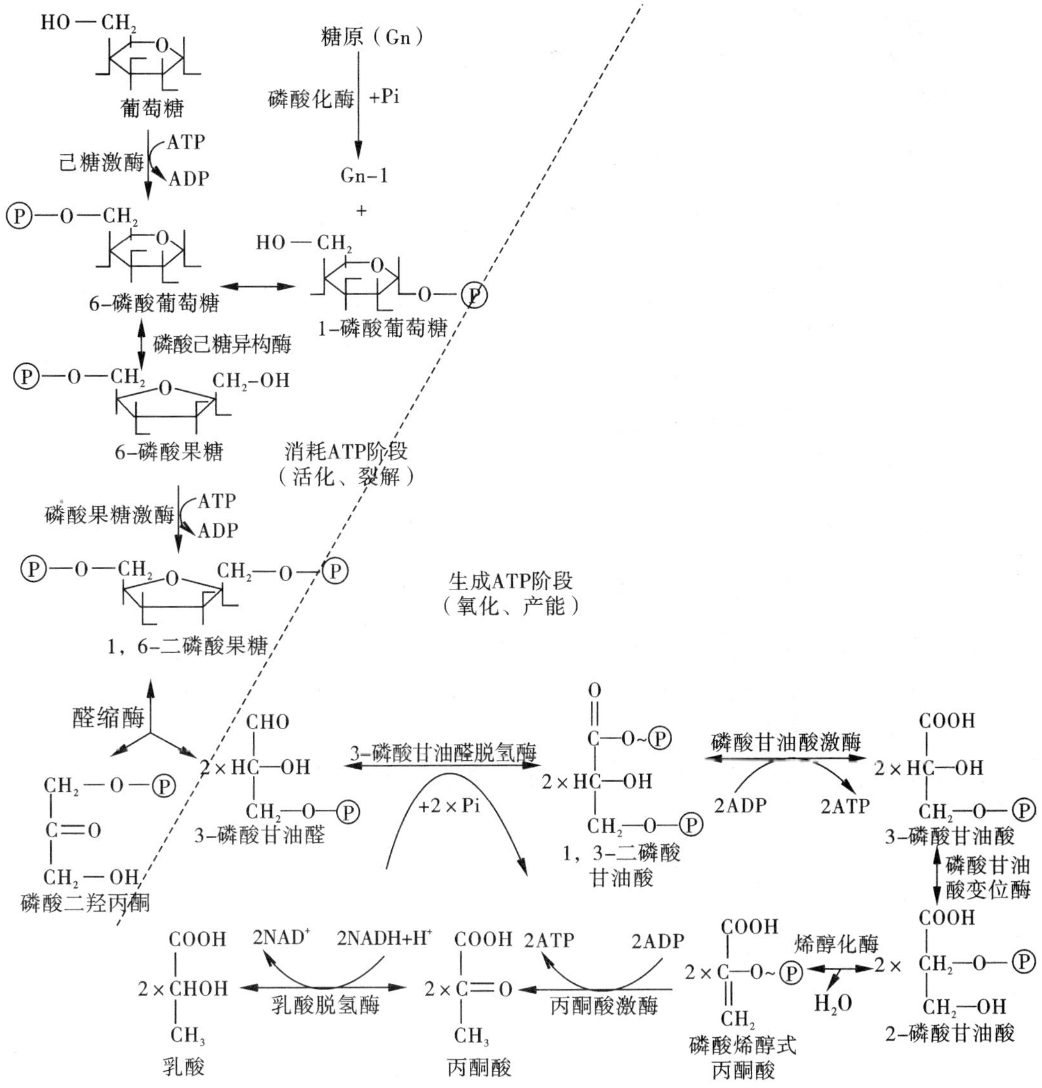

HO—$CH_2$
葡萄糖
己糖激酶 ATP ADP
糖原（Gn）
磷酸化酶 +Pi
Gn-1
+
Ⓟ—O—$CH_2$
6-磷酸葡萄糖
HO—$CH_2$
O—Ⓟ
1-磷酸葡萄糖
磷酸己糖异构酶
Ⓟ—O—$CH_2$　$CH_2$-OH
6-磷酸果糖
消耗ATP阶段
（活化、裂解）
磷酸果糖激酶 ATP ADP
Ⓟ—O—$CH_2$　$CH_2$—O—Ⓟ
1，6-二磷酸果糖
生成ATP阶段
（氧化、产能）
醛缩酶
$CH_2$—O—Ⓟ
C=O
$CH_2$—OH
磷酸二羟丙酮
CHO
2×HC—OH
$CH_2$—O—Ⓟ
3-磷酸甘油醛
3-磷酸甘油醛脱氢酶
+2×Pi
O
C—O~Ⓟ
2×HC—OH
$CH_2$—O—Ⓟ
1，3-二磷酸甘油酸
磷酸甘油酸激酶
2ADP　2ATP
COOH
2×HC—OH
$CH_2$—O—Ⓟ
3-磷酸甘油酸
磷酸甘油酸变位酶
COOH
2× $CH_2$—O—Ⓟ
$CH_2$—OH
2-磷酸甘油酸
烯醇化酶
$H_2O$
COOH
2×C—O~Ⓟ
$CH_2$
磷酸烯醇式丙酮酸
2ATP　2ADP
丙酮酸激酶
COOH
2×C=O
$CH_3$
丙酮酸
$2NAD^+$　$2NADH+H^+$
乳酸脱氢酶
COOH
2×CHOH
$CH_3$
乳酸

**图5-2　糖酵解的过程**

2. 糖酵解是某些组织生理情况下的供能途径　少数组织即使在氧供应充足的情况下，仍主要靠糖酵解供能，如视网膜、睾丸、肾髓质和皮肤等。成熟红细胞由于无线粒体，故以糖酵解为其唯一供能途径。神经、白细胞、骨髓、肿瘤细胞中酵解也很活跃。

3. 糖酵解的逆反应是糖异生的途径。

## 二、糖的有氧氧化

### （一）糖的有氧氧化的概念

葡萄糖或糖原的葡萄糖单位在有氧条件下彻底氧化成水和二氧化碳并释放大量能量的过程，称为糖的有氧氧化（aerobic oxidation）。有氧氧化是糖分解代谢的主要方式，绝大多数组织细胞都从有氧氧化获得能量。

### (二)有氧氧化的反应过程

糖的有氧氧化过程可分为三个阶段:①葡萄糖或糖原分解为丙酮酸;②丙酮酸氧化脱羧生成乙酰 CoA;③乙酰 CoA 经三羧酸循环彻底氧化生成二氧化碳、水和 ATP。

$$\text{葡萄糖}\xrightarrow[\text{胞液}]{\text{第一阶段}}\text{丙酮酸}\xrightarrow[\text{线粒体}]{\text{第二阶段}}\text{乙酰 CoA}\xrightarrow[\text{线粒体}]{\text{第三阶段}}CO_2+H_2O+ATP$$

1. 丙酮酸的生成　葡萄糖转变为丙酮酸的阶段,是糖有氧氧化和糖酵解共有的过程,也称为糖酵解途径。有氧氧化与糖酵解所不同的反应是 3-磷酸甘油醛脱氢产生的 $NADH+H^+$ 在有氧条件下,不再交给丙酮酸使其还原为乳酸,而是进入线粒体经呼吸链氧化生成水并释放出能量。

2. 丙酮酸氧化脱羧生成乙酰 CoA　丙酮酸经线粒体内膜上特异载体转运进入线粒体,又在丙酮酸脱氢酶复合体催化下,经脱氢、脱羧、酰化等反应生成乙酰 CoA,总反应如下:

$$CH_3COCOOH \xrightarrow{\text{丙酮酸脱氢酶系}} CH_3CO\sim SCoA+CO_2$$

$$NAD^+ \xrightarrow{\text{TPP、FAD、硫辛酸、HSCoA}} NADH+H^+$$

丙酮酸生成乙酰 CoA 的反应是糖有氧氧化过程中重要的不可逆反应,其重要特征是丙酮酸氧化释放的自由能储存于乙酰 CoA 及 NADH 中。乙酰 CoA 可参与多种代谢途径,NADH 则进入呼吸链继续氧化。

丙酮酸脱氢酶系属于多酶复合体,由三种酶组合而成(表 5-1)。

**表 5-1　丙酮酸脱氢酶系的组成**

| 酶 | 辅酶 | 所含维生素 |
|---|---|---|
| 丙酮酸脱氢酶 | TPP | 维生素 $B_1$ |
| 二氢硫辛酸乙酰转移酶 | 二氢硫辛酸、HSCoA | 硫辛酸、泛酸 |
| 二氢硫辛酸脱氢酶 | FAD、$NAD^+$ | 维生素 $B_2$、维生素 PP |

丙酮酸脱氢酶系作用机制见图 5-3。

丙酮酸脱氢酶系的五种辅酶均含有维生素。特别是维生素 $B_1$ 参与丙酮酸脱氢酶系的构成,当维生素 $B_1$ 缺乏时,体内 TPP 不足,则影响丙酮酸脱氢酶系的活性,使丙酮酸脱羧受阻,以致神经组织、心肌能量供应不足,并伴随丙酮酸和乳酸在神经组织、心肌堆积,影响其代谢和功能,引起"脚气病"。缺乏维生素 $B_2$ 常引起口角炎、舌炎及鳞屑性皮炎,缺乏维生素 PP 可引起癞皮病。

3. 乙酰 CoA 进入三羧酸循环彻底氧化分解　三羧酸循环(tricarboxylic acid cycle, TAC)亦称柠檬酸循环,是从乙酰 CoA 与草酰乙酸缩合生成含三个羧基的柠檬酸开始,经过一系列反应,最终仍然生成草酰乙酸而构成循环。由于最早由 Krebs 提出,故也称为 Krebs 循环。三羧酸循环是乙酰 CoA 彻底氧化的途径,在线粒体中进行,包括 8 步反应,反应结构式见图 5-4。

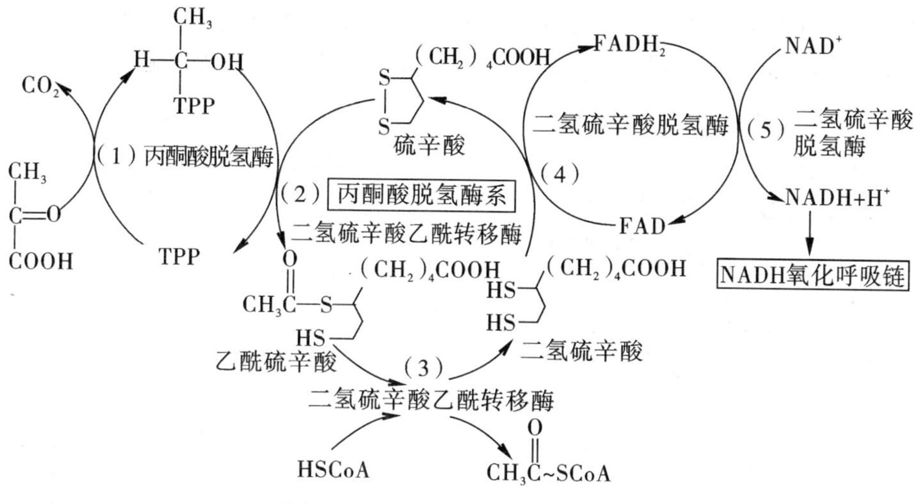

图 5-3　丙酮酸脱氢酶系作用机制

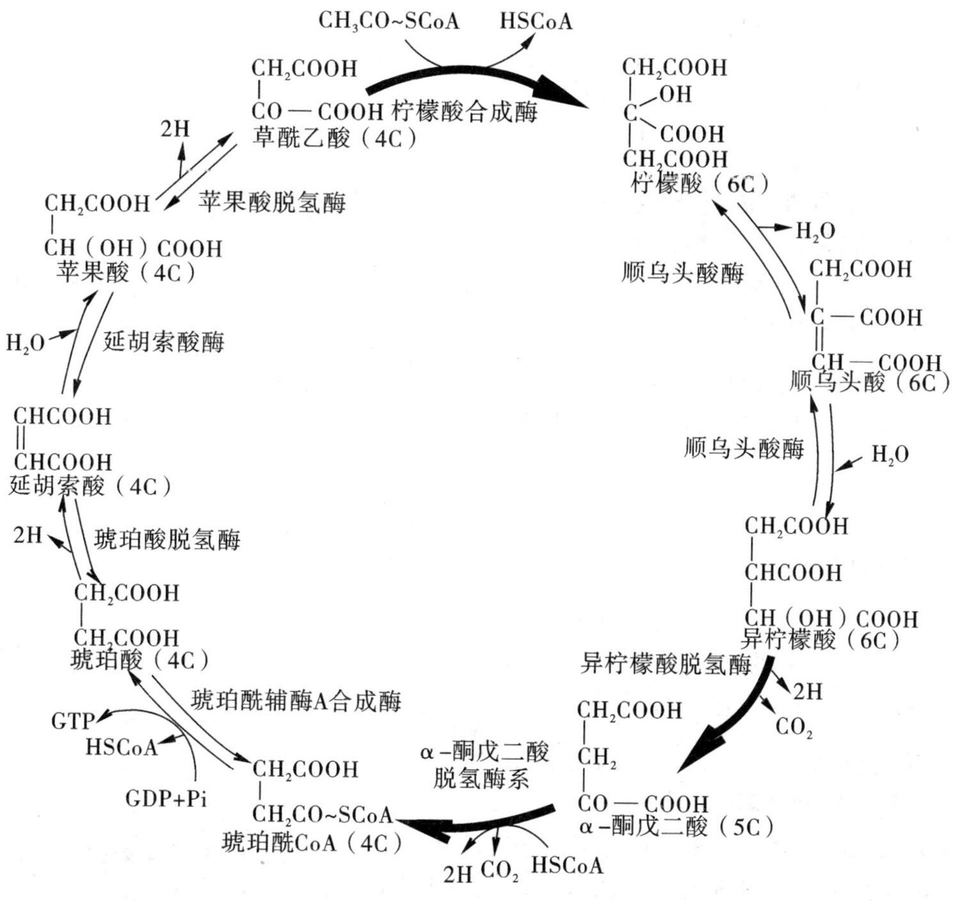

图 5-4　三羧酸循环

(1)柠檬酸的生成:柠檬酸合成酶催化乙酰 CoA 的乙酰基与草酰乙酸缩合生成柠檬酸,释放 HSCoA,此反应不可逆。反应所需能量来自乙酰 CoA 中高能硫酯键的水解。

$$\text{乙酰 CoA}+\text{草酰乙酸}+H_2O \xrightarrow{\text{柠檬酸合成酶}} \text{柠檬酸}+HSCoA$$

(2)异柠檬酸的生成:在顺乌头酸酶的催化下,柠檬酸先脱水生成顺乌头酸,后者则水化生成异柠檬酸,反应的结果使 $C_3$上的羟基转移到 $C_2$上,此反应可逆。

$$\text{柠檬酸} \xrightleftharpoons[-H_2O]{\text{顺乌头酸酶}} \text{顺乌头酸} \xrightarrow[+H_2O]{\text{顺乌头酸酶}} \text{异柠檬酸}$$

(3)异柠檬酸氧化脱羧:异柠檬酸在异柠檬酸脱氢酶催化下,脱氢、脱羧,转变为α-酮戊二酸,脱下的氢由 $NAD^+$ 接受。反应不可逆,异柠檬酸脱氢酶是三羧酸循环的关键酶。

$$\text{异柠檬酸}+NAD^+ \xrightarrow[Mg^{2+}]{\text{异柠檬酸脱氢酶}} \alpha\text{-酮戊二酸}+NADH+H^+ +CO_2$$

(4)α-酮戊二酸氧化脱羧:α-酮戊二酸在α-酮戊二酸脱氢酶复合体催化下,脱氢、脱羧,转变为琥珀酰辅酶 A。其反应过程及机制与丙酮酸的氧化脱羧反应类同。该酶系为关键酶,催化反应不可逆。

$$\alpha\text{-酮戊二酸} \xrightarrow[\text{TPP、FAD、硫辛酸、HSCoA}]{\alpha\text{-酮戊二酸脱氢酶系 } Mg^{2+}} \text{琥珀酰CoA} + CO_2$$

$$NAD^+ \rightarrow NADH+H^+$$

(5)琥珀酸的生成:琥珀酰辅酶 A 含有高能硫酯键,在琥珀酸硫激酶(又称琥珀酰辅酶 A 合成酶)催化下,将其能量转移给 GDP,生成 GTP,其本身则转变为琥珀酸,这是三羧酸循环中唯一经底物水平磷酸化生成的高能化合物,生成的 GTP 再将其高能磷酸键转移给 ADP 生成 ATP,此反应不可逆。

$$\text{琥珀酸 CoA}+GDP+Pi \xrightarrow{\text{琥珀酸硫激酶}} \text{琥珀酸}+GTP+HSCoA$$

(6)琥珀酸脱氢生成延胡索酸:琥珀酸在琥珀酸脱氢酶催化下生成延胡索酸,脱下的氢由 FAD 传递。

$$\text{琥珀酸}+FAD \xrightleftharpoons{\text{琥珀酸脱氢酶}} \text{延胡索酸}+FADH_2$$

(7)延胡索酸加水生成苹果酸:延胡索酸酶催化此可逆反应。

$$\text{延胡索酸}+H_2O \xrightleftharpoons{\text{延胡索酸酶}} \text{苹果酸}$$

(8)草酰乙酸的再生:苹果酸在苹果酸脱氢酶催化下生成草酰乙酸,脱下的氢由 $NAD^+$传递。再生的草酰乙酸可再次进入三羧酸循环。

$$\text{苹果酸}+NAD^+ \xrightleftharpoons{\text{苹果酸脱氢酶}} \text{草酰乙酸}+NADH+H^+$$

**(三)三羧酸循环的特点**

1. 三羧酸循环是乙酰 CoA 彻底氧化的过程　三羧酸循环中 1 分子乙酰 CoA 经 2 次脱羧反应使分子中的碳原子转变为二氧化碳而释放。实际上是氧化了 1 分子乙酰 CoA。反应全部酶系都存在于细胞线粒体中。

> 议一议:
>
> 乙酰 CoA 中的乙酰基进入三羧酸循环被氧化后的直接产物是什么?

2. 三羧酸循环是需氧的代谢过程　是产生 ATP 的主要途径。三羧酸循环中有 4 次脱氢反应，其中 3 次以 $NAD^+$ 为受氢体，每分子 $NADH+H^+$ 经呼吸链氧化产生 2.5 个 ATP，1 次以 FAD 为受氢体，1 分子 $FADH_2$ 经氧化可生成 1.5 个 ATP，加上底物水平磷酸化生成的 1 个高能磷酸键（GTP），故 1 分子乙酰 CoA 经三羧酸循环氧化产生 10 个 ATP。氧间接参与三羧酸循环，因为三羧酸循环中产生的 $NADH+H^+$ 和 $FADH_2$ 必须经呼吸链把电子传递给氧，重新氧化成 $NAD^+$ 和 FAD，因此三羧酸循环是需氧的代谢过程。

3. 三羧酸循环不可逆　三羧酸循环中柠檬酸合成酶、异柠檬酸脱氢酶和 α-酮戊二酸脱氢酶复合体是该代谢途径的关键酶，这 3 个酶所催化的三步反应均是单向不可逆反应，所以三羧酸循环是不可逆转的。

4. 三羧酸循环中间物质的补充　三羧酸循环是一个周而复始的不可逆的循环，因此循环中的中间产物如草酰乙酸、α-酮戊二酸、琥珀酸等都起着促进循环的作用，其量不会因参加循环而减少。但由于体内各代谢途径的交汇和无定向，三羧酸循环中的产物亦可进入其他代谢途径而被消耗，如草酰乙酸可转变为天门冬氨酸，α-酮戊二酸转变为谷氨酸，参与蛋白质的合成，因而这些中间产物必须不断更新和及时补充，才能保证循环的正常进行。故补充三羧酸循环的中间物质是必需的，中间物质的补充反应又称回补反应。最重要的回补反应是丙酮酸羧化形成草酰乙酸。

> 想一想：
> 糖酵解和糖有氧氧化在细胞内代谢的部位、反应条件、ATP 生成方式和数量、终产物及主要生理意义有何不同？

**（四）有氧氧化的生理意义**

1. 有氧氧化是体内供能的重要途径　1 mol 葡萄糖经有氧氧化可生成 30（或 32）mol ATP，而糖酵解从葡萄糖开始仅生成 2 molATP（若从糖原开始生成 3 mol ATP），前者是后者的 15（或 16）倍，总结如表 5-2 所示。

**表 5-2　葡萄糖有氧氧化生成的 ATP**

| | 反应 | 辅酶 | 最终获得 ATP |
|---|---|---|---|
| 第一阶段 | 葡萄糖→6-磷酸葡萄糖 | | -1 |
| | 6-磷酸果糖→1,6-磷酸果糖 | | -1 |
| | 2×3-磷酸甘油醛→2×1,3-二磷酸甘油酸 | 2NADH（胞质） | 3 或 5* |
| | 2×1,3-二磷酸甘油酸→2×3-磷酸甘油酸 | | 2 |
| | 2×磷酸烯醇式丙酮酸→2×丙酮酸 | | 2 |
| 第二阶段 | 2×丙酮酸→2×乙酰 CoA | 2NADH（线粒体基质） | 5 |
| 第三阶段 | 2×异柠檬酸→2×α-酮戊二酸 | 2NADH（线粒体基质） | 5 |
| | 2×α-酮戊二酸→2×琥珀酰辅酶 A | 2NADH | 5 |

续表

| 反应 | 辅酶 | 最终获得 ATP |
| --- | --- | --- |
| 2×琥珀酰辅酶 A→2×琥珀酸 | | 2 |
| 2×琥珀酸→2×延胡索酸 | $2FADH_2$ | 3 |
| 2×苹果酸→2×草酰乙酸 | 2NADH | 5 |
| 由一个葡萄糖总共获得 | | 30 或 32 |

* 获得 ATP 的数量取决于还原当量进入线粒体的穿梭机制。

> 议一议：
> 三羧酸循环有何特点？为什么说三羧酸循环是糖、脂肪及蛋白质在体内彻底氧化的共同途径和相互联系的枢纽？

2. 三羧酸循环是糖、脂肪、蛋白质彻底氧化的共同途径　三大营养物质糖、脂肪、蛋白质经代谢后均可生成乙酰 CoA，乙酰 CoA 必须经过三羧酸循环才能彻底氧化。因而糖、脂肪、蛋白质氧化的最终产物都是 $H_2O$、$CO_2$，并生成大量 ATP。

3. 三羧酸循环是物质代谢联系的枢纽　糖分解代谢产生的丙酮酸、α-酮戊二酸、草酰乙酸等可分别转变成丙氨酸、谷氨酸和天冬氨酸；同样这些氨基酸也可脱氨基后生成相应的 α-酮酸，进入三羧酸循环彻底氧化；脂肪分解产生甘油和脂肪酸，前者可转变成磷酸二羟丙酮，后者可生成乙酰 CoA，它们均可进入三羧酸循环氧化供能，故三羧酸循环是糖、脂肪、氨基酸互变的枢纽。

4. 三羧酸循环提供生物合成的前体　三羧酸循环中的某些成分可用于合成其他物质，例如琥珀酰辅酶 A 可用于血红素的合成。

## 三、磷酸戊糖途径

### （一）磷酸戊糖途径的概念

糖在分解代谢过程中有磷酸戊糖产生的途径称磷酸戊糖途径（pentose phosphate pathway），这是葡萄糖在体内除有氧氧化、无氧酵解主要分解途径外的另一重要途径。该途径主要在肝、脂肪组织、哺乳期的乳腺、肾上腺皮质、性腺、骨髓和红细胞中进行。

### （二）反应过程

磷酸戊糖途径在胞液中进行，全过程分为两个阶段：第一阶段是 6-磷酸葡萄糖脱氢氧化生成磷酸戊糖，第二阶段是一系列基团转移反应。其全部反应过程如图 5-5 所示。

1. 磷酸戊糖的生成　6-磷酸葡萄糖经 2 次脱氢反应和 1 次脱羧反应生成 2 分子 $NADPH+H^+$ 和 1 分子的 $CO_2$ 后，转变为 5-磷酸核酮糖。

2. 基团移换反应　此阶段在异构酶、转酮酶、转醛酶等一系列酶作用下，生成 5-磷酸核糖、6-磷酸果糖和 3-磷酸甘油醛等，前者用于合成核酸，而后二者则进入糖酵解途径进行代谢。

磷酸戊糖途径中的关键酶是 6-磷酸葡萄糖脱氢酶，此酶活性受 $NADPH+H^+$ 浓度的影响，$NADPH+H^+$ 浓度增高时抑制该酶活性。

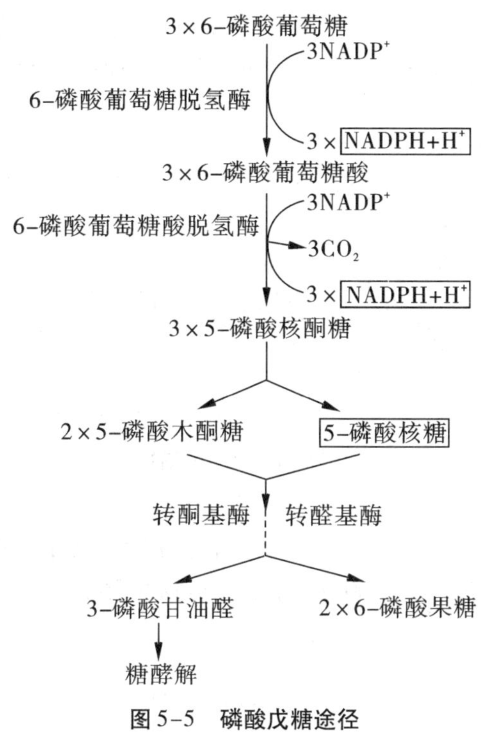


图 5-5　磷酸戊糖途径

**（三）磷酸戊糖途径的生理意义**

1. 为核酸的生物合成提供核糖　核糖是核酸和游离核苷酸的组成成分。磷酸戊糖途径是体内利用葡萄糖生成 5-磷酸核糖的唯一途径，为体内核苷酸的合成并进一步为核酸的合成提供了原料。

> 议一议：
> 磷酸戊糖途径有何生理意义？

2. 提供 $NADPH+H^+$ 作为供氢体参与多种代谢反应

（1）$NADPH+H^+$ 作为供氢体参与胆固醇、脂肪酸、皮质激素和性激素等的生物合成。

（2）$NADPH+H^+$ 是加单氧酶系（羟化反应）的供氢体，因而与药物、毒物和某些激素的生物转化有关（详见第十四章）。

（3）$NADPH+H^+$ 是谷胱甘肽还原酶的辅酶，这对维持细胞中还原型谷胱甘肽（GSH）的正常含量起着重要作用。GSH 可与氧化剂如 $H_2O_2$ 起反应，从而保护一些含巯基的蛋白质或酶免遭氧化而丧失正常的结构和功能。如红细胞中的 GSH 可以保护红细胞膜上含巯基的蛋白质和酶，以维持膜的完整性和酶活性。遗传性 6-磷酸葡萄糖脱氢酶缺陷的患者，磷酸戊糖途径不能正常进行，$NADPH+H^+$ 缺乏，GSH 含量减少，其红细胞易于破坏而发生溶血性贫血，因患者常在食蚕豆后发病，故称蚕豆病。

## 第三节　糖的储存与动员

糖原（glycogen）是以葡萄糖为单位聚合而成的分支状多糖，是体内糖的储存形式。

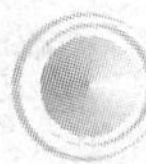


糖原分子中的葡萄糖单位主要以α-1,4-糖苷键相连,形成直链结构,部分以α-1,6-糖苷键相连构成支链。一条糖链有1个还原端和1个非还原端(图5-6),糖原的合成与分解都是由非还原端开始的。

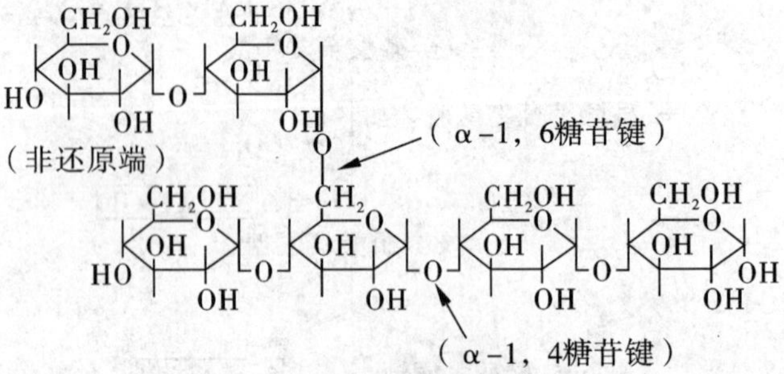

(非还原端)

(α-1，6糖苷键)

(α-1，4糖苷键)

**图5-6　糖原的结构**

糖原主要储存在肌肉组织和肝中,肌糖原占肌肉总重量的1%～2%,为250～400 g;肝糖原占肝重的6%～8%,70～100 g。肌糖原分解主要为肌肉收缩提供能量,肝糖原分解则主要维持血糖浓度。

## 一、糖原合成

### (一)糖原合成的概念

由单糖(主要是葡萄糖)合成糖原的过程称为糖原合成(glycogenesis)。肝糖原可以任何单糖(如葡萄糖、果糖、半乳糖等)为原料进行合成,而肌糖原只能以葡萄糖作为合成原料。

### (二)糖原合成的反应过程

糖原合成反应在胞液中进行,消耗ATP和UTP。其过程包括以下4步反应。

1. 葡萄糖磷酸化　此反应由已糖激酶(或葡萄糖激酶)催化,ATP供应能量,为不可逆反应。

$$\text{葡萄糖} \xrightarrow[\text{ATP} \quad Mg^{2+} \quad \text{ADP}]{\text{己糖激酶或葡萄糖激酶（肝）}} \text{6-磷酸葡萄糖}$$

2. 1-磷酸葡萄糖的生成　此反应在磷酸葡萄糖变位酶作用下完成。

$$\text{6-磷酸葡萄糖} \overset{\text{磷酸葡萄糖变位酶}}{\rightleftharpoons} \text{1-磷酸葡萄糖}$$

3. 尿苷二磷酸葡萄糖的生成　在尿苷二磷酸葡萄糖焦磷酸化酶作用下,1-磷酸葡萄糖与UTP作用,生成尿苷二磷酸葡萄糖(UDPG),释放焦磷酸。此过程消耗的UTP可由ATP和UDP通过转磷酸基团生成。

$$\text{1-磷酸葡萄糖+尿苷三磷酸} \xrightarrow{\text{UDPG 焦磷酸化酶}} \text{二磷酸尿苷葡萄糖+焦磷酸}$$

4. 糖原的合成　在糖原合酶作用下,UDPG中的葡萄糖单位转移到细胞内原有的糖原引物上,在非还原端以α-1,4-糖苷键连接。每反应一次,糖原引物上即增加1个葡萄糖单位。

$$二磷酸尿苷葡萄糖+糖原“引物”\xrightarrow[\text{作用于 }\alpha\text{-1,4-糖苷键}]{\text{糖原合酶}}二磷酸尿苷+糖原$$

**(三)糖原合成反应的特点**

1. 糖原合成是单糖加到糖原“引物”上,使糖原分子变大的过程,“引物”是至少含有4个葡萄糖单位的α-1,4-多聚葡萄糖。

2. 糖原合酶是糖原合成过程的关键酶。UDPG可看作是“活性葡萄糖”的供体。

3. 糖原合酶只能延长糖链,不能形成分支,当链长度达到12~18个葡萄糖残基时,分支酶可将一段糖链(6~7个葡萄糖残基)转移到邻近的糖链上,以α-1,6-糖苷键连接,从而形成糖原的分支。此种分支结构不仅可增加糖原的水溶性,以利其储存,更重要的是增加了非还原端的数目,有利于提高反应速度(图5-7)。

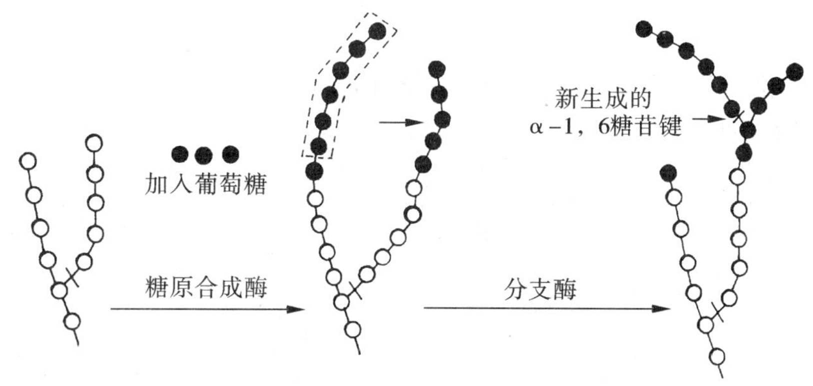


图5-7　分支酶的作用

4. 糖原分子上每增加1个葡萄糖单位消耗2分子ATP,故糖原合成是个耗能过程。

## 二、糖原分解

**(一)糖原分解概念**

糖原分解(glycogenolysis)是指肝糖原分解为葡萄糖的过程。

**(二)反应过程**

1. 糖原分解为1-磷酸葡萄糖。从糖原分子的非还原端开始,磷酸化酶催化α-1,4-糖苷键水解,逐个生成1-磷酸葡萄糖。磷酸化酶只能水解α-1,4-糖苷键而对α-1,6-糖苷键无作用。当糖链上的葡萄糖基逐个磷酸解离至开分支点约4个葡萄糖基时,在脱支酶的作用下将3个葡萄糖基转移到邻近糖链的末端,仍以α-1,4-糖苷键连接。剩下的1个以α-1,6-糖苷键与糖链形成分支的葡萄糖基被脱支酶水解成游离葡萄糖(图5-8),糖原在磷酸化酶与脱支酶的交替作用下分解,分子越变越小。

> 想一想:
> 肝糖原与肌糖原分解有何不同?肌糖原是通过什么途径转变成血糖的?

2. 1-磷酸葡萄糖在变位酶作用下,转变为6-磷酸葡萄糖。

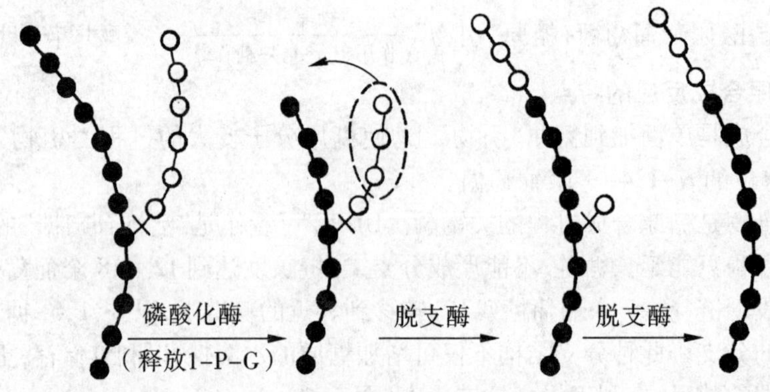


图 5-8 糖原的分解

3. 6-磷酸葡萄糖在葡萄糖-6-磷酸酶作用下，水解为葡萄糖。葡萄糖-6-磷酸酶只存在于肝和肾，而不存在于肌肉中，所以只有肝糖原、肾糖原可直接补充血糖。糖原合成及代谢途径可归纳为图 5-9。

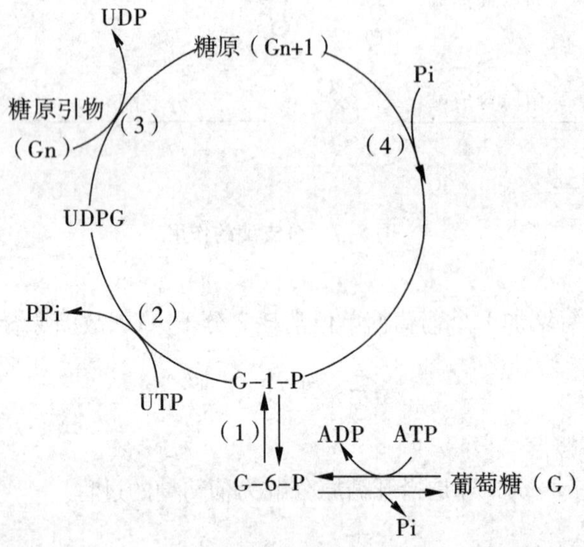


图 5-9 糖原的合成与分解

**（三）糖原分解的特点**

1. 糖原分解是不消耗能量的过程。

2. 磷酸化酶是糖原分解的限速酶。

3. 肝糖原和肌糖原都可以分解为6-磷酸葡萄糖。由于肌肉组织中无葡萄糖-6-磷酸酶，因此肌糖原只能进行糖酵解，生成乳酸后再经糖异生作用转变成糖。

## 三、糖异生

**（一）糖异生的概念**

由非糖物质转变为葡萄糖或糖原的过程称为糖异生（gluconeogenesis）。能转变为糖的非糖物质主要有：甘油、有机酸（乳酸、丙酮酸及三羧酸循环中的各种羧酸）和生糖氨基酸（丙、甘、苏、丝、谷、天冬、半胱、脯、组氨酸等）。糖异生的主要场所是肝，而肾在正常情况下糖异生能力只有肝的1/10，长期饥饿时肾糖异生能力增强。

**（二）糖异生的途径**

糖异生基本是糖酵解的逆行。糖酵解的三个关键酶催化的反应是不可逆的，称之为“能障”。实现糖异生必须有另外不同的酶催化逆过程，绕过三个“能障”，使非糖物质顺利转变为葡萄糖，这些酶都为糖异生过程中的关键酶，这个过程就是糖异生途径。反应过程如下：

1. 丙酮酸转变为磷酸烯醇式丙酮酸　此反应需要丙酮酸羧化酶和磷酸烯醇式丙酮酸羧激酶联合作用，通过丙酮酸羧化支路来完成（图5-10）。

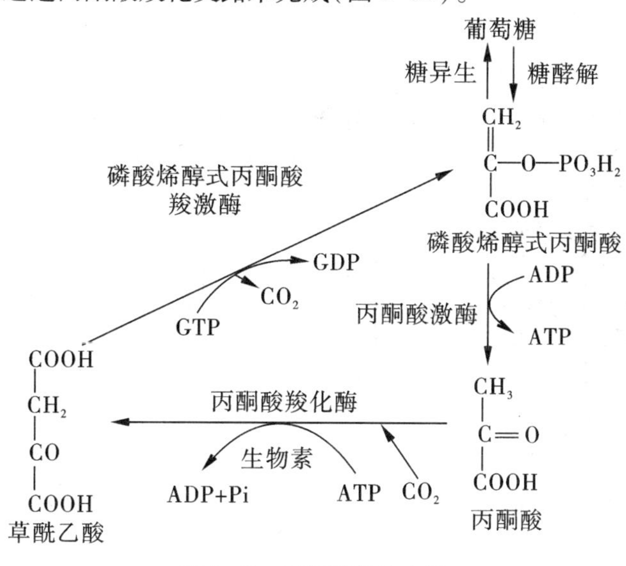


**图5-10　丙酮酸羧化支路**

在线粒体中，丙酮酸在以生物素为辅酶的丙酮酸羧化酶催化下，并在$CO_2$和ATP存在时，使其羧化为草酰乙酸。通过苹果酸穿梭作用（见第6章），草酰乙酸从线粒体转移到胞液，在磷酸烯醇式丙酮酸羧激酶催化下，由GTP供能，脱羧生成磷酸烯醇式丙酮酸。反应共消耗2分子ATP。

2. 1,6-二磷酸果糖转变为6-磷酸果糖　这是糖异生途径的第二个能障，在果糖二磷酸酶催化下，1,6-二磷酸果糖水解生成6-磷酸果糖。

$$1,6\text{-二磷酸果糖} \xrightarrow[H_2O \quad Pi]{\text{果糖二磷酸酶}} 6\text{-磷酸果糖}$$

> 想一想：
> 糖异生与糖酵解代谢途径有哪些不同？

3. 6-磷酸葡萄糖水解为葡萄糖　此步反应与糖原分解的最后一步相同，在肝（肾）中存在的葡萄糖-6-磷酸酶催化下，6-磷酸葡萄糖水解为葡萄糖。

甘油是脂肪分解产物，当甘油进行糖异生时，首先在α-磷酸甘油激酶作用下转变为

$\alpha$-磷酸甘油，再经 $\alpha$-磷酸甘油脱氢酶催化生成磷酸二羟丙酮，参与糖异生过程。乳酸可脱氢生成丙酮酸，丙氨酸等生糖氨基酸通过转变为三羧酸循环中的中间产物之一，然后均可通过糖异生途径转变为糖。糖异生途径归纳如图 5-11。

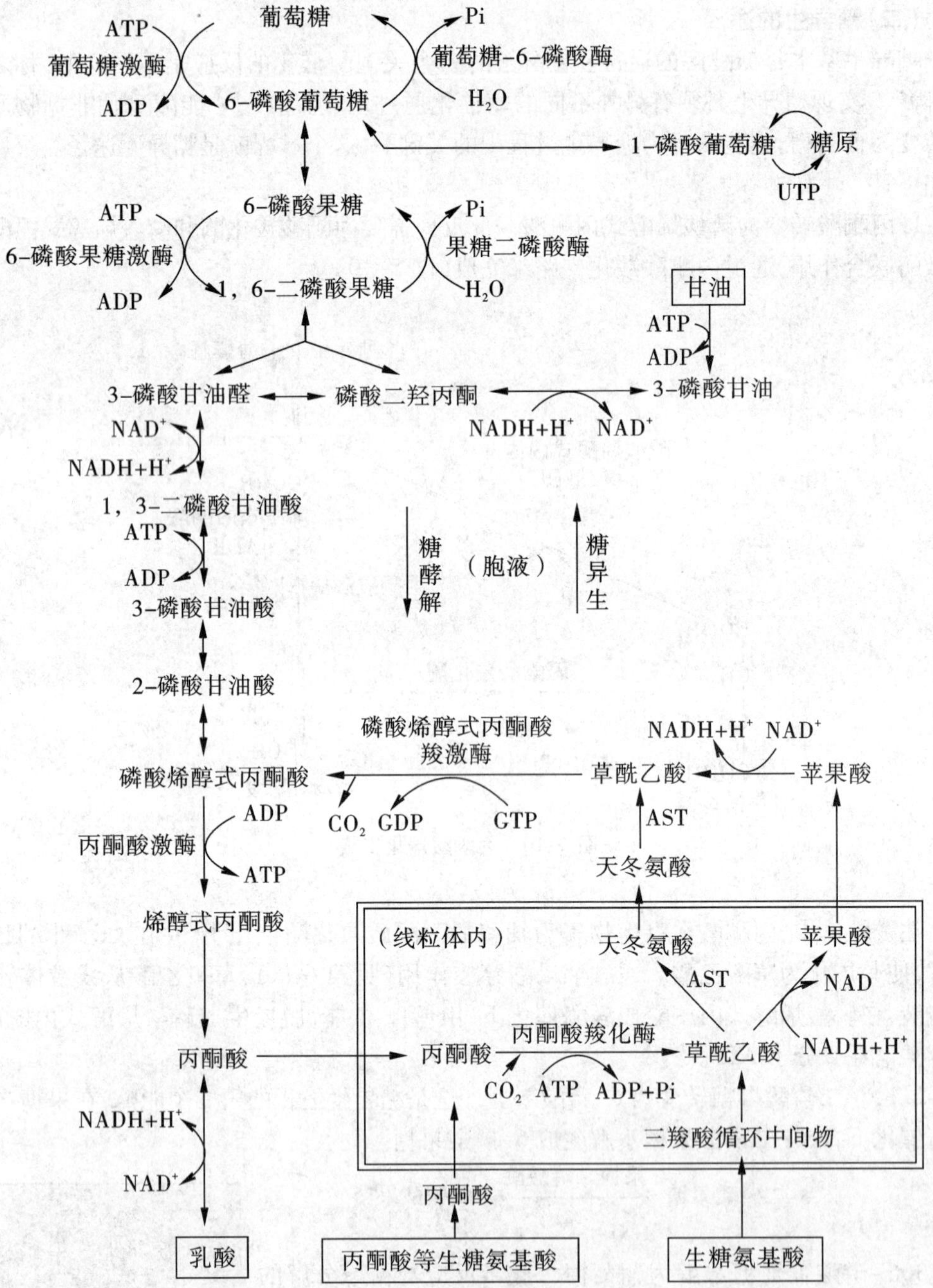

葡萄糖
ATP 葡萄糖激酶 ADP
Pi 葡萄糖-6-磷酸酶 $H_2O$
6-磷酸葡萄糖
1-磷酸葡萄糖 糖原 UTP
6-磷酸果糖
ATP 6-磷酸果糖激酶 ADP
Pi 果糖二磷酸酶 $H_2O$
1，6-二磷酸果糖
甘油
ATP ADP
3-磷酸甘油醛 磷酸二羟丙酮 3-磷酸甘油
$NADH+H^+$ $NAD^+$
$NAD^+$ $NADH+H^+$
1，3-二磷酸甘油酸
ATP ADP
3-磷酸甘油酸
糖酵解 （胞液） 糖异生
2-磷酸甘油酸
磷酸烯醇式丙酮酸羧激酶
$NADH+H^+$ $NAD^+$
磷酸烯醇式丙酮酸 草酰乙酸 苹果酸
$CO_2$ GDP GTP
AST
ADP 丙酮酸激酶 ATP
天冬氨酸
烯醇式丙酮酸
（线粒体内）
天冬氨酸 苹果酸
AST NAD
丙酮酸羧化酶
丙酮酸 丙酮酸 草酰乙酸 $NADH+H^+$
$CO_2$ ATP ADP+Pi
$NADH+H^+$
三羧酸循环中间物
$NAD^+$
丙酮酸
乳酸 丙酮酸等生糖氨基酸 生糖氨基酸

图 5-11 糖异生途径

## 四、糖储存与动员的生理意义

### （一）糖原合成与分解的生理意义

糖原合成与分解是机体储能、供能的重要方式，同时也调节并维持血糖浓度的相对恒定。在间断进食情况下，机体必须储存一定量的营养物质以备不进食时的生理需要。进食后多余的糖可在肝或其他组织合成糖原，以免血糖过高。在不进食期间，各组织可利用其储存的糖原进行分解代谢，减少直接利用血糖。肝还可及时将储存糖原分解为葡萄糖释放入血，使血糖浓度不致过低。

### （二）糖异生的生理意义

1. 维持空腹和饥饿时血糖浓度的相对恒定　这是糖异生最主要的生理功能。空腹和饥饿时，肝糖原分解产生的葡萄糖仅能维持 6 ~ 7 h，以后机体完全依靠糖异生作用来维持血糖浓度恒定。饥饿时，肌肉产生的乳酸量较少，糖异生的原料主要为氨基酸和甘油，经糖异生转变为葡萄糖，维持血糖水平，保证脑、红细胞等重要器官能量供应。

> 想一想：
> 人体内进行糖异生的器官有哪些？糖异生有何生理意义？

2. 调节酸碱平衡　长期饥饿时，肾糖异生增强可促进肾小管细胞分泌氨，有利于肾的排 $H^+$ 保 $Na^+$，使 $NH_3$ 与 $H^+$ 生成 $NH_4Cl$ 排出体外；另外使乳酸经糖异生作用转变成糖，可防止乳酸堆积，这些均对维持机体酸碱平衡有一定意义。

3. 有利于乳酸的利用　乳酸是糖异生的重要原料。当肌肉在缺氧或剧烈运动时，肌糖原酵解产生大量乳酸，乳酸可经血液运输到肝，在肝内乳酸通过糖异生作用合成肝糖原或葡萄糖，葡萄糖进入血液又可被肌肉摄取利用，此过程称乳酸循环（图 5-12）。乳酸循环的意义一方面是机体可利用乳酸分子的能量，避免乳酸的损失；另一方面，因乳酸是酸性物质，乳酸循环能及时使乳酸转化，防止乳酸在组织中堆积。所以糖异生有利于乳酸再利用、糖原更新，补充肌肉消耗的糖原及防止乳酸酸中毒的发生。

> 议一议：
> 剧烈运动后，肌肉组织中堆积的乳酸可通过哪些途径被代谢，有何生理意义？

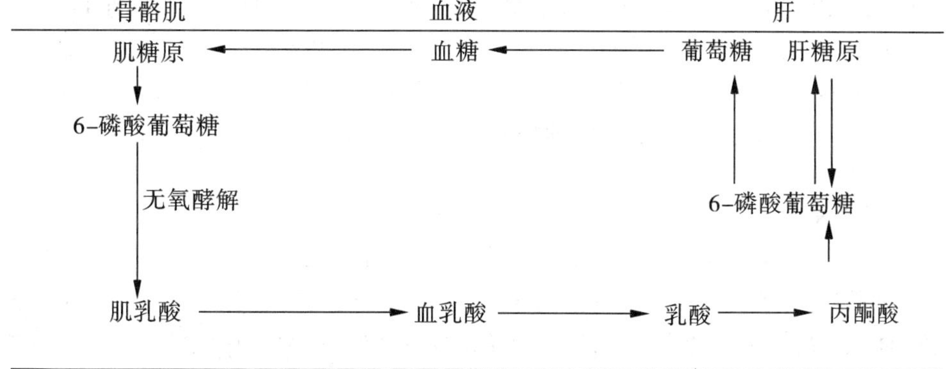


图 5-12　乳酸循环

# 第四节　糖代谢障碍

糖代谢是一个比较复杂的过程，神经系统疾患、内分泌失调，肝、肾功能障碍及某些酶的遗传缺陷等，均可影响血糖浓度，引起糖尿病、高血糖或低血糖等代谢异常。

【知识链接】

**糖代谢的先天性异常**

糖代谢障碍并不都出现血糖浓度异常，糖代谢酶的先天性、遗传性缺损也可导致糖代谢异常。糖代谢的先天性异常可分三类。①糖原代谢先天性异常，最常见的是糖原储积病，这是由于糖原生成和分解的酶系统先天性缺陷所引起的一组糖原合成或分解异常、使糖原在细胞中过多储积、或糖原分子异常的遗传性疾病。②糖分解代谢途径的先天异常，可有丙酮酸激酶缺乏病、丙酮酸脱氢酶缺乏症和磷酸果糖代谢异常所致恶性发烧等。③其他糖代谢异常，如红细胞中6-磷酸葡萄糖脱氢酶遗传缺陷或变异导致蚕豆病；缺乏UDP-葡萄糖醛酸基转移酶，导致先天性家族性非溶血性黄疸；果糖代谢有关的酶缺乏所致原发性果糖尿症等；因蛋白聚糖降解酶先天性缺陷所引起的蛋白聚糖分解代谢障碍，将导致产生各种类型的黏多糖沉积症。

## 一、血糖浓度的调节

正常情况下，血糖浓度的相对恒定依赖于血糖来源与去路的平衡，这种平衡需要体内多种因素的共同调节，其主要调节因素有神经、激素和组织器官。

### （一）神经系统调节

神经系统对血糖的调节属于整体调节，通过对各种促激素或激素分泌的调节，进而影响各代谢途径中的酶活性而完成调节作用。参与血糖调节的是自主神经中的交感神经和迷走神经。当情绪激动时，交感神经兴奋，使肾上腺素分泌增加，促进肝糖原分解、肌糖原酵解和糖异生作用，使血糖升高；当处于静息状态时，迷走神经兴奋，使胰岛素分泌增加，促进糖进入细胞合成糖原，促进糖转变成脂肪储存，同时又抑制糖异生作用，使血糖水平降低。正常情况下，机体在多种调节因素的相互作用下，维持血糖浓度的恒定。

说一说：

胰岛素的主要生理作用。

### （二）激素调节

调节血糖的激素有两类，一类是降低血糖的激素，即胰岛素；另一类是升高血糖的激素，有肾上腺素、胰高血糖素、糖皮质激素和生长素等。这两类激素的作用相互拮抗、相互制约，它们通过调节糖代谢各途径的关键酶的活性或含量来调节血糖浓度恒定。其作用见表5-3。

表 5-3 激素对血糖浓度的影响

| | 降低血糖的激素 | | 升高血糖的激素 |
|---|---|---|---|
| 胰岛素 | 1. 促进葡萄糖进入肌肉、脂肪等组织细胞<br>2. 加速葡萄糖在肝、肌肉内合成糖原<br>3. 促进糖的有氧氧化<br>4. 促进糖转变为脂肪<br>5. 抑制糖异生作用 | 肾上腺素 | 1. 促进肝糖原分解<br>2. 促进肌糖原酵解<br>3. 促进糖异生作用 |
| | | 胰高血糖素 | 1. 抑制肝糖原合成，促进肝糖原分解<br>2. 促进糖异生作用 |
| | | 糖皮质激素 | 1. 促进糖异生作用<br>2. 促进肝外组织蛋白质分解，生成氨基酸 |

**（三）器官的调节**

肝是体内调节血糖浓度的主要器官。肝可以通过肝糖原分解、糖异生作用升高血糖，也可以通过肝糖原合成来降低血糖。

## 【知识链接】

**代谢综合征与胰岛素**

代谢综合征是一种合并有高血压以及葡萄糖与脂类代谢异常的综合征。本综合征与多种代谢相关疾病有密切的联系，是多种代谢成分异常聚集的病理状态，是一组复杂的代谢紊乱症候群，是导致糖尿病（DM）心脑血管疾病（CVD）的危险因素。诊断标准是，具备以下 4 项组成成分中的 3 项或全部者：①超重和（或）肥胖；②高血糖；③高血压；④血脂紊乱。代谢综合征的核心是胰岛素抵抗。产生胰岛素抵抗的原因有遗传性（基因缺陷）和获得性（环境因素）两个方面。代谢综合征加速冠心病和其他粥样硬化性血管病的发生发展。治疗应围绕降低各种心血管病的危险因素，包括生活方式的干预（如有效减轻体重、增加体育锻炼），减轻胰岛素抵抗；良好控制血糖；改善脂代谢紊乱，控制血压等。

## 二、耐糖现象和耐糖曲线

**（一）耐糖现象**

人体处理所给予葡萄糖的能力称为葡萄糖耐量或耐糖现象。正常人即使一次食入大量葡萄糖，其血糖浓度仅暂时升高，不久即可恢复到正常水平，这是正常的耐糖现象。如果食入葡萄糖后，血糖上升后恢复缓慢，或者血糖升高不明显甚至不升高，这说明血糖调节障碍，称为耐糖现象失常。

**（二）耐糖曲线**

临床上常用的检测糖耐量方法是先测定受试者清晨空腹血糖浓度，然后一次进食

100 g 葡萄糖(或按每千克1.5 ~1.75 g 葡萄糖)。进食后每隔0.5 h 或(1 h)测血糖一次,测至3 ~4 h 为止。以时间为横坐标,血糖浓度为纵坐标绘制成曲线称为糖耐量曲线(图5-13)。

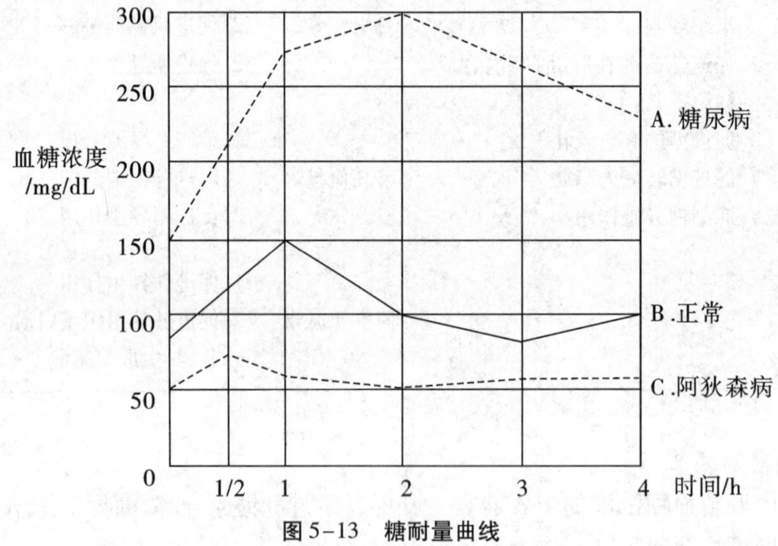


**图5-13 糖耐量曲线**

正常人的糖耐量曲线的特点是:空腹血糖浓度正常;食糖后血糖浓度升高,1 h 内达高峰,但不超过8.89 mmol/L(160 mg/dL);此后血糖浓度迅速降低,在2 h 之内降至正常水平。

糖尿病患者因胰岛素分泌不足或机体对胰岛素的敏感性下降,糖耐量曲线表现为:空腹血糖浓度较正常值高;进食糖后血糖迅速升高,并超过肾糖阈;在2 h 内不能恢复至空腹血糖水平。

阿狄森综合征患者由于肾上腺皮质功能低下,其耐糖曲线表现为:空腹血糖浓度低于正常值;进食糖后血糖浓度升高不明显;短时间即恢复原有水平。

糖代谢紊乱通常表现为血糖异常,主要是高血糖和低血糖。

## 三、低血糖

空腹血糖低于3.0 mmol/L 称之为低血糖(hypoglycemia)。由于脑细胞内几乎不能储存糖原,其所需能量直接靠摄取血中葡萄糖进行氧化分解。血糖浓度降低后进入脑组织的葡萄糖减少,脑细胞能量供应不足,影响脑细胞正常功能,可出现头晕、心悸、出冷汗等虚脱症状。如果血糖水平过低时,可发生低血糖昏迷,如能给病人及时静脉点滴葡萄糖,症状就会得到缓解。

引起低血糖的原因:①胰岛 β 细胞器质性病变,如 β 细胞瘤可导致胰岛素分泌过多;②肾上腺皮质功能减退,使糖皮质激素分泌不足;③严重肝病,肝糖原的储存及糖异生作用降低,肝不能有效地调节血糖;④饥饿时间过长或持续的剧烈运动也可引起低血糖;⑤临床治疗时使用胰岛素过量(药源性)。

## 四、高血糖与糖尿病

> 议一议：
>
> 糖尿病人为什么会出现持续性高血糖或糖尿，导致“三多一少”（多食、多饮、多尿、体重减轻）的临床症状？

空腹血糖浓度持续超过 6.9 mmol/L 时，称为高血糖（hyperglycemia）。当血糖浓度超过肾糖阈（8.89～10.00 mmol/L 时，葡萄糖从尿中排出，称为糖尿。

引起高血糖和糖尿的原因有生理性和病理性之别。正常人偶尔也可出现高血糖和糖尿，如进食大量糖或情绪激动时交感神经兴奋引起肾上腺素分泌增加等均可引起一过性高血糖，甚至糖尿。病理性高血糖及糖尿多见于下列情况。

1. 糖尿病　以高血糖和糖尿为主要症状的疾病主要是糖尿病。引起高血糖的病理基础是胰岛 β 细胞功能障碍所致胰岛素相对或绝对缺乏；或胰岛素受体数目减少；或与胰岛素的亲和力降低，以致血糖不能充分被组织利用。近年来还发现胰岛素分子病，即由于胰岛素原分子中个别氨基酸被另外的氨基酸所取代致使胰岛素原不能转变为胰岛素。

2. 肾性糖尿　由于肾病导致肾小管重吸收能力下降，使肾糖阈下降出现糖尿，称为肾性糖尿。这类患者空腹血糖一般都正常，体内糖代谢并无明显异常。

3. 对抗胰岛素的激素分泌过多　垂体前叶、肾上腺皮质及甲状腺功能亢进时，所分泌的生长素、糖皮质激素、甲状腺素等对抗胰岛素的激素分泌过多，也可导致高血糖和糖尿。

### 【知识链接】

**糖尿病**

糖尿病是由胰岛素绝对或相对缺乏或胰岛素抵抗所致的一组糖、脂肪和蛋白质代谢紊乱综合症，以持续性高血糖和糖尿为特征。根据其病因目前分为 1 型、2 型、其他特殊类型糖尿病和妊娠期糖尿病。1 型糖尿病主要是患者胰岛 B 细胞破坏，引起胰岛素绝对缺乏所致；多发生于青少年，依赖外源性胰岛素补充以维持生命。2 型糖尿病多见于中、老年人，其胰岛素的分泌量并不低，甚至还偏高，临床表现为机体对胰岛素不够敏感，即胰岛素抵抗。临床以 2 型糖尿病为多见。糖尿病的典型的症状为三多一少，即多饮、多尿、多食、体重减轻。但许多轻症或 2 型糖尿病患者早期常无明显症状，而是在普查、健康检查或其他疾病偶然发现，不少患者甚至以各种急性或慢性并发症而就诊。

## 小　结

糖的主要功能是氧化供能，也是人体组织结构的成分，还参与构成某些生理活性物质。

食物中的淀粉经消化作用水解为葡萄糖后经门静脉吸收入血。血液中的葡萄糖称为血糖，是糖的运输形式。正常人空腹血糖的浓度为 3.9～6.1 mmol/L。血糖的主要来源是食物中经消化吸收的糖；其次是肝糖原分解、糖异生、肌糖原酵解间接补充血糖。血糖的主要去路是氧化分解供能，其次是合成肝、肌、肾糖原，转变为脂肪、某些非必需氨基酸和其他糖类。血糖浓度超过肾糖阈时可出现糖尿。

糖代谢主要是指葡萄糖在体内的复杂代谢过程,包括分解代谢与合成代谢。其分解代谢途径主要有糖酵解、有氧氧化和磷酸戊糖途径。

葡萄糖或糖原的葡萄糖单位在无氧或缺氧情况下分解为乳酸和 ATP 的过程称为糖酵解。酵解在胞液中进行,其代谢反应可分为两个阶段。第一阶段由葡萄糖转变为 2 分子磷酸丙糖,其特点是耗能;第二阶段由 3-磷酸甘油醛转变为乳酸,其特点是产能和氧化还原反应。调节糖酵解的关键酶是 6-磷酸果糖激酶、丙酮酸激酶和己糖激酶(肝中为葡萄糖激酶)。1 分子葡萄糖(或糖原的葡萄糖单位)经酵解可生成 2 分子(或 3 分子)ATP。糖酵解的生理意义是在机体缺氧情况下,迅速提供能量;又是某些组织生理情况下的供能途径。

葡萄糖或糖原的葡萄糖单位在有氧条件下,彻底氧化生成 $CO_2$、$H_2O$,并产生大量能量的过程,称为糖的有氧氧化。它是体内糖氧化供能的主要方式,在胞液和线粒体中进行,包括三个阶段:第一阶段为葡萄糖循酵解途径分解为丙酮酸,在胞液中进行;第二阶段为丙酮酸进入线粒体,在关键酶丙酮酸脱氢酶复合体催化下氧化脱羧生成乙酰辅酶 A;第三阶段是乙酰辅酶 A 进入三羧酸循环彻底氧化成 $CO_2$ 和 $H_2O$。1 分子乙酰辅酶 A 经三羧酸循环运转一周,经 2 次脱羧、4 次脱氢,消耗 1 个乙酰基,产生 10 个 ATP。三羧酸循环是糖、脂肪、蛋白质彻底氧化的共同途径,又是三者相互转变、相互联系的枢纽,还为其他合成代谢提供前体物质。1 mol 葡萄糖彻底氧化可产生 30 或 32 mol ATP。糖有氧氧化的关键酶除与糖酵解相同的三个酶外,还有异柠檬酸脱氢酶、丙酮酸脱氢酶复合体、柠檬酸合成酶和 $\alpha$-酮戊二酸脱氢酶复合体。

磷酸戊糖途径在胞液中进行,其关键酶是 6-磷酸葡萄糖脱氢酶(辅酶为 $NADP^+$),如先天缺乏此酶,可患蚕豆病。磷酸戊糖途径的重要性在于该途径可产生 5-磷酸核糖和 NADPH。5-磷酸核糖是合成核苷酸的重要原料。NADPH 作为供氢体参与多种代谢反应。

糖原是体内糖的储存形式,肝和肌肉是储存糖原的主要组织。肝糖原合成途径有直接途径(由葡萄糖经 UDPG 合成糖原)和间接途径(由三碳化合物经糖异生合成糖原)。从葡萄糖合成糖原是耗能过程,在糖原引物上每增加 1 分子葡萄糖要消耗 2 分子 ATP。肝糖原分解为葡萄糖的过程称为糖原分解,肝糖原是血糖的重要来源。肌糖原是由葡萄糖经 UDPG 合成;由于肌肉组织中缺乏葡萄糖-6-磷酸酶,肌糖原不能分解为葡萄糖,只能进行糖酵解或有氧氧化。因此肌糖原主要在肌肉收缩时经糖酵解迅速供能。糖原合成与分解的关键酶分别是糖原合成酶及磷酸化酶。糖原合成与分解的生理意义主要是维持血糖浓度的恒定。

糖异生是指非糖物质转变为葡萄糖或糖原的过程。糖异生的原料有乳酸、甘油和生糖氨基酸等。糖异生的主要场所是肝,其次是肾。糖异生的途径基本上是糖酵解的逆过程。糖酵解中三个关键酶催化的不可逆反应分别由糖异生的四个关键酶:丙酮酸羧化酶、磷酸烯醇式丙酮酸羧激酶、果糖二磷酸酶和葡萄糖-6-磷酸酶催化。糖异生的生理意义在于饥饿时维持血糖浓度的恒定;也是肝补充或恢复糖原储备的重要途径;长期饥饿时,肾糖异生增强有利于维持酸碱平衡。

血糖浓度的恒定受到神经、激素和器官水平三个层次的调节。胰岛素是降血糖激素，而胰高血糖素、肾上腺素、糖皮质激素和生长素是升高血糖的激素。肝通过肝糖原的合成、分解和糖异生维持血糖浓度的恒定。人体处理所给予葡萄糖的能力称为糖耐量。通过糖耐量曲线试验可判断机体有无糖代谢紊乱，常见临床症状有高血糖及低血糖。糖尿病是最常见的糖代谢紊乱疾病。

（程　伟）

# 第六章　生物氧化

## 学　习　目　标

◆熟记生物氧化、呼吸链、氧化磷酸化、底物磷酸化的概念。
◆说出呼吸链的组成成分及作用，两条重要的呼吸链，影响氧化磷酸化的因素。
◆理解 ATP 的生成、利用及储存。
◆了解 $CO_2$ 的生成、非线粒体氧化体系的反应类型及生理意义。

> 议一议：
> 人没有能量的供应，能否维持正常的生命活动？

物质在生物体内的氧化分解称为生物氧化（biological oxidation），它主要是指糖、脂肪及蛋白质等在体内氧化分解最终生成二氧化碳和水，并释放出能量的过程。生物氧化在细胞的线粒体内及线粒体外均可进行，但过程不同。线粒体内的生物氧化产能并伴有 ATP 生成，这一过程表现为细胞消耗 $O_2$ 释放 $CO_2$，故又称细胞呼吸或组织呼吸。线粒体外如内质网、微粒体、过氧化物酶体对物质的氧化不伴有 ATP 生成，主要与药物、毒物或代谢物的生物转化有关。

## 第一节　概　述

### 一、生物氧化的方式

在化学反应中，加氧、脱氢、失电子都是氧化反应，而失氧、加氢、得电子都是还原反应。这种变化规律也适用于生物氧化过程。

1. 加氧反应　向底物分子中直接加入氧原子或氧分子，如：

$$\underset{\text{苯}}{C_6H_6} + \frac{1}{2}O_2 \longrightarrow \underset{\text{酚}}{C_6H_5\text{—}OH}$$

2. 脱氢反应　从底物分子上脱下一对氢原子，如：

$$\underset{\text{乳酸}}{CH_3CH(OH)COOH} \xrightarrow{-2H} \underset{\text{丙酮酸}}{CH_3COCOOH}$$

3. 脱电子反应　从底物分子上脱下一个电子，如：

$$Fe^{2+} \xrightarrow{-e} Fe^{3+}$$

## 二、生物氧化的特点

糖、脂肪、蛋白质在体内、外所消耗的氧量、终产物（$CO_2$、$H_2O$）及释放的能量相同，但二者所进行的方式却大不一样。与物质在体外氧化过程相比，体内的氧化反应有以下特点：

（1）生物氧化过程是在细胞内温和的环境中（在体温及近于中性 pH 值条件下），由酶催化逐步进行的过程。

（2）$H_2O$ 是由底物脱氢经一系列的递氢体和递电子体传递最后与氧结合而生成的。

（3）生物氧化时能量逐步释放，且放出的能量一部分是以化学能的方式储存在高能磷酸化合物中。

（4）$CO_2$的产生方式为有机酸脱羧作用生成的。

## 三、生物氧化过程中 $CO_2$ 的生成

生物氧化的重要产物之一是 $CO_2$，人体内 $CO_2$的生成并不是代谢物的碳原子与氧的直接结合，而是来源于有机酸的脱羧反应。糖类、脂类、蛋白质在体内代谢过程中可产生许多不同的有机酸，有机酸在酶的催化下，经过脱羧作用产生 $CO_2$。根据脱去的羧基在有机酸分子中的位置不同，分为 α-脱羧和 β-脱羧两种；又根据脱羧是否伴有氧化，可分为单纯脱羧和氧化脱羧两种类型。

### （一）α-单纯脱羧

$$R-\overset{\alpha}{C}H(NH_2)-\boxed{COO}H \xrightarrow{\text{氨基酸脱羧酶}} R-CH_2NH_2+CO_2$$

α-氨基酸

### （二）α-氧化脱羧

$$CH_3\overset{\alpha}{C}O\boxed{COO}H + HSCoA \xrightarrow[NAD^+ \to NADH+H^+]{} CH_3CO\sim SCoA+CO_2$$

丙酮酸　　辅酶A　　乙酰辅酶A

### （三）β-单纯脱羧

$$^{\beta}CH_2(^{\alpha}COCOOH)-\boxed{COO}H \underset{}{\overset{\text{丙酮酸羧化酶}}{\rightleftharpoons}} CH_3COCOOH+CO_2$$

草酰乙酸　　丙酮酸

**（四）β-氧化脱羧**

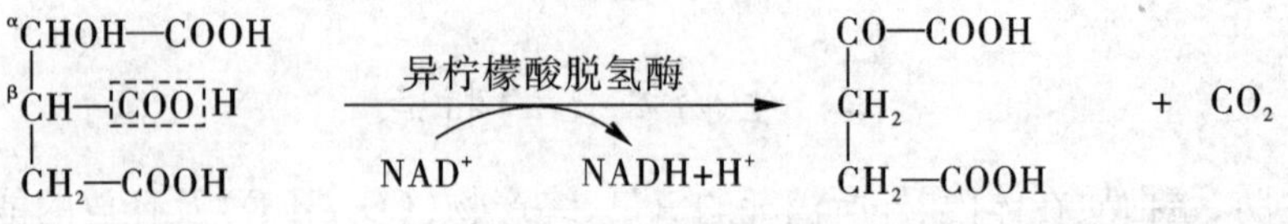


异柠檬酸　　　　　　　　　　α-酮戊二酸

# 第二节　呼吸链与水的生成

## 一、呼吸链的概念

在线粒体中，由若干个递氢体和递电子体及其酶和辅酶，按一定顺序排列组成的，与细胞呼吸过程有关的链式反应体系，称为呼吸链（respiratory chain）。在呼吸链中，酶和辅酶按一定顺序排列在线粒体内膜上。其中传递氢的酶或辅酶称之为递氢体，传递电子的酶或辅酶称之为电子传递体。不论递氢体还是递电子体都起到传递电子的作用（$2H \longrightarrow 2H^+ + 2e$），所以呼吸链又称电子传递链。

## 二、呼吸链的组成及排列顺序

**（一）以 $NAD^+$ 或 $NADP^+$ 为辅酶的不需氧脱氢酶类**

尼克酰胺腺嘌呤二核苷酸（nicotinamide adenine dinucleotide，$NAD^+$），又称辅酶Ⅰ（CoⅠ）；尼克酰胺腺嘌呤二核苷酸磷酸（nicotinamide adenine dinucleotide phosphate，$NADP^+$），又称辅酶Ⅱ（CoⅡ）。$NAD^+$ 和 $NADP^+$ 作为辅酶，可分别与不同的酶蛋白组成功能各异的脱氢酶。

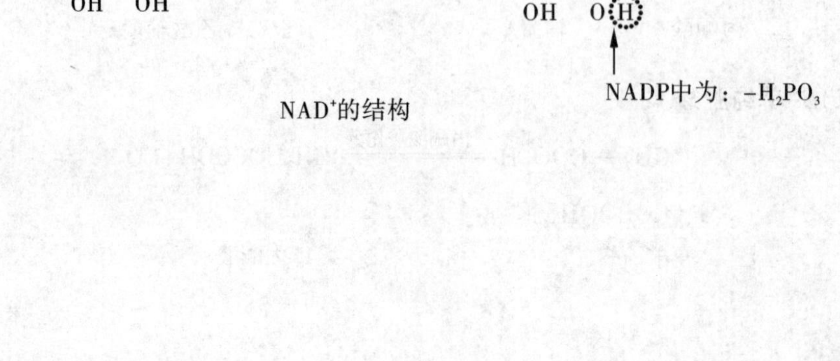


$NAD^+$的结构

$NAD^+$（或$NADP^+$）
氧化型

$NADH+H^+$（或$NADPH+H^+$）
还原型

$NAD^+$或 $NADP^+$分子中尼克酰胺（维生素 PP）的氮为五价，能接受电子成为三价氮。其对侧的碳原子也比较活泼，能进行可逆加氢与脱氢反应，因此该类酶在呼吸链中主要起递氢作用。尼克酰胺在加氢反应时只能接受一个氢原子和一个电子，将一个 $H^+$游离于基质中。这类脱氢酶是连接代谢物与呼吸链的环节，并将质子传递给黄素蛋白。

### （二）黄素蛋白

黄素蛋白（flavin protein，FP）也是一类氧化还原酶，其辅基中含有核黄素（维生素 $B_2$）而呈黄色，故又称黄素酶。黄素蛋白的辅基有两种：黄素单核苷酸（FMN）和黄素腺嘌呤二核苷酸（FAD）。

FMN 或 FAD 发挥功能的部位是核黄素结构中的异咯嗪环，在该环 $N_1$和 $N_{10}$上能进行可逆的加氢或脱氢反应。所以黄素蛋白在呼吸链中起递氢作用。

$$\text{氧化型 FMN（或 FAD）} \underset{-2H}{\overset{+2H}{\rightleftharpoons}} \text{还原型 } FMNH_2\text{（或 } FADH_2\text{）}$$

### （三）铁硫蛋白

铁硫蛋白（iron-sulfur protein）是存在于线粒体内膜上的一类与传递电子有关的蛋白质，该蛋白以铁硫簇（Fe-S）为辅基，Fe-S 含有等量的铁原子和硫原子（$Fe_2S_2$，$Fe_4S_4$），通过其中的铁原子与铁硫蛋白中半胱氨酸残基的巯基硫相连（图 6-1）。

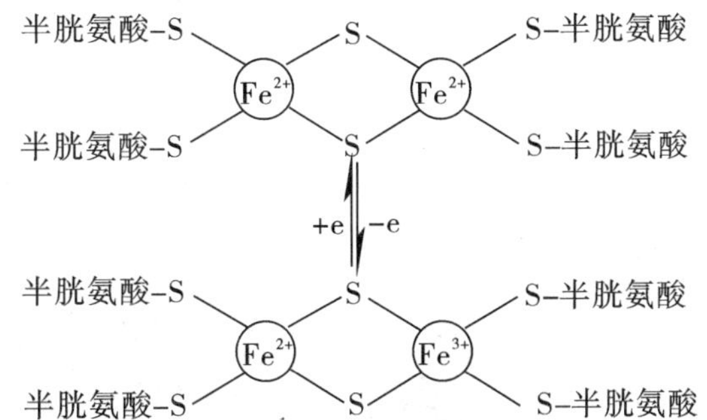


**图 6-1　铁硫蛋白含铁硫部分的结构及其传递电子的反应**

铁硫蛋白的铁原子能进行可逆地得失电子反应($Fe^{2+} \underset{+e}{\overset{-e}{\rightleftharpoons}} Fe^{3+}$),在呼吸链中的作用是传递电子(属单电子传递体),它不能单独存在,多与黄素蛋白的辅基和细胞色素 b 结合存在。

**(四) 泛醌**

泛醌(ubiquinone,Q),是一种黄色脂溶性醌类化合物,曾称之为辅酶 Q(coenzyme Q,CoQ),以后发现它是以游离的形式而不是与蛋白质结合形式存在,故称泛醌更恰当。

泛醌中的苯醌结构能进行可逆的加氢和脱氢反应,接受 2H 后由氧化型转变成还原型。泛醌可将 2 个质子释放入线粒体基质内,将电子传递给细胞色素,是呼吸链中的递氢体。

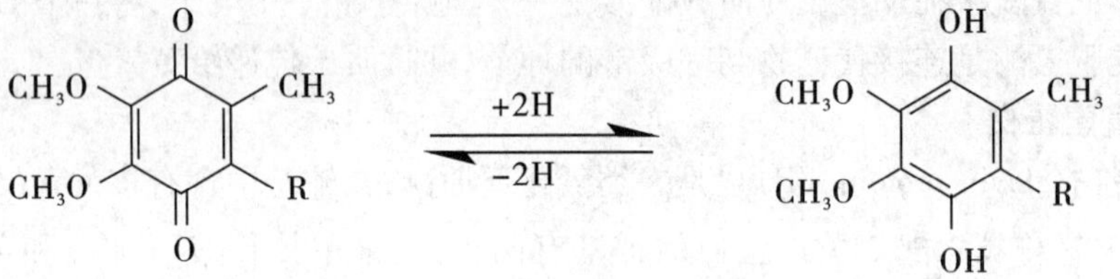

O, $CH_3O$, $CH_3$, $CH_3O$, R, O　$\underset{-2H}{\overset{+2H}{\rightleftharpoons}}$　OH, $CH_3O$, $CH_3$, $CH_3O$, R, OH

氧化型CoQ　　　　还原型CoQ

**(五)细胞色素**

细胞色素(cytochromes,Cyt)是细胞内一类以铁卟啉为辅基的催化电子传递的酶类,具有颜色,故名细胞色素(图 6-2)。细胞色素具有特殊的吸收光谱,根据它们吸收光谱不同,可将其分多种。参与呼吸链组成的细胞色素有细胞色素 a、b、c(Cyt a、Cyt b、Cyt c)三类,每一类中又因其最大吸收峰的微小差别再分为几种亚类。各种细胞色素的主要差别是铁卟啉辅基的侧链以及铁卟啉与蛋白质部分的连接方式不同。其传递电子顺序是 Cyt b→Cyt $c_1$→Cyt c→Cyt$aa_3$→$O_2$。由于 Cyt a 和 Cyt $a_3$结合紧密,很难分开,故将 Cyt a 和 Cyt$a_3$合称为 Cyt$aa_3$(也称细胞色素氧化酶)。细胞色素中只有 $aa_3$能直接将电子传递给氧分子($O_2$),使其激活变成氧离子($O^{2-}$),并催化基质中的 $2H^+$与氧离子结合成水。Cyt$aa_3$中除有 2 个铁卟啉辅基外,还有 2 个铜原子。铜原子可进行($Cu^+ \underset{+e}{\overset{-e}{\rightleftharpoons}} Cu^{2+}$)反应传递电子。

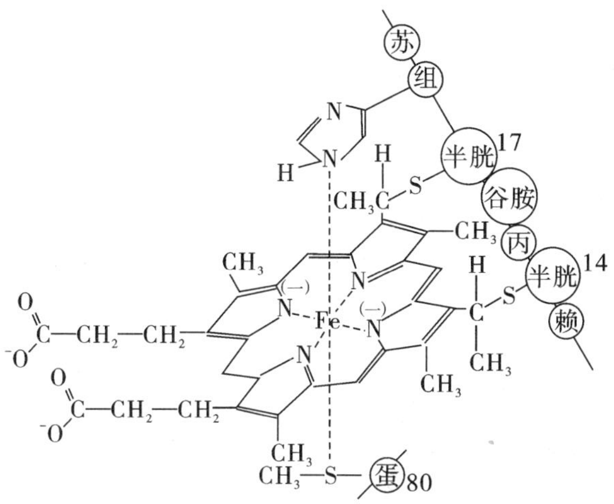


图 6-2 细胞色素 C 结构示意图

在上述呼吸链的主要组成成分中，在线粒体内膜除泛醌与细胞色素 c 以游离形式存在外，其余的成分均以复合体的形式存在。复合形式有：①复合体Ⅰ（又称 NADH-泛醌还原酶），该复合体将电子从 NADH 经 FMN 及铁硫蛋白传给泛醌；②复合体Ⅱ（又称琥珀酸-泛醌还原酶），该复合体将电子从琥珀酸经 FAD 及铁硫蛋白传递给泛醌；③复合体Ⅲ（又称泛醌-细胞色素 c 还原酶），该复合体将电子从泛醌经 Cytb、$Cytc_1$ 传给 Cyt c；④复合体Ⅳ（又称细胞色素 c 氧化酶），该复合体将电子从 Cytc 经 $Cytaa_3$ 传递给氧。作用方式见图 6-3。

> 议一议：
> 代谢物脱氢经呼吸链传递是如何生成水的？

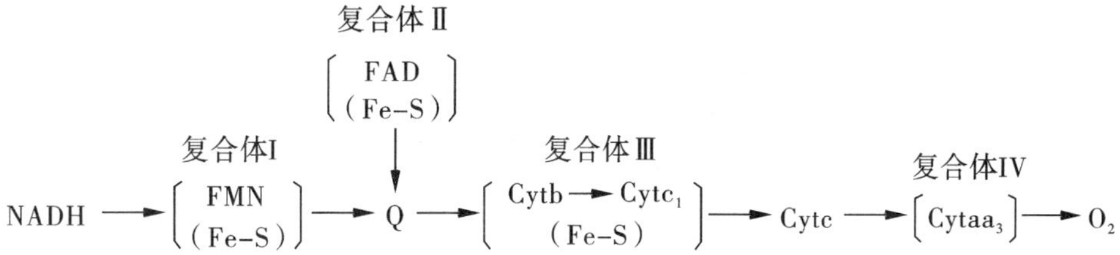

复合体Ⅱ
[FAD (Fe-S)]
↓
NADH → 复合体Ⅰ [FMN (Fe-S)] → Q → 复合体Ⅲ [Cytb → $Cytc_1$ (Fe-S)] → Cytc → 复合体Ⅳ [$Cytaa_3$] → $O_2$

图 6-3 线粒体呼吸链中各组分排列顺序

## 三、体内重要的呼吸链

### （一）NADH 氧化呼吸链

生物氧化中大多数脱氢酶如乳酸脱氢酶、苹果酸脱氢酶都是以 $NAD^+$ 为辅酶，多种代谢物（$SH_2$）在相应的脱氢酶催化下脱氢，脱下来的氢由 $NAD^+$ 接受而生成 NADH+$H^+$。NADH+$H^+$ 经 NADH 氧化呼吸链将氢最终传递给氧而生成水。NADH+$H^+$ 脱下的 2H 经复合体Ⅰ(FMN,Fe-S)传给 CoQ,再经复合体Ⅲ(Cyt b,Fe-S,Cyt $c_1$)传给 Cyt c,然后传至复合体Ⅳ(Cyt$aa_3$),最后将 2e 交给氧($O_2$),使氧活化,活化的氧($O^{2-}$)和基质中的 $2H^+$ 结合生成水,同时释放出大量能量。这是体内最主要的一条呼吸链,也是体内物质氧化生成水的主要途径。

在线粒体中,大多数代谢物是通过 NADH 氧化呼吸链氧化,如糖代谢的中间产物(异柠檬酸、$\alpha$-酮戊二酸、苹果酸等)、谷氨酸、$\beta$-羟丁酸等都是经过 NADH 呼吸链被氧化分解。该呼吸链氢的传递顺序如图 6-4 所示。

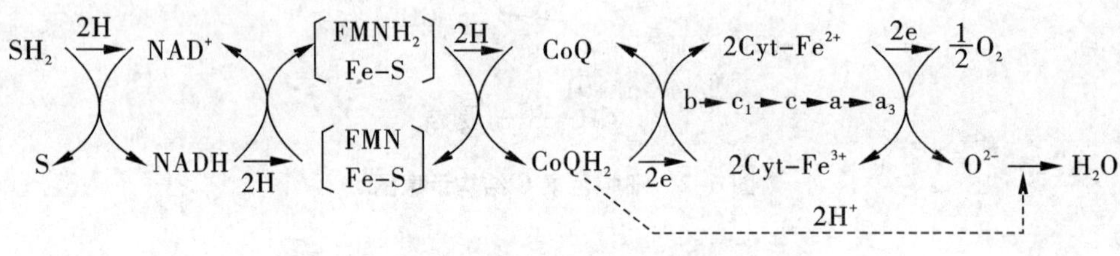


图 6-4 NADH 氧化呼吸链

**(二)琥珀酸氧化呼吸链($FADH_2$ 氧化呼吸链)**

有些代谢物,如琥珀酸、$\alpha$-磷酸甘油、脂酰辅酶 A 等通过 $FADH_2$ 氧化呼吸链而被氧化。代谢物由脱氢酶催化脱下的 2H 经复合体Ⅱ(FAD,Fe-S)传递给 CoQ 形成 $CoQH_2$,$CoQH_2$ 再将 2e 传至复合体Ⅲ(Cyt b ,Cyt $c_1$),然后经复合体Ⅳ(Cyt $aa_3$)传给氧($O_2$),使氧活化,活化的氧($O^{2-}$)和基质的 $2H^+$ 结合生成水。该呼吸链氢的传递顺序如图 6-5 所示。

> 议一议:
> CoQ 在两条呼吸链中所处的位置,在呼吸链中有何重要性?

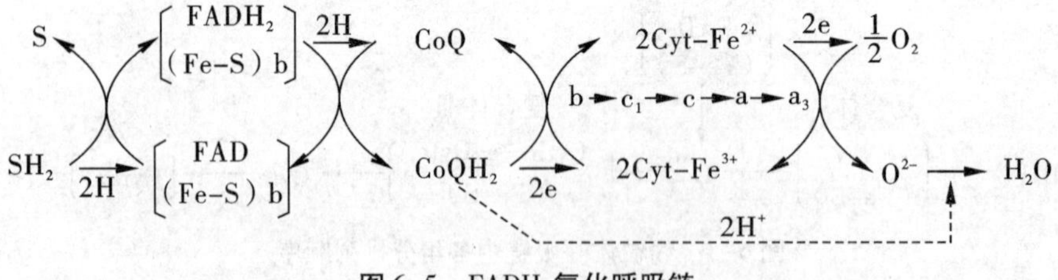

图 6-5 $FADH_2$ 氧化呼吸链

线粒体内,物质氧化的主要方式是脱氢反应。通过脱氢酶催化的脱氢反应产生 $NADH+H^+$ 和 $FADH_2$,两者再通过呼吸链彻底氧化成水。线粒体内一些重要代谢氧化分解时氢的传递顺序如图 6-6 所示。

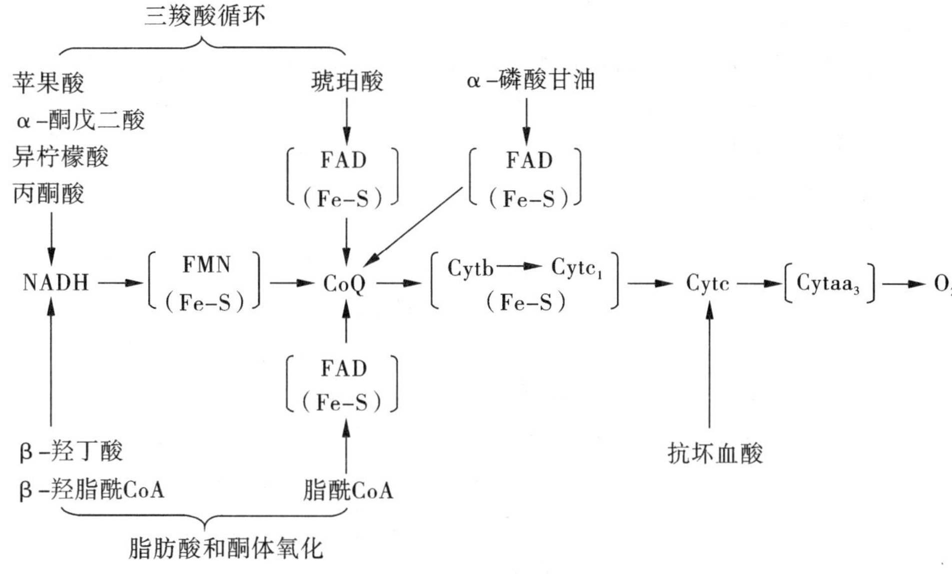


**图6-6 几种重要代谢物氧化时的电子传递链**

## 四、胞液中NADH的氧化

物质代谢过程中，胞液中也有NADH生成。由于NADH不能透过线粒体内膜，所以不能直接运至线粒体内经NADH氧化呼吸链氧化，需要经穿梭作用将氢原子带入线粒体才能氧化。

### （一）苹果酸-天冬氨酸穿梭

苹果酸-天冬氨酸穿梭作用是肝、心肌细胞线粒体转运胞液$NADH+H^+$中的氢原子进入线粒体氧化的方式。由图6-7可以看出，胞液中$NADH+H^+$中的两个氢原子可交给草酰乙酸，以苹果酸的形式带入线粒体。在线粒体内苹果酸脱氢酶的作用下，苹果酸又生成草酰乙酸，将携带的氢原子交给$NAD^+$生成$NADH+H^+$，经NADH氧化呼吸链产生2.5个ATP。草酰乙酸不能透过线粒体内膜，而以天冬氨酸形式出线粒体。谷氨酸和α-酮戊二酸分别进出线粒体协助完成这一穿梭过程。

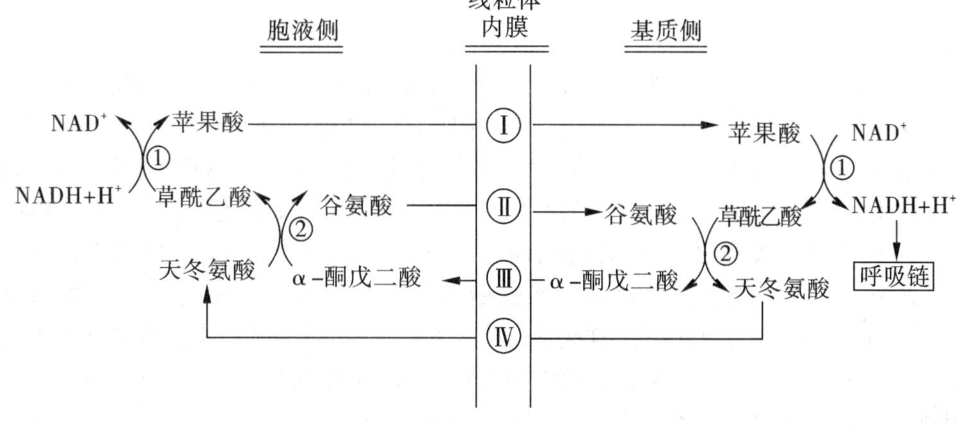


**图6-7 苹果酸穿梭**

①苹果酸脱氢酶 ②谷草转氨酶 Ⅰ～Ⅳ示线粒体内膜上的不同转位酶

**(二)α-磷酸甘油穿梭**

这一穿梭作用存在于肌肉和脑组织。糖代谢的中间产物磷酸二羟丙酮可接受胞液 $NADH+H^+$ 中的氢原子,由 α-磷酸甘油脱氢酶催化还原生成 α-磷酸甘油。α-磷酸甘油透过线粒体外膜,在线粒体内膜表面的 α-磷酸甘油脱氢酶(辅基为 FAD)作用下脱氢生成磷酸二羟丙酮,回到胞液中。FAD 接受氢原子后生成 $FADH_2$,经 $FADH_2$ 氧化呼吸链产生 1.5 个 ATP。

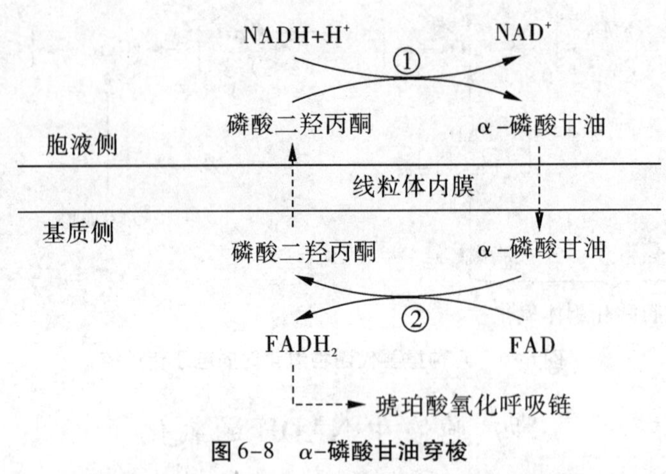


**图 6-8　α-磷酸甘油穿梭**

①胞液 α-磷酸甘油脱氢酶　②线粒体 α-磷酸甘油脱氢酶

# 第三节　ATP 的生成

生物体需要利用生物氧化过程中释放的能量,维持生命活动。生命活动所需总能量约 95% 来自线粒体氧化体系。糖、脂、蛋白质等代谢物的能量均蕴藏于其分子结构中,通过生物氧化逐步释放出来,一部分以热能的形式维持体温或散失于环境中,一部分约 40% 以化学能形式生成高能化合物,以供机体利用。ATP 是体内最主要的高能化合物。

## 一、高能化合物

生物化学中把每摩尔化学键在水解时释放的能量高于 21 kJ 以上者称之为高能键,常用“~”符号表示主要有高能磷酸键(~P)和高能硫酯键(~S)。含有高能键的化合物称为高能化合物。如 ATP、ADP 是体内最重要的高能化合物。当 ATP 水解生成 ADP 和 Pi 时,释放的能量为 30.5 kJ/mol,ADP 水解生成 AMP 和 Pi 时释放的能量与 ATP 相同。还有一些代谢物如磷酸烯醇式丙酮酸、磷酸肌酸及其他三磷酸核苷(如 GTP、CTP、UTP 等)也属于高能磷酸化合物。含有高能硫酯键的化合物称为高能硫酯化合物,如乙酰 CoA、脂酰 CoA 和琥珀酰 CoA 等,这些化合物在 CoA~SH 转移时释放较多的自由能,所以可以参与许多代谢反应。在生命活动中能量的释放、储存和利用主要是以 ATP 为中心。ATP 的分子结构见第二章图 2-6。

## 二、ATP 生成的方式

ATP 是由 ADP 磷酸化生成的，其生成方式有两种，一种是底物水平磷酸化，另一种是氧化磷酸化。

### （一）底物水平磷酸化

代谢物在氧化分解过程中，由于脱氢或脱水引起分子内部能量的重新分布，所形成的高能磷酸键直接转移给 ADP（或 GDP）而生成 ATP（或 GTP）的过程称为底物水平磷酸化。如：

$$1,3\text{-二磷酸甘油酸}+ADP \xrightarrow{\text{磷酸甘油酸激酶}} 3\text{-磷酸甘油酸}+ATP$$

$$\text{磷酸烯醇式丙酮酸}+ADP \xrightarrow{\text{丙酮酸激酶}} \text{烯醇式丙酮酸}+ATP$$

$$\text{琥珀酰辅酶 A}+GDP+Pi \xrightarrow{\text{琥珀酰 CoA 合成酶}} \text{琥珀酸}+HSCoA+GTP$$

$$GTP+ADP \longrightarrow GDP+ATP$$

底物水平磷酸化在胞液和线粒体都能进行。

### （二）氧化磷酸化

氧化和磷酸化是两个不同的概念。氧化是代谢物脱氢或失电子的过程，是一放能反应；而磷酸化是指 ADP 和无机磷（Pi）合成 ATP 的过程，为一耗能反应。在结构完整的线粒体中，氧化（放能）与磷酸化（耗能）两者同时紧密地偶联在一起才有 ATP 产生。

氧化磷酸化的概念：在物质氧化分解代谢过程中，代谢物脱下的氢通过呼吸链传递给氧生成水释放能量的同时，使 ADP 磷酸化生成 ATP 的过程称为氧化磷酸化。氧化磷酸化在线粒体中进行。

### （三）氧化磷酸化的耦联部位

> 说一说：
>
> 代谢物脱氢经 NADH 呼吸链和琥珀酸呼吸链各产生的 ATP 的数？

确定氧化磷酸化的耦联部位，最常用的方法是测定线粒体的 P/O 比值。P/O 比值是指在氧化磷酸化过程中，每消耗 1/2 mol $O_2$所生成 ATP 的摩尔数（或一对电子通过氧化呼吸链传递给氧生成 ATP 的分子数）。实验证实，一对电子经 NADH 氧化呼吸链传递，P/O 比值约为 2.5，一对电子经琥珀酸氧化呼吸链传递，P/O 比值约为 1.5。氧化磷酸化的耦联部位有三个。第一个部位在 NADH 和 CoQ 之间；第二个部位在 CoQ 和细胞色素 c 之间；第三个部位在细胞色素 $aa_3$和 $O_2$之间。呼吸链氧化磷酸化耦联部位如图 6-9 所示。

### （四）影响氧化磷酸化的因素

1. ADP 的调节　氧化磷酸化主要受细胞对能量需求的影响。细胞内能量供应缺乏时，ADP 增加，ADP/ATP 比值增大，氧化磷酸化速率加快，NADH 迅速减少而 $NAD^+$增多，促进三羧酸循环；反之，细胞内能量供应充足时，即 ATP 增加，ADP 减少，ADP/ATP 比值减少，氧化磷酸化速率减慢，NADH 消耗减少，三羧酸循环减缓。ADP 是调节氧化磷酸化的基本因素，这种反馈调节可使机体适应生理需要，合理利用并节约能源。

2. 甲状腺素的作用　甲状腺素能诱导许多组织细胞膜 $Na^+-K^+$-ATP 酶的生成，使 ATP 水解生成 ADP 和 Pi 的速度加快，从而促进氧化磷酸化的进行。由于 ATP 的合成和

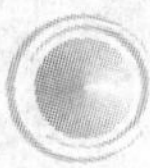


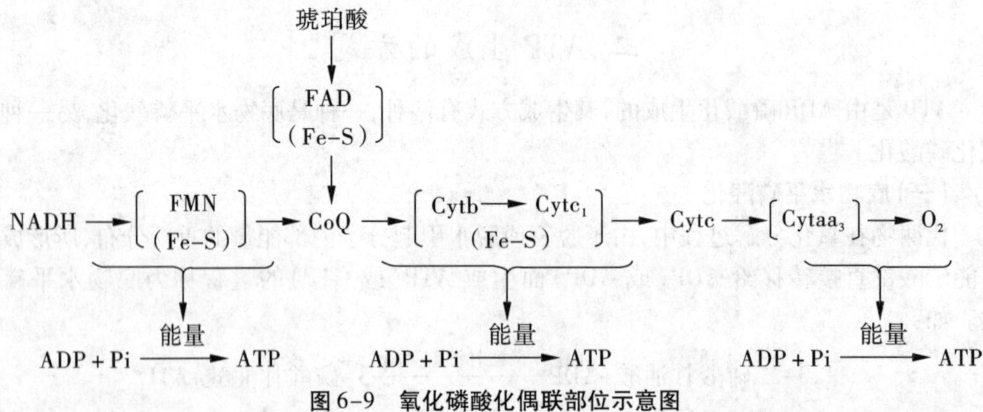


图 6-9　氧化磷酸化偶联部位示意图

分解都加快,机体耗氧量和产热量均增加,所以甲状腺功能亢进患者出现基础代谢率(BMR)增加,因产热量增加,患者喜冷怕热、易出汗。

3. 抑制剂的作用　一些药物和毒物对氧化磷酸化有抑制作用,据作用原理分为两类:

(1)电子传递抑制剂:指阻断呼吸链上某部位电子传递的物质,也称为呼吸链抑制剂。如阿米妥、鱼藤酮、抗霉素 A、一氧化碳和氰化物等,这类物质使呼吸链中氢和电子传递中断,线粒体的呼吸作用受阻,如图 6-10 所示。

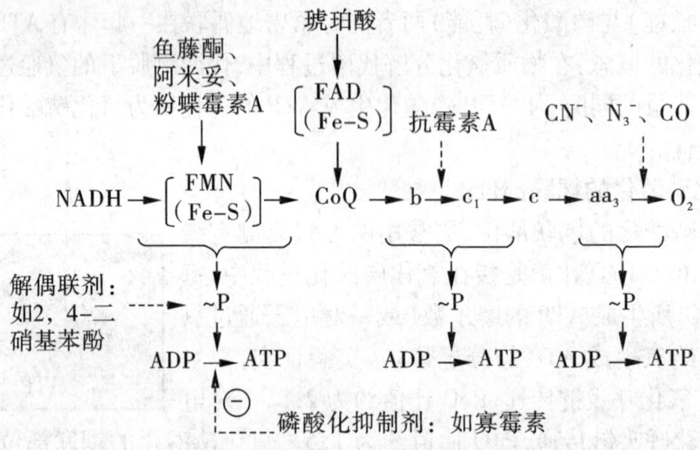


图 6-10　各种抑制剂对呼吸链的抑制作用

这类抑制剂对机体的危害在于抑制氧化(抑制放能)。因为氧化为磷酸化过程提供能量,因此抑制了氧化也就抑制了 ATP 合成。如 CO 极易和还原型细胞色素氧化酶 $Fe^{2+}$ 结合,使生物氧化中断,氰化物($CN^-$)极易与氧化型细胞色素氧化酶 $Fe^{3+}$ 结合,生成氰化高铁细胞色素氧化酶,阻断电子传至氧,结果呼吸链中断,氧化磷酸化不能进行。此时,即使氧的供应充足,细胞也不能利用,造成组织严重缺氧、能源断绝,甚至危及生命。

(2)磷酸化抑制剂:与呼吸链抑制剂不同,这类物质的作用特点是既抑制氧的利用又抑制 ATP 的形成,但不直接抑制电子传递链上载体的作用,如寡霉素等。它们作用于 ATP 合酶,使 ADP 不能磷酸化生成 ATP。

（3）解偶联剂：使电子传递和磷酸化生成 ATP 的耦联过程分离的一类物质，称为解偶联剂。它们不影响呼吸链的电子传递，而是解除氧化与磷酸化的偶联，使氧化过程产生的能量不能用于 ATP 的生成，而是以热能形式散发。如 2，4-二硝基酚（DNP）是最早发现的解耦联剂。某些药物如双香豆素、水杨酸、水杨酰苯胺都有解偶联作用。感冒或患某些传染性疾病时体温升高，就是由于细菌或病毒产生的解偶联剂所致。

4. 线粒体 DNA 突变　线粒体 DNA 呈裸露的环状双螺旋结构，缺乏蛋白质保护和损伤修复系统，容易受到本身氧化磷酸化过程中产生氧自由基的损伤而发生突变。线粒体 DNA 突变可影响氧化磷酸化的功能，使 ATP 生成减少而致病。

## 【知识链接】

### 氰化物中毒的急救知识

氰化物属剧毒品，动物的致死量只有几毫克。食入过多含有氰化物的植物或中药（如苦杏仁、银杏等）或在有氰化氢污染的环境中长时间工作，均可造成中毒。因 $CN^-$ 可与呼吸链中细胞色素氧化酶牢固结合，使其丧失传递电子能力，迅速引起脑部损害，几分钟可致死。氰化物中毒抢救时，可给患者吸入亚硝酸异戊酯或注射亚硝酸钠。这些药物能使部分血红蛋白氧化成极易与氰化物结合的高铁血红蛋白。后者在体内达到一定浓度后，就能夺取已与细胞色素氧化酶结合的 $CN^-$，而转变为氰化高铁血红蛋白，使细胞色素氧化酶的活力得以恢复。但生成的氰化高铁血红蛋白并不稳定，还可释放出 $CN^-$，因此，还需注射硫代硫酸钠，在肝中经硫氰酸酶催化，与解离出来的 $CN^-$ 反应，生成毒性较小的硫氰酸盐随尿排出体外。

## 三、ATP 的利用、转移及储存

### （一）ATP 的利用

1. 提供物质代谢时需要的能量　在有机物质分解代谢的反应中，有许多耗能的磷酸化反应需要 ATP。在物质的合成代谢中，也有许多反应需 ATP（或其他三磷酸核糖核苷）参与。例如，脂肪酸的合成、胆固醇的合成及蛋白质的生物合成等反应都需要较多的 ATP。机体在合成代谢中所需要的能量占机体总耗能量的 10% 左右。

2. 提供生命活动需要的能量　机体的各种生理活动（如腺体分泌、肌肉收缩、神经传导、物质合成、离子转运、体温维持等）所需要的能量绝大部分来自 ATP。ATP 水解为 ADP 和 Pi 时释放的能量可以满足各种生理活动的需要。肌肉收缩耗能占机体总耗能量的 50% ~60%；体内离子主动转运耗能占总耗能量的 20% ~30%。

### （二）ATP 的转移和储存

1. ATP 的转移　体内某些生物合成过程除需要 ATP 外，尚需要其他的三磷酸核糖核苷（如 UTP、CTP、GTP）参与，如糖原合成需要 UTP、磷脂合成需要 CTP、蛋白质合成需要 GTP。这些三磷酸核糖核苷的生成和补充都依赖于 ATP，ATP 可将其 ~P 转移给其他相应的二磷酸核糖核苷形成三磷酸核糖核苷。

$$ATP+UDP \longrightarrow ADP+UTP$$
$$ATP+GDP \longrightarrow ADP+GTP$$
$$ATP+CDP \longrightarrow ADP+GTP$$

2. ATP 的储存　当 ATP 充足时，ATP 可以与肌酸在肌酸激酶（CK）催化下生成磷酸肌酸（CP）。磷酸肌酸是体内能量的储存形式，当机体急需 ATP（如肌肉收缩）时，磷酸肌酸可在 CK 催化下，迅速将“～P”转移给 ADP 生成 ATP 以满足需要。

$$\begin{array}{l} NH_2 \\ | \\ C{=}NH \\ | \\ N{-}CH_3 \\ | \\ CH_2 \\ | \\ COOH \end{array} \quad + ATP \underset{}{\overset{CK}{\rightleftharpoons}} \quad \begin{array}{l} HN \sim Ⓟ \\ | \\ C{=}NH \\ | \\ N{-}CH_3 \\ | \\ CH_2 \\ | \\ COOH \end{array} \quad + ADP$$

肌酸　　　　　　　　　磷酸肌酸

肌酸激酶在心肌、骨骼肌、脑中含量较多，当心肌梗死时，血清 CK 可于数小时内升高数十倍。故测定血清中 CK 的含量有助于心肌梗死的早期诊断。

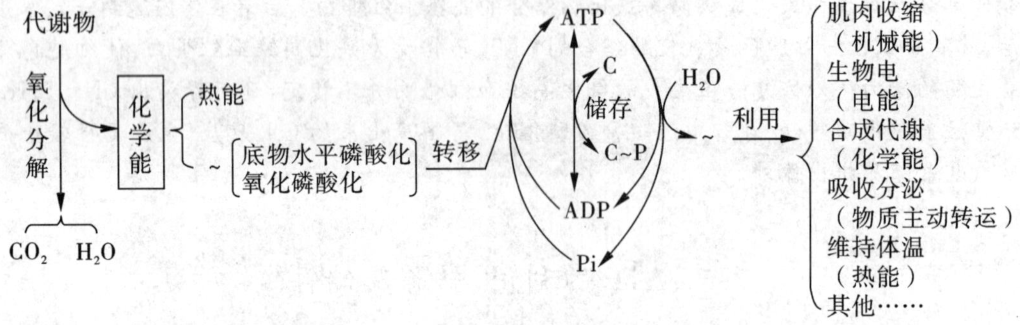


图 6-11　ATP 的生成、储存和利用总结示意图

C：肌酸。C～P：磷酸肌酸

## 第四节　非线粒体氧化体系

### 一、过氧化物酶体中的氧化酶类

#### （一）过氧化氢酶

过氧化氢酶（catalase）又称触酶，其辅基含有 4 个血红素，催化反应如下：

$$2H_2O_2 \longrightarrow 2H_2O+O_2$$

在粒细胞和吞噬细胞中，$H_2O_2$ 可氧化杀死入侵的细菌；甲状腺细胞中产生的 $H_2O_2$ 可使 $2I^-$ 氧化为 $I_2$，进而使酪氨酸碘化生成甲状腺激素。

#### （二）过氧化物酶

过氧化物酶（peroxidase）也是以血红素为辅基，它催化 $H_2O_2$ 直接氧化酚类或胺类化合物,反应如下：

$$R+H_2O_2 \longrightarrow RO+H_2O \quad 或 \quad RH_2+H_2O_2 \longrightarrow R+2H_2O$$

临床上判断粪便中有无隐血时,就是利用白细胞中含有过氧化物酶的活性,将联苯胺氧化成蓝色化合物。

## 二、超氧化物歧化酶

呼吸链电子传递过程中可产生超氧离子($O_2^-$),体内其他物质(如 NADPH、黄嘌呤等)氧化时也可产生 $O_2^-$。$O_2^-$ 可进一步生成 $H_2O_2$和羟自由基(·OH),统称为反应氧族。其化学性质活泼,可使磷脂分子中不饱和脂肪酸氧化生成过氧化脂质,损伤生物膜;过氧化脂质的产生与肿瘤、心血管疾病、组织老化等密切相关。

超氧化物歧化酶(superoxide dismutase,SOD)可催化一分子 $O_2^-$ 氧化生成 $O_2$,另一分子 $O_2^-$ 还原生成 $H_2O_2$

$$2O_2^- + 2H^+ \xrightarrow{SOD} H_2O_2 + O_2$$

在真核细胞胞浆中,该酶以 $Cu^{2+}$、$Zn^{2+}$为辅基,称为 CuZn-SOD;线粒体内以 $Mn^{2+}$为辅基,称为 Mn-SOD。生成的 $H_2O_2$可被活性极强的过氧化氢酶分解。SOD 是人体防御内、外环境中超氧离子损伤的重要酶。

## 三、微粒体氧化体系

微粒体中含有氧化酶体系,这类酶的特点是催化氧分子中的一个氧原子加到底物分子中,使底物羟化;另一个氧原子被还原生成水,因此称为单加氧酶(也称羟化酶或混合功能氧化酶)。单加氧酶催化的反应进行时需要还原型 NADP 参加,其反应通式如下：

$$RH+O_2+NADPH+H^+ \xrightarrow{单加氧酶} ROH+NADP^+ +H_2O$$

单加氧酶主要存在于肝、肾、肠、肺等组织细胞的微粒体中,以肝中作用最强。单加氧酶可催化多种化合物的羟化或加氧反应,具有重要的生理意义。如:肾上腺皮质激素、性激素、胆汁酸的合成;维生素 $D_3$转化成活性形式;饱和脂肪酸的去饱和;一些亲脂性药物或毒物经羟化作用其水溶性(极性)增强,以利于运输和排泄等。

# 小　结

物质在生物体内的氧化分解称为生物氧化,它主要是指糖、脂肪及蛋白质等在体内氧化分解最终生成二氧化碳和水,并释放出能量的过程。线粒体上的递氢体和递电子体构成了细胞内的呼吸链,呼吸链的组成成分有 NADH 或 NADPH 为辅酶的不需氧脱氢酶、黄素蛋白、铁硫蛋白、泛醌和细胞色素体系(cyta、cytb、cytc)。线粒体内有两条呼吸链:NADH 氧化呼吸链、琥珀酸氧化呼吸链。胞浆中生成的 NADH 不能直接进入线粒体,而必须经 $\alpha$-磷酸甘油穿梭或苹果酸穿梭进入线粒体后才能进行氧化。氢原子或电子沿呼吸链传递过程中释放的能量可用于 ATP 合成,这是人体 ATP 的主要来源。根据 P/O 比值的测定,现已知氧化磷酸化的偶联部位在 NADH 与泛醌之间、细胞色素 b 与 c 之间、细

胞色素 $aa_3$ 与 $O_2$ 之间。NADH 呼吸链有三个偶联部位，琥珀酸呼吸链有 2 个偶联部位。氧化磷酸化受 ADP/ATP 比值和甲状腺素的调节，也受某些化合物的抑制。体内能量的产生、利用、储存和转化都以 ATP 为中心。磷酸肌酸是 ATP 的储存形式。

其他非线粒体氧化体系的特点是不伴有磷酸化，不能生成 ATP，主要与某些生理活性物质的合成及体内代谢物、药物、毒物等的生物转化有关。

（程　伟）

# 第七章 脂类代谢

**学 习 目 标**

◆熟悉脂类的主要生理功能。
◆说出脂肪动员、脂肪酸β-氧化及酮体的生成与利用。
◆理解胆固醇的生物合成、转化及胆固醇的代谢调节。
◆列出血浆脂蛋白的分类、组成、代谢特点及其在脂类代谢中的作用。
◆了解脂肪酸合成过程及其调节。
◆认识磷脂的分子组成和甘油磷脂代谢。
◆描述酮体生成的生理意义与病理意义。
◆了解动脉粥样硬化、高脂蛋白血症与脂类代谢的关系。

## 第一节 概 述

脂类(lipids)是广泛存在于生物体内的一类重要的有机化合物,包括脂肪(fat)和类脂(lipoid)两大类。脂肪又称为三脂酰甘油(triacylglycerol)或甘油三酯(triglyceride,TG),类脂主要包括磷脂(phospholipid,PL)、糖脂(glycolipid,GL)、胆固醇(cholesterol,Ch)及胆固醇酯(cholesterol ester,CE)等。脂肪和类脂在化学组成上虽然差异很大,但它们都有一个共同的物理性质即难溶于水,易溶于乙醚、氯仿、丙酮等脂溶剂,这种性质称脂溶性。

### 一、脂类的主要生理功能

#### (一)甘油三酯的主要生理功能

1.储能与供能 甘油三酯的主要生理功能是储能与供能。人体活动所需要的能量20%~30%由甘油三酯所提供。1 g甘油三酯氧化分解可释放能量38.9 kJ(9.3 kcal),比同等重量的糖或蛋白质大1倍多。甘油三酯属疏水性物质,在体内储存时几乎不结合水,所占体积小,储存1 g甘油三酯占1.2 mL的体积,为等重量糖原所占体积的1/4。体内可储存大量的甘油三酯,占体重的10%~20%,因此,甘油三酯是体内能量最有效的储存形式。实验证明:一个人在饥饿时,体内储存的甘油三酯氧化提供给机体的能量占50%以上,如果绝食1~3 d,能量的85%来自甘油三酯,故甘油三酯是饥饿和禁食时体内能量的主要来源。

2. 保护内脏、防止体温散失　内脏周围的脂肪组织具有软垫作用,能缓冲外界的机械撞击,对内脏有保护作用。分布于皮下的脂肪,因脂肪不易导热,可防止过多的热量散失而保持体温。

3. 作为脂溶剂　帮助脂溶性维生素A、维生素D、维生素E、维生素K的吸收。

4. 提供营养必需脂肪酸　在脂类中,特别是磷脂分子中含有多不饱和脂肪酸(表7-1)。多数不饱和脂肪酸在体内能够合成,但亚油酸(18:2, $\triangle^{9,12}$)、亚麻酸(18:3, $\triangle^{9,12,15}$)和花生四烯酸(20:4, $\triangle^{5,8,11,14}$)不能在体内合成,必须靠食物提供,这类脂肪酸称人体必需脂肪酸(essential fatty acid)。这些脂肪酸是维持生长发育和皮肤正常代谢所必需的,若食物中缺乏营养必需脂肪酸,可出现生长缓慢、皮肤鳞屑多、变薄、毛发稀疏等皮炎症状;参与甘油磷脂等物质合成;此外,花生四烯酸还是合成前列腺素、血栓素和白三烯等重要生理活性物质的原料。

**表7-1　体内常见的不饱和脂肪酸**

| 习惯名 | 系统名※ | 双键数 | 双键位置 | | 族 | 分布 |
|---|---|---|---|---|---|---|
| | | | Δ系 | n系 | | |
| 软油酸 | 十六碳一烯酸 | 16:1 | 9 | 7 | ω-7 | 广泛 |
| 油酸 | 十八碳一烯酸 | 18:1 | 9 | 9 | ω-9 | 广泛 |
| 亚油酸 | 十八碳二烯酸 | 18:2 | 9,12 | 6,9 | ω-6 | 植物油 |
| α亚麻酸 | 十八碳三烯酸 | 18:2 | 9,12,15 | 3,6,9 | ω-3 | 植物油 |
| γ亚麻酸 | 十八碳三烯酸 | 18:3 | 6,9,12 | 6,9,12 | ω-6 | 植物油 |
| 花生四烯酸 | 二十碳四烯酸 | 20:4 | 5,8,11,14 | 6,9,12,15 | ω-6 | 植物油 |
| timnodonic acid | 二十碳五烯酸(EPA) | 20:5 | 5,8,11,14,17 | 3,6,9,12,15 | ω-3 | 鱼油 |
| clupanodonic acid | 二十二碳五烯酸(DPA) | 22:5 | 7,10,13,16,19 | 3,6,9,12,15 | ω-3 | 鱼油、脑 |
| cervonic acid | 二十二碳六烯酸(DHA) | 22:6 | 4,7,10,13,16,19 | 3,6,9,12,15,18 | ω-3 | 鱼油 |

※ 系统命名法:需标示脂肪酸的碳原子数和双键的位置。①ω或n编码体系:从脂肪酸的甲基碳起计算其碳原子顺序。②△编码体系:从脂肪酸的羧基碳起计算碳原子的顺序。例如:$CH_3-(CH_2)_5-CH=CH-(CH_2)_7-COOH$ 称十六碳-$\Delta^9$-烯酸;ω编码体系称十六碳-$\omega^7$-烯酸。

### (二)类脂的主要生理功能

1. 维持正常生物膜的结构和功能　类脂,特别是磷脂和胆固醇是构成所有生物膜如细胞膜、线粒体膜、核膜及内质网膜等的重要组成成分,它们与蛋白质结合形成脂蛋白参与生物膜的组成。细胞膜含胆固醇较多,而亚细胞结构的膜含磷脂较多。生物膜在生命活动过程中起着重要的作用,如能量转换、物质运输、信息的识别和传递、细胞的发育和分化,以及神经传导、激素作用等。

2. 参与脂蛋白组成 磷脂是脂蛋白的重要组分，它与蛋白质一起位于脂蛋白的表面，其亲水部分朝向表面，疏水部分朝向核心，将不溶于水的脂肪、胆固醇酯等颗粒包裹在脂蛋白内部，形成脂蛋白核心，在运输外源性和内源性甘油三酯和胆固醇中起着重要作用（见本章血浆脂蛋白代谢部分）。

3. 转变成多种重要的生理活性物质 类脂在体内可转变成多种重要的生理活性物质，如胆固醇在体内可转变成胆汁酸、维生素 $D_3$、性激素及肾上腺皮质激素等；磷脂可转变成肺表面活性物质、血小板激活因子等；磷脂还可转变成磷脂酰肌醇，参与跨膜信息的传递。

> 想一想：
> 脂类包括哪些物质，其主要生理功能有哪些？

4. 维护神经传导的正常功能 神经鞘磷脂是神经髓鞘膜的重要成分，常与磷脂酰胆碱并存于膜的外侧，起着绝缘作用，防止神经冲动从一条神经纤维向其他神经纤维扩散，有利于神经冲动的定向传导。

## 二、脂类在体内的分布和含量

脂肪和类脂在体内的分布差异很大。脂肪主要储存于脂肪组织中，脂肪组织含脂肪细胞，多分布于腹腔、皮下及肌纤维间，这一部分脂肪称为储存脂（stored fat），脂肪组织则称为脂库。储存脂在正常体温下多为液态或半液态，皮下脂肪因含不饱和脂肪酸较多，因此熔点低而流动度大，这就使得皮下脂肪在较冷的体表温度下仍能保持液态，有利于各种代谢的进行。机体深处的储存脂熔点较高，通常处于半固体状态，因此有利于保护内脏器官。脂肪是体内含量最多的脂类，是机体储存能量的一种形式。成年男性的脂肪含量占体重的10%～20%，女性稍高。体内的脂肪含量受营养状况和机体活动等诸多因素的影响，不同个体间差异较大，同一个体的不同时期也有明显的差异，因此将脂肪又称为可变脂。

类脂是生物膜的基本组成成分，约占体重的5%。类脂在体内的含量不受营养状况和机体活动的影响，因此又称固定脂或基本脂。类脂主要存在于细胞的各种膜性结构中，不同的组织中类脂的含量不同，以神经组织中较多，而一般组织中则较少。

### 【知识链接】

#### 人的体重指数

世界卫生组织公布的亚洲人体重指数（BMI）标准为18～23。其BMI计算方法如下：体重指数（BMI）= 体重（kg）÷身高（m）$^2$。如BMI值>23属于超重；>25属Ⅰ度肥胖（轻度）；>30属Ⅱ肥胖（中度）；>35为Ⅲ肥胖（重度）。

# 第二节　甘油三酯的代谢

## 一、甘油三酯的化学

甘油三酯由 1 分子甘油（glycerol）与 3 分子脂肪酸（fatty acid）组成，难溶于水，易溶于乙醚、氯仿、丙酮等脂溶剂。

$$\begin{array}{l} \quad\quad\quad\quad\quad O \\ \quad\quad\quad\quad\quad \| \\ CH_2—O—C—R_1 \\ | \quad\quad\quad\quad O \\ | \quad\quad\quad\quad \| \\ CH—O—C—R_2 \\ | \quad\quad\quad\quad O \\ | \quad\quad\quad\quad \| \\ CH_2—O—C—R_3 \end{array}$$

甘油三酯

＊R 表示脂肪酸

## 二、甘油三酯的分解代谢

### （一）脂肪动员

脂肪组织中储存的甘油三酯在脂肪酶的催化下逐步水解为游离脂肪酸和甘油，并释放入血，以供其他组织氧化利用的过程称为脂肪动员。

$$甘油三酯 \xrightarrow[H_2O \quad 脂肪酸]{甘油三酯脂肪酶} 甘油二酯 \xrightarrow[H_2O \quad 脂肪酸]{甘油二酯脂肪酶} 甘油一酯 \xrightarrow[H_2O \quad 脂肪酸]{甘油一酯脂肪酶} 甘油$$

脂肪组织中含有的脂肪酶包括甘油三酯脂肪酶、甘油二酯脂肪酶及甘油一酯脂肪酶。其中甘油三酯脂肪酶活性最低，是甘油三酯分解的限速酶，受多种激素的调控，故又称为激素敏感性甘油三酯脂肪酶（hormone-sensitive-triglyceride lipase，HSL）。凡是能够提高甘油三酯脂肪酶活性，促进脂肪动员的激素称脂解激素；反之，称抗脂解激素。脂解激素有肾上腺素、去甲肾上腺素、胰高血糖素、促肾上腺皮质激素、促甲状腺素等，抗脂解激素为胰岛素。机体通过激素调节甘油三酯脂肪酶的活性，实现脂肪动员的调控。当禁食、饥饿或处于兴奋时，肾上腺素、胰高血糖素等分泌增加，脂解作用加强；膳食后或睡眠时，胰岛素分泌增加，脂解作用降低。

一般组织储存的甘油三酯较少，主要利用甘油三酯动员出来的脂肪酸和甘油，在细胞内进行代谢变化，在肌肉中主要是在细胞中氧化分解供能，在肝中，则主要是生成酮体后再释放入血供肝外组织利用。

### （二）甘油的氧化分解

脂肪动员产生的甘油扩散入血，随血液循环运往肝、肾等组织被摄取利用。甘油在细胞内经甘油激酶催化，消耗 ATP，生成 α-磷酸甘油。α-磷酸甘油在 α-磷酸甘油脱氢酶催化下转变为磷酸二羟丙酮，磷酸二羟丙酮是糖酵解途径的中间产物，可沿糖酵解途径继续氧化分解并释放能量，也可沿糖异生途径转变为糖原或葡萄糖。

$$甘油 \xrightarrow[ATP \quad ADP]{甘油激酶} \alpha-磷酸甘油 \xrightarrow[NAD^+ \quad NADH+H^+]{\alpha-磷酸甘油脱氢酶} 磷酸二羟丙酮 \begin{cases} \rightarrow \boxed{糖异生} \\ \rightarrow \boxed{CO_2+H_2O+能量} \end{cases}$$

甘油磷酸激酶主要存在于肝、肾及小肠黏膜细胞，肌肉和脂肪细胞内的甘油激酶活性很低，因此肌肉和脂肪细胞不能很好地利用甘油，而要经血液循环运往肝、肾及小肠黏膜

细胞等被氧化分解或进行糖异生作用。

### (三)脂肪酸的β-氧化

脂肪酸是人体重要的能源物质，在氧供给充足的条件下，脂肪酸在体内可彻底氧化产生 $CO_2$ 和 $H_2O$ 并释放大量能量。除成熟红细胞和脑组织外，几乎所有的组织都能够氧化利用脂肪酸，但以肝和肌肉组织最为活跃。脂肪酸氧化过程可大致分为脂肪酸的活化、脂酰 CoA 进入线粒体、β-氧化过程及乙酰 CoA 的彻底氧化等四个阶段。

1. 脂肪酸的活化　脂肪酸的活化是指脂肪酸转变为脂酰 CoA 的过程。脂肪酸的活化在胞液中进行。在 ATP、HSCoA 和 $Mg^{2+}$ 存在的条件下，游离脂肪酸由存在于内质网及线粒体外膜上的脂酰 CoA 合成酶(acyl-CoA synthetase) 催化生成脂酰 CoA。

$$\text{R-COOH+ATP+HSCoA} \xrightarrow[\text{Mg}^{2+}]{\text{脂酰 CoA 合成酶}} \text{R-CO} \sim \text{SCoA+AMP+PPi}$$

脂肪酸　　　　　　　　　　　　　　脂酰 CoA

在脂酰 CoA 分子中，HSCoA 实际上是脂酰基的载体，不仅含有高能硫酯键，而且水溶性也增加，这样就使得脂肪酸的代谢活性明显提高。反应过程中生成的焦磷酸(PPi)立即被细胞内的焦磷酸酶水解，阻止了逆向反应的进行。因此 1 分子脂肪酸的活化，实际上消耗了两个高能磷酸键，相当于消耗了 2 分子 ATP。

2. 脂酰 CoA 进入线粒体　脂肪酸的活化在胞液中进行，而氧化脂肪酸的酶系则存在于线粒体的基质内，因此活化的脂酰 CoA 必须进入线粒体基质才能进行氧化分解。脂酰 CoA 不能直接透过线粒体内膜，需经肉碱(carnitine)携带才能进入线粒体基质。肉碱的化学名称是 L-β-羟-γ-三甲氨基丁酸。

$$(\text{CH}_3)_3\text{N}^+\text{—CH}_2\text{—}\underset{\displaystyle\text{OH}}{\underset{|}{\text{CH}}}\text{—CH}_2\text{—COOH}$$

线粒体内膜两侧上存在着肉碱脂酰转移酶Ⅰ(carnitine acyl transferase Ⅰ，CATⅠ)和肉碱脂酰转移酶Ⅱ(CATⅡ)，酶Ⅰ位于线粒体内膜外侧，催化脂酰基从 CoA 上转移至肉碱的羟基上，生成脂酰肉碱，然后通过膜载体的作用转运到膜内侧，接着在酶Ⅱ的催化下将脂酰基从肉碱上转移到线粒体基质内的 HSCoA 分子上，并释放出肉碱，如图 7-1。

CATⅠ与 CATⅡ属于同工酶，其中 CATⅠ为限速酶，是脂酰 CoA 进入线粒体进行脂肪酸β-氧化的主要限速步骤。在某些生理或病理情况下，如饥饿、高脂低糖膳食及糖尿病等时，体内糖的氧化利用降低，此时，CATⅠ活性增高，脂肪酸氧化增强。相反，饱食后，脂肪合成及丙二酰 CoA 增加，后者抑制 CATⅠ活性，脂肪酸的氧化受到抑制。

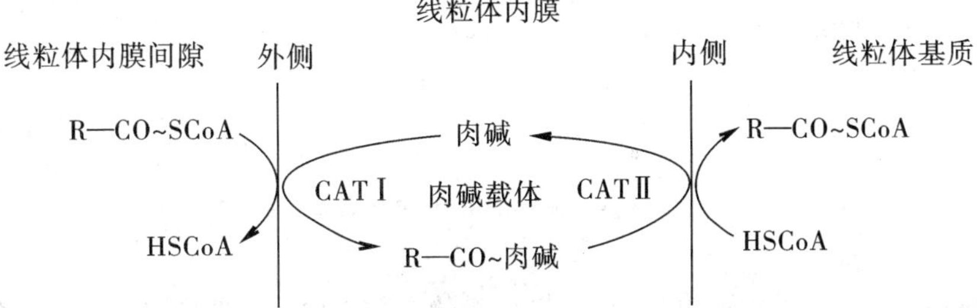


**图 7-1　肉碱转运脂酰基进入线粒体示意图**

3. 脂酰 CoA 的 β-氧化过程　脂酰 CoA 进入线粒体基质后，从脂酰基的 $\beta$-碳原子开始，依次进行脱氢、加水、再脱氢、硫解四步连续的酶促反应，此氧化过程中的每一步都与 $\beta$ 碳原子有关，故称为脂酰基 $\beta$-氧化。现 $\beta$-氧化的四步连续反应简述如下：

(1) 脱氢：脂酰 CoA 在脂酰 CoA 脱氢酶的催化下，$\alpha$ 和 β 碳原子上各脱去一个氢原子，生成 $\alpha$、β 烯脂酰 CoA，脱下的 2H 由 FAD 接受生成 $FADH_2$。

(2) 加水：在水化酶催化下，$\alpha$,$\beta$ 烯脂酰 CoA 在 $\alpha$、$\beta$ 烯键上加 1 分子水，生成 $\beta$-羟脂酰 CoA。

(3) 再脱氢：在 $\beta$-羟脂酰 CoA 脱氢酶的催化下，$\beta$-羟脂酰 CoA 在 $\beta$-碳原子上再次脱氢，生成 $\beta$-酮脂酰 CoA，脱下的 2H 由 $NAD^+$接受，生成 $NADH+H^+$。

(4) 硫解：$\beta$-酮脂酰 CoA 在硫解酶的催化下，$\alpha$ 与 $\beta$ 碳原子之间的化学键断裂，与 1 分子 HSCoA 结合，生成 1 分子乙酰 CoA 和 1 分子比原来少两个碳原子的脂酰 CoA。后者又可再次进行脱氢、加水、再脱氢和硫解反应，如此反复进行，直到脂酰 CoA 全部分解成乙酰 CoA，如图 7-2 所示。

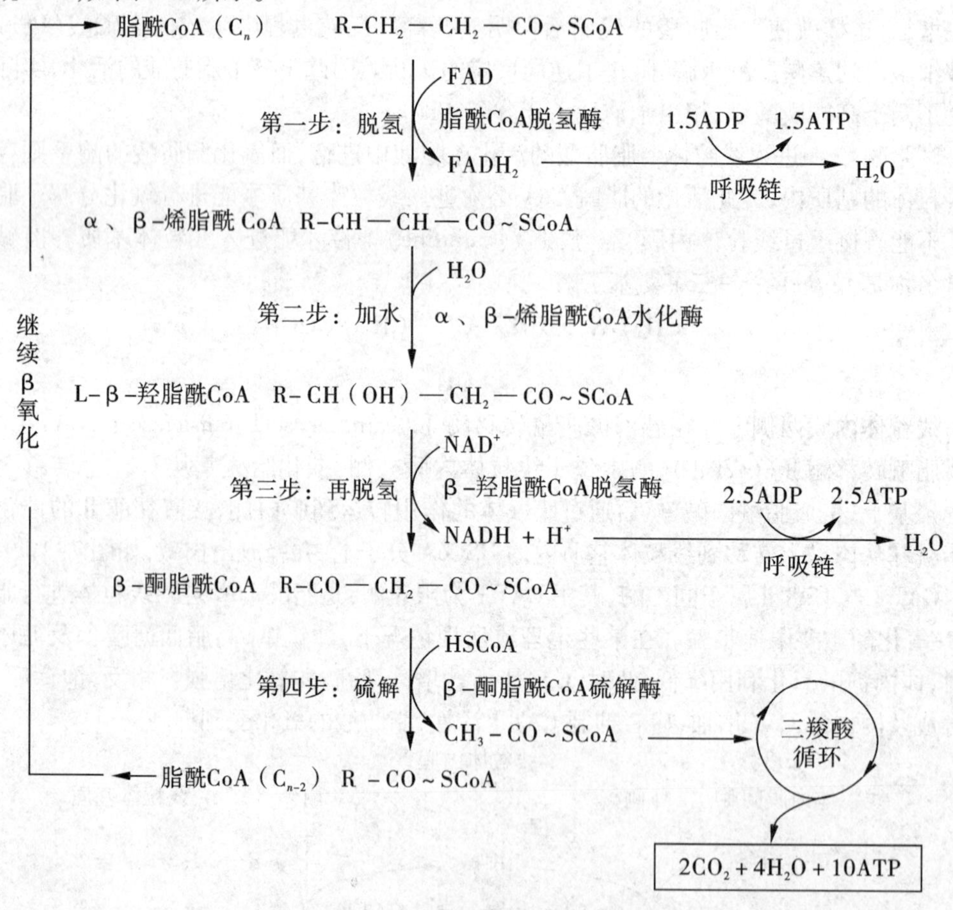


图 7-2　脂肪酸的 $\beta$-氧化过程

4. 丙酸的氧化　人体内和膳食中含极少量的奇数碳原子脂肪酸，经过 $\beta$-氧化除生成乙酰 CoA 外还生成一分子丙酰 CoA。丙酰 CoA 经过羧化反应和分子内重排，转变成琥珀酰 CoA 进行代谢，反应如下：

$$\underset{\text{丙酰 CoA}}{\begin{matrix}CH_3\\|\\CH_2\\|\\COSCoA\end{matrix}} \xrightarrow[\text{ATP+CO}_2\ \ \text{ADP+Pi}]{\text{丙酰 CoA 羧化酶}} \underset{\text{甲基丙二酰 CoA}}{\begin{matrix}COOH\\|\\CHCH_3\\|\\COSCoA\end{matrix}} \xrightarrow[\text{5-脱氧腺苷 B}_{12}]{\text{甲基丙二酰 CoA 变位酶}} \underset{\text{琥珀酰 CoA}}{\begin{matrix}CH_2COOH\\|\\CH_2COSCoA\end{matrix}}$$

5. 脂肪酸氧化时能量的释放和利用　脂肪酸 $\beta$-氧化过程中生成的乙酰 CoA 除可在肝细胞线粒体缩合成酮体外，主要通过三羧酸循环彻底氧化成 $CO_2$ 和 $H_2O$，并释放出能量，是体内能量的重要来源。现以 1 分子软脂酸（16C）为例来说明，其氧化的总反应式如下：

$$CH_3(CH_2)_{14}CO\sim SCoA+7HSCoA+7FAD+7NAD^++7H_2O \longrightarrow$$
$$8CH_3CO\sim SCoA+7FADH_2+7NADH+7H^+$$

1 分子软脂酰 CoA 分解成 8 分子乙酰 CoA 需要经过 7 次 $\beta$-氧化。因此 1 分子软脂肪酸彻底氧化共生成（1.5×7）+（2.5×7）+（10×8）= 108 个 ATP，减去脂肪酸活化时消耗的 2 个 ATP，净生成 106 个 ATP。按 1 mol ATP 水解释放的自由能 30.56 kJ 计算，共计生成 30.56×106 个 = 3 233 kJ，1mol 软脂酸在体外彻底氧化成 $CO_2$ 和 $H_2O$ 时释放的自由能为 9 795 kJ，因此其能量利用率为 40%（3 233÷9 795×100%），其余能量以热能形式释放。

线粒体内不饱和脂肪酸的氧化过程与饱和脂肪酸的氧化基本相同，也主要是进行 $\beta$-氧化。不同点是不饱和脂肪酸是顺式双键构型，与饱和脂肪酸 $\beta$-氧化时生成的反式双键不同，需要异构酶参加。又因不饱和脂肪酸含有烯键，故氧化时少一次脱氢过程，所以产生的 ATP 数量少于含相同碳原子数的饱和脂肪酸。此外，体内脂肪酸的氧化还有 $\alpha$-和 $\omega$-氧化两个次要途径。

> 想一想：
> 1 分子 20 碳的饱和脂肪酸在体内氧化成 $CO_2$ 和 $H_2O$，可净生多少分子 ATP?

体内含偶数碳原子的饱和脂肪酸，β 氧化产生 ATP 数量可按以下方法计算：

（1）$\beta$ 氧化产生 ATP 数量 =（$C_n$/2－1）×（1.5+2.5）

（2）乙酰 CoA 产生 ATP 数量 = $C_n$/2×10

（3）脂肪酸氧化合成 ATP 总量 =（1）+（2）－2

式中 $C_n$：脂肪酸碳原子个数；（$C_n$/2－1）：$\beta$-氧化次数；$C_n$/2：乙酰 CoA 生成数。

### （四）酮体的生成和利用

体内脂肪酸的氧化分解以肝和骨骼肌最为活跃，而且在心肌和骨骼肌等组织中脂肪酸经 $\beta$-氧化生成的乙酰 CoA 能够彻底氧化成 $CO_2$ 和 $H_2O$，但在肝细胞 $\beta$-氧化生成的乙酰 CoA 则大部分缩合生成乙酰乙酸（acetoacetate）、$\beta$-羟丁酸（β-hydroxybutyrate）和丙酮（acetone），三者统称为酮体（ketone bodies）。其中以 $\beta$-羟丁酸最多，约占酮体总量的 70%，乙酰乙酸占 30%，而丙酮的量极微。由于肝细胞内缺乏氧化利用酮体的酶，因此肝内生成的酮体必须通过细胞膜进入血液循环，运往肝外组织被利用。

1. 酮体的生成　酮体生成的部位是在肝线粒体内，合成原料是乙酰 CoA。其合成过程为 2 分子乙酰 CoA 在乙酰乙酰 CoA 硫解酶(thiolase)催化下，缩合成 1 分子乙酰乙酰 CoA；乙酰乙酰 CoA 在 *β*-羟-*β*-甲基戊二酸单酰 CoA(*β*-hydroxy-*β*-methyl glutaryl CoA，HMGCoA)合成酶的催化下再与 1 分子乙酰 CoA 缩合成 HMGCoA；HMGCoA 经裂解酶催化裂解成乙酰乙酸和乙酰 CoA，后者又可参与酮体的合成；乙酰乙酸在 *β*-羟丁酸脱氢酶的催化下还原生成 *β*-羟丁酸，反应所需的氢由 $NADH + H^+$ 提供；乙酰乙酸缓慢地自发脱羧生成丙酮，也可由乙酰乙酸脱羧酶催化脱羧生成。丙酮是一种挥发性物质，当血液中含有大量丙酮时可直接由肺排出(图 7-3)。

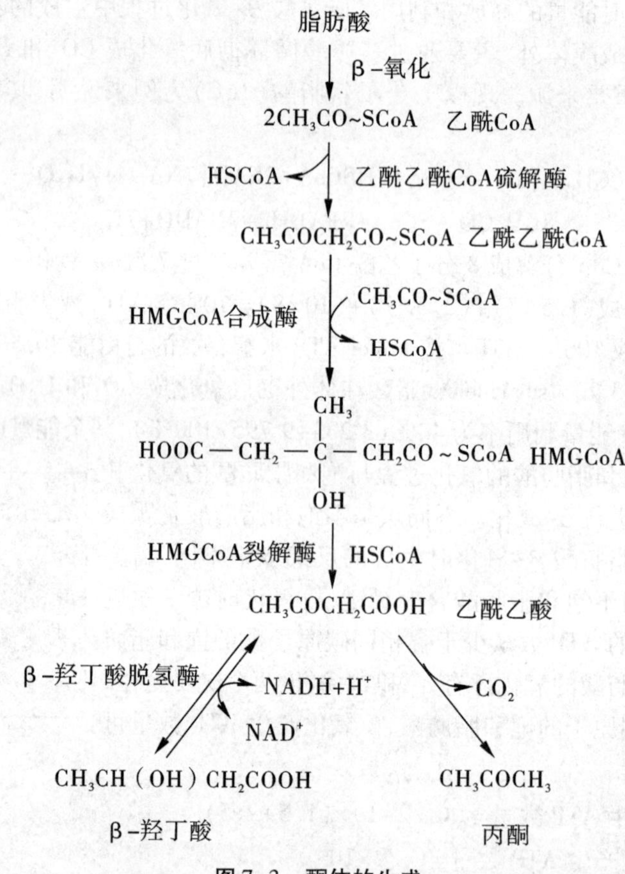


图 7-3　酮体的生成

HMGCoA 合成酶是酮体合成过程中的限速酶。肝细胞线粒体内含有各种合成酮体的酶类，特别是 HMGCoA 合成酶，因此生成酮体是肝特有的功能。

2. 酮体的利用　肝外组织，特别是心肌、骨骼肌及脑和肾等器官组织是利用酮体最主要的组织。在这些组织中酮体能够被彻底氧化成 $CO_2$ 和 $H_2O$，并获得能量。酮体的利用，首先要进行活化，其活化过程由琥珀酰 CoA 转硫酶或乙酰乙酸硫激酶催化完成。乙酰乙酸在琥珀酰 CoA 转硫酶或乙酰乙酸硫激酶的催化下，转变为乙酰乙酰 CoA，然后乙酰乙酰 CoA 在硫解酶的催化下分解为 2 分子乙酰 CoA，后者进入三羧酸循环被彻底氧化。β-羟丁酸可在 β-羟丁酸脱氢酶催化下氧化生成乙酰乙酸，然后沿上述途径氧化(图 7-4)。

正常情况下丙酮含量很少，可从尿中排出，当血液中酮体剧烈升高时，可从肺直接呼出。

酮体只能在肝内生成，这是因为肝细胞线粒体含有所有的生酮酶体系，但肝脏不能利用酮体，这是因为肝细胞缺乏分解酮体的酶系（琥珀酰 CoA 转硫酶和乙酰乙酸硫激酶）。故肝内生酮，肝外利用是脂肪酸在肝脏的一个代谢特点。

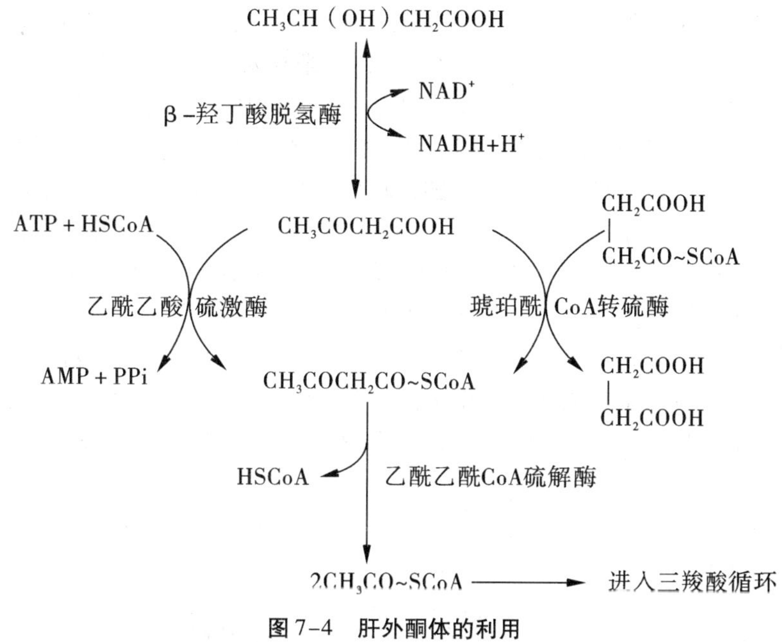


图 7-4 肝外酮体的利用

3. 酮体生成的生理意义 酮体是肝内氧化脂肪酸的一种中间产物，是肝输出脂类能源的一种形式。酮体分子小，易溶于水，能够通过血脑屏障及肌肉的毛细血管壁，是心肌、脑和骨骼肌等组织的重要能源。脑细胞在正常情况下，所需能量的 90% 由葡萄糖提供，但在长期饥饿状态下，脑组织所需要的能量约 75% 由酮体提供。

> 说一说：
> 什么叫 β-氧化？什么叫酮体？

正常人血中酮体含量很少，仅 0.03～0.5 mmol/L，但是在饥饿、低糖高脂膳食及糖尿病时，由于机体不能很好地利用葡萄糖氧化供能，致使脂肪动员增强，脂肪酸 $\beta$-氧化增加，酮体生成过多。当肝内酮体的生成量超过肝外组织的利用能力时，可使血中酮体升高，如血中酮体超过正常含量上限（0.5 mmol/L），称酮血症（ketonemia），如果尿中出现酮体称酮尿症（ketonuria）。由于 $\beta$-羟丁酸、乙酰乙酸都是一些酸性较强的物质，血中浓度过高，可导致血液 pH 值下降，引起酮症酸中毒。丙酮（烂苹果味）在体内含量过高时，可随呼吸排出体外。

## 三、甘油三酯的合成代谢

体内几乎所有的组织都可合成甘油三酯，但以肝和脂肪组织为主，且肝脏的合成能力最强。甘油三酯是机体储存能量的重要形式。摄入的甘油三酯以及糖和蛋白质转变而来的甘油三酯均可在脂肪组织中储存，以供饥饿或禁食时的能量需要。在体内，甘油三酯以脂肪酰 CoA 和 $\alpha$-磷酸甘油为原料合成，因此甘油三酯的合成代谢主要介绍脂肪酸的生物合成及α-磷酸甘油的来源。

**(一)脂肪酸的生物合成**

1. 合成部位　脂肪酸的合成在胞液中进行,肝、肾、脑、乳腺及脂肪组织等均可合成脂肪酸,但肝是合成脂肪酸的主要场所。

2. 合成原料　脂肪酸合成的原料主要是乙酰 CoA,另外还需要 $NADPH+H^+$ 供氢和 ATP 供能。乙酰 CoA 主要来自糖的分解代谢,少量来自某些氨基酸的分解。但无论何种来源的乙酰 CoA 都是在线粒体内生成,而脂肪酸的合成则在胞液中进行,因此线粒体内生成的乙酰 CoA 必须进入胞液才能用于脂肪酸的合成。经研究证实,乙酰 CoA 不能自由通过线粒体内膜,但可通过柠檬酸-丙酮酸循环(citrate pyruvate cycle)将线粒体内生成的乙酰 CoA 转移到胞液。在此循环中,乙酰 CoA 与草酰乙酸首先在线粒体缩合生成柠檬酸,然后柠檬酸通过线粒体内膜上特异载体的转运进入胞液,再由胞液中的柠檬酸裂解酶(citrate lyase)催化裂解生成草酰乙酸和乙酰 CoA。乙酰 CoA 用于脂肪酸的合成,而草酰乙酸则在苹果酸脱氢酶作用下还原生成苹果酸,再经线粒体内膜上的载体转运进入线粒体。苹果酸也可经苹果酸酶的催化分解为丙酮酸再经载体转运进入线粒体。进入线粒体的苹果酸和丙酮酸最终均可转变成草酰乙酸,然后再参与乙酰 CoA 的转运,如图 7-5 所示。

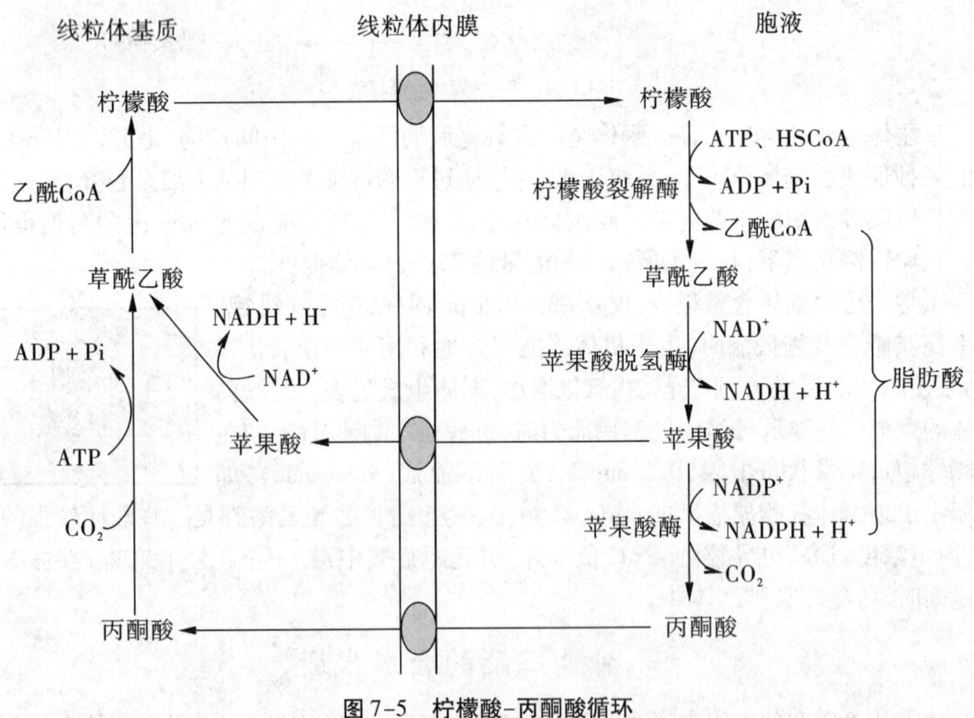


图 7-5　柠檬酸-丙酮酸循环

3. 软脂酸的合成　软脂酸是由 16 个碳原子组成的饱和脂肪酸,所需碳原子全部来自乙酰 CoA,除 1 分子乙酰 CoA 作为软脂酸合成的“引物”外,其余的乙酰 CoA 均以丙二酰

CoA 形式，作为添加剂参与脂肪酸合成，丙二酰 CoA 由乙酰 CoA 羧化酶催化完成，反应中由碳酸氢盐提供 $CO_2$，ATP 提供羧化反应过程所需的能量。

$$CH_3CO\sim SCoA+HCO_3^-+ATP\xrightarrow[\text{生物素、}Mg^{2+}]{\text{乙酰 CoA 羧化酶}}HOOCCH_2CO\sim SCoA+ADP+Pi$$

乙酰 CoA 羧化酶存在于胞液中，是一种变构酶，同时也是脂肪酸生物合成的限速酶，其活性受柠檬酸、异柠檬酸及乙酰 CoA 的变构激活，而软脂酰 CoA 为此酶的变构抑制剂，高糖低脂饮食可促进此酶的合成，通过丙二酰 CoA 的合成进而促进脂肪酸合成。

脂肪酸合成是在脂肪酸合成酶系催化下完成，该酶系是一种多酶复合体，由 7 种酶（乙酰基转移酶、丙二酸单酰 CoA 转移酶、β-酮脂酰合酶、β-酮脂酰还原酶、水化酶，α、β-烯脂酰还原酶和硫酯酶）和酰基载体蛋白（acyl carrier protein，ACP）组成。在哺乳类动物，催化脂肪酸合成的 7 种酶活性和 ACP 存在于一条多肽链上，即在一条多肽链上含有 8 个结构域。其总的反应式为：

$$CH_3CO\sim SCoA+7HOOCCH_2CO\sim SCOA+14NADPH+14H^+\xrightarrow{\text{脂肪酸合成酶系}}$$
$$CH_3(CH_2)_{14}CO\sim SCoA+6H_2O+7CO_2+8HSCoA+14NADP^+$$

软脂酸的合成过程是一个连续的酶促反应，从一开始就在这个复合体上反复进行缩合、还原、脱水、再还原反应，每进行一轮缩合、还原、脱水和再还原的过程，碳链增加 2 个碳原子。经过 7 次循环后，生成 16 碳的软脂酰 ACP，最后经硫酯酶水解脱离复合体释放出软脂酸。

4. 软脂酸合成后的加工　组成人体的脂肪酸，其碳链长短不一，而脂肪酸合成酶系催化的反应只能合成软脂酸。机体合成软脂酸后，根据需要可将软脂酸的碳链加长或缩短。碳链缩短是通过β-氧化，碳链加长可在线粒体和内质网中进行，在线粒体中，其合成过程与脂肪酸β-氧化逆反应相似，由 NADPH 供氢，通过缩合、加氢、脱水和再加氢反应，每进行一轮可增加 2 个碳原子，一般可延长脂肪酸至 24 或 26 碳，但以硬脂肪酸最多。在内质网中，其合成过程与软脂酸合成酶系催化的过程相似。

此外，软脂酸也可以去饱和生成软油酸（16∶1，$\Delta^9$）和油酸（18∶1，$\Delta^9$）两种，但不能生成亚油酸（18∶2$\Delta^{9,12}$）、亚麻酸（18∶3$\Delta^{9,12,15}$）及花生四烯酸（20∶4$\Delta^{5,8,11,14}$）等营养必需脂肪酸。

5. 多不饱和脂肪酸的重要衍生物　在哺乳动物不同组织细胞内，由花生四烯酸转变成的衍生物，是一类重要的生物活性物质。主要包括前列腺素（prostaglandin，PG）、血栓噁烷（thromboxane $A_2$，$TXA_2$）和白三烯（leukotriene，LT）等三类物质。这些物质种类多、浓度低、分布广，但生理活性很强，它们一般都不经血液循环运输而直接作用于局部组织，故被称为“局部激素”，并参与几乎所有的细胞代谢活动，在调节细胞代谢上具有重要作用。它们在发挥短暂作用后又迅速降解，通常与炎症、免疫、过敏及心血管疾病等重要病理过程有关。

**（二）α-磷酸甘油的生成**

甘油三酯合成所需要的甘油部分来自 α-磷酸甘油，它的来源有两条途径。

1. 来自糖代谢　糖酵解途径产生的磷酸二羟丙酮在 α-磷酸甘油脱氢酶的催化下，以 NADH + $H^+$为辅酶，还原生成 α-磷酸甘油。此反应在机体各组织内普遍存在，它是 α-磷酸甘油的主要来源。

$$\begin{array}{c}CH_2OH\\|\\C=O\\|\\CH_2-O-Ⓟ\end{array}\xrightleftharpoons[NADH+H^+\ \ \ NAD^+]{\alpha\text{-磷酸甘油脱氢酶}}\begin{array}{c}CH_2OH\\|\\CHOH\\|\\CH_2-O-Ⓟ\end{array}$$

磷酸二羟丙酮　　　　　　　　　　　　α-磷酸甘油

2. 细胞内甘油再利用　甘油在甘油激酶的催化下，消耗 ATP 生成 α-磷酸甘油。

$$\begin{array}{c}CH_2OH\\|\\CHOH\\|\\CH_2OH\end{array}\xrightarrow[ATP\ \ \ ADP]{\text{甘油激酶}}\begin{array}{c}CH_2OH\\|\\CHOH\\|\\CH_2-O-Ⓟ\end{array}$$

甘油　　　　　　　　　　α-磷酸甘油

肝、肾、哺乳期乳腺及小肠黏膜富含甘油激酶，而肌肉和脂肪组织细胞内这种激酶的活性很低，因而不能利用甘油来合成甘油三酯。

**(三)甘油三酯的合成**

肝细胞和脂肪细胞的内质网是合成甘油三酯的主要部位，其次是肺和骨髓。小肠黏膜细胞在吸收脂类后也可合成大量的甘油三酯。甘油三酯以 α-磷酸甘油和脂肪酰 CoA 为原料合成，其合成过程如下：

$$\begin{array}{c}CH_2OH\\|\\CHOH\\|\\CH_2-O-Ⓟ\end{array}\xrightarrow[2RCO\sim SCoA\ \ \ 2HSCoA]{\alpha\text{-磷酸甘油脂酰转移酶}}\begin{array}{l}CH_2-O-\overset{O}{\overset{\|}{C}}-R_1\\|\\CH-O-\overset{O}{\overset{\|}{C}}-R_2\\|\\CH_2-O-Ⓟ\end{array}\xrightarrow[H_2O\ \ \ H_3PO_4]{\text{磷酸酶}}$$

α-磷酸甘油　　　　　　　　　　　　磷脂酸

$$\begin{array}{l}CH_2-O-\overset{O}{\overset{\|}{C}}-R_1\\|\\CH-O-\overset{O}{\overset{\|}{C}}-R_2\\|\\CH_2OH\end{array}\xrightarrow[RCO\sim SCoA\ \ \ HSCoA]{\text{甘油二酯脂酰转移酶}}\begin{array}{l}CH_2-O-\overset{O}{\overset{\|}{C}}-R_1\\|\\CH-O-\overset{O}{\overset{\|}{C}}-R_2\\|\\CH_2-O-\overset{O}{\overset{\|}{C}}-R_3\end{array}$$

甘油二酯　　　　　　　　　　　　　　甘油三酯

1 分子 α-磷酸甘油与 2 分子脂酰 CoA 在 α-磷酸甘油脂酰转移酶的催化下首先合成磷脂酸，磷脂酸经磷酸酶水解生成甘油二酯，然后甘油二酯又与 1 分子脂酰 CoA 作用生成甘油三酯，反应由甘油二酯脂酰转移酶催化。

在整个反应过程中，α-磷酸甘油脂酰转移酶是甘油三酯合成的限速酶，细胞内磷脂酸的含量极微，但它是合成甘油三酯和磷脂的重要中间产物。甘油三酯的三个脂酰基可来自同一种脂肪酸，也可来自不同的脂肪酸。甘油三酯中的三个脂酰基不相同者称为混合甘油三酯。$C_1$ 位上多为饱和脂酰基，$C_2$ 位上多为不饱和脂酰基，$C_3$ 位上为饱和或不饱和脂酰基。人体甘油三酯中所含的脂肪酸有 50% 以上为不饱和脂肪酸。正常情况下，脂肪组织合成的三脂酰甘油主要是就地储存；肝及小肠黏膜上皮细胞合成的三脂酰甘油并不在原组织细胞内储存，而是形成 VLDL 或 CM 后，经血液运输到脂肪组织内储存或运至其他组织内被利用。

# 第三节　磷脂的代谢

## 一、磷脂的化学及其主要生理功能

磷脂是一类含磷酸的类脂，按其化学组成不同可分为甘油磷脂（phosphoglyceride）与鞘磷脂（sphingomyelin）两大类，前者以甘油为基本骨架，后者以鞘氨醇为基本骨架。体内含量最多的磷脂是甘油磷脂，而且分布广。鞘磷脂主要分布于大脑和神经髓鞘中。下面主要介绍甘油磷脂的代谢。

**（一）甘油磷脂的化学**

甘油磷脂由甘油、脂肪酸、$H_3PO_4$ 及含氮化合物等组成，其基本结构为：

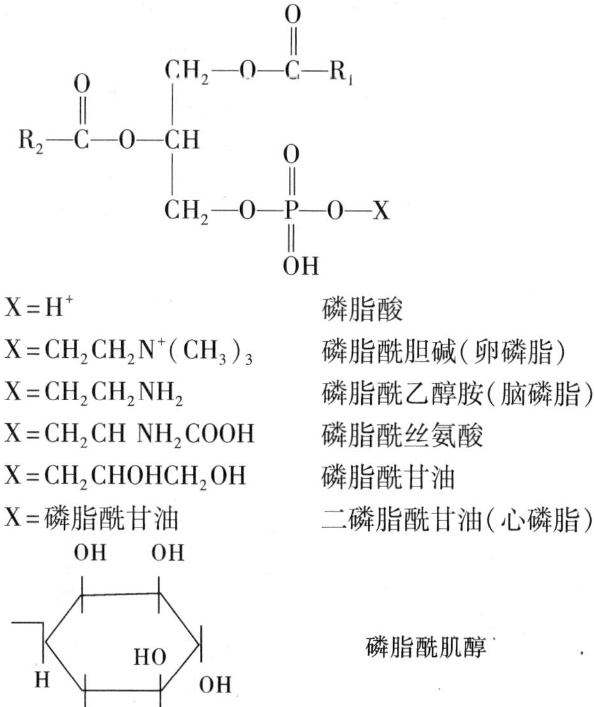


在甘油的 1 位和 2 位羟基上各结合 1 分子脂肪酸，通常 2 位脂肪酸为花生四烯酸，3 位羟基上结合 1 分子磷酸，为最简单的甘油磷脂被称为磷脂酸。根据与磷酸羟基相连的取代基团 X 不同，可将甘油磷脂分为磷脂酰胆碱（卵磷脂）、磷脂酰乙醇胺（脑磷脂）、磷脂

酰丝氨酸、磷脂酰甘油、二磷脂酰甘油(心磷脂)及磷脂酰肌醇等。体内以卵磷脂和脑磷脂的含量最多,且最重要,约占总磷脂的75%。

**(二)磷脂的主要生理功能**

磷脂除了构成生物膜外,还参与脂蛋白的组成与转运,组成肺泡表面活性物质,组成血小板活化因子,组成神经鞘磷脂,参与细胞膜对蛋白质的识别和信号传导。

## 二、甘油磷脂的代谢

**(一)甘油磷脂的合成**

1. 合成部位　全身各组织细胞的内质网中都含有合成甘油磷脂的酶,因此各组织细胞均可合成甘油磷脂,但肝、肾及小肠等组织细胞是合成甘油磷脂的主要场所。

2. 合成原料　甘油磷脂的合成原料主要包括甘油、脂肪酸、磷酸盐、胆碱、乙醇胺、丝氨酸及肌醇等物质。甘油和脂肪酸主要由糖代谢转变而来,胆碱和乙醇胺可由食物提供,也可由丝氨酸在体内转变而来。

3. 合成过程　甘油磷脂的合成过程比较复杂,一方面不同的磷脂需经不同途径合成,另一方面不同的途径可合成同一磷脂,而且有些磷脂在体内还可以互相转变。

(1)胆碱和乙醇胺的活化:胆碱和乙醇胺在参与合成代谢之前首先要进行活化生成胞苷二磷酸胆碱(CDP-胆碱)和胞苷二磷酸乙醇胺(CDP-乙醇胺),其活化过程如下:

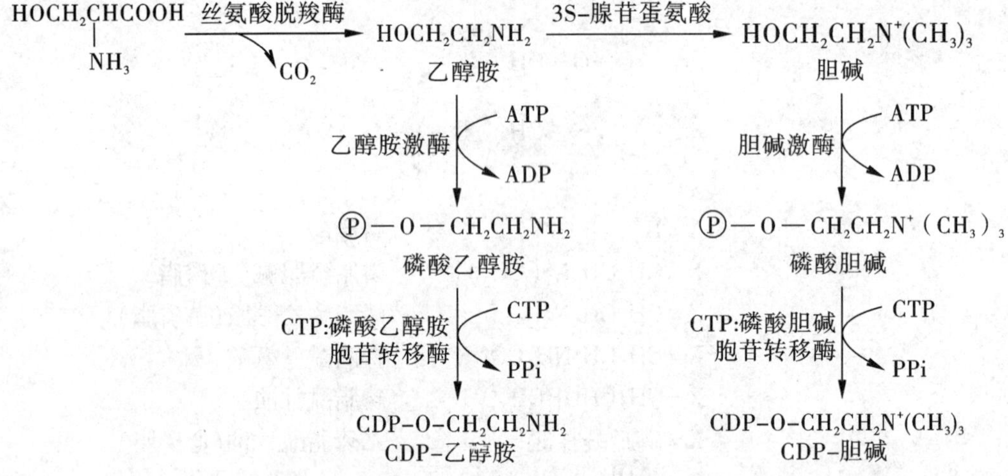


(2)磷脂酰乙醇胺与磷脂酰胆碱的生成:磷脂酰乙醇胺与磷脂酰胆碱可由甘油二酯分别与CDP-乙醇胺和CDP-胆碱作用生成,反应分别由存在于内质网膜上的磷酸乙醇胺脂酰甘油转移酶与磷酸胆碱脂酰甘油转移酶催化。另外,磷脂酰乙醇胺甲基化也可生成磷脂酰胆碱(图7-6)。

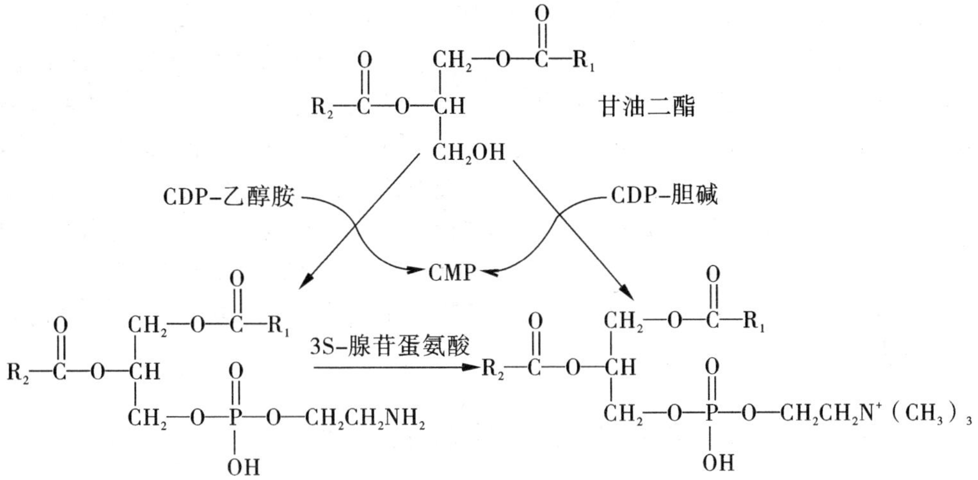

甘油二酯
CDP-乙醇胺
CDP-胆碱
CMP
3S-腺苷蛋氨酸

磷脂酰乙醇胺　　磷脂酰胆碱

图 7-6　磷脂酰乙醇胺与磷脂酰胆碱的合成

### (二)甘油磷脂的分解

在体内甘油磷脂的分解由磷脂酶催化完成。在磷脂酶的作用下,甘油磷脂逐步水解生成甘油、脂肪酸、磷酸及各种含氮化合物如胆碱、乙醇胺和丝氨酸等。根据磷脂酶作用的特异性不同,可将磷脂酶分为磷脂酶 $A_1$、磷脂酶 $A_2$、磷脂酶 $B_1$、磷脂酶 $B_2$、磷脂酶 C 和磷脂酶 D。各种磷脂酶的作用如图 7-7 所示。

A1
A2
D
C
B1
B2

甘油磷脂　　溶血磷脂1　　溶血磷脂2

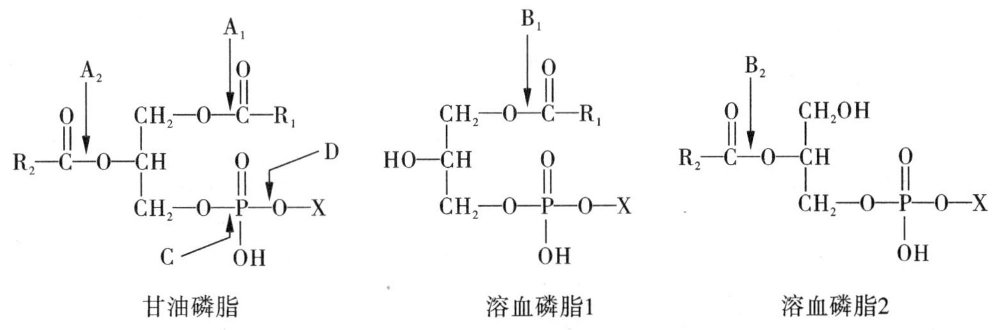

图 7-7　磷脂酶对甘油磷脂的水解

磷脂酶 $A_2$存在于各组织细胞膜和线粒体膜,以酶原形式存在于胰腺中,其作用是催化甘油磷脂中 2 位酯键水解生成溶血磷脂 1 和多不饱和脂肪酸。溶血磷脂是一种较强的表面活性物质,能使红细胞膜或其他细胞膜破坏引起溶血或细胞坏死。临床上急性胰腺炎的发病,就是由于某种原因使磷脂酶 $A_2$激活,导致胰腺细胞膜受损,胰腺组织坏死。毒蛇唾液中含有磷脂酶 $A_2$,因此被毒蛇咬伤后可引起溶血。

> 想一想:
> 许多毒蛇含有磷脂酶 $A_2$,对机体有何危害?

### (三)脂肪肝

"脂肪肝"是指由各种原因引起肝细胞内的脂肪堆积,而造成一

种常见的临床现象。正常人肝中脂类含量约占肝湿重的5%，其中以磷脂含量最多，约占3%，而甘油三酯约占2%。如果肝中脂类含量超过10%～15%，且主要是甘油三酯堆积，组织学上证实肝实质细胞脂肪化超过30%以上时即为脂肪肝，也有少数遗传性疾病的脂肪肝，则主要是胆固醇在肝内沉积所致。形成脂肪肝常见的原因：①肝细胞内甘油三酯的来源过多，如高脂低糖或高糖高热量饮食；②胆碱或乙醇胺供给或合成不足，影响肝细胞内脑磷脂和卵磷脂的合成，导致极低密度脂蛋白的形成发生障碍，致使肝细胞内的甘油三酯因不能运出而使含量升高；③肝功能障碍，影响极低密度脂蛋白的合成与释放。上述这些原因都可导致肝细胞内甘油三酯堆积形成脂肪肝，影响肝的正常功能，若治疗及调理不当会进一步导致肝硬化。

# 第四节　胆固醇代谢

## 一、胆固醇的化学

胆固醇是体内重要脂类物质之一，它是最早由动物胆石中分离出来的具有羟基的固体醇类化合物，故称为胆固醇，所有固醇（包括胆固醇）均具有环戊烷多氢菲的基本结构，不同固醇的区别是碳原子数及取代基不同。胆固醇的结构如下：

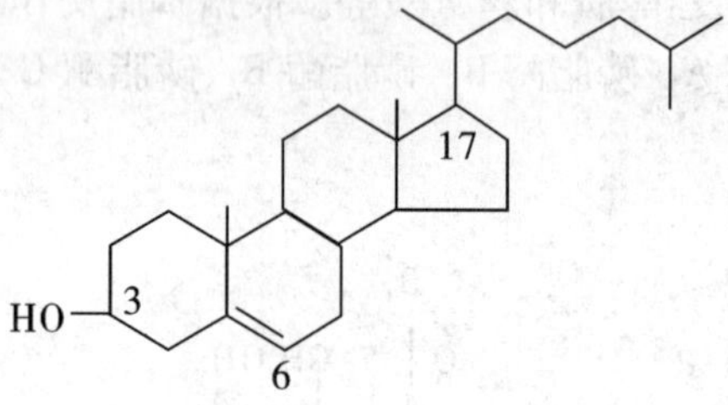

胆固醇

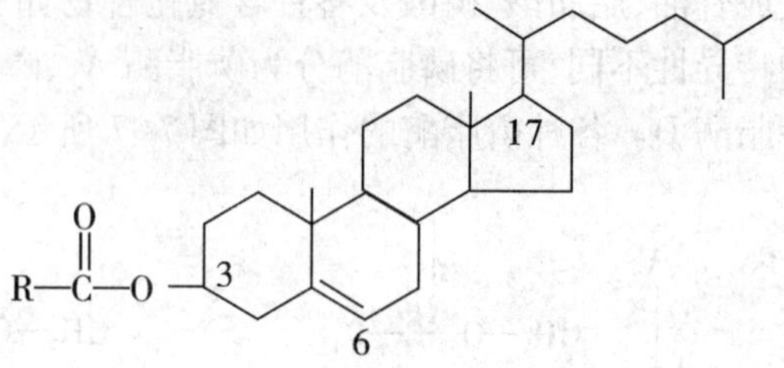

胆固醇酯

正常成年人体内胆固醇总重约为140 g，平均含量约为2 g/kg体重。胆固醇广泛分布于体内各组织，但分布极不均一，大约1/4分布于脑及神经组织，约占脑组织的2%；其次肝、肾、肠等内脏组织中胆固醇的含量也比较高，每100 g组织含200～500 mg，而肌肉组织中胆固醇的含量较低，每100 g组织含100～200 mg，肾上腺皮质、卵巢等组织胆固醇含量最高，可达5%～10%。

胆固醇是生物膜的重要组成成分，在维持膜的流动性和正常功能中起重要作用。膜结构中的胆固醇均为游离胆固醇，而细胞中储存的都是胆固醇酯。胆固醇在体内可转变成胆汁酸、维生素$D_3$、肾上腺皮质激素及性激素等重要生理活性物质。胆固醇代谢发生障碍可使血浆胆固醇增高，是形成动脉粥样硬化的一种危险因素。

体内的胆固醇有两个来源即内源性胆固醇和外源性胆固醇。外源性胆固醇由膳食摄入，全部来自动物性食品，其中以禽卵和动物的脏器及脑髓含量最多。内源性胆固醇由机体自身合成，正常人50%以上的胆固醇来自机体自身合成。

## 二、胆固醇的合成代谢

### (一)合成部位

成人除脑组织及成熟红细胞外,几乎全身各组织均可合成胆固醇,每天可合成1～1.5 g。肝是合成胆固醇最主要的场所,占总合成量的70%～80%;小肠的合成能力次之,合成量占总量的10%。胆固醇的合成部位主要在胞液及内质网中进行。

### (二)合成原料

乙酰CoA是合成胆固醇的原料,此外还需要ATP供能和$NADPH+H^+$供氢。每合成1分子胆固醇需要18分子乙酰CoA,36分子ATP及16分子$NADPH+H^+$。乙酰CoA和ATP主要来自糖的有氧氧化,而$NADPH+H^+$则主要来自糖的磷酸戊糖途径,因此,糖是胆固醇合成原料的主要来源。

### (三)胆固醇合成的基本过程

胆固醇的合成过程比较复杂,有近30步酶促反应,大致可分为三个阶段。

1. 甲基二羟戊酸的生成　在胞液中,首先由2分子乙酰CoA在乙酰乙酰CoA硫解酶的催化下缩合成乙酰乙酰CoA,然后再与1分子乙酰CoA缩合生成HMGCoA,反应由HMGCoA合酶催化。HMGCoA是合成酮体和胆固醇的重要中间产物,在线粒体HMGCoA裂解生成酮体,在胞液中HMGCoA还原生成甲基二羟戊酸(mevalonic acid,MVA),反应由HMGCoA还原酶催化,由$NADPH+H^+$供氢。HMGCoA还原酶是胆固醇生物合成的限速酶。

2. 鲨烯的合成　MVA在一系列酶的催化下,由ATP提供能量先磷酸化、再脱羧、脱羟基生成活泼的5碳焦磷酸化合物,然后3分子5碳焦磷酸化合物缩合生成15碳的焦磷酸法尼酯(farnesyl pyrophosphate,FPP),2分子FPP再缩合,还原生成30碳的多烯烃化合物——鲨烯(squalene)。

3. 胆固醇的合成　鲨烯在胞质中与胆固醇载体蛋白结合进入内质网,经加单氧酶、环化酶等催化,先环化生成羊毛固醇,再经氧化、脱羧和还原等反应,脱去3分子$CO_2$生成27碳的胆固醇(图7-8)。

### (四)胆固醇合成的调节

HMGCoA还原酶是胆固醇生物合成的限速酶,控制着体内胆固醇合成的量与速度,其半寿期约为4 h。各种因素对胆固醇生物合成的调节主要通过影响HMGCoA还原酶的活性实现。

1. 饥饿与饱食　饥饿和禁食,糖和蛋白质来源减少,可使HMGCoA还原酶合成减少,酶活性降低;同时,造成乙酰CoA、ATP、NADPH的不足,抑制胆固醇的合成。相反,摄入糖、高饱和脂肪等饮食后,HMGCoA还原酶活性增加,胆固醇的合成也增加。

2. 胆固醇的负反馈调节　体内无论内源性胆固醇还是外源性胆固醇的增多,都可反馈抑制HMGCoA还原酶的活性,使内源性胆固醇的合成减少,这种反馈调节主要存在于肝脏。小肠胆固醇的生物合成不受这种反馈调节,因此,大量进食胆固醇,仍可使血浆胆固醇浓度升高。相反,长期低胆固醇饮食,血浆胆固醇浓度也只能降低10%～25%。因此,仅靠减少胆固醇的摄入,不能使血浆胆固醇浓度明显减低。

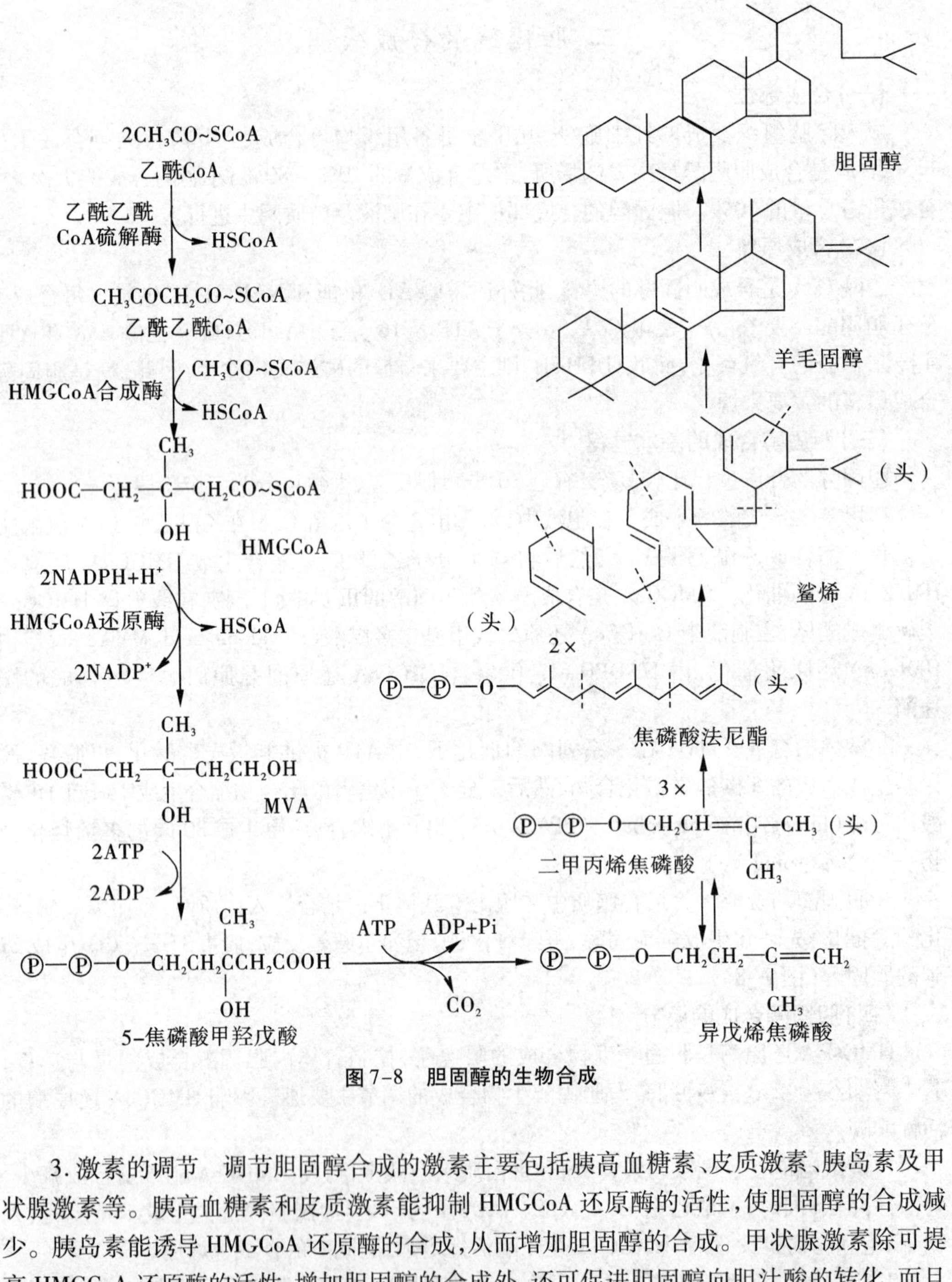

$2CH_3CO\sim SCoA$

乙酰CoA

乙酰乙酰CoA硫解酶 → HSCoA

$CH_3COCH_2CO\sim SCoA$

乙酰乙酰CoA

HMGCoA合成酶（$CH_3CO\sim SCoA$ → HSCoA）

$HOOC-CH_2-C(CH_3)(OH)-CH_2CO\sim SCoA$

HMGCoA

$2NADPH+H^+$ → $2NADP^+$，HMGCoA还原酶 → HSCoA

$HOOC-CH_2-C(CH_3)(OH)-CH_2CH_2OH$

MVA

2ATP → 2ADP

Ⓟ—Ⓟ—O—$CH_2CH_2C(CH_3)(OH)CH_2COOH$

5-焦磷酸甲羟戊酸

ATP → ADP+Pi，$CO_2$

Ⓟ—Ⓟ—O—$CH_2CH_2-C(CH_3)=CH_2$

异戊烯焦磷酸

Ⓟ—Ⓟ—O—$CH_2CH=C(CH_3)-CH_3$（头）

二甲丙烯焦磷酸

3×

Ⓟ—Ⓟ—O—（头）

焦磷酸法尼酯

2×

（头）

（头）

鲨烯

羊毛固醇

HO

胆固醇

图7-8 胆固醇的生物合成

3. 激素的调节 调节胆固醇合成的激素主要包括胰高血糖素、皮质激素、胰岛素及甲状腺激素等。胰高血糖素和皮质激素能抑制 HMGCoA 还原酶的活性，使胆固醇的合成减少。胰岛素能诱导 HMGCoA 还原酶的合成，从而增加胆固醇的合成。甲状腺激素除可提高 HMGCoA 还原酶的活性，增加胆固醇的合成外，还可促进胆固醇向胆汁酸的转化，而且转化作用更强，因此，甲状腺功能亢进的病人，血清中胆固醇的含量反而降低。

4. 药物的作用 某些药物如洛伐他汀（lovastatin）和辛伐他汀（simvastatin）因它们的结构与 HMGCoA 相似，因此，能够竞争性地抑制 HMGCoA 还原酶的活性，使体内胆固醇的生物合成减少。另外有些药物如阴离子交换树脂（消胆胺）可通过干扰肠道胆汁酸盐的重吸收,促使体内更多的胆固醇转变为胆汁酸盐,达到降低血清中胆固醇浓度的作用。

## 三、胆固醇酯的生成

细胞内和血浆中的游离胆固醇都可以被酯化成胆固醇酯,但不同的部位催化胆固醇酯化的酶及其反应过程不同。

### (一)胞内胆固醇的酯化

组织细胞内,游离胆固醇在脂酰 CoA 胆固醇脂酰转移酶(acyl cholesterol acyl transferase,ACAT)的催化下,接受脂酰 CoA 的脂酰基形成胆固醇酯,存于胞浆中。

$$\text{胆固醇}+\text{脂酰 CoA}\xrightarrow[\text{组织细胞内}]{\text{ACAT}}\text{胆固醇酯}+\text{CoASH}$$

### (二)血浆内胆固醇的酯化

血浆中,游离胆固醇在卵磷脂胆固醇脂酰转移酶(lecithin cholesterol acyl transferase,LCAT)的催化下,卵磷脂第 2 位碳原子上的脂酰基转移至胆固醇 3 位羟基上,生成胆固醇酯及溶血卵磷脂。

$$\text{胆固醇}+\text{卵磷脂}\xrightarrow[\text{血浆}]{\text{LCAT}}\text{胆固醇酯}+\text{溶血卵磷脂}$$

LCAT 由肝实质细胞合成,而后分泌入血,在血浆中常与 HDL 结合在一起发挥催化作用。肝实质细胞有病变或损害时,蛋白质代谢功能降低,LCAT 含量减少,活性降低,引起血浆胆固醇酯含量下降,引起胆固醇与胆固醇酯比值改变。正常人游离胆固醇与胆固醇酯的比值为 1∶3,检测游离胆固醇与胆固醇酯的比值,可作为临床肝脏疾病辅助诊断的生化指标。

## 四、胆固醇的转化

胆固醇与糖、脂肪和蛋白质不同,它在体内既不能彻底氧化成 $CO_2$ 和 $H_2O$,也不能作为能源物质提供能量,但在体内能转变成某些重要的生理活性物质。胆固醇在体内除构成膜的组分外主要有四条代谢去路。

### (一)转变为胆汁酸

胆固醇在肝中转变为胆汁酸是胆固醇在体内的主要代谢去路。正常人每天合成的胆固醇约有 40% 在肝中转变为胆汁酸,随胆汁排入肠道。在胆汁酸的分子结构中既含有亲水基团,又含有疏水基团,属两性分子,能够在油水两相间起降低表面张力的作用。因此,胆汁酸在肠道可促进脂类乳化,并与脂类的消化产物形成胆汁酸混合微团,在脂类的消化、吸收过程中起重要作用。

### (二)转变为维生素 $D_3$

人体皮肤细胞内的胆固醇经酶促脱氢氧化生成 7-脱氢胆固醇,7-脱氢胆固醇经紫外光照射后转变成胆钙化醇,又称维生素 $D_3$。维生素 $D_3$ 在肝细胞内质网经 25-羟化酶催化生成 25-羟维生素 $D_3$,后者再经肾小管上皮细胞线粒体内的 $\alpha$-羟化酶催化形成 1,25-二羟维生素 $D_3$(活性维生素 $D_3$)。活性维生素 $D_3$ 具有调节钙磷代谢的作用。

**(三)转变为类固醇激素**

> 想一想:
> 欲降低血浆胆固醇水平可采取哪些措施?

胆固醇是肾上腺皮质、睾丸及卵巢等内分泌腺合成类固醇激素的原料。肾上腺皮质细胞中储存大量的胆固醇酯,含量可达2% ~5%,其中90%来自血液,10%由自身合成。肾上腺皮质以胆固醇为原料,在一系列酶的催化下合成醛固酮、皮质醇及少量性激素。性激素主要在性腺合成,睾丸间质细胞合成雄激素,主要是睾酮;卵巢的卵泡内膜细胞及黄体可合成雌二醇及孕酮;妊娠期胎盘合成的雌三醇也属于类固醇激素。

**(四)胆固醇的排泄**

胆固醇在体内的代谢去路主要是转变成一些重要的生理活性物质。部分胆固醇可随胆汁进入肠道,进入肠道的胆固醇,一部分被重吸收,另一部分受肠道细菌作用还原生成粪固醇随粪便排出体外。

## 第五节　血脂及血浆脂蛋白

### 一、血脂

血浆中所含的脂类称为血脂,主要包括甘油三酯、磷脂、胆固醇、胆固醇酯及游离脂肪酸(free fatty acid, FFA)等。磷脂主要有卵磷脂(约70%)、神经鞘磷脂(约20%)及脑磷脂(约10%)。这些脂类物质既可由脂类食物经消化吸收入血,又可由肝、脂肪组织等合成后释放入血。

正常人空腹血脂的含量远不如血糖恒定,血脂的含量受年龄、性别、膳食、运动及代谢等多种因素的影响,波动范围比较大。例如,进食高脂肪膳食后,可使血脂含量大幅度上升,但这种变化只是暂时的,通常在12 h之内逐渐趋于正常。正是由于这种原因,临床上进行血脂测定时要在空腹12 ~14 h后采血。血脂含量的测定,可以反映体内脂类代谢的情况,临床上可作为高脂血症、动脉硬化及冠心病等的辅助诊断。正常人空腹血脂水平见表7-2。

血浆脂类的来源有食物中的脂类、体内合成的脂类、脂库动员释放,去路有氧化供能、在脂库储存、构成生物膜、转变为其他物质,正常情况下来源与去路保持动态平衡。血浆中脂类的含量与全身脂类总量相比,虽然只占极少的一部分,但无论是外源性脂类物质还是内源性脂类物质都需经过血液转运于各组织之间,因此血脂含量可反映体内脂类的代谢情况。游离脂肪酸不溶于水,在血液中与清蛋白组成复合体运转,而且1分子清蛋白可与10分子游离脂肪酸结合。游离脂肪酸虽然在血液中浓度较低,但其代谢极为活跃,是体内重要的能源之一,可提供机体所需能量的20% ~25%。

**表 7-2 正常成人空腹时血浆中脂类的主要组成和含量**

| 血浆脂类含量 | mg/dL | mmol/L | 空腹时来源 |
|---|---|---|---|
| 总脂 | 400～700(500) | 4.0～7.0(5.0) | |
| 甘油三酯 | 10～150(100) | 0.11～1.69(1.13) | 肝 |
| 总胆固醇 | 100～250(200) | 2.59～6.47(5.17) | 肝 |
| 胆固醇酯 | 70～200(145) | 1.18～5.17(3.75) | |
| 游离胆固醇 | 40～70(55) | 1.03～1.81(1.42) | |
| 总磷脂 | 150～250(200) | 48.44～80.73(64.58) | 肝 |
| 卵磷脂 | 50～200(100) | 16.1～64.6(32.3) | 肝 |
| 神经磷脂 | 50～130(70) | 16.1～42.0(22.6) | 肝 |
| 脑磷脂 | 15～35(20) | 4.8～13.0(6.4) | 肝 |
| 游离脂肪酸 | 5～20(15) | 0.20～0.78 | 脂肪组织 |

注:括号内的数值为均值。

## 二、血浆脂蛋白

脂类物质中,甘油三酯、胆固醇及其酯的水溶性都很差,不能在血浆中直接转运。这些脂类物质在血浆中的转运是与水溶性强的蛋白质、磷脂结合在一起,以脂蛋白(lipoprotein, LP)的形式在血浆中运转。而脂肪动员释放进入血液的游离脂肪酸,在血浆中是与清蛋白结合成复合体被转运。所以,血浆脂蛋白是脂类在血浆中的主要运输形式。

### (一)血浆脂蛋白的分类

血浆脂蛋白由脂类和蛋白质两部分组成,但不同的脂蛋白所含的脂类和蛋白质在质和量方面都有很大的差异。根据这个差异可采用适当的方法将它们分离开,通常分离血浆脂蛋白的方法有两种,即超速离心法和电泳法。

1. 超速离心法(密度分类法)　超速离心法是根据不同脂蛋白分子的密度不同进行分离,是分离血浆脂蛋白的一种经典方法。在不同的脂蛋白中,蛋白质和各种脂类所占的比例不同,因而其密度亦就不同,血浆在一定密度的盐溶液中进行超速离心时,各种脂蛋白因密度不同表现出不同的沉浮情况,密度小的易于上浮,密度大的易于下沉,用这种方法可将血浆脂蛋白分为四类:乳糜微粒(chylomicron, CM)、极低密度脂蛋白(very low density lipoprotein, VLDL)、低密度脂蛋白(low density lipoprotein, LDL)和高密度脂蛋白(high density lipoprotein, HDL)。

除上述四类脂蛋白外,还有中间密度脂蛋白(intermediate density lipoprotein, IDL),它是 VLDL 在脂肪组织毛细血管内的代谢物,其组成及密度介于 VLDL 与 LDL 之间。

2. 电泳法　电泳法是分离血浆脂蛋白最常用的一种方法,这种方法是以不同的血浆脂蛋白颗粒大小及表面电荷量不同作为分离基础。由于不同的脂蛋白中脂类和蛋白质所占的比例不同,因此它们的颗粒大小及表面所带的电荷量不同,在电场中具有不同的电泳迁移率。按其电泳迁移率由慢到快,可将脂蛋白分离成四条区带,即乳糜微粒(CM)、$\beta$-

脂蛋白($\beta$- lipoprotein,$\beta$-LP)、前$\beta$-脂蛋白(pre$\beta$- lipoprotein,pre$\beta$-LP)和$\alpha$-脂蛋白($\alpha$-lipoprotein,$\alpha$-LP)。这四类脂蛋白与密度分类法的 CM、VLDL、LDL、HDL 的对应关系见表 7-3。

表 7-3　各种血浆脂蛋白的分类、性质、组成和功能

| 分类 | 密度法 | CM | VLDL | LDL | HDL |
|---|---|---|---|---|---|
| | 电泳法 | CM | pre$\beta$-LP | $\beta$-LP | $\alpha$-LP |
| 性质 | 密度/(g/mL) | <0.95 | 0.95～1.006 | 1.006～1.063 | 1.063～1.210 |
| | 漂浮系数($S_f$) | >400 | 20～400 | 0～20 | - |
| | 颗粒直径/nm | 80～500 | 25～80 | 20～25 | 7.5～10 |
| 组成/% | 蛋白质 | 0.5～2 | 5～10 | 20～25 | 50 |
| | 脂类 | 98～99 | 90～95 | 75～80 | 50 |
| | 甘油三酯 | 80～95 | 50～70 | 10 | 5 |
| | 磷脂 | 5～7 | 15 | 20 | 25 |
| | 总胆固醇 | 1～4 | 15 | 45～50 | 20 |
| | 游离 | 1～2 | 5～7 | 8 | 5 |
| | 酯化 | 3 | 10～12 | 40～42 | 15～17 |
| 合成部位 | 小肠黏膜细胞 | 肝细胞 | 血浆 | 肝、小肠 | |
| 功能 | 转运外源性甘油三酯 | 转运内源性甘油三酯 | 转运胆固醇从肝到全身组织 | 逆转运肝外胆固醇回肝 | |

**(二)血浆脂蛋白的组成及结构**

血浆脂蛋白主要由蛋白质、甘油三酯、磷脂、胆固醇及胆固醇酯组成。各种血浆脂蛋白都含有这五种成分,但其组成比例及含量差异很大。CM 颗粒最大,含脂肪最多,达 80%～95%,蛋白质含量最少,约 1%,故密度最小。VLDL 含脂肪也多,达 50%～70%,但其蛋白质、胆固醇、磷脂含量高于 CM,故密度较 CM 大。LDL 含胆固醇及其酯最多,为 45%～50%。HDL 含蛋白质最多,约 50%,故密度最高,颗粒最小。各种血浆脂蛋白的分类、性质、组成和功能见表 7-3。

各种血浆脂蛋白具有大致相似的基本结构。其疏水性较强的脂肪和胆固醇酯均位于脂蛋白的内核,而具有极性及非极性基团的载脂蛋白、磷脂及游离胆固醇则以单分子层覆盖于脂蛋白表面,其非极性的疏水基团朝向内核,极性的亲水基团暴露在脂蛋白表面与水相接触,使脂蛋白能在血液中运转。CM 及 VLDL 的内核是大量的脂肪及少量胆固醇酯,LDL、HDL 则主要以胆固醇酯为内核。

> 议一议:
> 血浆脂蛋白的结构特点及主要生理功能。

**(三)载脂蛋白**

血浆脂蛋白中的蛋白质部分称为载脂蛋白(apolipoprotein,apo),是由肝及小肠黏膜

细胞合成分泌的一种特异球蛋白，迄今已从人血浆分离出 apo 有 18 种。主要有 apoA、B、C、D、E 等五类，其中根据载脂蛋白中氨基酸组成的差异，又分成若干亚类。如 apoA 又分为 AⅠ、AⅡ、AⅣ；apoB 分为 B100 和 B48；apoC 又分为 CⅠ、CⅡ、CⅢ。不同的血浆脂蛋白所含的载脂蛋白不同。CM 含 apoB48 而不含 apoB100，主要含 apoCⅡ；VLDL 含 apoB100 而不含 apoB48，主要含 apoB100 及 apoCⅡ；LDL 几乎只含 apoB100；HDL 则既不含 apoB48 又不含 apoB100，主要含 apoAI 及 apoAⅡ。

载脂蛋白的主要功能是参与脂类物质的转运及稳定脂蛋白的结构。此外，某些载脂蛋白还具有识别脂蛋白受体、调节脂蛋白转化的关键酶活性。例如 apoAI 能激活卵磷脂胆固醇脂酰转移酶，促进胆固醇的酯化；apoCⅡ能激活脂蛋白脂肪酶，促进 CM 和 VLDL 中的甘油三酯降解；apoB100 及 apo E 参与 LDL 受体的识别，促进 LDL 的代谢。

**（四）血浆脂蛋白的代谢和功能**

血浆脂蛋白的主要功能是转运脂类。由于各种脂蛋白的合成部位、转运脂类的比例及在血液中代谢过程不同，各种脂蛋白所表现出的生理功能也不同。

1. 乳糜微粒（CM）　CM 由小肠黏膜细胞合成，是运输外源性甘油三酯的主要形式。肠道吸收的脂类与肠黏膜细胞自身合成的胆固醇、apoB48 及少量的 apo AI、apo AII 和 apo AⅣ等合成新生的 CM。新生的 CM 经淋巴系统进入血液循环后主要经历两方面的变化：一是从 HDL 获得 apo CⅡ及 apo E，并将部分 apo AI、apo AⅡ和 apo AⅣ转移给 HDL，形成成熟的 CM；二是当 CM 随血流通过心肌、骨骼肌及脂肪等组织的毛细血管时，其中所含的 apo CⅡ能够将存在于这些组织毛细血管壁内皮细胞的 LPL 激活。在 LPL 的作用下，CM 中的甘油三酯逐渐被降解，同时其表面的 apo A 和 apo CⅡ转移给 HDL 形成 CM 残余颗粒。残余颗粒富含磷脂和胆固醇及 apoB48 和 apoE。残余颗粒因其表面含有 apo E，能够被肝细胞膜表面的 apo E 受体识别并与之结合，最终被肝细胞摄取利用（图 7-9）。

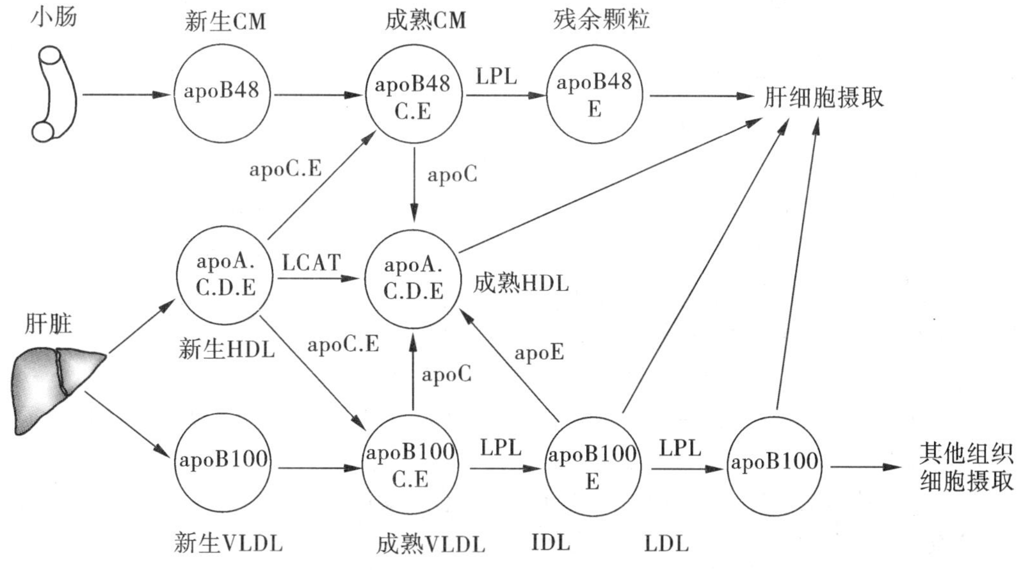


**图 7-9　血浆脂蛋白代谢示意**

乳糜微粒颗粒大,能使光线散射而呈乳浊样外观,这是饭后血浆浑浊的原因。正常人 CM 在血浆中的代谢很快,半寿期仅 5 ~ 15 min,因此摄入大量脂肪后血浆混浊只是暂时的,空腹 12 ~ 14 h 后血浆中不再含有 CM,这种现象称为脂肪廓清。LPL 在脂肪廓清中起主要作用,而肝素又是 LPL 的辅基,故临床上将肝素称为廓清因子。

2. 极低密度脂蛋白(VLDL)　VLDL 主要由肝细胞合成,小肠黏膜细胞也有少量合成,是运输内源性甘油三酯的主要形式。肝细胞主要利用葡萄糖为原料合成甘油三酯,也可利用食物及脂肪组织动员的脂肪酸及 CM 残粒合成甘油三酯。新生的 VLDL 所含的载脂蛋白主要是 $apoB_{100}$。进入血液循环后 VLDL 的代谢与 CM 非常相似,同样首先接受 HDL 中的 apoC 和 apo E,特别是 apo CⅡ,转变为成熟的 VLDL,然后 apo CII 激活存在于毛细血管壁内皮细胞上的 LPL。在 LPL 的作用下,VLDL 中的甘油三酯逐渐被降解,同时将 apo C 转移给 HDL,随着密度的增高以及 apo B100 和 apo E 含量的相对增加,VLDL 转变为 IDL。IDL 中甘油三酯与胆固醇的含量大致相等,载脂蛋白则主要是 apoB100 和 apoE。一部分 IDL 与肝细胞膜上的 apoE 受体结合后被肝细胞摄取利用,另一部分 IDL 转变为 LDL,转变过程是这样的:IDL 中的甘油三酯在 LPL 与肝脂肪酶的作用下,进一步水解,同时其表面的 apo E 转移至 HDL,仅剩下 apoB100,IDL 即转变为 LDL,VLDL 在血浆中的半寿期为 6 ~ 12 h。

3. 低密度脂蛋白(LDL)　LDL 由 VLDL 在血浆中转变而来,是转运肝合成的内源性胆固醇的主要形式。正常人空腹血浆脂蛋白主要是 LDL,可占到血浆脂蛋白总量的 2/3。LDL 在体内的代谢有两条途径:一条是 LDL 受体途径;另一条是由清除细胞即单核吞噬细胞系的巨噬细胞清除,其中以 LDL 受体途径为主,大约 2/3 的 LDL 由 LDL 受体途径降解,1/3 的 LDL 由清除细胞清除。LDL 在血浆中的半寿期为 2 ~4 d。

人体内除了成纤维母细胞外,大部分细胞膜上都存在 LDL 受体,但以肝细胞为主,大约 50% 的 LDL 在肝细胞降解。由于 LDL 受体能够特异地识别含 apoB100 或 apo E 的脂蛋白,因此 LDL 受体又称 apoB、E 受体,当血浆中的 LDL 与 LDL 受体结合后,受体聚集成簇,内吞入细胞并与溶酶体融合。在溶酶体中蛋白水解酶的作用下,LDL 中的 apoB100 被水解成氨基酸,其中的胆固醇酯被水解成游离胆固醇与脂肪酸。胞浆中的游离胆固醇既可参与细胞膜的组成,也可作为皮质激素、性激素、维生素 $D_3$ 及胆汁酸合成的原料。通常细胞内所需的胆固醇既可自身合成,也可以摄取血中 LDL 颗粒内的胆固醇。故 LDL 的主要生理功能是转运肝脏合成的胆固醇到肝外组织,过剩的胆固醇也可沉积于动脉内皮细胞,被认为是致动脉粥样硬化的危险因子。

近年研究证明,VLDL 转变成 LDL 的流程简图如下:

$$\text{VLDL} \longrightarrow \text{A 型 LDL(A-LDL)} \longrightarrow \text{B 型 LDL(B-LDL)}$$

B-LDL 是颗粒变小密度增高的 LDL,又称为小而密的 LDL,临床上以 S-LDL 表示,S-LDL是真正的致动脉硬化的危险因子。

4. 高密度脂蛋白(HDL)　HDL 主要由肝细胞合成,小肠黏膜细胞亦有少量合成,此外,CM 及 VLDL 分解代谢时,脱落的组分也可合成新生的 HDL。HDL 是机体从外周组织向肝逆转运胆固醇的主要形式,HDL 按密度大小又分为 $HDL_1$、$HDL_2$ 和 $HDL_3$,$HDL_1$ 只有在高胆固醇膳食时才在血浆中出现,故又称为 $HDL_C$,正常人血浆中的 HDL 主要为 $HDL_2$

和 $HDL_3$。

新生的 HDL 所含的载脂蛋白主要是 apo A 和 apo C,还有少量的 apo D 和 apo E。新生的 HDL 进入血液循环后,在血浆中的 LCAT 的催化下,HDL 表面卵磷脂的 2 位脂酰基转移至胆固醇的 3 位羟基上生成溶血卵磷脂和胆固醇酯。LCAT 由肝细胞合成,在血浆中发挥作用。HDL 中 apo AI 是 LCAT 的激活因子,在 LCAT 作用下生成的胆固醇酯被转移到 HDL 的内核,随着内核胆固醇酯的不断增加及 apo C 和 apo E 向 CM 或 VLDL 的转移,新生的 HDL 转变为成熟的 HDL。

HDL 主要在肝降解。成熟的 HDL 与肝细胞膜上的 HDL 受体结合后被肝细胞摄取,其中的胆固醇可用于合成胆汁酸或直接通过胆汁排出体外。由于 HDL 具有清除周围组织中的胆固醇及保护血管内膜不受 LDL 损害的作用,因此 HDL 有抗动脉粥样硬化的作用。流行病学研究证实,HDL 水平高者冠心病发病率低。HDL 在血浆中的半寿期为 3 ~ 5 d。

四种血浆脂蛋白代谢及其相互关系见图 7-9。

## 三、高脂血症与高脂蛋白血症

### (一)高脂蛋白血症

血浆中的脂类高于正常人上限即为高脂血症(hyperlipidemia)。由于脂类在血液循环中以脂蛋白的形式运输,因此高脂血症也称高脂蛋白血症(hyperlipoproteinemia)。一般成人以空腹 12 ~ 14 h 血清甘油三酯浓度≥2.26 mmol/L,总胆固醇浓度≥6.21 mmol/L,儿童总胆固醇浓度≥4.14 mmol/L 为标准。1970 年世界卫生组织(WHO)对 Fredrickson 提出的高脂蛋白血症分型进行了补充和修订,建议将高脂蛋白血症分为五型六类。WHO 的高脂蛋白血症分型主要是根据临床化验结果,很少考虑患者的病因和体征。各型高脂蛋白血症的血脂及脂蛋白的变化见表 7-4。

**表 7-4 高脂蛋白血症的分型**

| 分型 | 脂蛋白变化 | 血脂变化 | 发病率 |
|---|---|---|---|
| Ⅰ | CM↑ | TG↑↑↑,TC↑ | 罕见 |
| $Ⅱ_a$ | LDL↑ | TC↑↑ | 常见 |
| $Ⅱ_b$ | VLDL 及 LDL↑ | TG↑↑,TC↑↑ | 常见 |
| Ⅲ | IDL↑ | TG↑↑,TC↑↑ | 罕见 |
| Ⅳ | VLDL↑ | TG↑↑ | 常见 |
| Ⅴ | CM 及 VLDL↑ | TG↑↑↑,TC↑ | 较少 |

高脂蛋白血症可分为原发性与继发性两大类。原发性高脂蛋白血症与脂蛋白的组成和代谢过程中有关的载脂蛋白、酶和受体等的先天性缺陷有关,而继发性高脂蛋白血症常继发于其他疾病如糖尿病、肾病、肝病及甲状腺机能减退等。

### (二)高脂血症与动脉粥样硬化

高脂血症是动脉粥样硬化(atherosclerosis)的危险因素。据资料统计,血浆胆固醇含量超过6.7 mmol/L者比低于5.7 mmol/L者的冠状动脉粥样硬化发病率高7倍。用高胆固醇膳食喂养家兔,可获得高胆固醇血症和动脉粥样硬化的实验模型。由于血浆中的胆固醇主要存在于LDL中,因此LDL增高,特别是S-LDL含量升高与动脉粥样硬化的关系最为密切。血浆胆固醇水平升高,不仅可造成血管内皮细胞损伤,而且还刺激血管平滑肌细胞内胆固醇酯堆积而转变成泡沫细胞。泡沫细胞是动脉粥样硬化的典型损害之一。除高胆固醇外,高甘油三酯也可促进动脉粥样硬化的形成。

HDL具有抗动脉粥样硬化的作用,这是由于HDL既能清除周围组织的胆固醇,又能保护内膜不受LDL损害,促进血管内皮细胞合成$PGI_2$,防止血小板凝集。目前的一些调查研究证实,血浆HDL较高的人不仅长寿,而且很少发生心肌梗死。相反,血浆HDL较低的人,即使血浆总胆固醇含量不高,也容易发生动脉粥样硬化。糖尿病患者及肥胖者血浆中的HDL均比较低,因此容易患冠心病。高血压、家族性糖尿和高血糖症及长期吸烟者均可致动脉内皮细胞损伤,有利于胆固醇沉积,可导致动脉粥样硬化。临床上考虑动脉粥样硬化的发病倾向,取决于LDL/HDL比值,这比总胆固醇的关系更为精确,LDL/HDL称为冠心病指数。中国成人的冠心病指数为2.0±0.7。

## 小　结

脂类是脂肪与类脂的总称,脂肪又叫甘油三酯或三脂酰甘油,是动植物主要的能量储存形式。血脂是血浆中各种脂类的总称,血浆脂蛋白是脂类物质在血液中的主要运输形式。血浆脂蛋白用超速离心法可分为CM、VLDL、LDL和HDL;用电泳法可分为CM、前$\beta$-脂蛋白、$\beta$-脂蛋白和$\alpha$-脂蛋白。其中CM主要运输外源性脂肪;VLDL主要运输内源性脂肪;LDL主要将胆固醇运输到肝外;HDL主要将胆固醇转运到肝内。

脂类代谢紊乱是一种常见病、多发病。血浆脂蛋白与动脉粥样硬化有密切关系。脂肪动员的关键酶为甘油三酯脂肪酶,肾上腺素、胰高血糖素等可激活该酶活性,储存在脂库内的脂肪动员时先被水解成脂肪酸和甘油,脂肪酸与血浆清蛋白结合后输送到各组织,主要在肝脏氧化。脂肪酸分解要先激活成脂酰CoA,然后通过肉碱作为载体将脂酰CoA转移到线粒体基质内,经$\beta$-氧化反应生成乙酰CoA后进入三羧酸循环彻底氧化成$CO_2$和$H_2O$。甘油则在肝脏经异生途径生成糖或进入糖分解代谢途径。

酮体是甘油三酯在肝线粒体分解不完全的正常中间产物,是乙酰乙酸、$\beta$-羟丁酸、丙酮的总称。肝内生酮,肝外用是酮体代谢特点,也是肝外组织,尤其是在饥饿或禁食时脑、肌肉等组织的重要能源。如果生成酮体的速度超过肝利用酮体速度时,则可引起酮症酸中毒,严重的可危及生命。

合成甘油三酯的原料主要是糖,甘油三酯是机体储存能量的一种形式。当机体摄入过多的能源物质或体内能量过盛时,即使不摄入脂肪亦可由糖大量合成甘油三酯。如果机体运动量增加消耗过多能量,则可增加脂肪的动员,被机体利用而减少甘油三酯的储存。

磷脂可分为甘油磷脂和鞘磷脂两类。重要的甘油磷脂有磷脂酰胆碱和磷脂酰乙醇胺,机体可自身合成。磷脂酶 $A_1$、磷脂酶 $A_2$、磷脂酶 $B_1$、磷脂酶 $B_2$、磷脂酶 C、磷脂酶 D 分别特异地作用于磷脂分子的不同部位,得出不同的产物。

胆固醇是生物膜的重要组分,是合成胆汁酸、类固醇激素和维生素 $D_3$ 的重要原料。食物胆固醇以 CM 残粒形式进入肝脏;肝和其他细胞自身也能合成胆固醇。乙酰 CoA 是合成胆固醇的原料,HMG-CoA 还原酶是体内合成胆固醇的关键酶,该酶受胆固醇的反馈抑制。胆固醇在肝脏可转变成胆汁酸或直接排出体外。

（杨五彪）

# 第八章　氨基酸代谢

**学　习　目　标**

◆总结氨基酸一般代谢中的转氨基、脱氨基以及 α-酮酸代谢。
◆解释丙氨酸-葡萄糖循环和鸟氨酸循环。
◆描述一碳单位的代谢及甲硫氨酸循环。
◆熟悉蛋白质的营养作用,必需氨基酸的概念及种类,氮平衡的概念。
◆理解蛋白质在体内的消化,吸收以及腐败作用的概念。
◆了解一些特殊氨基酸的代谢。

蛋白质是生命活动的基础,氨基酸是构成蛋白质分子的基本单位。体内的大多数蛋白质均不断地进行分解与合成代谢,细胞中不停地利用氨基酸合成蛋白质和分解蛋白质成为氨基酸。蛋白质分解代谢首先在酶的催化下水解为氨基酸,而后各氨基酸再进行分解代谢,或转变为其他物质,或参与新的蛋白质的合成。因此氨基酸代谢是蛋白质分解代谢的中心内容。

## 第一节　蛋白质的营养作用

### 一、蛋白质的生理功能

蛋白质在体内的生理功能可归纳为以下几个方面:

**(一)维持组织的生长、参与组织细胞的更新和修补**

蛋白质是构成细胞、组织和器官的主要组成成分,个体的生长和发育、组织细胞的更新和修补都需要从食物中摄取足量的蛋白质,才能维持正常的生理平衡。婴幼儿、儿童和青少年的生长发育都离不开蛋白质,即使成年人的身体组织也在不断地分解和合成进行更新,例如,小肠黏膜细胞每 1 ~2 d 即更新一次,血液红细胞每 120 d 更新一次,头发和指甲也在不断推陈出新。身体受伤后的修复也需要依靠蛋白质的补充。

**(二)参与物质代谢及生理功能的调控**

体内新陈代谢过程中起催化作用的酶,调节生长、代谢的各种激素以及有免疫功能的抗体都是由蛋白质构成的。此外,蛋白质对维持体内酸碱平衡和水分的正常分布也都有重要作用。

**(三)供给能量**

虽然蛋白质的主要功能不是供给能量,但当食物中蛋白质的氨基酸组成和比例不符合人体的需要,或摄入蛋白质过多,超过身体合成蛋白质的需要时,多余的食物蛋白质就会被当作能量来源氧化分解放出热能。此外,在正常代谢过程中,陈旧破损的组织和细胞中的蛋白质也会分解释放出能量。1 g 蛋白质可产生 16.7 kJ(4 千卡)热能。

想一想:
蛋白质有哪些生理功能?

**(四)其他功能**

如转运、凝血、免疫、记忆、识别等。

## 二、蛋白质的营养价值

**(一)必需氨基酸与非必需氨基酸**

体内蛋白质种类繁多,但其基本结构单位氨基酸只有 20 种。根据这 20 种氨基酸分别对动物的营养缺乏实验及对人体短期氮平衡实验,可将其分为必需氨基酸和非必需氨基酸两大类。

体内不能合成,必须由食物蛋白质供给的氨基酸称为必需氨基酸(essential amino acid)。必需氨基酸一共有 8 种:赖氨酸(Lys)、色氨酸(Trp)、苯丙氨酸(Phe)、蛋氨酸(Met)、苏氨酸(Thr)、亮氨酸(Leu)、异亮氨酸(Ile)、缬氨酸(Val)。其余 12 种体内能够自行合成,不必由食物供给的氨基酸就称为非必须氨基酸(non-essential amino acid)。此外,组氨酸能在人体内合成,但其合成速度不能满足身体需要,精氨酸合成后迅速分解,因而生长发育迅速的儿童易缺乏这两种氨基酸,因此有人也把它们列为“必需氨基酸”。酪氨酸和半胱氨酸必需以必需氨基酸苯丙氨酸和蛋氨酸为原料来合成,故被称为半必需氨基酸。

说一说:
人体必需氨基酸有哪些?

**(二)蛋白质的营养价值及互补作用**

对于蛋白质,不仅要注意摄入蛋白质的量,还要注意蛋白质的质。蛋白质营养价值高低的决定因素有:① 必需氨基酸的含量;② 必需氨基酸的种类;③ 必需氨基酸的比例,即具有与人体需求相符的氨基酸组成。必须氨基酸种类齐全、数量充足的蛋白质营养价值高,否则营养价值低。一般来说动物蛋白所含必需氨基酸的种类和数量与人体需要接近,营养价值高,易被人体利用。植物蛋白质中往往一种或几种必需氨基酸含量较低或缺乏,故单独使用营养价值较低,如混合后食用几种营养价值较低的蛋白质,从而提高其营养价值,称为食物蛋白质的互补作用。如谷类蛋白质赖氨酸(Lys)较少而色氨酸(Trp)较多,而大豆正好相反,将两者混合食用,可使必需氨基酸相互补充,提高营养价值。

讨论:
如何合理补充蛋白质?

讨论:
什么食物的营养价值高?

**(三)临床上静脉补液用的氨基酸制剂**

临床上在治疗因各种原因如烧伤、摄食困难、严重腹泻或外科手术等引起的低蛋白质血症时,常可经静脉补充氨基酸制剂。例如 14 氨基酸-800,其含有 8 种必需氨基酸及组、精、甘、丙、丝、脯等共 14 种氨基酸,总量为 8.0 g/100 mL,其中芳香族氨基酸含量极低,适用于肝硬化等;6 氨基酸-520 含较高浓度的支链氨基酸(亮、异亮、缬)和鸟氨酸循环(尿素合成)中的氨基酸包括鸟、谷、天冬等共6 种,总量为5.2 g/100 mL,适用于重症肝炎等。

## 三、蛋白质的生理需要量

### (一)氮平衡

食物中的含氮物质,绝大部分是蛋白质,非蛋白质的含氮物质含量很少,可以忽略不计,因此测定食物中的含氮量可以估计其所含蛋白质的量。机体内的蛋白质代谢概况可根据氮平衡实验来确定。蛋白质在体内分解代谢所产生的含氮物质主要由尿、粪排出。所以测定每天的蛋白质氮的摄入量和尿及粪便中的排氮量,即可反映人体蛋白质的代谢概况。

体内蛋白质的合成与分解处于动态平衡中,故每日氮的摄入量与排出量也维持着动态平衡,这种动态平衡就称为氮平衡。氮平衡有以下几种情况:

> 说一说:
> 氮平衡实验的意义是什么?正常成人每天需要多少蛋白质?

1. 氮总平衡　每日摄入氮量与排出氮量大致相等,即摄入氮=排出氮。表示体内蛋白质的合成量与分解量大致相等,称为氮总平衡。此种情况见于正常成人。

2. 氮正平衡　每日摄入氮量大于排出氮量,即摄入氮>排出氮,表明体内蛋白质的合成量大于分解量,称为氮正平衡。此种情况见于儿童、孕妇、病后恢复期。

3. 氮负平衡　每日摄入氮量小于排出氮量,即摄入氮<排出氮,表明体内蛋白质的合成量小于分解量,称为氮负平衡。此种情况见于消耗性疾病患者(结核、肿瘤),饥饿、营养不良者。

### (二)生理需要量

如让健康成人进食不含蛋白质的食物,其尿中仍有含氮代谢物不断排出。8～10 d后,其尿中排氮量逐渐恒定,每天排氮量约53 mg/kg 体重。以60 kg 体重计,每天蛋白质最低分解量约为20 g。但每天进食20 g 蛋白质,却不能维持氮的总平衡,仍出现氮的负平衡,其主要原因是食物蛋白质与人体组织蛋白质有着质的差异,其利用率不可能达到100%。实验证明,健康成年人每天最低需补充食物蛋白质30～50 g,才能保持氮的总平衡。中国营养学会推荐从事中等体力劳动者,体重65 kg 的成年男子,每日蛋白质的安全摄入量约为80 g。孕妇、乳母、脑力劳动或强体力劳动者,蛋白质需要量要相应增加。

# 第二节　蛋白质的消化、吸收及腐败

## 一、蛋白质的消化

食物蛋白质的消化是人体氨基酸的主要来源。蛋白质未经消化不易吸收,如异体蛋白进入人体,则会引起过敏现象、产生毒性反应。口腔内不能消化蛋白质,蛋白质在胃和肠道内经多种蛋白酶和肽酶的作用水解成氨基酸和少量小肽才能被吸收。

### (一)胃内消化

胃黏膜主细胞分泌的胃蛋白酶原在胃内经盐酸或胃蛋白酶本身激活(自身激活作用)生成胃蛋白酶。胃蛋白酶的最适 pH 值为 1.5～2.5，pH 值为 6.0 时失活，适于胃内环境，其活性中心含天冬氨酸，属天冬氨酸蛋白酶类。胃蛋白酶主要消化芳香族氨基酸、蛋氨酸或亮氨酸组成的肽键，对肽键作用的特异性较差，产物主要为多肽及少量氨基酸。此外，胃蛋白酶还有凝乳作用，乳液凝为乳块后，在胃中停留时间延长，有利于乳汁中蛋白质的充分消化。

### (二)小肠中的消化

小肠是蛋白质消化的主要场所。在小肠内，蛋白质的消化产物及未被消化的蛋白质在胰液及肠黏膜细胞分泌的多种蛋白酶及肽酶的共同作用下，进一步水解为氨基酸。

胰液中的蛋白酶分为两类：内肽酶和外肽酶。内肽酶水解蛋白质肽链内部的肽键包括胰蛋白酶、糜蛋白酶和弹性蛋白酶等，最适 pH 值在 7.0 左右，适于小肠环境，对肽键两旁的氨基酸种类均有一定的要求，有其特异性。外肽酶特异水解蛋白质或多肽末端的肽键，包括羧基肽酶 A、B。

蛋白质经过胃液和肠液中蛋白酶的逐步水解，最后的产物 2/3 为寡肽(二肽至十肽)，1/3 为氨基酸。小肠黏膜细胞及胞液中存在两种寡肽酶：氨基肽酶及二肽酶。氨基肽酶从氨基末端逐步水解寡肽，最后生成二肽。二肽再经二肽酶的水解，最后生成氨基酸。因此，寡肽的水解主要在小肠黏膜细胞内进行的。

## 二、氨基酸的吸收

蛋白质消化的终产物为氨基酸和小肽(主要为二肽、三肽)，可被小肠黏膜所吸收。但小肽吸收进入小肠黏膜细胞后，即被胞质中的肽酶(二肽酶、三肽酶)水解成游离氨基酸，然后离开细胞进入血液循环，因此门静脉血中几乎找不到小肽。

### (一)耗能需 $Na^+$ 的主动转运吸收

肠黏膜上皮细胞的黏膜面的细胞膜上有若干种特殊的运载蛋白(载体)，能与某些氨基酸和 $Na^+$ 在不同位置上同时结合，结合后可使运载蛋白的构象发生改变，从而把膜外(肠腔内)氨基酸和 $Na^+$ 都转运入肠黏膜上皮细胞内。$Na^+$ 则被钠泵排出至胞外，造成黏膜面内外的 $Na^+$ 梯度，有利于肠腔中的 $Na^+$ 继续通过运载蛋白进入细胞内，同时带动氨基酸进入。因此肠黏膜上氨基酸的吸收是间接消耗 ATP，而直接的推动力是肠腔和肠黏膜细胞内 $Na^+$ 梯度的电位势。氨基酸的不断进入导致小肠黏膜上皮细胞内的氨基酸浓度高于毛细血管内，于是氨基酸通过浆膜面其相应的载体而转运至毛细血管血液内。黏膜面的氨基酸载体是 $Na^+$ 依赖的，而浆膜面的氨基酸载体则不依赖 $Na^+$。现已证实前者至少有 6 种，分别对某些氨基酸起转运作用。它们是中性氨基酸载体、亚氨基酸与甘氨酸载体、$\beta$-氨基酸载体、碱性氨基酸和胱氨酸载体、酸性氨基酸载体。

### (二)$\gamma$ 谷氨酰基循环吸收

除上述氨基酸的吸收机制外，1969 年 Meister 提出小肠黏膜和肾小管还可通过 $\gamma$ 谷氨酰基循环吸收氨基酸。谷胱甘肽在这一循环中起着重要作用。这也是一个主动运送氨基酸通过细胞膜的过程，氨基酸在进入细胞之前先在细胞膜上 $\gamma$ 谷氨酰基转移酶的催化下,与细胞内的谷胱甘肽作用生成γ谷氨酰氨基酸并进入细胞浆内,然后再经其他酶催化将氨基酸释放出来,同时使谷氨酸重新合成谷胱甘肽,进行下一次转运氨基酸的过程,因为氨基酸不能自由通透过细胞质膜。

**(三)肽的吸收**

肠黏膜细胞上还存在吸收二肽或三肽的特殊转运体系。这种转运也是耗能的主动吸收过程,吸收作用在小肠的上部。

## 三、蛋白质的腐败作用

未被吸收的氨基酸和小肽及未被消化的蛋白质,在大肠下部受大肠杆菌的作用,发生一些化学变化的过程称腐败(putrefaction)。未被消化的蛋白质先被肠菌中的蛋白酶水解为氨基酸,然后再继续受肠菌中的其他酶类的催化。腐败作用主要的化学反应有脱羧基作用和脱氨基作用。

**(一)胺类的生成**

肠道细菌的蛋白酶使蛋白质水解为氨基酸,再经脱羧基作用生成胺类。如组氨酸脱羧产生组胺、赖氨酸脱羧产生尸胺、酪氨酸脱羧产生酪胺、色氨酸脱羧产生色胺等。组胺与尸胺有降压作用,酪胺及色胺有升压作用。胺类物质被吸收后,主要在肝内进行转化而解毒。当肝功能不好时,胺类将进入脑内,抑制大脑功能,这可能与肝昏迷时出现的神经症状有关。

**(二)氨的生成**

肠道中的氨有两个来源:一是肠道细菌对氨基酸的脱氨基作用产生氨;二是由血液扩散入肠腔的尿素,受肠道尿素酶的作用而生成氨。这些氨可被吸收入血,在肝脏合成尿素而排出体外。由肠道吸收的氨所合成的尿素约占正常人每天排出尿素总量的1/4。严重肝功能障碍的病人,因不能及时处理吸收入体内的氨及其他毒性腐败物质,常发生肝昏迷。故对这类病人应采取措施,如控制蛋白摄入量,抑制肠道细菌生长以减少肠道氨的产生和吸收。

**(三)其他有害物质的生成**

腐败作用产生的有毒物质除了胺和氨以外,还包括苯酚、吲哚、甲基吲哚及硫化氢等。

正常情况下,上述物质大部分随粪便排出,小部分可被肠道吸收,进入肝脏代谢转变而解毒。肠梗阻患者,肠内容物在肠腔停留时间过长,腐败物质增多,同时吸收也在增加,肝脏不能完全解毒,会引起机体中毒,出现头痛、头晕甚至血压下降等全身中毒症状。

# 第三节 氨基酸的一般代谢

## 一、氨基酸的代谢概况

食物蛋白质经过消化吸收进入体内的氨基酸为外源性氨基酸。体内各组织蛋白质分解以及组织合成的非必需氨基酸为内源性氨基酸。它们在体内混为一体,分布在各体液中参与代谢,称为氨基酸代谢库(metabolic pool)。

体内氨基酸的主要功用是合成蛋白质和多肽。有一部分可转变成其他含氮化合物如嘌呤、嘧啶、肾上腺素、甲状腺素等。此外，还能进行分解代谢。氨基酸代谢概况见图8-1。

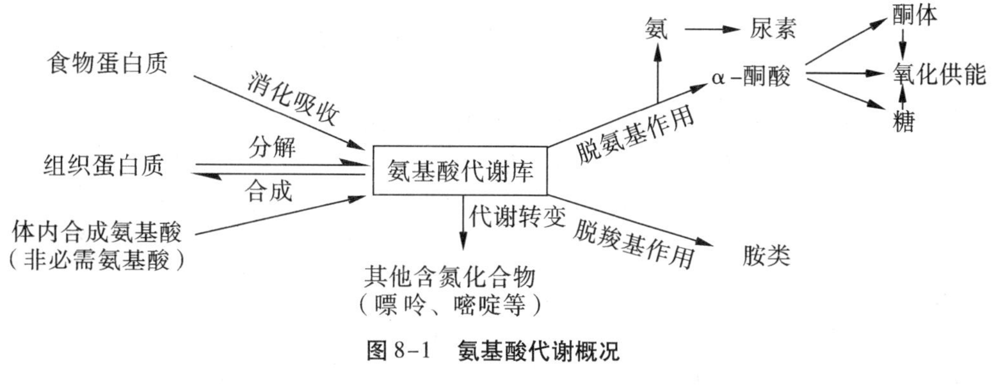


**图8-1 氨基酸代谢概况**

## 二、氨基酸的脱氨基作用

氨基酸分解代谢的最主要反应就是脱氨基作用。氨基酸的脱氨基作用是指氨基酸在酶的催化下脱去氨基生成α-酮酸和氨的过程。脱氨基作用是氨基酸分解代谢的主要途径，在体内大多数组织中均可进行。氨基酸脱氨基的方式有氧化脱氨基、转氨基、联合脱氨基及嘌呤核苷酸循环，其中以联合脱氨基为最重要。

### （一）氧化脱氨基作用

> 想一想：
> 为什么氧化脱氨基作用不是最主要的氨基酸脱氨基方式？

氨基酸在酶的催化下进行伴有氧化的脱氨基反应称为氧化脱氨基作用。体内氨基酸氧化酶有多种，其中以L-谷氨酸脱氢酶最重要。此酶是一种以$NAD^+$或$NADP^+$为辅酶的不需氧脱氢酶，广泛存在于肝、肾、脑等组织细胞中，活性较强，催化L-谷氨酸氧化脱氨生成α-酮戊二酸和氨，反应式如下：

$$\underset{\text{L-谷氨酸}}{\begin{matrix}COOH\\|\\(CH_2)_2\\|\\CHNH_2\\|\\COOH\end{matrix}} \underset{NAD^+ \quad NADH+H^+}{\overset{\text{L-谷氨酸脱氢酶}}{\rightleftharpoons}} \begin{matrix}COOH\\|\\(CH_2)_2\\|\\C{=}NH\\|\\COOH\end{matrix} \underset{-H_2O}{\overset{+H_2O}{\rightleftharpoons}} \underset{\alpha\text{-酮戊二酸}}{\begin{matrix}COOH\\|\\(CH_2)_2\\|\\C{=}O\\|\\COOH\end{matrix}} + NH_3$$

L-谷氨酸脱氢酶催化可逆反应，是一种变构酶，活性可受变构调节，已知GTP和ATP是此酶的变构抑制剂，而GDP和ADP则是变构激活剂。因此体内GTP和ATP不足时，即可促进谷氨酸加速氧化，这对于氨基酸氧化供能起重要调节作用。

### （二）转氨基作用

1. 转氨基反应　在酶的催化下，一个氨基酸的α-氨基转移至另一个α-酮酸的酮基上，生成相应的α-氨基酸，原来的氨基酸则生成相应的α-酮酸的过程称为转氨基作用。催化此反应的酶称转氨酶或氨基转移酶。

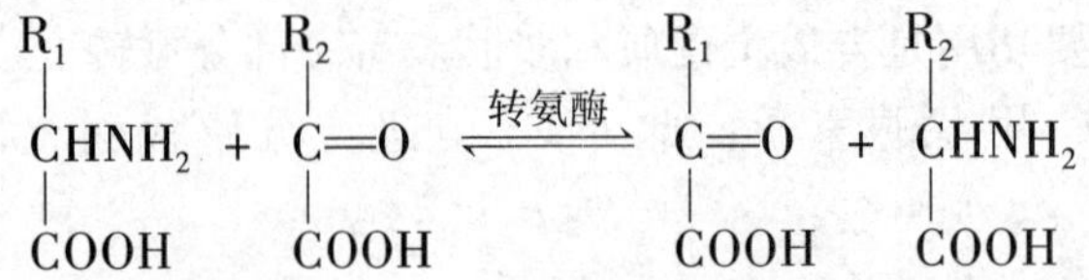

$$\begin{array}{c} R_1 \\ | \\ CHNH_2 \\ | \\ COOH \end{array} + \begin{array}{c} R_2 \\ | \\ C{=}O \\ | \\ COOH \end{array} \xrightleftharpoons{\text{转氨酶}} \begin{array}{c} R_1 \\ | \\ C{=}O \\ | \\ COOH \end{array} + \begin{array}{c} R_2 \\ | \\ CHNH_2 \\ | \\ COOH \end{array}$$

转氨基作用是可逆的，它既是氨基酸分解代谢的过程，也是体内合成非必需氨基酸的重要途径。

体内大多数氨基酸可以参与转氨基作用（赖氨酸、脯氨酸、羟脯氨酸除外），不同反应由专一的转氨酶催化，最常见的是谷丙转氨酶（glutamic pyruvic transaminase，GPT，ALT）和谷草转氨酶（glutamic oxalacetic transaminase，GOT，AST），它们在体内广泛存在，但各组织中含量不等（表 8-1）。

想一想：

为什么转氨基作用不是最主要的氨基酸脱氨基方式？

**表 8-1　正常成人各组织中 GOT 及 GPT 活性（单位/克湿组织）**

| 组织 | GOT | GPT | 组织 | GOT | GPT |
|---|---|---|---|---|---|
| 心 | 156 000 | 7 100 | 胰腺 | 28 000 | 2 000 |
| 肝 | 142 000 | 44 000 | 脾 | 14 000 | 1 200 |
| 骨骼肌 | 99 000 | 4 800 | 肺 | 10 000 | 700 |
| 肾 | 91 000 | 19 000 | 血清 | 2 016 | 16 |

由表 8-1 可以看出，转氨酶主要存在于细胞中，血清中含量很低，各种组织器官以心和肝活性最高。当因某种原因使细胞膜的通透性增高或组织坏死、细胞破裂时，有大量转氨酶逸入血清，使血清中转氨酶活性明显增高。例如，急性肝炎患者血清 GPT 明显增高，心肌梗死患者 GOT 明显上升，所以可通过测血清中某一转氨酶含量来判断某一类细胞受损程度，以此作为疾病诊断指标之一。

议一议：

血清 ALT、AST 增高分别有何临床意义？

2. 转氨酶　转氨酶的辅酶是磷酸吡哆醛（维生素 $B_6$ 的磷酸酯）。转氨基作用实际上是在转氨酶的催化下，依靠其辅酶磷酸吡哆醛与磷酸吡哆胺的相互转变来实现的。

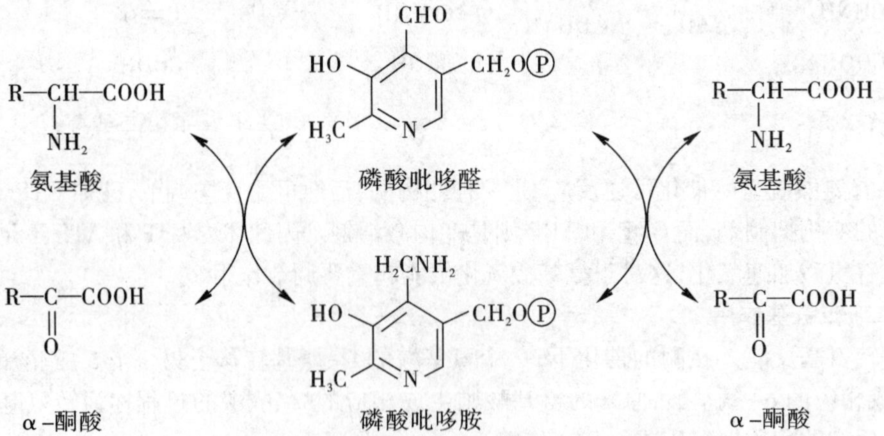

R—CH—COOH（NH₂）氨基酸 ⇄ α-酮酸 R—C(=O)—COOH

$R{-}CH(NH_2){-}COOH$ 氨基酸　　磷酸吡哆醛（CHO；HO、$CH_2O$Ⓟ、$H_3C$、N）　　$R{-}CH(NH_2){-}COOH$ 氨基酸

$R{-}C(=O){-}COOH$ α-酮酸　　磷酸吡哆胺（$H_2CNH_2$；HO、$CH_2O$Ⓟ、$H_3C$、N）　　$R{-}C(=O){-}COOH$ α-酮酸

**（三）联合脱氨基作用**

转氨基反应只有氨基的转移，而没有真正脱氨。体内氨基酸的脱氨基作用主要是通过联合脱氨基作用来完成的。转氨基作用与氧化脱氨基作用联合进行的脱氨方式称为联合脱氨基作用。在肝、肾、脑等组织中进行。

1. 转氨酶与谷氨酸脱氢酶的联合脱氨基作用　在联合脱氨基反应中，一种氨基酸先与 α-酮戊二酸进行转氨基作用，生成相应的 α-酮酸与谷氨酸，然后谷氨酸在 L-谷氨酸脱氢酶的作用下，脱去氨基生成 α-酮戊二酸，并释放出氨（图 8-2）。

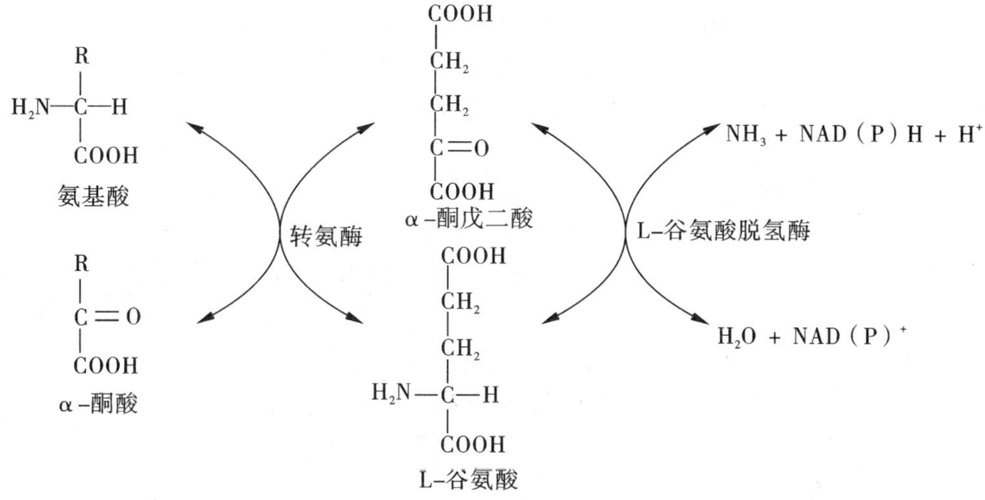


图 8-2　联合脱氨基作用

这种联合脱氨基作用的全过程都是可逆的，因此这一过程既是氨基酸脱氨的主要方式，又是体内合成非必需氨基酸的主要途径。

2. 嘌呤核苷酸循环　在骨骼肌和心肌中，L-谷氨酸脱氢酶活性很低，上述联合脱氨基作用难以进行。肌肉中存在着另一种氨基酸脱氨基方式，即嘌呤核苷酸循环（图8-3）。嘌呤核苷酸循环可以看成是另一种形式的联合脱氨基作用。

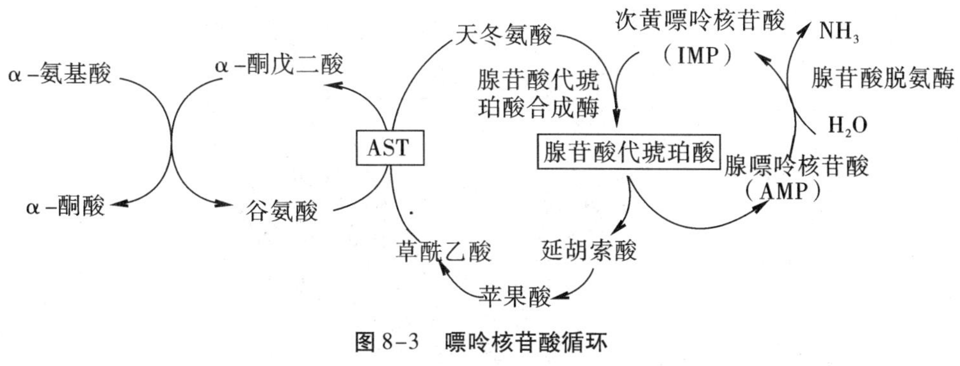


图 8-3　嘌呤核苷酸循环

## 三、氨的代谢

氨是毒性物质，脑组织对氨的毒性非常敏感。体内每天有大量的氨进入血液，但在正常生理情况下，血氨水平在 47 ~ 65 μmol/L。这是因为体内有一系列清除氨的机制，使氨的来源与去路之间保持动态平衡。

**（一）体内氨的来源**

1. 氨基酸脱氨　这是体内氨的主要来源，其他内源性氨还可来自胺类的氧化分解、嘌呤及嘧啶代谢产生的氨。

2. 肠道吸收　肠道吸收的氨有两个来源：一是肠道细菌腐败产氨；二是血中的尿素渗入肠道，经肠道细菌脲酶水解产生氨。肠道产氨量每天约 4 g。当肠内腐败作用加强时，氨的生成增多。$NH_3$ 比 $NH_4^+$ 更易透过细胞膜而被吸收。当肠道 pH 值较低时（pH 值<6.0），$NH_3$ 与 $H^+$ 结合成 $NH_4^+$，而减少氨的吸收。肠道 pH 值较高时，$NH_4^+$ 转变为 $NH_3$，氨的吸收增多。临床上对高血氨病人采用弱酸性透析液进行结肠透析就是为了减少氨的吸收，促进氨的排泄，而禁用碱性肥皂水灌肠。

3. 肾脏产氨　肾小管上皮细胞分泌的氨主要来自谷氨酰胺。谷氨酰胺在谷氨酰胺酶的作用下水解生成谷氨酸和氨。氨被分泌到肾小管腔中与 $H^+$ 结合生成 $NH_4^+$，以铵盐的形式随尿排出。当尿液呈酸性时有利于肾小管上皮细胞氨的分泌，减少氨的吸收，这对维持机体酸碱平衡起到重要作用。反之，碱性尿则可影响肾小管细胞中氨的分泌，而被吸收入血。因此，临床上对肝硬化腹水的病人不宜使用碱性利尿药，以防止血氨升高。

> 议一议：
> 如何从减少氨的来源方面降低或排出体内的氨？

**（二）体内氨的转运**

1. 丙氨酸-葡萄糖循环　氨基酸脱下的氨基与丙酮酸结合生成丙氨酸，丙氨酸经血液运到肝脏，在肝脏丙氨酸经联合脱氨基作用释出氨用于尿素合成，而生成的丙酮酸沿糖异生途径合成葡萄糖。葡萄糖再由血液输送到肌肉组织，沿糖分解途径生成丙酮酸。后者再接受氨基生成丙氨酸。丙氨酸与葡萄糖反复地在肌肉组织与肝脏之间进行氨的转运，称为丙氨酸-葡萄糖循环。它既及时把氨运出肌肉，供应肝脏合成尿素的原料，又为肝脏提供糖异生的原料，保证了肌肉组织所需葡萄糖以便供给充足的能源（图 8-4）。

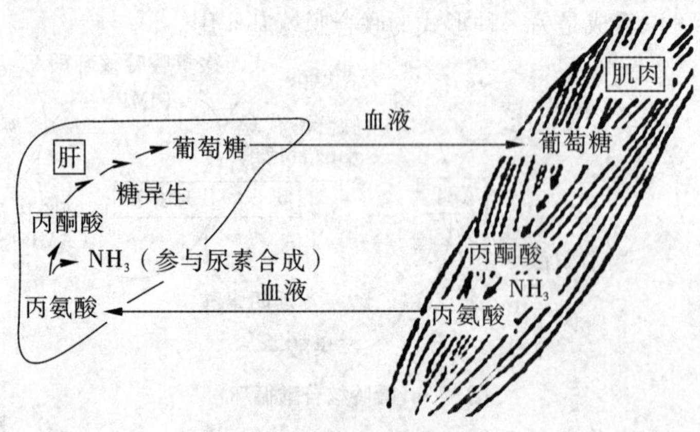


图 8-4　丙氨酸-葡萄糖循环

2. 谷氨酰胺的运氨作用　氨与谷氨酸在 ATP 供能和谷氨酰胺合成酶催化下合成谷氨酰胺，经血液输送到肝或肾，经谷氨酰胺酶水解为谷氨酸及氨，在肝可合成尿素，在肾则以铵盐形式由尿排出。谷氨酰胺生成的意义：①肝外组织解除氨毒；②是从脑、肌肉等组织向肝或肾运输氨的主要形式；③氨的储存形式，为某些含氮化合物的合成提供原料，如嘌呤及嘧啶的合成。临床上对肝性脑病患者可服用或输入谷氨酸盐以降低血氨浓度。

$$H_2N-CH(COOH)-(CH_2)_2COOH \underset{\text{谷氨酰胺酶}\ (+H_2O \rightarrow NH_3)}{\overset{NH_3,ATP \rightarrow ADP+Pi\ \ \text{谷氨酰胺合成酶}}{\rightleftharpoons}} H_2N-CH(COOH)-(CH_2)_2CO-NH_2$$

## 【知识链接】

### 天冬酰胺酶与白血病

天冬酰胺酶能将血清中的天冬酰胺水解为天冬氨酸和氨，而天冬酰胺是细胞合成蛋白质及增殖生长所必需的氨基酸。正常的细胞能够合成足够的天冬酰胺，但是白血病细胞不能合成或能合成极少量的天冬氨酰胺，因此临床上应用天冬酰胺酶水解天冬酰胺，使天冬酰胺急剧缺失，肿瘤细胞既不能从血中取得足够天冬酰胺，亦不能自身合成，使其蛋白质合成受障碍，增殖受抑制，细胞大量破坏而不能生长、存活，达到治疗白血病的目的。

### （三）体内氨的去路

正常情况下体内的氨主要在肝中合成无毒的尿素。尿素经血液循环运送到肾随尿排出体外，占机体排氮总量的 80% ~90% 。一部分氨被用于合成非必需氨基酸及某些含氮物质，还有一些氨生成谷氨酰胺，经血液输送到肾，以铵盐形式随尿液排出。

1. 肝脏是合成的尿素主要器官　实验证明，将动物（犬）的肝切除，可观察到血液及尿中尿素含量明显降低。若给此动物输入或饲喂氨基酸，会加快血氨增高而中毒死亡。此外，临床上可见急性肝坏死患者血及尿中几乎不含尿素而氨含量增多。这些实验与临床观察充分证明，肝是合成尿素的最主要器官。其他器官如肾及脑等也能合成少量尿素。

> 想一想：
> 尿素是在哪个器官合成的？

2. 尿素合成的鸟氨酸循环学说　早在 1932 年，德国学者 Hans Krebs 等根据一系列实验，首次提出了尿素生成的鸟氨酸循环（ornithine cycle）学说，又称尿素循环（urea cycle）。Krebs 一生中提出了两个循环学说（还有三羧酸循环），为生物化学的发展作出了重大贡献。实验根据如下：将大鼠肝的薄切片放在有氧条件下加氨盐保温数小时后，铵盐的含量减少，而同时尿素增多。在此切片中，分别加入各种化合物，并观察它们对尿素生成速度的影响。发现鸟氨酸、瓜氨酸或精氨酸能够大大加速尿素的合成。根据这三种氨基酸的结构推断，它们彼此相关，即鸟氨酸可能是瓜氨酸的前体，而瓜氨酸又是精氨酸的前体（结构式见后）。当大量鸟氨酸与肝切片及 $NH_4^+$ 保温时，确有瓜氨酸的积存。此外，早已证实肝含有精氨酸酶，此酶催化精氨酸水解生成鸟氨酸及尿素。

基于以上事实，Krebs 和 Henseleit 提出了一个循环机制，即首先鸟氨酸与氨及$CO_2$结合生成瓜氨酸，瓜氨酸再接受1分子氨而生成精氨酸，精氨酸水解产生尿素，并重新生成鸟氨酸。形成鸟氨酸循环(图8-5)。尿素是中性、无毒、水溶性很强的物质，由血液运输至肾，从尿中排出。

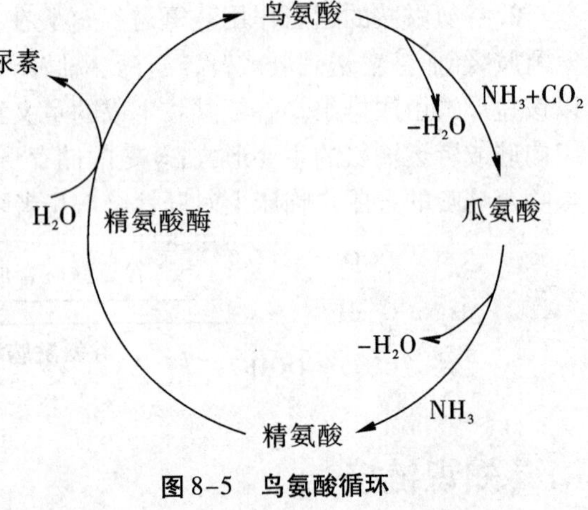

图8-5　鸟氨酸循环

其后，用同位素标记的$^{15}NH_4Cl$或含$^{15}N$的氨基酸饲养犬，随尿排出的尿素含有$^{15}N$，进一步证实了尿素可由氨及$CO_2$合成。

3. 鸟氨酸循环的详细过程　研究表明，鸟氨酸循环的具体过程远比上述的复杂，详细过程可分为以下四步：

(1)氨基甲酰磷酸的合成：在$Mg^{2+}$、ATP及N-乙酰谷氨酸(AGA)存在下，氨与$CO_2$可在氨基甲酰磷酸合成酶 I(carbamoyl phosphate synthetase I，CPS-I)的催化下，合成氨基甲酰磷酸。此反应不可逆，消耗2分子ATP。合成部位在线粒体。CPS-I是一种变构酶，AGA是此酶的变构激活剂。

$$CO_2+NH_3+H_2O+2ATP \xrightarrow[\text{N-乙酰谷氨酸},Mg^{2+}]{\text{氨基甲酰磷酸合成酶 I}} H_2N-\overset{\overset{\displaystyle O}{\|}}{C}-O\sim PO_3^{2-}+2ADP+Pi$$

$$CH_3\underset{\underset{\displaystyle O}{\|}}{C}-NH-\overset{\displaystyle COOH\atop |}{CH}\atop{\quad\quad\quad\quad |\atop{\quad\quad\quad\quad (CH_2)_2\atop{\quad\quad\quad\quad |\atop \quad\quad\quad\quad COOH}}}$$

N-乙酰谷氨酸(AGA)

(2)瓜氨酸的合成：在鸟氨酸氨基甲酰转移酶催化下，氨基甲酰磷酸与鸟氨酸缩合成瓜氨酸，并释放出磷酸。反应部位在线粒体。

$$NH_2-\overset{\overset{\displaystyle O}{\|}}{C}-O\text{Ⓟ} + \begin{matrix}NH_3^+\\|\\(CH_2)_3\\|\\CHNH_3^+\\|\\COO^-\end{matrix} \longrightarrow \begin{matrix}NH_2\\|\\O{=}C\\|\\NH\\|\\(CH_2)_3\\|\\CHNH_3^+\\|\\COO^-\end{matrix} + Pi$$

鸟氨酸　　　　瓜氨酸

(3)合成精氨酸:瓜氨酸在线粒体内合成后,即被转运到线粒体外,在胞液中 ATP 与 $Mg^{2+}$ 的存在下,通过精氨酸代琥珀酸合成酶的催化与天冬氨酸反应缩合为精氨琥珀酸,同时产生 AMP 及焦磷酸。

```
H2N                         NH
   \                          \\
    C=O                        C—OH
   /                          /
NH                          NH
 |                           |
(CH2)3        ⇌            (CH2)3
 |                           |
CHNH3+                      CHNH3+
 |                           |
COO-                        COO-
瓜氨酸                      瓜氨酸(烯醇式)
```

```
                                                      +H2N         COO-
HN                H        COO-                           \\        |
  \\                \       |                              C—N—CH
   C - OH            N+—C—H                               /  H   |
  /                 / |     |                           HN        CH2
HN            +   H   H    CH2   +ATP ——→               |         |
 |                          |                         (CH2)3      COO-  +AMP+PPi
(CH2)3                     COO-                         |
 |                                                     CHNH3+
CHNH3+                                                  |
 |                                                     COO-
COO-
瓜氨酸               天冬氨酸                           精氨琥珀酸
```

精氨琥珀酸通过精氨琥珀酸裂解酶的催化形成精氨酸和延胡索酸。延胡索酸经三羧酸循环变为草酰乙酸。草酰乙酸与谷氨酸进行转氨作用又可变回天冬氨酸。

```
+H2N            COO-            +H2N
    \\           |                  \\                 COO-
     C—HN—CH                         C—NH2              |
    /            |                  /                   CH
HN          H—CH      ——→       HN              +      ||
 |               |                |                     HC
(CH2)3          COO-            (CH2)3                  |
 |                                |                     COO-
CHNH3+                          CHNH3+
 |                                |
COO-                            COO-
                                精氨酸               延胡索酸
```

上述反应天冬氨酸作为氨基的供体,不是直接来自 $NH_3$。天冬氨酸可由草酰乙酸与谷氨酸经转氨基作用而生成,谷氨酸的氨基又可来自体内多种氨基酸。由此可见,多种氨基酸的氨基可通过天冬氨酸的形式参加尿素合成。

(4)生成尿素:精氨酸在胞液中精氨酸酶的催化下水解产生尿素和鸟氨酸。鸟氨酸再进入线粒体,参与循环过程。尿素作为代谢终产物排出体外。

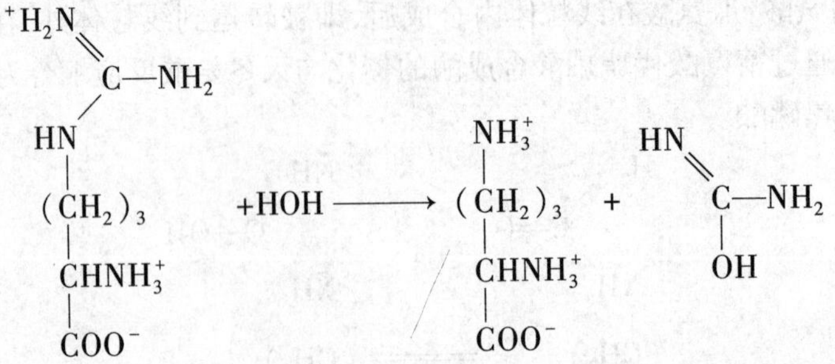

$$
\underset{\text{精氨酸}}{\begin{array}{l} ^{+}H_2N{=}C(NH_2){-}NH \\ \quad | \\ (CH_2)_3 \\ \quad | \\ CHNH_3^+ \\ \quad | \\ COO^- \end{array}} + HOH \longrightarrow \underset{\text{鸟氨酸}}{\begin{array}{l} NH_3^+ \\ \quad | \\ (CH_2)_3 \\ \quad | \\ CHNH_3^+ \\ \quad | \\ COO^- \end{array}} + \underset{\text{尿素(烯醇式)}}{\begin{array}{l} HN{=}C{-}NH_2 \\ \quad\ \ | \\ \quad\ OH \end{array}}
$$

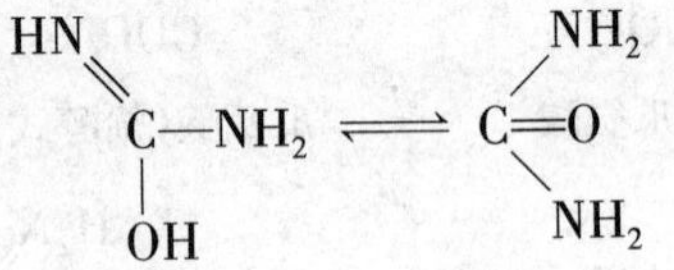

$$
\begin{array}{l} HN{=}C{-}NH_2 \\ \quad\ \ | \\ \quad\ OH \end{array} \rightleftharpoons \underset{\text{尿素}}{\begin{array}{l} NH_2 \\ \ \ | \\ C{=}O \\ \ \ | \\ NH_2 \end{array}}
$$

综上所述,可将尿素合成的总反应归结为:

$$
2NH_3+CO_2+3ATP+3H_2O \longrightarrow \begin{array}{l} NH_2 \\ \ \ | \\ C{=}O \\ \ \ | \\ NH_2 \end{array} +2ADP+AMP+4Pi
$$

由此可见,尿素分子中的2个氮原子,1个来自氨,另1个则来自天冬氨酸,而天冬氨酸又可由其他氨基酸通过转氨基作用而生成。由此,尿素分子中2个氮原子的来源虽然不同,但都直接或间接来自各种氨基酸。另外,还可看到,尿素合成是一个耗能的过程,合成1分子尿素需要消耗4个高能磷酸键(图8-6)。

> 议一议:
> 尿素合成的过程和意义。

4. 尿素合成的调节

(1)食物:高蛋白质膳食时尿素合成加快,反之,低蛋白质膳食时尿素的合成速度减慢。

(2)氨基甲酰磷酸合成酶Ⅰ:N-乙酰谷氨酸(AGA)是此酶的变构激活剂,精氨酸促进AGA的合成,因此精氨酸浓度高时,尿素合成加速。

(3)尿素合成酶系的调节:所有参与反应的酶中,精氨酸代琥珀酸合成酶活性最低,是尿素合成的限速酶。

5. 氨的其他去路

(1)与谷氨酸反应生成谷氨酰胺。

(2)通过还原性加氨的方式固定在α-酮戊二酸上而生成谷氨酸。

(3)谷氨酸又可通过转氨基作用,转移给其他α-酮酸,生成某些非必需氨基酸。

> 议一议:
> 高血氨导致肝昏迷的机制。

6. 高氨血症和氨中毒　正常生理情况下,血氨处于较低水平。尿素循环是维持血氨低浓度的关键。当肝功能严重损伤时,尿素循

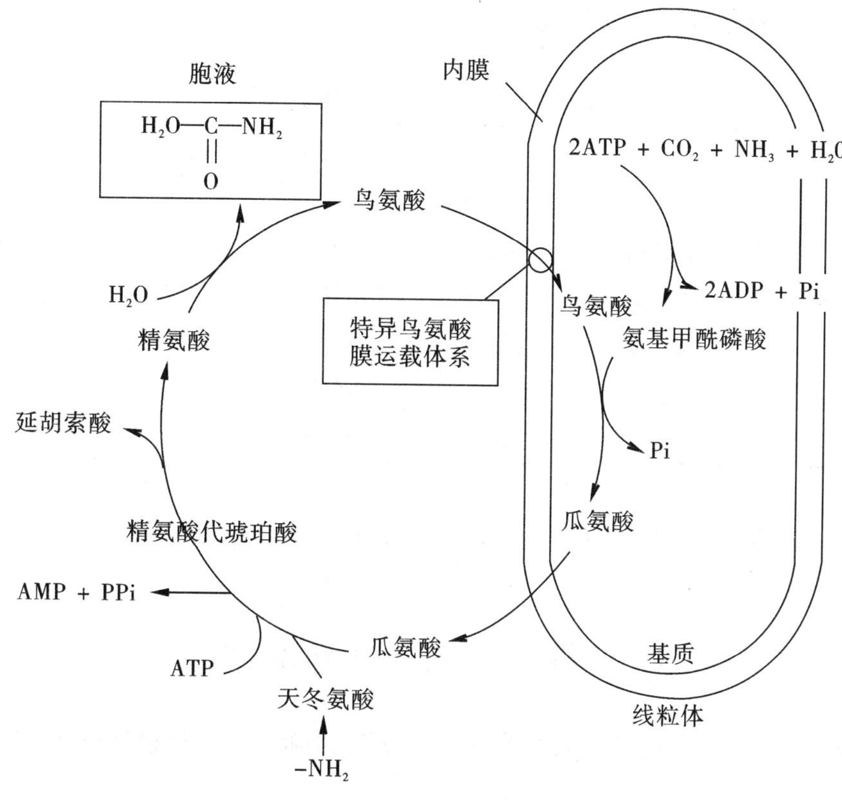

图 8-6 尿素合成的中间步骤

环发生障碍，血氨浓度升高，称为高氨血症。氨进入脑组织，可与 α-酮戊二酸合成谷氨酸，谷氨酸又与氨进一步结合生成谷氨酰胺，从而使 α-酮戊二酸和谷氨酸减少，导致三羧酸循环减弱，从而使脑组织中 ATP 生成减少。谷氨酸本身为神经递质，且是另一种神经递质 γ-氨基丁酸（γ-aminobutyrate，GABA）的前体，其减少亦会影响大脑的正常生理功能，严重时可出现昏迷。

当肝功能严重损伤时，尿素合成障碍，导致血氨浓度升高，称高血氨症，严重者可导致肝昏迷。

## 四、α-酮酸的代谢

氨基酸脱氨基后生成的 α-酮酸在体内的代谢途径有 3 条：

1. 生成非必需氨基酸　α-酮酸经联合加氨反应可生成相应的氨基酸。8 种必需氨基酸中，除赖氨酸和苏氨酸外其余 6 种亦可由相应的 α-酮酸加氨生成。但和必需氨基酸相对应的 α-酮酸不能在体内合成，所以必需氨基酸依赖于食物供应。

> 想一想：
> α-酮酸的去路有哪几条？

2. 转变成糖或脂肪　体内可转变为糖的氨基酸称为生糖氨基酸；能转变为酮体的氨基酸称为生酮氨基酸；既能生糖又能生酮的氨基酸称为生糖兼生酮氨基酸。亮氨酸为生酮氨基酸，赖氨酸、异亮氨酸、色氨酸、苯丙氨酸和酪氨酸为生糖兼生酮氨基酸,其余氨基酸均为生糖氨基酸(表 8-2)。

**表 8-2 生糖及生酮氨基酸的分类**

| 类别 | 氨基酸 | | | | |
|---|---|---|---|---|---|
| 生酮氨基酸 | 亮氨酸 | 赖氨酸 | | | |
| 生糖兼生酮氨基酸 | 异亮氨酸 | 苯丙氨酸 | 酪氨酸 | 苏氨酸 | 色氨酸 |
| 生糖氨基酸 | 丝氨酸 | 缬氨酸 | 组氨酸 | 精氨酸 | 半胱氨酸 |
| | 脯氨酸 | 羟脯氨酸 | | | |
| | 甘氨酸 | 丙氨酸 | 谷氨酸 | 谷氨酰胺 | 天冬氨酸 |
| | 天冬酰胺 | 甲硫氨酸 | 蛋氨酸 | | |

3. 氧化供能 $\alpha$-酮酸在体内可通过三羧酸循环和氧化磷酸化彻底氧化成 $CO_2$、$H_2O$,并释放能量,供生命活动的需要。

# 第四节 个别氨基酸的代谢

氨基酸代谢除一般代谢过程外,有些氨基酸还有其特殊的代谢途径,并具有重要的生理意义。

## 一、氨基酸的脱羧基作用

在体内,部分氨基酸也可进行脱羧基作用(decarboxylation)生成相应的胺。催化这些反应是氨基酸脱羧酶,其辅酶为磷酸吡哆醛。胺类含量虽然不高,但具有重要的生理功能。体内广泛存在着胺氧化酶(amine oxidase),能将其氧化成为相应的醛类,再进一步氧化成羧酸,从而避免胺类在体内蓄积。胺氧化酶属于黄素蛋白酶,在肝中活性最强。

下面列举几种氨基酸脱羧基产生的重要胺类物质。

**(一)$\gamma$-氨基丁酸**

$\gamma$-氨基丁酸(GABA)由 L-谷氨酸经 L-谷氨酸脱羧酶催化生成,抑制神经的兴奋性。

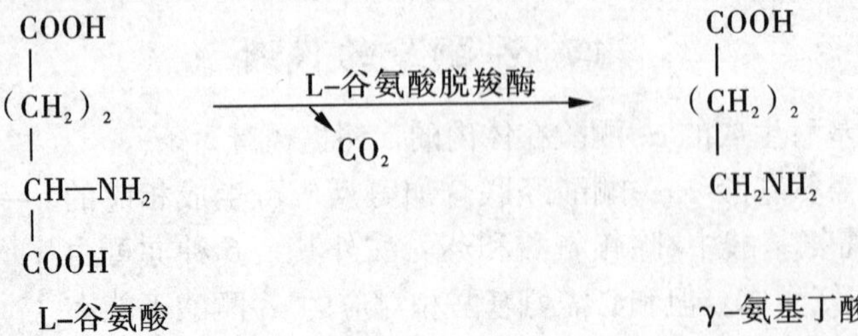

### (二)组胺

组氨酸通过组氨酸脱羧酶催化,生成组胺(histamine)。

$$\text{L-组氨酸}\xrightarrow[-CO_2]{\text{组氨酸脱羧酶}}\text{组胺}$$

L-组氨酸：HC═C—$CH_2CHCOOH$（$NH_2$）；HN—C(H)═N 环

组胺：HC═C—$CH_2CH_2NH_2$；HN—C(H)═N 环

组胺在体内广泛分布在乳腺、肺、肝、肌肉及胃黏膜等肥大细胞中。组胺是一种强烈的血管舒张剂,并能增加毛细血管的通透性。创伤性休克或炎症病变部位可有组胺的释放。组胺还可以刺激胃蛋白酶及胃酸的分泌,常被利用为研究胃活动的物质。

### (三)牛磺酸

体内牛磺酸(taurine)由半胱氨酸代谢转变而来。半胱氨酸首先氧化成磺酸丙氨酸,再脱去羧基生成牛磺酸。牛磺酸是结合胆汁酸的组成成分。

$$\underset{\text{L-半胱氨酸}}{CH_2SH-CH(NH_2)-COOH}\xrightarrow{3[O]}\underset{\text{磺酸丙氨酸}}{CH_2SO_3H-CH(NH_2)-COOH}\xrightarrow[-CO_2]{\text{磺酸丙氨酸脱羧酶}}\underset{\text{牛磺酸}}{CH_2SO_3H-CH_2NH_2}$$

现已发现脑组织中含有较多的牛磺酸,表明它可能具有更为重要的生理功能。

### (四)5-羟色胺

色氨酸首先通过色氨酸羟化酶的作用生成5-羟色氨酸,再经脱羧酶作用生成5-羟色胺。

5-羟色胺广泛分布于体内各组织,除神经组织外,还存在于胃肠、血小板及乳腺细胞中。脑内的5-羟色胺作为神经递质,具有抑制作用;在外周组织,5-羟色胺有收缩血管的作用。

$$\underset{\text{色氨酸}}{\text{吲哚}-CH_2-CH(NH_2)-COOH}\xrightarrow{\text{色氨酸羟化酶}}\underset{\text{5-羟色氨酸}}{HO-\text{吲哚}-CH_2-CH(NH_2)-COOH}$$

$$\xrightarrow[-CO_2]{\text{5-羟色氨酸脱羧酶}}\underset{\text{5-羟色胺}}{HO-\text{吲哚}-CH_2-CH_2NH_2}$$

**（五）多胺**

分子中含有两个或两个以上氨基或亚氨基的胺称为多胺。某些氨基酸的脱羧基作用可以产生多胺类物质。例如，鸟氨酸脱羧基生成腐胺，然后再转变成精脒和精胺。反应如下：

$$\text{L-鸟氨酸} \xrightarrow[-CO_2]{\text{鸟氨酸脱羧酶}} N_2N-(CH_2)_4-NH_2\text{（腐胺）}$$

$$\text{S-腺苷甲硫氨酸(SAM)} \xrightarrow[-CO_2]{\text{SAM 脱羧酶}} \text{腺苷-}\underset{}{\overset{CH_3}{\overset{|}{S}}}\text{——}(CH_2)_3-NH_2\text{（脱羧基 SAM）}$$

$$\text{腐胺+脱羧基 SAM} \xrightarrow[-\text{腺苷}-S-CH_3]{\text{丙胺转移酶}} H_2N-(CH_2)_4-NH-(CH_2)_3-NH_2\text{（精脒）}$$

$$\text{精脒+脱羧基 SAM} \xrightarrow[-\text{腺苷}-S-CH_3]{\text{丙胺转移酶}} H_2N-(CH_2)_3-NH-(CH_2)_4-NH-(CH_2)_3-NH_2\text{（精胺）}$$

精脒与精胺是调节细胞生长的重要物质。凡生长旺盛的组织，如胚胎、再生肝、生长激素作用的细胞及癌瘤组织等，作为多胺合成限速酶的鸟氨酸脱羧酶（ornithine decarboxylase）活性和多胺的含量均有提高或增加。目前临床上利用测定癌瘤病人血、尿中多胺含量作为观察病情的指标之一。

> 想一想：
>
> 组胺、GABA、牛磺酸、多胺分别是哪些氨基酸脱羧的产物？

## 二、氨基酸与一碳单位

**（一）一碳单位概念**

所谓一碳单位就是指含有一个碳原子的有机基团，体内一碳单位主要有甲基（$—CH_3$）、亚甲基（$—CH_2—$）、甲炔基（$—CH=$）、甲酰基（—CHO）、亚氨甲基（$—CH=NH$）等。但 $CO_2$ 不属于一碳单位。四氢叶酸（$FH_4$ 或 THFA）是携带一碳单位的载体。$FH_4$ 可由叶酸经二氢叶酸还原酶催化，通过两步还原反应而生成。

> 想一想：
>
> 一碳单位的概念、载体、来源和功能？

**（二）一碳单位的产生**

一碳单位主要来源于丝氨酸、甘氨酸、组氨酸、色氨酸的代谢。

$$\underset{\text{甘氨酸}}{\underset{NH_3^+}{\overset{|}{CH_2}}—COO^-} + NAD^+ + FH_4 \longrightarrow NH_4^+ + CO_2 + N^5,N^{10}—CH_2—FH_4 + NADH$$

$$\underset{\text{丝氨酸}}{\underset{OH}{\overset{|}{CH_2}}—\underset{NH_3^+}{\overset{|}{CH}}—COO^-} + FH_4 \rightleftharpoons \underset{\text{甘氨酸}}{\underset{NH_3^+}{\overset{|}{CH_2}}—COO^-} + N^5,N^{10}—CH_2—FH_4$$

组氨酸 $\xrightarrow[-NH_4^+]{\text{组氨酸酶}}$ 咪唑丙烯酸 $\xrightarrow[+H_2O]{\text{咪唑丙烯酸酶}}$ 咪唑酮丙酸 $\xrightarrow[+H_2O,\ -H^+]{\text{咪唑酮丙酸水解酶}}$

组氨酸：$HC{=}C{-}CH_2{-}CH(NH_3^+){-}COO^-$（咪唑环：$H^+N{=}CH{-}NH$）

咪唑丙烯酸：$HC{=}C{-}CH{=}CHCOO^-$（咪唑环：$H^+N{=}CH{-}NH$）

咪唑酮丙酸：$O{=}C{-}CH(H){-}CH_2CH_2COO^-$（环：$H^+N{=}C{-}NH$）

N-亚氨甲基谷氨酸 $^-OOC{-}CH(NH{-}CH{=}{}^+NH_2){-}CH_2CH_2COO^-$ $\xrightarrow[FH_4 \to N_5{-}CH{=}NH{-}FH_4]{\text{谷氨酸转亚氨甲基酶}}$ 谷氨酸 $^-OOC{-}CH(NH_3^+){-}CH_2{-}CH_2COO^-$

色氨酸（吲哚$-CH_2CH(NH_2)COOH$）$\longrightarrow$ 甲酸 $HCOOH$ $\xrightarrow{N^{10}\text{-CHO-}FH_4\text{合成酶}}$ $N^{10}$-CHO-$FH_4$

各种形式的一碳单位在适当的条件下可以通过氧化还原反应相互转变。但 $N^5$-甲基四氢叶酸生成是不可逆的(图 8-7)。

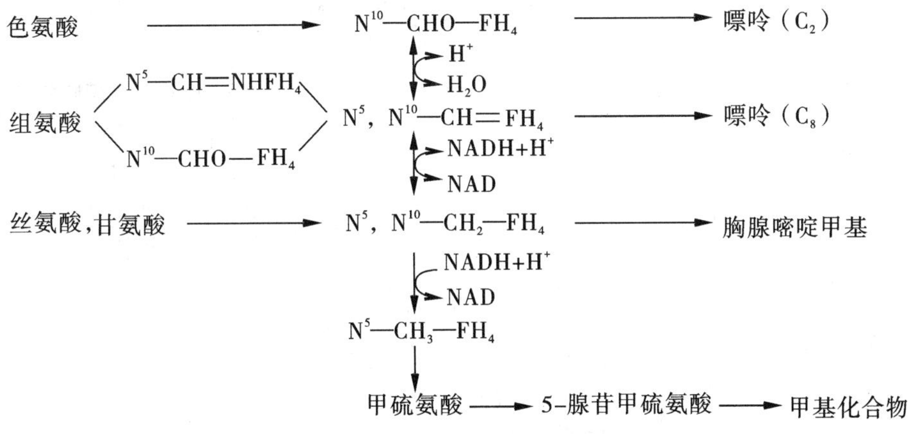


**图 8-7 一碳单位的来源、相互转变与功用**

### (三) 生理功能

一碳单位的主要生理功能是作为嘌呤、嘧啶合成的原料，故在核酸合成中占有重要地位。与乙酰辅酶 A 在联系糖、脂、氨基酸代谢中所起的枢纽作用相类似，一碳单位将氨基酸与核酸代谢联系起来。一碳单位代谢障碍可造成巨幼红细胞贫血。

## 【知识链接】

**巨幼红细胞性贫血与一碳单位**

叶酸缺乏造成的一碳单位代谢障碍可导致DNA合成受阻,影响细胞分裂和增殖。特别是分裂速度较快的骨髓造血细胞增殖障碍时,可导致巨幼红细胞贫血。磺胺类药物及甲氨蝶呤等叶酸类似抗癌药物,分别干扰细菌的叶酸合成和肿瘤细胞的四氢叶酸合成,影响一碳单位代谢,进而阻止核酸合成而发挥药理作用。

## 三、含硫氨基酸的代谢

体内的含硫氨基酸有三种,即甲硫氨酸、半胱氨酸和胱氨酸。甲硫氨酸可以转变为半胱氨酸和胱氨酸,半胱氨酸和胱氨酸也可以互变,但后二者不能变为甲硫氨酸,所以甲硫氨酸是必需氨基酸。

### (一)甲硫氨酸的代谢

1. 甲硫氨酸与转甲基作用　甲硫氨酸在转甲基之前,首先与ATP作用,生成S-腺苷甲硫氨酸(SAM)。此反应由甲硫氨酸腺苷转移酶催化。SAM中的甲基称为活性甲基,SAM称为活性甲硫氨酸。活性甲硫氨酸在甲基转移酶的作用下,可将甲基转移至另一种物质,使其甲基化,而活性甲硫氨酸即变成S-腺苷同型半胱氨酸,后者进一步脱去腺苷,生成同型半胱氨酸。SAM则是体内最重要的甲基直接供给体。

S—$CH_3$ | $CH_2$ | $CH_2$ | $CHNH_2$ | COOH (甲硫氨酸) + Ⓟ~Ⓟ~Ⓟ—$CH_2$—核糖(OH OH)—腺嘌呤 (ATP) —腺苷转移酶 (→ PPi+Pi)→ COOH | $CHNH_2$ | $CH_2$ | $CH_2$ | $^{+}$S—$CH_2$—核糖(OH OH)—腺嘌呤, | $CH_3$ (S-腺苷甲硫氨酸)

COOH | $CHNH_2$ | $CH_2$ | $CH_2$ | +S—$CH_2$—核糖(OH OH)—腺嘌呤, | $CH_3$ (S-腺苷甲硫氨酸) —甲基转移酶 ($RH^{*}$ → R—$CH_3$)→ COOH | $CHNH_2$ | $CH_2$ | $CH_2$ | +S—$CH_2$—核糖(OH OH)—腺嘌呤, | H (S-腺苷同型半胱氨酸) —(→ 腺苷)→

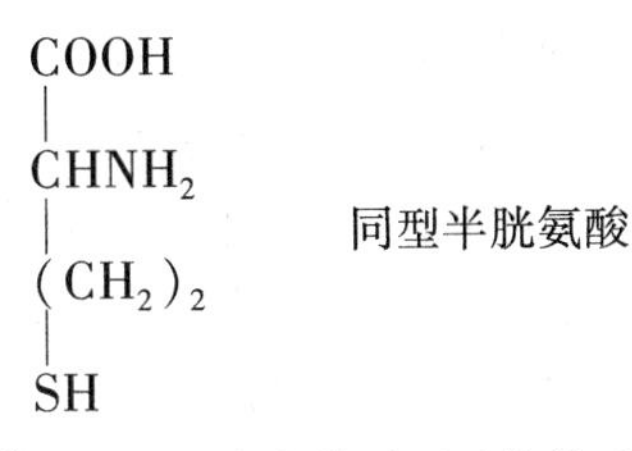


* 式中 RH 代表接受甲基的物质

许多含甲基的生理活性物质，如胆碱、肌酸、肉碱及肾上腺素等都是直接由 SAM 提供甲基的。甲基化作用是重要的代谢反应，具有广泛的生理意义。

2. 甲硫氨酸循环　甲硫氨酸由 ATP 提供腺苷生成 S-腺苷同型半胱氨酸，进一步水解转变成同型半胱氨酸。同型半胱氨酸可以接受 $N^5$—甲基四氢叶酸提供的甲基，重新生成甲硫氨酸。这一循环称为甲硫氨酸循环（图 8-8）。

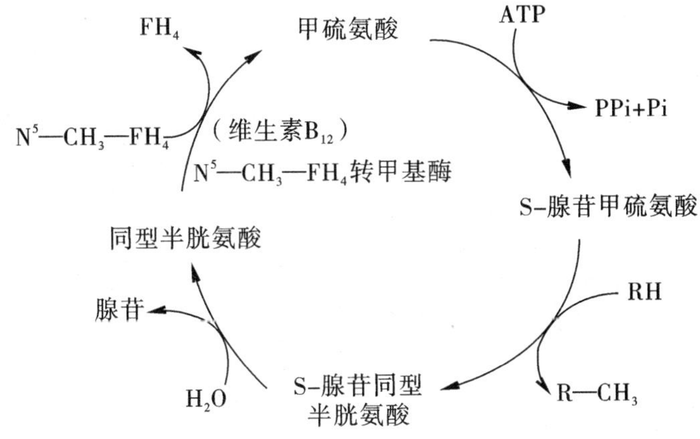


**图 8-8　甲硫氨酸循环**

甲硫氨酸循环的生理意义是由 $N^5$—$CH_3$—$FH_4$ 供给甲基形成甲硫氨酸，再通过此循环的 SAM 提供甲基，以进行体内广泛存在的甲基化反应，由此，$N_5$—$CH_3^-FH_4$ 可看成是体内甲基的间接供体。上述循环中虽然可以生成甲硫氨酸，但体内不能合成同型半胱氨酸，它只能由甲硫氨酸转变而来，所以实际上体内仍然不能合成甲硫氨酸，必须由食物供给。

> 议一议：
> 什么是蛋氨酸循环，有何生理意义？

值得注意的是，由 $N^5$-$CH_3$-$FH_4$ 提供甲基使同型半胱氨酸转变成甲硫氨酸的反应是目前已知体内能利用 $N^5$—$CH_3$—$FH_4$ 的唯一反应。催化此反应的 $N^5$-甲基四氢叶酸转甲基酶，又称甲硫氨酸合成酶，其辅酶是维生素 $B_{12}$，它参与甲基的转移。维生素 $B_{12}$ 缺乏时，不利于甲硫氨酸的生成，也影响四氢叶酸的再生，导致核酸合成障碍。因此，维生素 $B_{12}$ 不足时可以产生巨幼红细胞性贫血。

> 想一想：
> 维生素 $B_{12}$ 缺乏与巨幼红细胞贫血的关系。

同型半胱氨酸在血中浓度升高，可能是动脉粥样硬化发病的独立危险因子。

3. 肌酸的合成　肌酸和磷酸肌酸是与能量储存、利用相关的重要化合物。肌酸是以甘氨酸为骨架，精氨酸提供脒基，S-腺苷甲硫氨酸供给甲基而合成（图 8-9）。肝是合成肌酸的主要器官。肌酸在肌酸激酶催化下转变成磷酸肌酸，储存 ATP。肌酸激酶由两种亚基组成，即 M 亚基(肌型)与 B 亚基(脑型)，有三种同工酶：MM 型、MB 型及 BB 型。它们在体内各组织中的分布不同，MM 型主要在骨骼肌，MB 型主要在心肌，BB 型主要在脑。心肌梗死时，血中 MB 型肌酸激酶活性增高，可作为辅助诊断的指标之一。

肌酸和磷酸肌酸代谢的终产物是肌酸酐，肌酸酐主要在肌肉中通过磷酸肌酸的非酶促反应而生成。正常成人每日尿中肌酸酐的排出量恒定，肾严重病变时，肌酸酐排泄受阻，血中肌酸酐浓度升高。

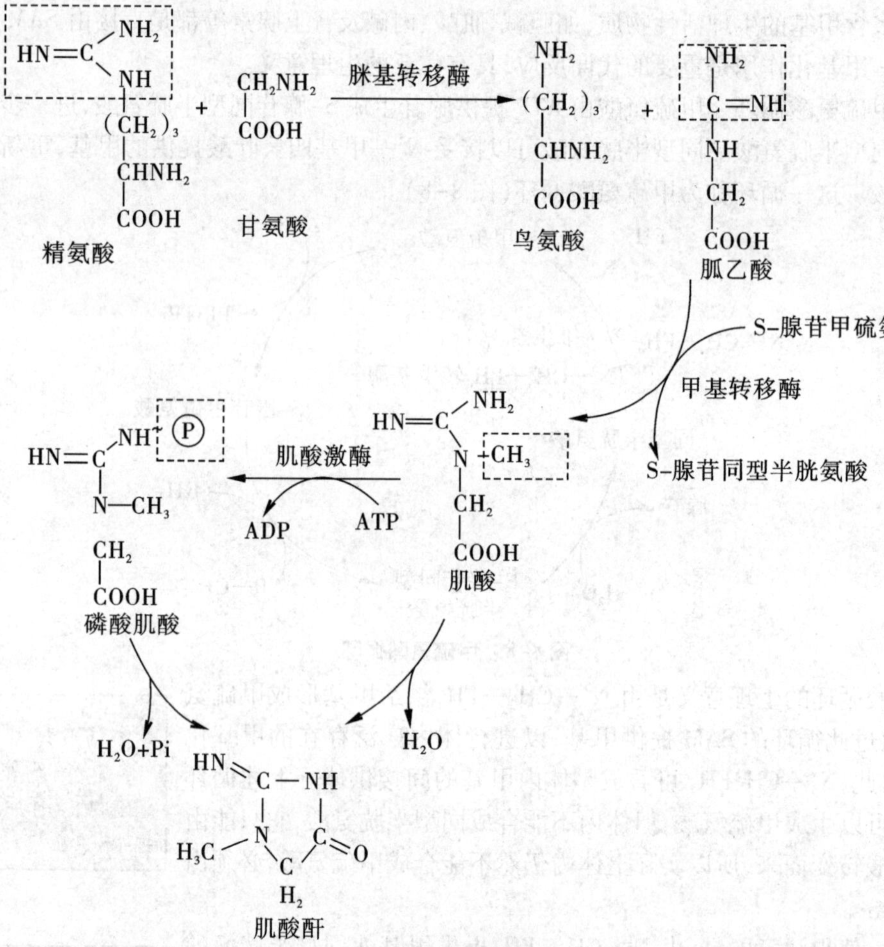

精氨酸 + 甘氨酸 —(胍基转移酶)→ 鸟氨酸 + 胍乙酸

胍乙酸 + S-腺苷甲硫氨酸 —(甲基转移酶)→ 肌酸 + S-腺苷同型半胱氨酸

肌酸 + ATP —(肌酸激酶)→ 磷酸肌酸 + ADP

磷酸肌酸 → 肌酸酐 + $H_2O$+Pi

肌酸 → 肌酸酐 + $H_2O$

图 8-9　肌酸代谢

**(二)半胱氨酸与胱氨酸的代谢**

1. 半胱氨酸与胱氨酸的互变　两分子的半胱氨酸可氧化成胱氨酸，胱氨酸亦可还原成半胱氨酸，二者可以相互转变。

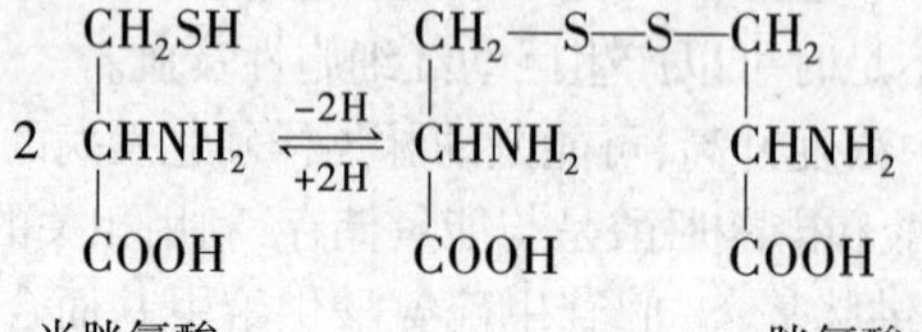

$$2\,HSCH_2CH(NH_2)COOH \underset{+2H}{\overset{-2H}{\rightleftharpoons}} HOOC(NH_2)CHCH_2-S-S-CH_2CH(NH_2)COOH$$

半胱氨酸　　　　　　　　胱氨酸

蛋白质中两个半胱氨酸残基之间形成的二硫键对维持蛋白质的结构具有重要作用。体内许多重要酶的活性均与其分子中半胱氨酸残基上巯基的存在直接有关。体内存在的还原型谷胱甘肽能保护酶分子上的巯基，因而有重要的生理功能。

2. 硫酸根的代谢　含硫氨基酸氧化分解均可以产生硫酸根。体内硫酸根的主要来源是半胱氨酸直接脱去巯基和氨基，生成丙酮酸、$NH_3$ 和 $H_2S$，后者再经氧化而生成 $H_2SO_4$。体内的硫酸根一部分以无机盐形式随尿排出，另一部分则经 ATP 活化成活性硫酸根，即 3′-磷酸腺苷-5′-磷酸硫酸（3′-phospho-adenosine-5′-phosphosulfate，PAPS），反应过程如下：

$$ATP+SO_4^{2-} \xrightarrow{-PPi} \underset{\text{腺苷-5′-磷酸硫酸}}{AMP-SO_3} \xrightarrow{+ATP} \underset{\text{PAPS}}{3-PO_3H_2-AMP-SO_3} + ADP$$

$O_3S-O-P(=O)(OH)-O-CH_2$（腺嘌呤，核糖环上 $H_2O_3PO$、OH）

PAPS的结构

PAPS 的性质比较活泼，可使某些物质形成硫酸酯。在肝生物转化作用中有重要意义。此外，PAPS 还可参与硫酸角质素及硫酸软骨素等分子中硫酸化氨基糖的合成。

## 四、芳香族氨基酸的代谢

芳香族氨基酸包括苯丙氨酸、酪氨酸和色氨酸。在体内苯丙氨酸可变成酪氨酸，并且苯丙氨酸在结构上与酪氨酸相似。

### （一）苯丙氨酸和酪氨酸的代谢

1. 苯丙氨酸的代谢　正常情况下，苯丙氨酸的主要代谢是经羟化作用，生成酪氨酸。催化此反应的酶是苯丙氨酸羟化酶（phenylalanine hydroxylase）。苯丙氨酸羟化酶是一种加单氧酶，其辅酶是四氢生物蝶呤，催化的反应不可逆，因而酪氨酸不能变为苯丙氨酸。

$$\underset{\text{苯丙氨酸}}{C_6H_5-CH_2-CHNH_2-COOH} + O_2 \xrightarrow{\text{苯丙氨酸羟化酶}} \underset{\text{酪氨酸}}{HO-C_6H_4-CH_2-CHNH_2-COOH} + H_2O$$

四氢生物蝶呤 → 二氢生物蝶呤；$NADHP + H^+$ → $NADP^+$

2. 酪氨酸的代谢　酪氨酸代谢有以下意义：

（1）儿茶酚胺与黑色素的合成：酪氨酸在代谢过程中逐步生成儿茶酚胺类物质，包括多巴胺、去甲肾上腺素和肾上腺素等。酪氨酸羟化酶是儿茶酚胺合成的限速酶，受产物的反馈抑制。

> 议一议：
> 白化病的发病机制？

酪氨酸代谢的另一途径是合成黑色素。在黑色素细胞中由酪氨酸酶催化，酪氨酸羟化生成多巴，再经氧化脱羧等反应后生成黑色素。人体如先天缺乏酪氨酸酶，则黑色素合成障碍，皮肤、毛发等发白，称白化病。

（2）酪氨酸的分解代谢：除上述代谢途径外，酪氨酸还可在酪氨酸转氨酶的催化下，生成对羟苯丙酮酸，后者经尿黑酸等中间产物进一步转变成延胡索酸和乙酰乙酸，二者分别参与糖和脂肪酸代谢。因此，苯丙氨酸和酪氨酸是生糖兼生酮氨基酸。

（3）苯丙酮酸尿症：若体内先天缺乏苯丙氨酸羟化酶，则苯丙氨酸不能转变成酪氨酸，继而转变成苯丙酮酸，此时尿中出现大量苯丙酮酸，称苯丙酮酸尿症。

> 议一议：
> 苯丙氨酸和酪氨酸可转变为哪些重要的物质？

酪氨酸的进一步代谢与合成某些神经递质、激素有关。

**（二）色氨酸的代谢**

色氨酸除生成5-羟色胺外及提供一碳单位外，本身还可分解代谢。主要降解部位在肝中。首先色氨酸通过色氨酸加氧酶（tryptophane oxygenase）又称吡咯酶（pyrrolase）的作用，生成一碳单位。色氨酸分解可产生丙酮酸与乙酰乙酰辅酶A，所以色氨酸是一种生糖兼生酮氨基酸。此外，色氨酸分解还可产生尼克酸，这是体内合成维生素的特例，但其合成甚少，不能满足机体的需要。

## 五、支链氨基酸的代谢

支链氨基酸包括缬氨酸、亮氨酸和异亮氨酸，它们都是必需氨基酸。这三种氨基酸分别是生糖氨基酸、生酮氨基酸及生糖兼生酮氨基酸。支链氨基酸的分解代谢主要在骨骼肌中进行。

综上可见，各种氨基酸除了作为合成蛋白质的原料外，还可以转变成其他多种含氮的生理活性物质。表8-3列举了这些重要的化合物。

**表8-3　氨基酸衍生的重要含氮化合物**

| 化合物 | 生理作用 | 氨基酸前体 |
| --- | --- | --- |
| 嘌呤碱 | 含氮碱基、核酸成分 | 天冬氨酸、谷氨酰胺、甘氨酸 |
| 嘧啶碱 | 含氮碱基、核酸成分 | 天冬氨酸 |
| 卟啉化合物 | 血红素、细胞色素 | 甘氨酸 |
| 肌酸、磷酸肌酸 | 能量储存 | 甘氨酸、精氨酸、甲硫氨酸 |
| 尼克酸 | 维生素 | 色氨酸 |
| 多巴胺、肾上腺素、去甲肾上腺素 | 神经递质、激素 | 苯丙氨酸、酪氨酸 |
| 甲状腺素 | 激素 | 酪氨酸 |

续表

| 化合物 | 生理作用 | 氨基酸前体 |
|---|---|---|
| 黑色素 | 皮肤色素 | 苯丙氨酸、酪氨酸 |
| 5-羟色胺 | 血管收缩剂、神经递质 | 色氨酸 |
| 组胺 | 血管舒张剂 | 组氨酸 |
| γ-氨基丁酸 | 神经递质 | 谷氨酸 |
| 精胺、精脒 | 细胞增殖促进剂 | 甲硫氨酸、精(鸟)氨酸 |

# 第五节　营养物质代谢的联系

## 一、物质代谢的特点

机体与环境之间不断进行糖、脂及蛋白质等物质的交换，即物质代谢。物质代谢是生命的本质特征，是生命活动的物质基础。其特点为：整体性、在精细的调节下进行、维持动态平衡、有共同的代谢池、ATP 是“通用的高能化合物”、NADPH 是合成代谢所需的还原当量。

> 议一议：
> 物质代谢有什么特点？

整体性是指体内各种物质包括糖、脂、蛋白质、水、无机盐、维生素等的代谢不是彼此孤立、各自为政，而是同时进行的，而且彼此互相联系，或相互转变，或相互依存，构成统一的整体。正常情况下，机体各种物质代谢能适应内外环境不断的变化，有条不紊地进行。这是由于机体存在精细的调节机制，不断调节各种物质代谢的强度、方向和速度以适应内外环境的变化。代谢调节普遍存在于生物界，是生物的重要特征。由于各组织、器官的结构不同所含有酶系的种类和含量各不相同，因而代谢途径及功能各异，各具特色。例如肝在糖、脂和蛋白质代谢上具有特殊重要的作用，是人体物质代谢的枢纽。脂肪组织的功能是储存和动员脂肪，含有脂蛋白脂肪酶及特有的激素敏感甘油三酯脂肪酶(HSL)，而脑组织及红细胞因为不储存糖原，则以葡萄糖为唯一能源。无论是体外摄入的营养物质或体内各组织的代谢物，只要是同一化学结构的物质在进行中间代谢时，不分彼此，参与到共同的代谢池中进行代谢。糖、脂及蛋白质在体内分解氧化释放出的能量，均储存在 ATP 的高能磷酸键中。生命活动如生长、发育、繁殖、运动等所涉及的蛋白质、核酸、多糖等生物大分子的合成，肌肉收缩，神经冲动的传导，以及细胞渗透压及形态的维持均直接利用 ATP。许多参与氧化分解代谢的脱氢酶常以 $NAD^+$ 为辅酶，而参与还原合成代谢的还原酶则多以 NADPH 为辅酶，提供还原当量。

## 二、物质代谢的相互联系

### (一)能量代谢上的相互联系

糖、脂、蛋白质可以在体内氧化供能。乙酰 CoA 是三大营养物质共同的中间代谢物，三羧酸循环是糖、脂、蛋白质最后分解的共同代谢途径。在能量供应上三大营养素可以相互代替，并相互制约。一般情况下，糖是机体的主要供能物质，脂肪是机体储能的主要形式。而蛋白质是组成细胞的重要物质，通常并无多余的储存。由于糖、脂、蛋白质分解代谢有共同的通路，所以任何一种供能物质的代谢占优势，常能抑制和节约其他供能物质的降解。

**（二）糖、脂和蛋白质代谢之间的相互联系**

体内糖、脂、蛋白质和核酸等的代谢不是彼此独立，而是相互关联的。它们通过共同的中间代谢物，即两种代谢途径汇合时的中间产物、三羧酸循环和生物氧化等连成整体。三者之间互相转变，当一种物质代谢障碍时可引起其他物质代谢的紊乱，如糖尿病时糖代谢的障碍，可引起脂代谢、蛋白质代谢甚至水盐代谢的紊乱（图 8-10）。

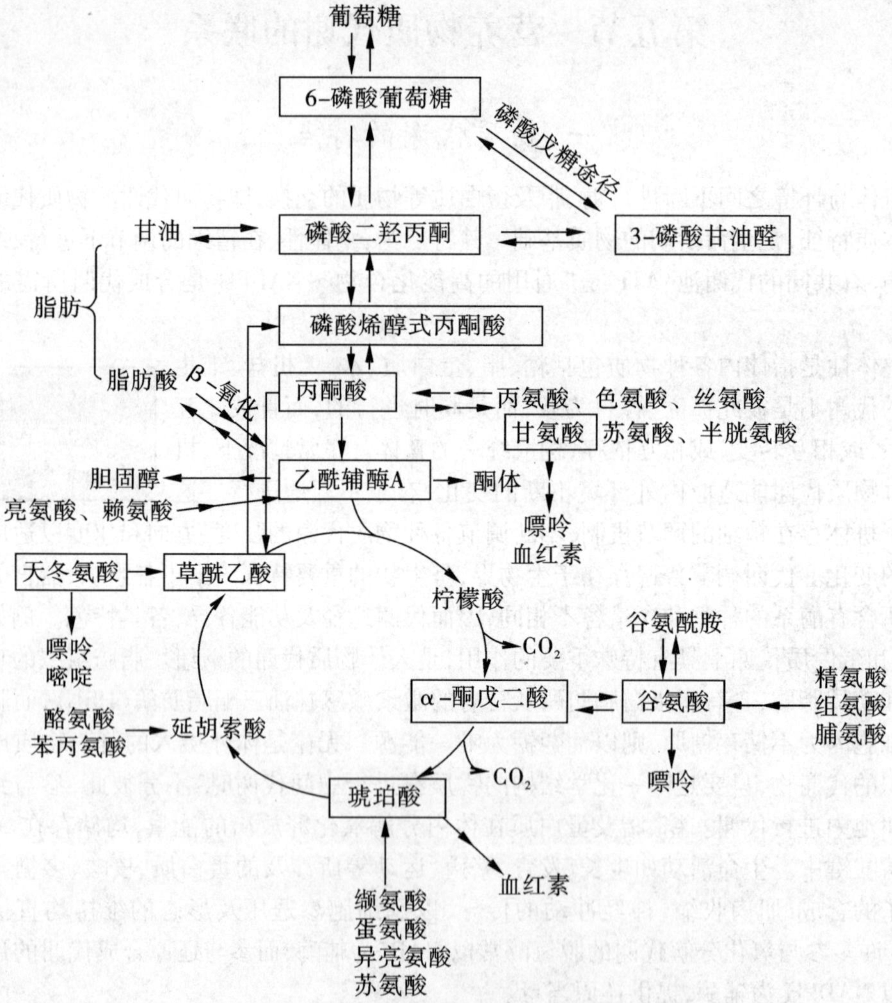

**图 8-10　糖、脂、氨基酸代谢途径之间的相互联系**

1. 糖代谢与脂代谢的相互联系　当摄入的糖量超过体内能量消耗时，除合成少量糖原储存在肝及肌肉组织外,生成的柠檬酸及 ATP 可变构激活乙酰 CoA 羧化酶,使由糖代谢产生的乙酰 CoA 得以羧化成丙二酰 CoA,进而合成脂酸及脂肪,即糖可以转变为脂肪。这就是为什么摄取不含脂肪的高糖膳食可使人肥胖及甘油三酯升高的原因。而脂肪绝大部分不能在体内转变为糖。这是因为脂酸分解生成的乙酰辅酶 A 不能转变为丙酮酸,因为丙酮酸转变成乙酰辅酶 A 这步反应是不可逆的。尽管脂酸分解产物之一甘油可以在肝、肾、肠等组织中甘油激酶作用下转变为磷酸甘油,进而转变成糖,但其量和脂肪中大量分解生成的乙酰辅酶 A 相比是微不足道的。此外,脂肪分解代谢的强度及顺利进行还是依赖于糖代谢的正常进行。当饥饿或糖供给不足或代谢障碍时,引起脂肪大量动员,脂酸进入肝 $\beta$-氧化生成酮体量增加,由于糖的不足,致使草酰乙酸相对不足,由脂酸分解生成的过量酮体不能及时通过三羧酸循环氧化,造成血酮体升高,产生酮血症。

2. 糖代谢与氨基酸代谢的相互联系　体内蛋白质中的 20 种氨基酸,除生酮氨基酸(亮氨酸、赖氨酸)外,都可通过脱氨作用,生成相应的 $\alpha$-酮酸。这些 $\alpha$-酮酸可通过三羧酸循环及生物氧化生成 $CO_2$ 和 $H_2O$ 并释放出能量,也可转变成某些中间代谢物如丙酮酸,循糖异生途径转变为糖。同时糖代谢的一些中间产物也可氨基化成某些非必需氨基酸。但是苏、缬、亮、异亮、蛋、苯丙、色、赖氨酸 8 种氨基酸不能由糖代谢中间物转变而来,必须由食物供给,因此称为必需氨基酸。由此可见,20 种氨基酸除亮氨酸及赖氨酸外均可转变为糖,而糖代谢中间代谢物仅能在体内转变成 12 种非必需氨基酸,其余 8 种必需氨基酸必须从食物摄取。

3. 脂类代谢与氨基酸代谢的相互联系　无论生糖、生酮氨基酸还是生糖兼生酮氨基酸(异亮、苯丙、色、酪、苏氨酸)分解后均生成乙酰辅酶 A,后者经还原缩合反应可合成脂酸进而合成脂肪,即蛋白质可以转变为脂肪。乙酰辅酶 A 也可合成胆固醇以满足机体的需要。此外,氨基酸也可作为合成磷脂的原料,但脂类不能转变为某些非必需氨基酸,仅脂肪的甘油可通过生成磷酸甘油醛,循糖酵解途径逆行反应生成糖,转变为某些非必需氨基酸。

> 议一议:
> 糖、脂、氨基酸代谢途径之间的相互联系。

4. 核酸与氨基酸代谢的相互关系　氨基酸是体内核酸的重要原料,如嘌呤的合成需甘氨酸、天冬氨酸、谷氨酰胺及一碳单位,嘧啶的合成需天冬氨酸、谷氨酰胺及一碳单位为原料。合成核苷酸所需的磷酸核糖由磷酸戊糖途径提供。

## 三、组织器官的代谢特点及联系

机体各组织、器官的代谢由于细胞分化和结构不同及功能差异,而各具特色。

肝是机体物质代谢的枢纽,是人体的中心生化工厂。它的耗氧量占全身耗氧量的 20%,在糖、脂、蛋白质、水、无机盐及维生素代谢中具有独特而重要的作用。肝储存的糖原最多,又含有葡萄糖 6-磷酸酶,分解糖原,以维持血糖含量恒定;还可以进行糖异生作用。而肌肉因缺乏葡萄糖 6-磷酸酶,不能进行糖异生作用。

心脏依次以酮体、乳酸、自由脂酸及葡萄糖为耗用的能源物质,并以有氧氧化途径为主。

脑是机体耗能大的器官,几乎以葡萄糖为唯一供能物质,每天消耗葡萄糖约 100 g,由于脑无糖原储存，其耗用的葡萄糖主要由血糖供应。长期饥饿时，则主要利用肝生成的酮体作为能源。饥饿两周后耗用酮体可占耗氧量的60%。

肌肉组织通常以氧化脂酸为主，在剧烈运动时则以糖酵解产生的乳酸为主。由于肌肉缺乏葡萄糖6-磷酸酶，因此肌糖原不能直接分解成葡萄糖提供血糖。

红细胞的能量只能来自葡萄糖的酵解途径，不能利用脂酸及其他糖类。

脂肪组织是合成及储存脂肪的重要组织，又可以在HSL的作用下把脂肪分解成甘油和脂酸入血。

肾也可进行糖异生和生成酮体，它是除肝外可进行这两种代谢的器官。在正常情况下，肾生成的糖量仅占肝糖异生的10%，而长期饥饿时肾几乎与肝生成葡萄糖的量相等。

## 小 结

蛋白质是生命活动的基础，氨基酸是蛋白质的基本单位。蛋白质具有重要的生理功能，是组织细胞的主要成分，同时还参与催化、调节、运输、供应能量等重要的生理活动。人体内氨基酸主要来自食物蛋白质的消化吸收，体内不能合成而必须由食物供应的氨基酸，称为营养必需氨基酸。组成人体蛋白质的20中氨基酸，有8种为必需氨基酸。各种蛋白质由于所含氨基酸种类和数量不同，其营养价值也不相同。食物蛋白质的消化主要在小肠中进行，由各种蛋白水解酶的协同作用完成。外源性与内源性氨基酸共同构成"氨基酸代谢库"，参与体内代谢。水解生成的氨基酸及二肽即可被吸收。载体蛋白和γ-谷氨酰基循环是氨基酸吸收、转运的主要方式。未被消化的蛋白质和氨基酸在大肠下段还可发生腐败作用。

氨基酸的分解代谢主要是脱氨基作用，生成氨及相应的α-酮酸。氨基酸脱氨基作用有转氨基作用、氧化脱氨基作用、联合脱氨基作用等。转氨基与L-谷氨酸氧化脱氨基的联合脱氨基作用，是体内大多数氨基酸脱氨基的主要方式。骨骼肌等组织中，氨基酸主要通过"嘌呤核苷酸循环"脱去氨基。

氨基酸经过脱氨基作用生成的α-酮酸是氨基酸的碳架，除部分可用于再合成氨基酸外，其余的可经过不同代谢途径，转变为丙酮酸或三羧酸循环中的某一中间产物，进一步通过糖异生转变成糖，这些氨基酸称为生糖氨基酸。有的氨基酸生成的α-酮酸只能转变为酮体，称为生酮氨基酸。还有的氨基酸生成的α-酮酸既可生糖也可生成酮体，称为生糖兼生酮氨基酸。有些氨基酸则可转变成乙酰辅酶A而形成脂类。由此可见，在体内，氨基酸、糖及脂类代谢有着广泛的联系。

氨是剧毒物质。体内的氨通过丙氨酸、谷氨酰胺等形式转运到肝，大部分经鸟氨酸循环合成尿素，排出体外。尿素合成是一个重要的代谢过程，并受到多种因素的调节。肝功能严重损伤时，可产生高氨血症和肝昏迷。体内小部分氨在肾以铵盐形式随尿排出。

胺类物质在体内也有重要的生理作用，它们都是氨基酸脱羧基的产物，故脱羧基作用也是氨基酸的重要代谢途径。

一碳单位是某些氨基酸在分解代谢过程中产生的含有一个碳原子的基团，例如：甲基、甲烯基、甲炔基、甲酰基、亚氨甲基等。四氢叶酸是一碳单位的运载体，在其代谢中起着重要作用。一碳单位的主要功用是作为合成嘌呤及嘧啶核苷酸的原料,是联系氨基酸与核酸代谢的枢纽。

含硫氨基酸有甲硫氨酸、半胱氨酸及胱氨酸。甲硫氨酸的主要功能是通过甲硫氨酸循环,提供活性甲基(SAM)。除此,还可参与肌酸等代谢。酶蛋白中半胱氨酸的自由巯基和许多酶的活性有关。半胱氨酸可转变成牛磺酸,后者是胆汁酸盐的成分。含硫氨基酸分子中的硫在体内最后可转变成 $HSO_4^-$,部分以钠盐形式自尿中排出,其余转变成活性硫酸根(PAPS)。

苯丙氨酸和酪氨酸是两种重要的芳香族氨基酸。苯丙氨酸经羟化作用生成酪氨酸。后者参与儿茶酚胺、黑色素等代谢。苯酮酸尿症、白化病等遗传病与苯丙氨酸或酪氨酸的代谢异常有关。

体内各种物质代谢是相互联系、相互制约的。体内物质代谢的特点:①整体性;②在精细调节下进行;③动态平衡;④具共同的代谢池;⑤ATP 是共同能量形式;⑥ NADPH 是代谢所需的还原当量。各代谢途径之间可通过共同枢纽性中间产物互相联系和转变。糖、脂肪、蛋白质等营养素在供应能量上可互相代替,互相制约,但不能完全互相转变,因为有些代谢反应是不可逆的。各组织、器官有独特的代谢方式。肝是物质代谢的中心。从肠道吸收进入人体的营养素,几乎都是经肝的处理和中转;各器官所需的营养素大多也通过肝的加工或转变,有的代谢终产物还需通过肝解毒和排出。

(王天云　董卫华)

# 第九章　核苷酸代谢

**学　习　目　标**

◆说出嘌呤、嘧啶核苷酸从头合成的原料。

◆列举嘌呤、嘧啶核苷酸分解代谢的终产物。

◆了解抗核苷酸代谢药物的生化机制。

> 想一想：
> 核苷酸在体内有哪些重要生理功能？

核苷酸是组成核酸的基本单位，另外，细胞中还有以游离形式存在的核苷酸，也具有重要的生理功能，如 ATP 是机体生命活动的直接能量来源，AMP 是构成某些辅酶如 $NAD^+$、$NADP^+$、FAD 和 CoA 的组成成分，环核苷酸 cAMP 与 cGMP 是某些激素发挥作用的第二信使。

体内核苷酸代谢包括合成代谢和分解代谢。合成代谢的途径主要有两条：一条是利用氨基酸、一碳单位、磷酸核糖、$CO_2$ 等简单原料，经一系列酶促反应合成核苷酸，称为从头合成途径；另一条是利用体内现成的碱基或核苷为原料，经简单的反应过程合成核苷酸，称为补救合成途径。人体内的核苷酸主要来源于前者。核苷酸分解首先生成核苷和磷酸，核苷再分解为戊糖和碱基。碱基可继续分解，嘌呤碱分解的终产物为尿酸，胞嘧啶和尿嘧啶分解为 $NH_3$、$CO_2$ 及 β-丙氨酸，胸腺嘧啶分解为 $NH_3$、$CO_2$ 及 β-氨基异丁酸。

## 第一节　核苷酸的合成代谢

### 一、嘌呤核苷酸的合成

#### （一）嘌呤核苷酸的从头合成途径

1. 合成原料　嘌呤核苷酸的从头合成的基本原料是 5-磷酸核糖、谷氨酰胺、甘氨酸、一碳单位、天冬氨酸和 $CO_2$。5-磷酸核糖由磷酸戊糖途径提供。嘌呤环从头合成的元素来源见图 9-1。

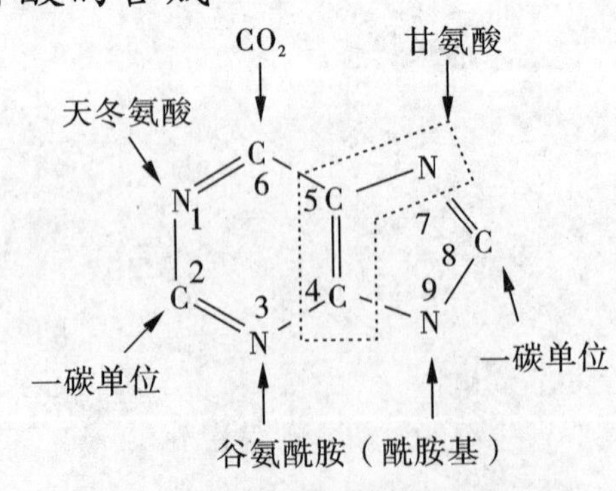

图 9-1　嘌呤环从头合成的元素来源

2. 合成过程　嘌呤核苷酸从头合成过程主要在肝内进行，其次是小肠和胸腺。体内嘌呤核苷酸的合成不是先合成嘌呤碱基，然后再与核糖及磷酸结合，而是在磷酸核糖的基础上逐步合成嘌呤核苷酸。反应过程分两个阶段，首先生成次黄嘌呤核苷酸（IMP），然后由 IMP 转变为腺嘌呤核苷酸（AMP）和鸟嘌呤核苷酸（GMP）。

（1）IMP 的合成：5－磷酸核糖与 ATP 提供的焦磷酸生成 5－磷酸核糖－1 焦磷酸（PRPP）。PRPP 依次与谷胺酰胺、甘氨酸、一碳单位、$CO_2$、天冬氨酸等原料经过一系列酶促反应合成 IMP（图 9－2）。

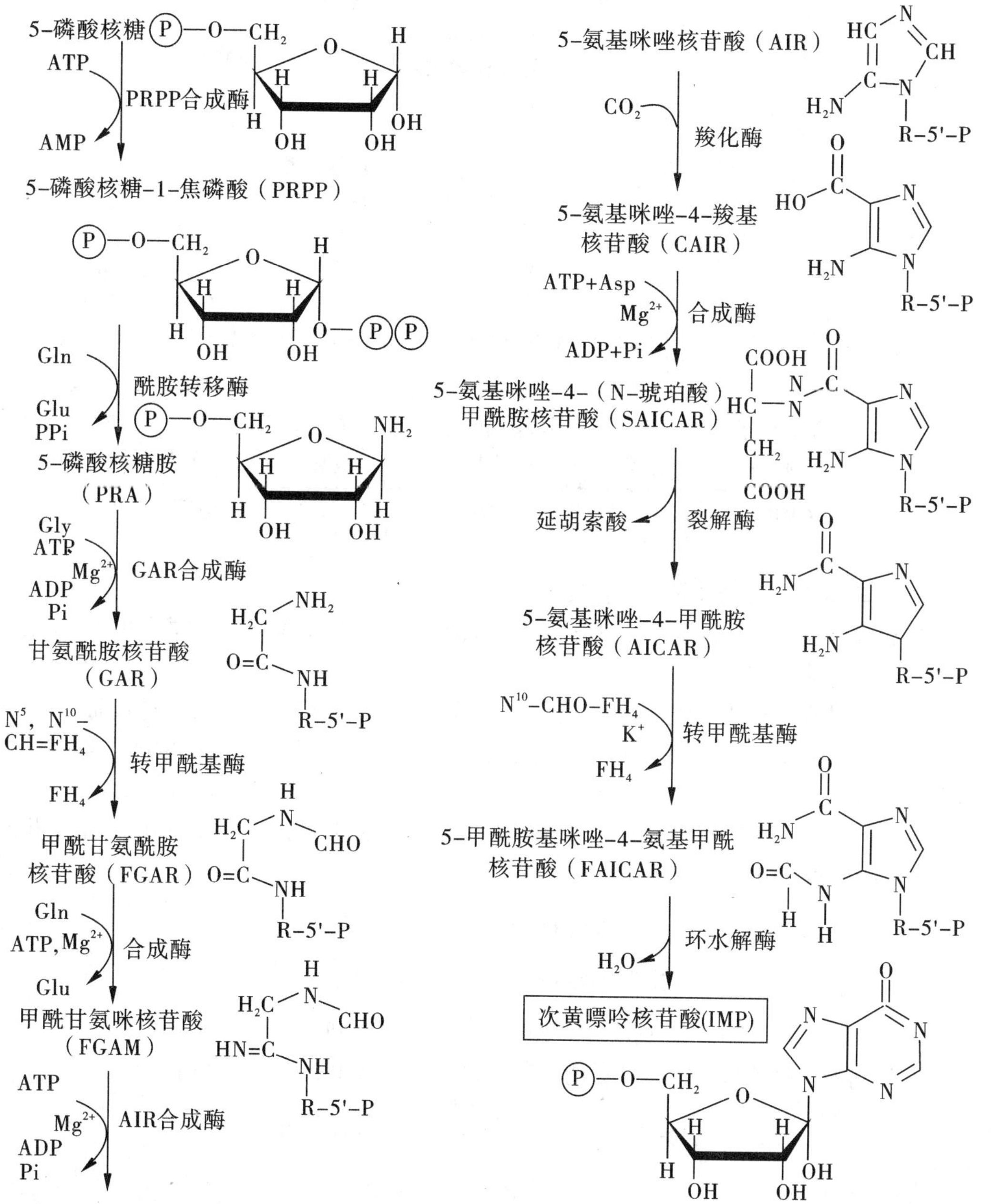

5－磷酸核糖
ATP → AMP　PRPP合成酶
5－磷酸核糖－1－焦磷酸（PRPP）
Gln → Glu、PPi　酰胺转移酶
5－磷酸核糖胺（PRA）
Gly、ATP、$Mg^{2+}$ → ADP、Pi　GAR合成酶
甘氨酰胺核苷酸（GAR）
$N^5$，$N^{10}$－CH＝$FH_4$ → $FH_4$　转甲酰基酶
甲酰甘氨酰胺核苷酸（FGAR）
Gln、ATP，$Mg^{2+}$ → Glu　合成酶
甲酰甘氨咪核苷酸（FGAM）
ATP、$Mg^{2+}$ → ADP、Pi　AIR合成酶
5－氨基咪唑核苷酸（AIR）
$CO_2$　羧化酶
5－氨基咪唑－4－羧基核苷酸（CAIR）
ATP＋Asp、$Mg^{2+}$ → ADP＋Pi　合成酶
5－氨基咪唑－4－（N－琥珀酸）甲酰胺核苷酸（SAICAR）
→ 延胡索酸　裂解酶
5－氨基咪唑－4－甲酰胺核苷酸（AICAR）
$N^{10}$－CHO－$FH_4$、$K^+$ → $FH_4$　转甲酰基酶
5－甲酰胺基咪唑－4－氨基甲酰核苷酸（FAICAR）
→ $H_2O$　环水解酶
次黄嘌呤核苷酸(IMP)

**图 9－2　IMP 的从头合成代谢**

(2)AMP 和 GMP 的合成:IMP 是嘌呤核苷酸合成的重要中间产物,由 IMP 可分别生成 AMP 和 GMP(图 9-3)。

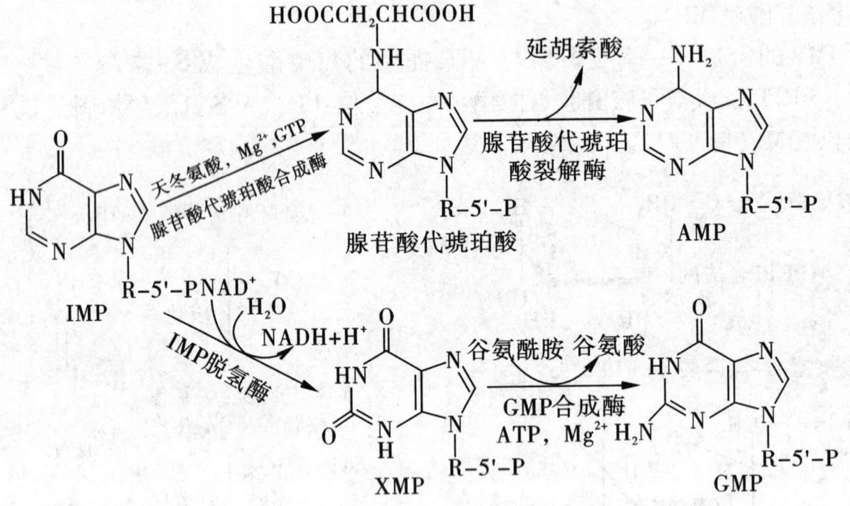

IMP —(天冬氨酸, $Mg^{2+}$, GTP;腺苷酸代琥珀酸合成酶)→ 腺苷酸代琥珀酸(HOOCCH$_2$CHCOOH, NH, R-5'-P) —(腺苷酸代琥珀酸裂解酶;→ 延胡索酸)→ AMP(NH$_2$, R-5'-P)

IMP —($NAD^+$, $H_2O$ → $NADH+H^+$;IMP脱氢酶)→ XMP(R-5'-P) —(谷氨酰胺 → 谷氨酸;GMP合成酶;ATP, $Mg^{2+}$)→ GMP($H_2N$, R-5'-P)

**图 9-3 由 IMP 生成 AMP 和 GMP**

AMP 与 GMP 在激酶的催化下经两步磷酸化,分别生成 ATP 和 GTP。

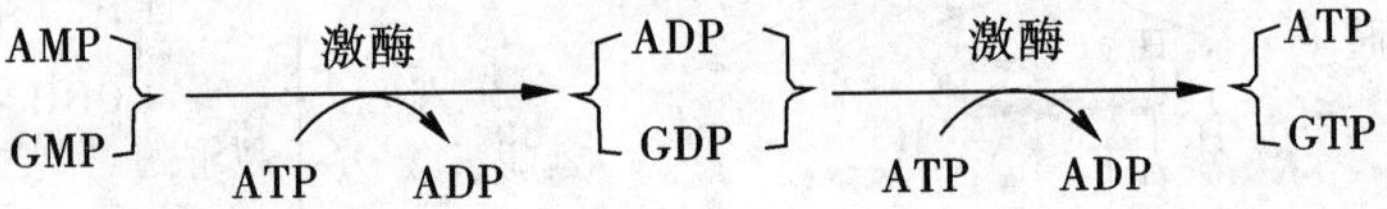

$$\left.\begin{matrix}AMP\\GMP\end{matrix}\right\}\xrightarrow[ATP\ \rightarrow\ ADP]{\text{激酶}}\left\{\begin{matrix}ADP\\GDP\end{matrix}\right\}\xrightarrow[ATP\ \rightarrow\ ADP]{\text{激酶}}\left\{\begin{matrix}ATP\\GTP\end{matrix}\right.$$

**(二)嘌呤核苷酸的补救合成途径**

1. 合成原料 嘌呤核苷酸的补救合成的原料是体内现存的嘌呤或嘌呤核苷,其来自消化道吸收和体内核酸的分解。

2. 合成过程 与从头合成途径相比,嘌呤核苷酸的补救合成途径反应过程简单,消耗的能量也少。主要在脑、骨髓、红细胞等组织器官中合成,因为这些组织中缺乏嘌呤核苷酸从头合成的酶。合成过程由 PRPP 提供磷酸核糖,由腺嘌呤磷酸核糖转移酶(APRT)和次黄嘌呤-鸟嘌呤磷酸核糖转移酶(HGPRT)分别催化腺嘌呤、次黄嘌呤、鸟嘌呤生成相应的 AMP、IMP 和 GMP。

$$\text{腺嘌呤}+PRPP\xrightarrow{APRT}AMP+PPi$$

$$\text{次黄嘌呤}+PRPP\xrightarrow{HGPRT}IMP+PPi$$

$$\text{鸟嘌呤}+PRPP\xrightarrow{HGPRT}GMP+PPi$$

人体内的腺嘌呤核苷在腺苷激酶催化下也可生成 AMP。其反应如下:

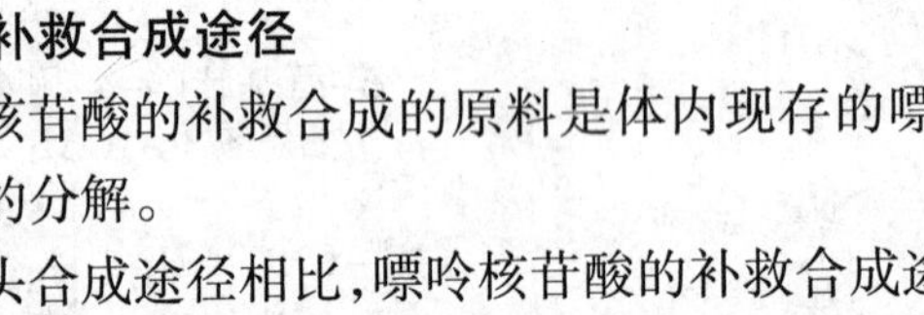

$$\text{腺嘌呤核苷}\xrightarrow[ATP\ \rightarrow\ ADP]{\text{腺苷激酶}}AMP$$

由于某些基因缺陷导致 HGPRT 完全缺失的患儿,表现为智力低下,并有咬自己口

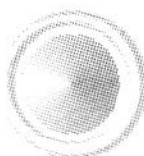

唇、手指、足趾等自身残毁行为，称自毁容貌症。

嘌呤核苷酸补救合成途径的生理意义在于减少从头合成时能量和原料（某些氨基酸）的消耗，同时，体内某些组织器官，例如脑，骨髓等缺乏有关的酶不能从头合成嘌呤核苷酸只能补救合成。对这些器官来说补救合成途径具有重要的意义。

## 二、嘧啶核苷酸的合成

### （一）嘧啶核苷酸的从头合成途径

1. 合成原料 嘧啶核苷酸的从头合成的基本原料是氨基甲酰磷酸（谷氨酰胺、$CO_2$）、天冬氨酸和5-磷酸核糖。嘧啶环从头合成的元素来源见图9-4。

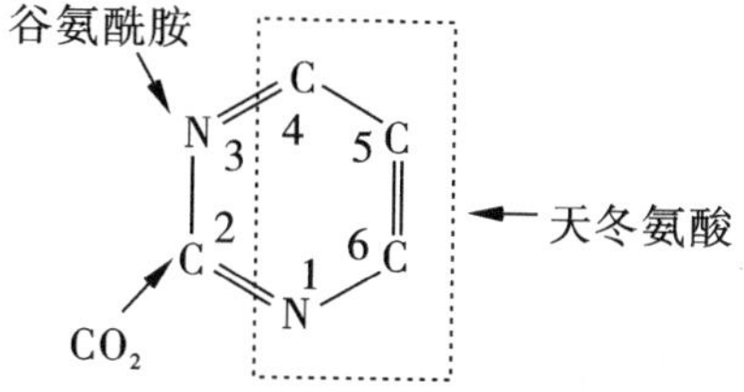


图9-4 嘧啶环从头合成的元素来源

2. 合成过程 嘧啶核苷酸从头合成过程主要在肝细胞胞质中进行。反应过程分两个阶段，首先生成尿嘧啶核苷酸（UMP），然后再由UMP转变为其他嘧啶核苷酸。与嘌呤核苷酸从头合成途径不同，嘧啶核苷酸首先合成的是嘧啶环，然后再与5-磷酸核糖连接。

（1）UMP的合成：首先由谷氨酰胺与$CO_2$生成氨基甲酰磷酸，然后与天冬氨酸进行一系列反应生成嘧啶环，最后与PRPP结合并脱羧生成UMP（图9-5）。

（2）UMP转变为其他嘧啶核苷酸：UMP经磷酸化生成UDP和UTP。UTP在CTP合成酶的催化下由谷氨酰胺提供氨基可生成CTP（图9-5）。

### （二）嘧啶核苷酸的补救合成途径

参与嘧啶核苷酸补救合成的酶有两种：①嘧啶磷酸核糖转移酶：是嘧啶核苷酸补救合成的主要酶；②尿苷激酶。催化的反应如下：

$$\text{嘧啶}+\text{PRPP}\xrightarrow{\text{嘧啶磷酸核糖转移酶}}\text{嘧啶核苷酸}+\text{PPi}$$

$$\text{尿嘧啶核苷}+\text{ATP}\xrightarrow{\text{尿苷激酶}}\text{UMP}+\text{ADP}$$

## 三、脱氧核糖核苷酸的合成

脱氧核苷酸由核糖核苷酸还原生成，还原反应在二磷酸核苷酸（NDP，N代表碱基）水平上进行。反应如下：

$$\text{NDP}+\text{NADPH}+\text{H}^{+}\xrightarrow{\text{核糖核苷酸还原酶}}\text{dNDP}+\text{NADP}^{+}+\text{H}_2\text{O}$$

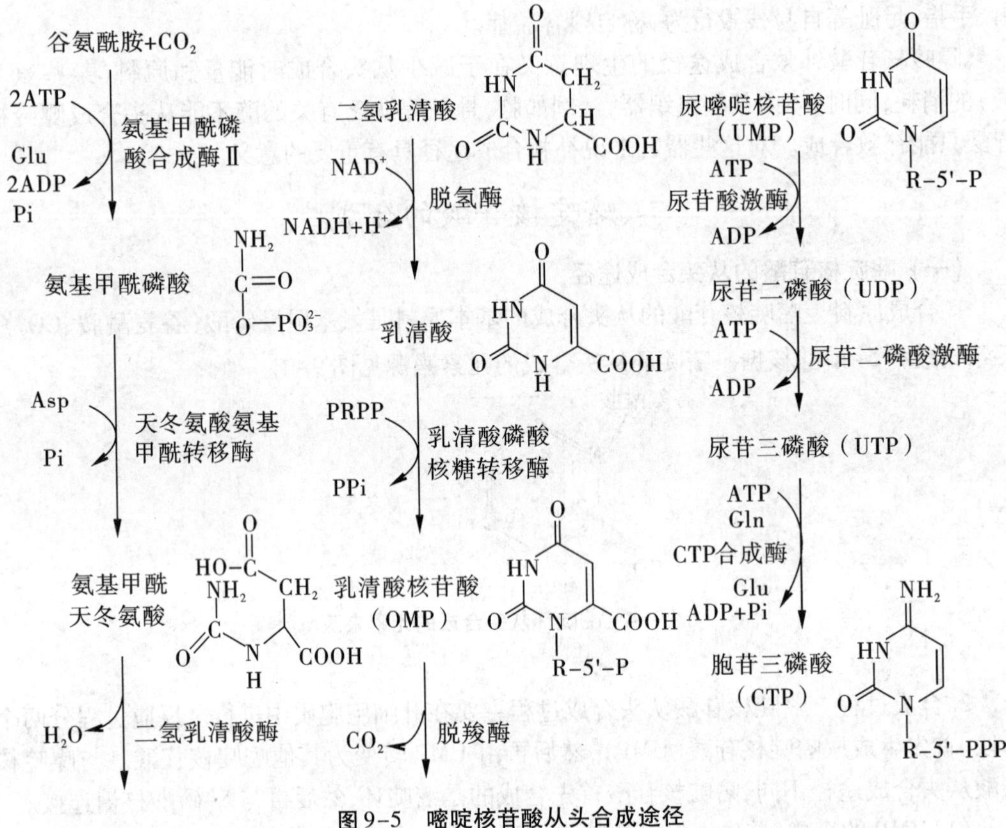


图9-5　嘧啶核苷酸从头合成途径

> 议一议：
> 为什么机体不会出现核酸缺乏症？

脱氧胸腺嘧啶核苷酸与其他脱氧核苷酸的生成方式不同，它是由dUMP甲基化形成的，甲基由$N^5$，$N^{10}$—亚甲基四氢叶酸（$N^5$，$N^{10}$—$CH_2$—$FH_4$）提供。dUMP来源有两条途径：①由dUDP水解生成；②由dCMP加水脱氨基生成。

$$dUDP+H_2O \xrightarrow{\text{水解酶}} dUMP+Pi$$

$$dCMP+H_2O \xrightarrow{\text{dCMP 脱氨酶}} dUMP+NH_3$$

$$dUMP \xrightarrow{N^5,N^{10}-CH_2-FH_4} dTMP$$

## 第二节　核苷酸的分解代谢

体内核苷酸的分解代谢是逐步进行的，核苷酸在核苷酸酶作用下水解为核苷和磷酸，核苷再经核苷酶催化水解为戊糖和碱基，也可经核苷磷酸化酶催化生成磷酸戊糖和碱基。

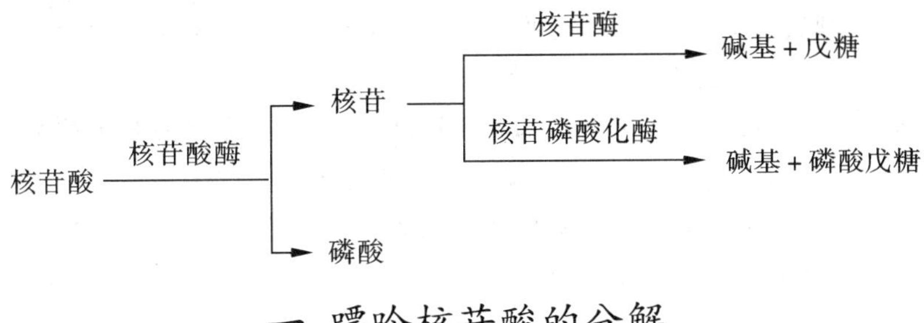


## 一、嘌呤核苷酸的分解

嘌呤核苷酸的分解代谢主要在肝、小肠及肾进行。分解代谢的最终产物是尿酸，尿酸以钠盐或钾盐的形式随尿排出体外（图9-6）。

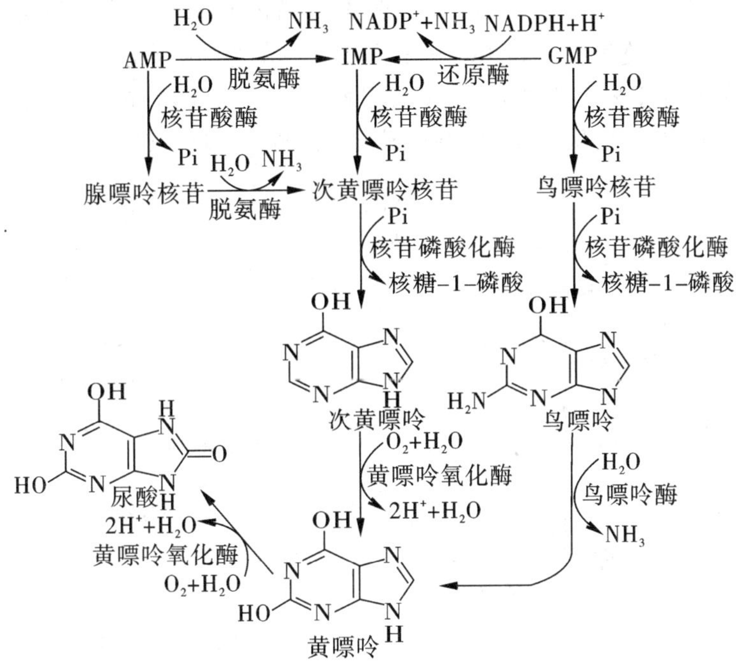


图9-6　嘌呤核苷酸的分解代谢

正常人血浆尿酸含量为0.12～0.36 mmol/L。某些疾病（如白血病、恶性肿瘤等）可造成嘌呤分解过盛、尿酸生成过多或排泄障碍时，都可导致血中尿酸浓度增高。尿酸水溶性差，当血浆尿酸含量超过0.47 mmol/L时，尿酸盐可在关节、软组织，软骨及肾等处形成结晶并沉积下来，引起痛风症。

临床上常用别嘌呤醇治疗痛风症。其作用原理是别嘌呤醇的结构与次黄嘌呤结构类似，可竞争性抑制黄嘌呤氧化酶，抑制尿酸的生成。

> 议一议：
> 为何要限制痛风病患者食用高核酸类食物？

## 【知识链接】

患者，男性，40岁，两年来因全身关节疼痛伴低热反复就诊，均被诊断为“风湿性关节炎”。经抗风湿和激素后，疼痛现象稍有好转。两个月前，因疼痛加重，经抗风湿治疗不明显前来就诊。体格检查：体温37.5 ℃，双足第一跖趾关节红肿，压痛，双踝关节肿胀，左侧较明显，局部皮肤有脱屑和瘙痒现象，双侧耳廓触及绿豆大的结节数个，白细胞 $9.5\times10^9$/L，血沉 67 mm/h。

讨论：该患者可能诊断是痛风症。本病的诊断要点有：反复发作的关节炎，痛风石，间质性肾病和尿酸性肾结石。典型的首次发作于夜间发生，常累及单个关节，也可能反复发作，累及多个关节。临床上常用别嘌呤醇治疗痛风症。别嘌呤醇与次黄嘌呤结构类似，故可抑制黄嘌呤氧化酶，从而抑制尿酸的生成。

## 二、嘧啶核苷酸的分解

嘧啶核苷酸分解的部位主要在肝脏。分解生成的嘧啶碱在体内也要进一步分解。其中胞嘧啶和尿嘧啶最终生成 $NH_3$、$CO_2$ 和 $\beta$-丙氨酸。胸腺嘧啶水解生成 $NH_3$、$CO_2$ 和 $\beta$-氨基异丁酸，$\beta$-氨基异丁酸可随尿排出或继续分解。食入含 DNA 丰富的食物，经放射线治疗或化学治疗的恶性肿瘤病人，尿中 $\beta$-氨基异丁酸排出量增多（图 9-7）。

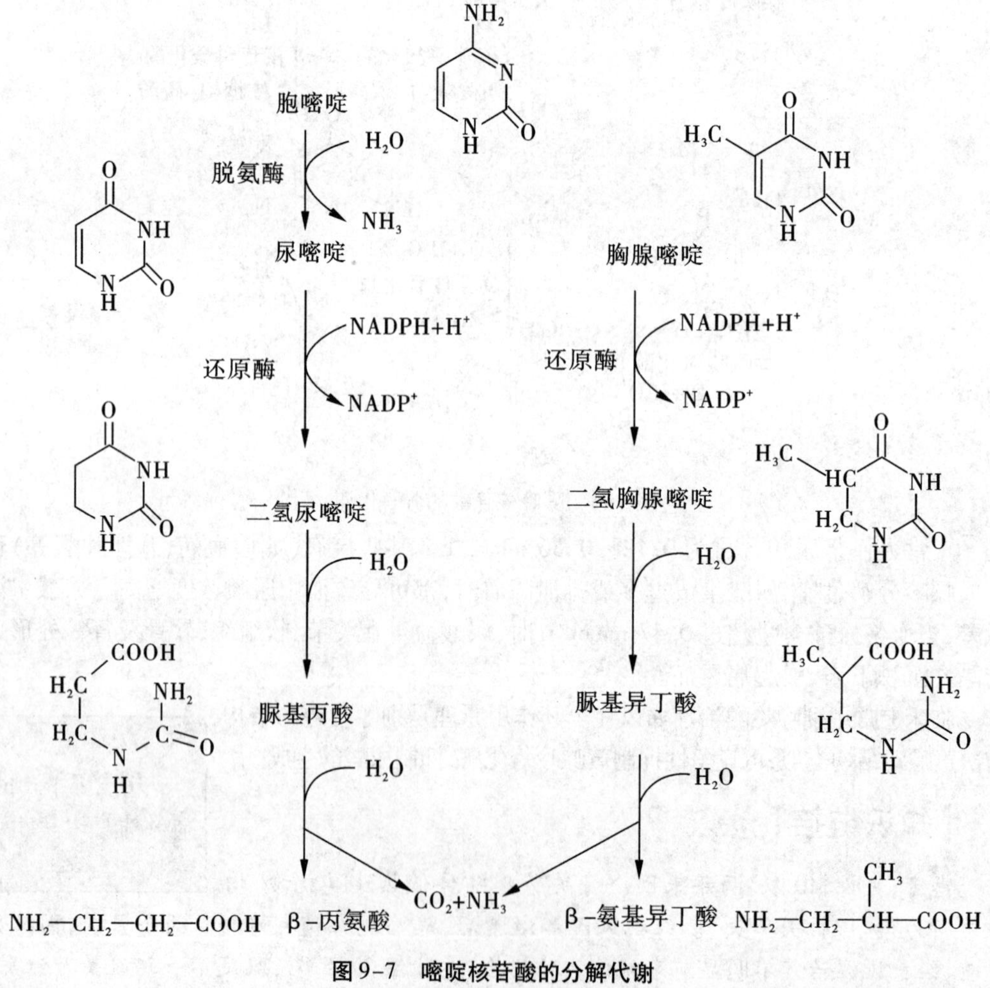

胞嘧啶
脱氨酶 ($H_2O$ → $NH_3$)
尿嘧啶　　　　胸腺嘧啶
还原酶 ($NADPH+H^+$ → $NADP^+$)　　还原酶 ($NADPH+H^+$ → $NADP^+$)
二氢尿嘧啶　　　　二氢胸腺嘧啶
$H_2O$　　　　$H_2O$
脲基丙酸　　　　脲基异丁酸
$H_2O$　　　　$H_2O$
$CO_2+NH_3$
$NH_2—CH_2—CH_2—COOH$ β-丙氨酸　　β-氨基异丁酸 $NH_2—CH_2—CH(CH_3)—COOH$

图 9-7　嘧啶核苷酸的分解代谢

# 第三节　核苷酸的抗代谢物

核苷酸的抗代谢物是指嘌呤、嘧啶、氨基酸及叶酸类似物，其结构与核苷酸的合成原料、中间产物或产物类似，它们主要通过竞争性抑制核苷酸合成过程中酶的活性，干扰或阻断核苷酸、核酸及蛋白质的合成。肿瘤细胞的核酸合成十分旺盛，因此这些抗代谢物常用作抗肿瘤药物。

**（一）嘌呤和嘧啶类似物**

临床上应用较多的嘌呤类似物是 6-巯基嘌呤（6-MP），6-MP 的结构与次黄嘌呤类似，它在体内转变成 6-MP 核苷酸，可抑制从头合成和补救合成中酶的活性，从而抑制嘌呤核苷酸的合成。

嘧啶核苷酸类似物主要是 5-氟尿嘧啶（5-FU），5-FU 的结构与胸腺嘧啶相似，在体内可转变为有活性的一磷酸脱氧核糖氟尿嘧啶核苷（5-FdUMP），5-FdUMP 的结构与 dUMP 结构相似，能抑制胸苷酸合成酶的活性，从而抑制 dTMP 的合成。

> 议一议：
> 各类核苷酸抗代谢物的作用原理及其临床应用是什么？

**（二）氨基酸类似物**

谷氨酰胺是合成嘌呤核苷酸和嘧啶核苷酸的原料，而氮杂丝氨酸具有与谷氨酰胺相似的化学结构，可干扰谷氨酰胺参与嘌呤核苷酸和嘧啶核苷酸的合成。

**（三）叶酸类似物**

嘌呤核苷酸合成所需的一碳单位，以及 dUMP 生成 dTMP 所需的甲基，都要有四氢叶酸（$FH_4$）携带，而 $FH_4$ 是叶酸在二氢叶酸还原酶的作用下形成的，氨甲蝶呤（MTX）结构与叶酸相似，能竞争性抑制二氢叶酸还原酶的活性，阻断 $FH_4$的合成，从而抑制嘌呤核苷酸的合成。

常见的叶酸类似物有氨蝶呤（APT）及甲氨蝶呤（MTX）。它们能竞争性抑制二氢叶酸还原酶，使叶酸不能还原成二氢叶酸及四氢叶酸，从而抑制嘌呤核苷酸和胸苷酸的合成。MTX 在临床上用于白血病等恶性肿瘤的治疗。

# 小　结

核苷酸代谢包括合成代谢和分解代谢。核糖核苷酸的合成可分为从头合成途径和补救合成途径。以小分子物质为原料逐步合成核苷酸的途径称为从头合成途径。嘌呤核苷酸从头合成以二氧化碳、天冬氨酸、一碳单位、谷氨酰胺、甘氨酸和 5-磷酸核糖为原料，首先合成 IMP，然后分别转变为 AMP 和 GMP。嘧啶核苷酸的合成以氨基甲酰磷酸（谷氨酰胺、二氧化碳）、天冬氨酸和 5-磷酸核糖为原料，首先合成 UMP，然后再由 UMP 转变为其他嘧啶核苷酸。脱氧核苷酸是核苷二磷酸（NDP）水平上还原的产物。利用现存的碱基合成核苷酸的途径称为补救合成途径。嘌呤、嘧啶、叶酸和氨基酸等的类似物，能降低核苷酸合成中的一些酶的活性,从而抑制了核苷酸的合成。嘌呤分解的特征性终产物是尿酸,嘧啶分解的特征性终产物是$\beta$-丙氨酸和$\beta$-氨基异丁酸。

核苷酸代谢紊乱可引起疾病,核苷酸代谢与医学有着密切关系。

(程　伟)

# 第十章　基因信息的传递与表达

**学　习　目　标**

◆描述遗传信息传递的中心法则与 DNA 复制的概念、特点、反应条件及其作用。
◆比较转录、逆转录、翻译的概念及转录与复制的差异。
◆理解蛋白质的生物合成过程。
◆熟悉基因工程的概念、原理、主要步骤及在医学上的应用。
◆了解 DNA 的损伤与修复及蛋白质生物合成的调节。
◆说出癌基因与抑癌基因的概念及肿瘤发生的机制。

## 第一节　DNA 生物合成

> 议一议：
> 何为遗传信息传递的中心法则？

DNA 是遗传的物质基础，其分子中的碱基排列顺序携带遗传信息。基因是 DNA 分子中某个功能片段。它是编码一条多肽链或一个 RNA(如 tRNA、rRNA 等)分子所必需的全部 DNA 碱基序列。在遗传信息传递过程中，以亲代 DNA 为模板合成与之完全相同的子代 DNA，称为 DNA 复制(DNA replication)。通过复制把亲代遗传信息准确传递到子代。DNA 中的遗传信息可以通过转录、翻译表达为生物性状。转录(transcription)是在 DNA 指导的 RNA 聚合酶催化下，以单链 DNA 为模板按碱基配对原则合成 RNA 分子的过程。通过转录把生物体 DNA 携带的遗传信息传递给 RNA。转录可生成 mRNA、tRNA 和 rRNA。翻译(translation)是指以 mRNA 为模板，以其分子中碱基顺序所决定的遗传密码为指导，合成蛋白质的过程。蛋白质是细胞的基本化学成分，是各种组织结构、生物功能的物质基础。通过转录和翻译，把 DNA 遗传信息转变为有功能的蛋白质的过程称为基因表达(gene expression)。1958 年 Crick 把遗传信息的这种传递规律称为中心法则(central dogma)。但 1970 年 Temin 及 Baltimore 分别从致癌 RNA 病毒中发现了反转录酶，从而证明了 RNA 为模板也可反转录合成 DNA，这种遗传信息传递的方向与转录正好相反，故称逆转录(reverse transcription)或反转录。后来还发现某些 RNA 病毒中的 RNA 也可自身复制。这对中心法则进行了补充和修正(图 10-1)。

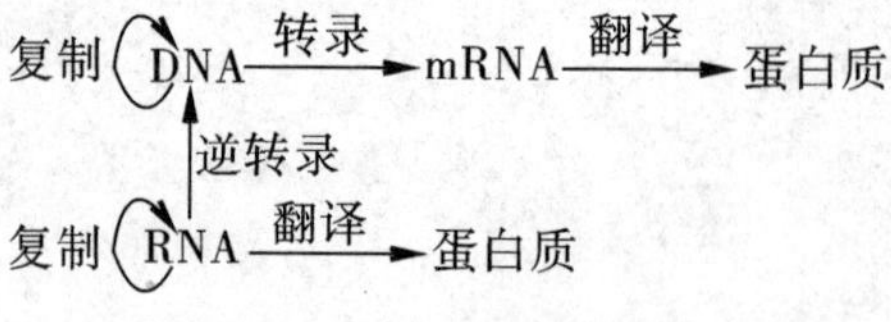

复制 DNA —转录→ mRNA —翻译→ 蛋白质
↑逆转录
复制 RNA —翻译→ 蛋白质

**图 10-1　中心法则示意图**

## 一、DNA 复制

DNA 复制方式是半保留复制。在 DNA 复制时，以亲代 DNA 解开的两条单链为模板，按照碱基互补配对原则，各自合成一条与之互补的 DNA 单链，成为两个与亲代 DNA 分子完全相同的子代 DNA 分子，在子代 DNA 分子中一条链是新合成的，另一条链则是保留亲代的，故称半保留复制。

1958 年，Meselson 和 Stahl 的实验证明，DNA 复制为半保留式（图 10-2）。他们使用一种特殊的细菌培养液，研究大肠杆菌（*E. coli*）DNA 复制过程。培养液中，氯化铵的氮原子是较重的同位素 $^{15}N$，而不是通常的 $^{14}N$。首先，他们将 *E. coli* 在这种重氮介质中连续培养 15 代，使 DNA 中的氮原子完全被 $^{15}N$ 所取代，其 DNA 密度比通常含 $^{14}N$ 的 DNA 大约高 1%，两者在氯化铯密度梯度离心中形成不同的区带。然后，他们将这些细胞转移到轻氮（$^{14}N$）介质中，并提取第二代 *E. coli* DNA，发现其密度介于轻、重 DNA 之间，提示：全保留式复制是不可能的。接着，他们提取经过两次复制的第三代 DNA，发现一半为中间密度 DNA，另一半为轻 DNA，这一结果符合半保留复制的特点，排除了散布式 DNA 复制的可能性。随着 *E. coli* 在轻氮介质中培养代数的增加，轻 DNA 区带所占的比例越来越大，而中间密度区带越来越少，证明 DNA 复制确实是半保留式的。

> 想一想：
> 何谓半保留复制？其实验依据是什么？

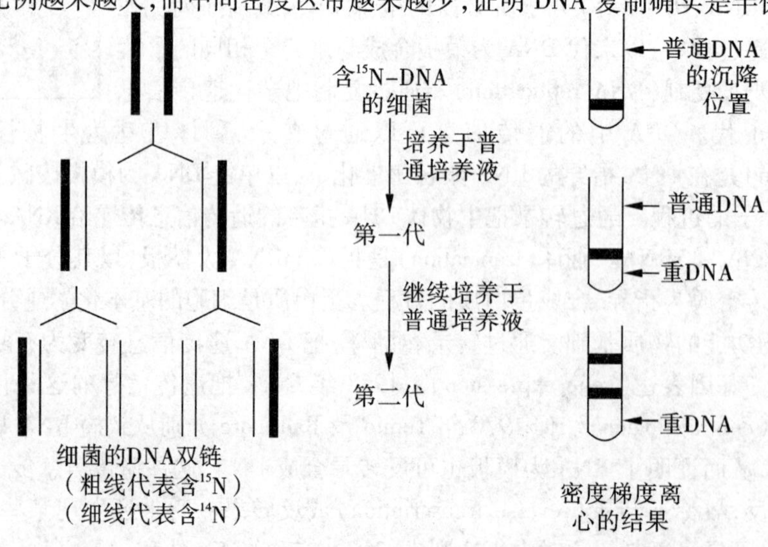


**图 10-2　Meselson-Stahl 实验——DNA 半保留复制的实验证明**

**（一）参与复制的原料**

dATP、dTTP、dCTP、dGTP，且数量上前二者相等，后二者相等。

**（二）参与复制的酶类**

> 想一想：
> 参与复制的酶有哪些？有哪些主要催化特点？

1. DNA 聚合酶　又称为 DNA 指导下的 DNA 聚合酶（DNA directed DNA polymerase，DDDP），在适量 DNA 作模板、RNA 作引物的条件下，可催化四种 dNTP 聚合成 DNA，故称之为 DNA 指导的 DNA 聚合酶。把先发现者称 DNA 聚合酶 Ⅰ（DNA pol Ⅰ，DDDPⅠ），后发现者分别称为 DNA 聚合酶 Ⅱ（DNA pol Ⅱ，DDDP Ⅱ）和 DNA 聚合酶Ⅲ（DNA pol Ⅲ，DDDPⅢ）。

大肠杆菌 DNA pol Ⅰ是一种多功能酶：①催化冈崎片段由 5′→3′方向延长。②能识别并按 3′→5′ 方向切除 DNA 片段或引物的 3′ 末端的错误配对碱基。③在复制过程中按 5′→3′ 方向切除引物，并在引物切除后的空缺延长 DNA 片段。还有修复 DNA 损伤的作用。DNA pol Ⅱ因含量少（<100 个分子/细胞）、活性低（仅有 DNA pol Ⅰ的 5%），功能尚难定论。DNA pol Ⅲ活性最大，每分子酶每分钟可使 1.5 万～6.0 万个脱氧核苷酸聚合，是真正的 DNA 复制酶。大肠杆菌 DNApol Ⅲ是由 10 种共 22 个亚基组成的不对称二聚体（图 10-3）。不对称二聚体的酶结构有利于其在复制叉上同时催化先导链和随从链的合成。

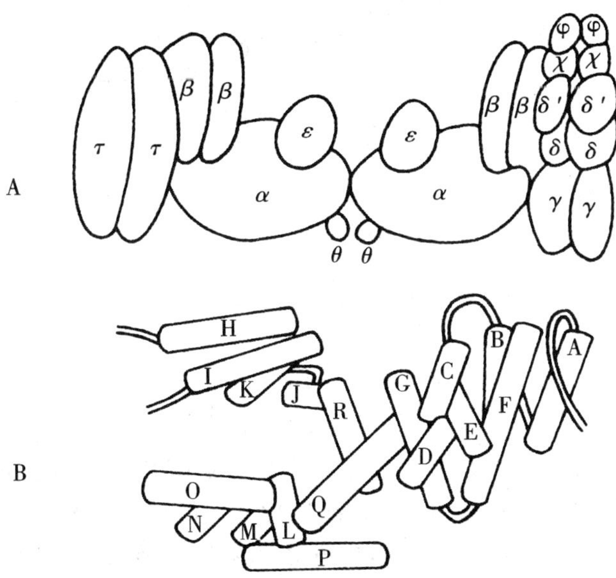


**图 10-3　*E. coli* DNA 聚合酶Ⅲ是不对称二聚体**

A. DNA 聚合酶Ⅲ；B. DNA 聚合酶Ⅰ由 18 个 α 螺旋区组成，H 和Ⅰ之间是较大的非螺旋区连接，图中未显示

在真核细胞中已发现 α、β、γ、δ、ε 5 种 DNA 聚合酶，其中 α 是合成引物和随从链，β 是损伤修复酶，γ 是线粒体 DNA 复制的酶，δ 参与复制时合成先导链，ε 在复制中起校读、修复和填补引物空隙的作用。

DNApol 的主要作用是催化形成磷酸二酯键。具有 3 个特点:①只有模板 DNA 存在时才有酶活性,而且底物必须是 dNTP。②只能在原有的 DNA 片段或 RNA 引物片段的 3′-OH端上连续逐个加上脱氧核苷酸,延长 DNA 链;③聚合反应的延长方向是由 5′→3′,即子链按 5′→3′ 延长,模板按 3′→5′ 被复制。

2. 解链和解旋酶类　DNA 分子是双螺旋结构,原核细胞环状 DNA 还可形成超螺旋结构;真核细胞则更复杂。在双螺旋链中,碱基皆在双螺旋结构的内侧,如果不解开复杂的螺旋和双链,碱基就不能外露,无法进行复制。故需要解旋、解链的酶类和蛋白质参与。

(1)解螺旋酶(helicase):即 rep 蛋白,也称解链酶。此酶通过水解 ATP 获得能量,解开双螺旋链间氢键成单链 DNA。在复制叉前解开一小段 DNA,并沿复制叉前进的方向移动。

(2)单链结合蛋白(single-strand binding protein,SSB):在 DNA 复制时,一旦较短的单股 DNA 链形成,几分子单链结合蛋白立即牢固地结合上去,防止恢复双链,并对抗核酸酶、保护单链不被破坏。此蛋白在复制过程中可反复被利用(图 10-4)。

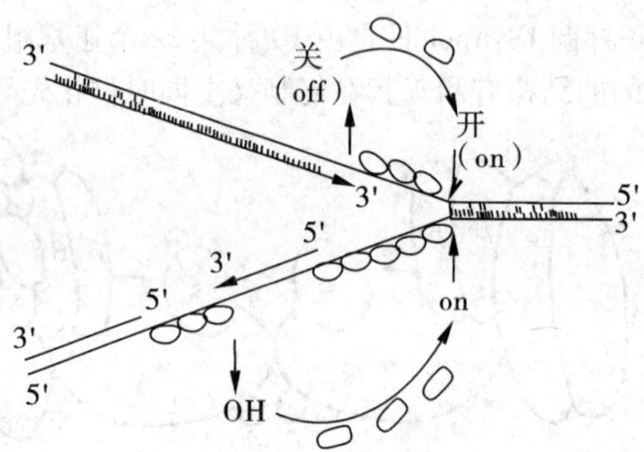


**图 10-4　单链 DNA 结合蛋白在复制过程中反复使用**

(3)拓扑异构酶(topoisomerase):复制时 DNA 解链是一种高速反向旋转,可造成下游发生缠绕和打结现象。拓扑异构酶使复制中的 DNA 解结、解环,克服打结、缠绕现象。①拓扑异构酶Ⅰ(topoisomerase Ⅰ)能迅速使环状超螺旋 DNA 解旋,而不改变其化学组成。作用机制可能是先切开双链 DNA 中的一条链,此切口的游离磷酸基与酶分子结合,使该链末端沿螺旋轴按超螺旋反方向转动,消除超螺旋后再将切口封闭。无需 ATP 供能。②拓扑异构酶Ⅱ(topoisomerase Ⅱ)有两个亚基,一个切断 DNA 双股链;另一个可水解 ATP 释放出能量。前者切开双链后使之反超螺旋方向转动以消除超螺旋,在无 ATP 时即重新封闭;在有 ATP 时,后者水解 ATP 释出能量,使双链按反超螺旋方向再旋转,形成负超螺旋后再封闭之(图 10-5)。

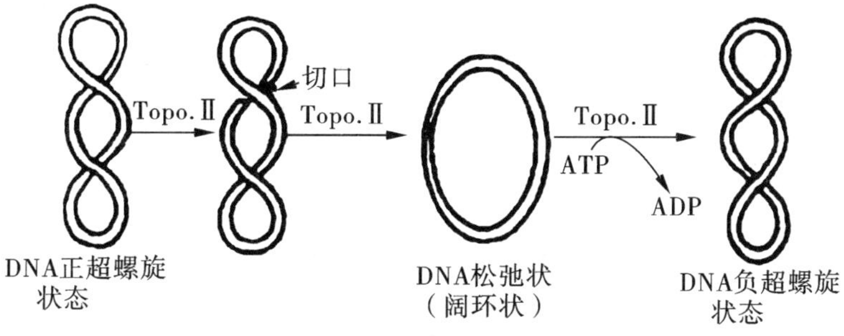


图 10-5　拓扑异构酶Ⅱ作用示意

3. DNA 连接酶（DNA ligase）　可催化两个 DNA 片段通过磷酸二酯键连接起来。反应需 ATP 供能（图 10-6）。图上方是双链状态下连接酶的作用，图下方把被连接的缺口放大，表示出化学反应。

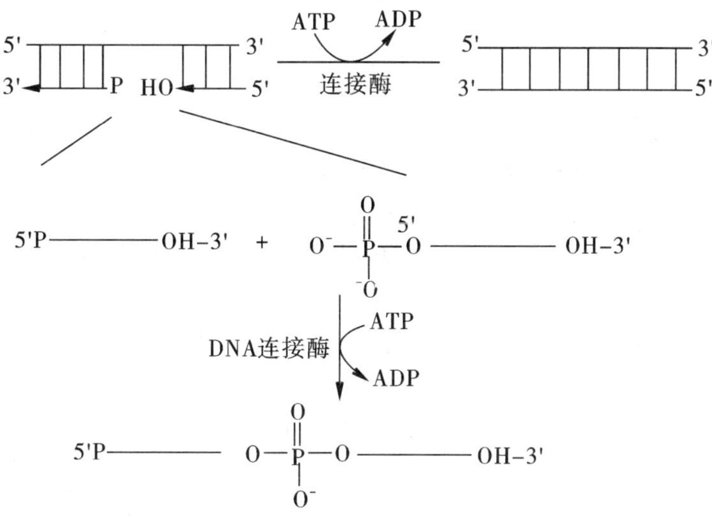


图 10-6　DNA 连接酶的作用方式

4. 引物酶（primase）和引发体（primosome）　由于 DNA 聚合酶只能在已有的引物 RNA 或 DNA 的 3′-OH 端上按 5′→3′ 方向催化连续合成 DNA，故必须由引物酶与引发前体结合成引发体，催化引物合成。ΦX174 DNA 复制时，其引发前体由 priA、priB、priC、dnaB、dnaC 和 dnaT 6 种蛋白组成，其中 priB 可识别起始原点，并取代单链结合蛋白结合于此原点。DnaB-dnaC 复合物可使起始原点 DNA 变构，以利于引物酶结合 DNA 催化引物合成。

**（三）DNA 复制的过程**

1. 起始　一般认为生物复制是从一个特定核苷酸顺序的固定点开始同时向两个方向进行，此点称复制起始点（replication origin）。真核生物的复制起始点一般有多个。复制起始时，在拓扑异构酶和解链酶作用下，从复制起始原点开始，向两端同时打开 DNA 局部双链，形成复制泡(replication bubble)，此时单链结合蛋白结合在单链上以稳定其单链结构。复制泡从一个方向看，解开的两股单链和未解开的双螺旋形似叉子，故名复制叉(replication fork)。从原点开始，复制呈双向展开，称为双向复制(bidirectional replication)。随复制的展开，复制叉向两端方向移动，复制泡不断扩大(图10-7)。

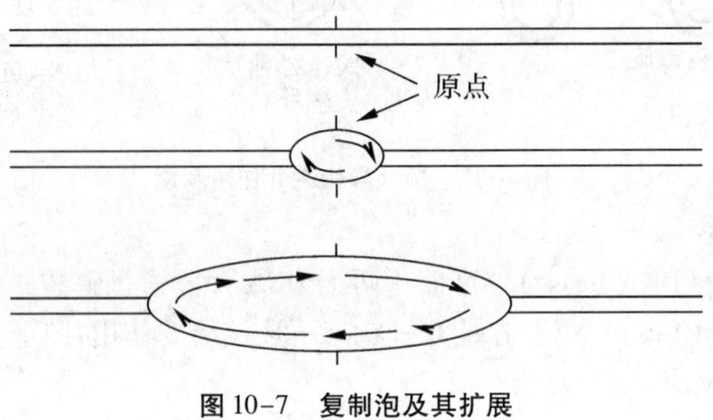


图 10-7　复制泡及其扩展

模板链是由3′→5′被复制的，复制出的子链是由5′→3′延伸的。由于DNA双链走向相反，形成复制叉后两模板链也必然走向相反，则合成子链的延伸方向也必不相同，其中，延伸方向朝向复制叉的子链称先导链(leading strand)，背向复制叉的子链称随从链(lagging strand)。复制过程在复制体(replisome)催化下进行，复制体由解链酶、引发体和呈不对称二聚体的DNApol Ⅲ组成，复制体同时复制出先导链和随从链。开始复制先导链时，复制体中引发体内的引物酶直接识别并结合于其模板的复制起始原点，由此点开始按3′→5′沿模板链滑动，使RNA引物由5′→3′合成。之后引物酶脱离模板，复制体中DNA pol Ⅲ的一个单聚体结合该模板，在引物3′端上接续由5′→3′连续地合成先导链。而在随从链模板上，此时因无复制起始原点，引物酶不与此模板链结合，随着复制体沿先导链模板朝复制叉方向滑动。当随从链模板出现复制起始原点时，引发前体中priB识别并结合于该原点，dnaB-dnaC复合体随之亦结合上去促进局部DNA变构，有利于其余引发前体蛋白结合(图10-8)。当复制体滑动到此原点时，引发前体即与其中的引物酶结合形成引发体，使复制体与随从链模板链结合。这就形成复制体同时与先导链和随从链模板均结合着的结构。引发体形成后，引物酶与随从链模板起始原点结合，沿该模板链按3′→5′方向合成引物，之后，引发前体则脱离引物酶沿该模板链按5′→3′方向滑动以寻找下一个起始原点。由于引物酶沿随从链模板按3′→5′方向(背向复制叉)催化引物按5′→3′方向合成，而复制体又不断地继续向复制叉方向滑动，结果导致随从链模板链开始绕成180°的环。引物合成后，引发酶脱离模板链，复制体中DNApol Ⅲ的另一单聚体接续在该引物3′端后在随从链模板由3′→5′滑动，按5′→3′合成随从链，使这个环越来越大。到达前一引物5′端时，DNApol Ⅲ单聚体即脱离该模板链，环亦随即被打开。当复制体在朝复制叉方向滑动中遇见随从链下一个起始位点时，早已滑动到并结合在该位点的引发前体即再与复制体中引物酶结合成引发体，又开始上述合成引物过程并再形成环，在合成随从链之后又打开环。

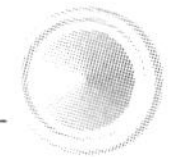


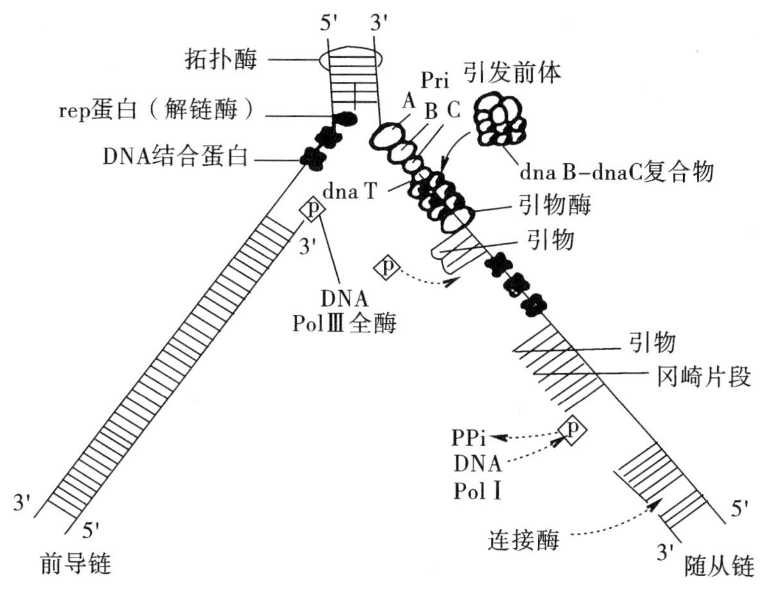


**图 10-8 大肠杆菌 DNA 复制叉中复制过程简图**

2. 延长 以解开的 DNA 单链为模板，dNTP 为原料，在 DNApol Ⅲ的两个单聚体分别催化下，先导链连续合成，由 5′→3′ 延长。随从链则是合成一个一个的随从链片段，此片段长 1000～2000 个碱基，是日本人冈崎正治（Reiji Okazaki）首先发现，故称为冈崎片段（Okazaki fragments）。当随从链合成到一定长度后，冈崎片段之间的引物被 DNApol I 按 5′→3′ 方向切除，此酶同时催化冈崎片段 3′ 端按 5′→3′ 方向延伸，到达前一个冈崎片段 5′ 端时，DNA pol I 脱落，再由连接酶催化连接延长了的冈崎片段成 DNA 长链。

3. 终止 对环形 DNA 分子，随从链中合成的最后一个延长了的冈崎片段 3′端和起始点合成的延伸了冈崎片段的 5′ 端，由连接酶催化连接成环。而在先导链则其 3′ 端和起始点先导链的 5′ 端直接焊接成环。对线形 DNA 分子，详细情况还不十分清楚。已知真核生物线形 DNA 分子合成终止时，存在一个端粒（telomere）结构，还需端粒酶（telomerase）的参与，其详细情况是目前肿瘤研究中的一个新领域。

**（四）DNA 的损伤、修复和基因突变**

紫外线、电离辐射、化学诱变等使 DNA 在复制过程中发生突变，这一过程叫 DNA 损伤。其实质就是 DNA 分子上碱基的改变，造成 DNA 结构和功能的破坏，导致基因突变。损伤可分两大类，即自发性损伤和环境因素损伤。所谓自发性损伤是还未找到特异环境有害因素的损伤，故此两大类有时很难区别。

> 想一想：
> 机体对损伤 DNA 如何修复？

## 【知识链接】

**DNA 损伤修复与癌症的发生**

DNA 修复基因的改变会导致突变率增加，从而大大增加个体对癌症的易感性。编码参与 DNA 损伤核苷酸切除修复、错配修复、重组修复的基因缺陷均与人癌症的发生相关联,DNA 损伤修复是一件生死攸关的事情。每年在北美洲大约有 180 000 女性被诊断为乳腺癌,大约 1/5 的患者是家族性的或遗传因素引起的,还有 1/3 是因为两个编码同类蛋白的基因 brca1 或 brca2 发生突变而引起的。

1. DNA 自发性损伤

(1)DNA 复制错误:碱基配对错误频率 1% ~10%,因为 DNA pol 的校读作用,使复制错误很低,仅 $10^{-9}$。

(2)碱基的自发性损伤:碱基中的氨基($—NH_2$)、酮基(C=O)和烯醇基(=C—OH)常发生异构转变、丢失等。

2. 环境因素对 DNA 损伤

(1)化学物质:①烷化剂:如氮芥、环磷酰胺等,可使鸟嘌呤的第 7 位 N 发生烷化而除去鸟嘌呤。②亚硝酸盐、丝裂霉素、放线菌素 D、博莱霉素和各种铂的衍生物,能结合在碱基上,使 DNA 碱基发生链内或链间交联,进而阻止了复制和转录。③代谢活化的化学物质:如苯并芘活化后与鸟嘌呤第二位氨基结合,导致损伤;黄曲霉素活化后亦可攻击某些鸟嘌呤,它们都是致癌剂。④碱基或核苷类似物:如 5-氟尿嘧啶、6-巯基嘌呤等既阻止核苷酸合成,又阻止 DNA 复制和表达。⑤染料:如吖啶黄、二氢吖啶等可嵌入 DNA 双链间,影响其复制和转录。

(2)物理因素:①紫外线照射:大量照射可使两个相邻嘧啶共价结合形成嘧啶二聚体(如 TT);紫外线还可使 DNA 链断裂。②电离辐射:可使磷酸二酯键破坏从而使 DNA 链断裂。

3. DNA 损伤的修复

(1)无差错修复:通过修复,DNA 损伤得到完全恢复。①直接消除修复:包括光复活作用和转甲基作用修复。前者是在光复活酶催化下,使嘧啶二聚体解离而修复。此酶可受蓝光激活,人体仅在淋巴细胞和成纤维细胞中发现,故称为非重要修复方式。后者是在转甲基酶催化下,使 6-氧甲基鸟嘌呤中的甲基除去而修复。此酶把鸟嘌呤的甲基转接到酶蛋白自身,使酶自杀灭活。②切除修复,亦称暗修复,是人体重要的修复方式。其修复过程是:核酸内切酶先特异识别并结合于损伤部位,在其 5′ 端切断磷酸二酯键,DNA pol I 在切口的 3′ 端,以完整的互补链为模板,按 5′→3′ 方向合成 DNA 链进行修补。同时在切口 5′ 端,发挥其 5′→3′ 外切酶作用,切除包括损伤部位在内的一小段 DNA。最后由 DNA 连接酶把新合成的修补片段和原来的 DNA 断裂处连接起来(图 10-9)。

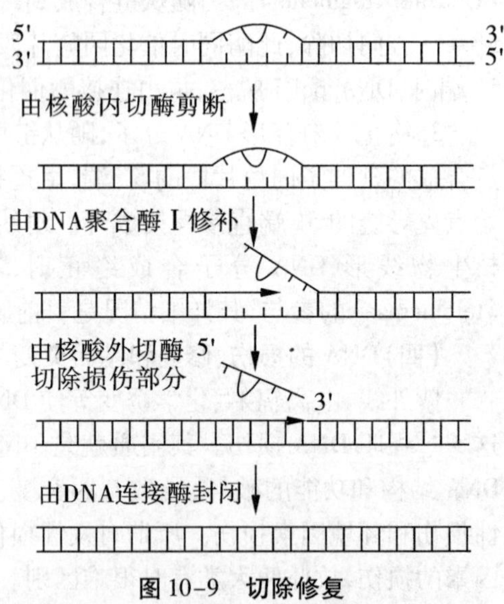

图 10-9　切除修复

(2)有差错修复:即修复后仍有 DNA 碱基序列差错。①重组修复:又称复制后修复。

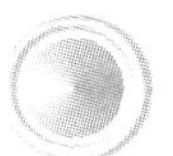



损伤的 DNA 先进行复制，结果，无损伤 DNA 的单链复制成正常 DNA 双链，有损伤 DNA 单链由于损伤部位不能被复制，出现有一条链带缺口的 DNA 双链。通过分子重组，把定位于亲代单链的缺口相应顺序转移、重组到该缺口处填补。亲代链中的新缺口因为互补链是正常的，可由 DNA pol I 修复，连接酶连接。但亲代 DNA 原来的损伤仍存在（图 10-10）。如此代代复制，该损伤链逐代被稀释。②SOS（save our souls）修复：当 DNA 分子受到大范围严重损伤时，影响到了细胞存活，可诱导细胞产生多种复制酶和蛋白因子，它们对碱基识别能力差，但能催化空缺部位 DNA 合成。此修复虽有错误，但抢救了细胞生命。

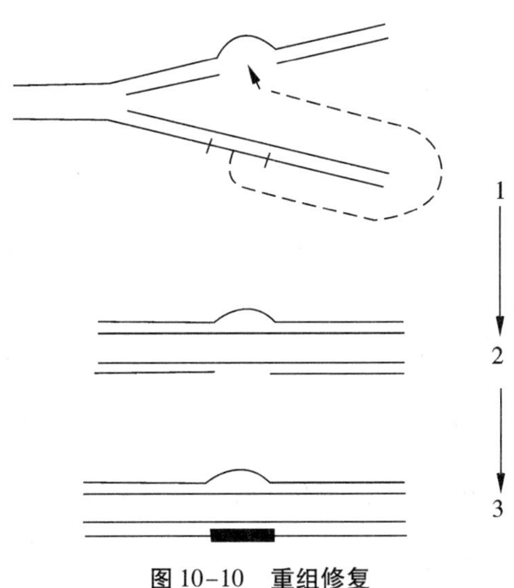


**图 10-10　重组修复**

1. ＿╱╲＿ 示损伤部位，虚线箭头示片段交换。
2. 重组后，损伤链有缺陷单链，健康链带缺口。
3. 粗短线代表健康链复制复原。

### （五）基因突变

如果 DNA 的损伤不是致死性的，而又未得到修复或者难以完全修复，结构异常的 DNA 通过复制把变异遗传到子代，造成子代生物性状改变称为基因突变（gene mutation）。凡可引起这种遗传性 DNA 损伤的因素称为突变剂（mutagen）。由突变剂引发的基因突变叫诱发突变（induced mutation），反之，为自发突变（spontaneous mutation）。

## 二、反转录

> 想一想：
> 何谓逆转录？有什么意义？

反转录（reverse transcription，亦译为反向转录、逆转录），是在反转录酶催化下，以 RNA 为模板，以 dNTP 为原料合成 DNA 的过程。

1964 年 Temin 根据放线菌素 D 特异抑制致癌病毒在癌细胞中复制的实验，提出致癌 RNA 病毒在癌细胞复制中需先合成 DNA（前病毒），此 DNA 插入到细胞 DNA 中，再转录出 RNA，其表达产物使细胞癌变。1970 年 Temin 和 Baltimore 分别从 Rous 病毒和鼠白血病病毒中分离出了反转录酶(reverse transcriptase),亦称 RNA 指导的 DNA 聚合酶(RNA directed DNA polymerase,RDDP),从而证明了 RNA 可反转录成 DNA。

反转录酶功能是:①以 RNA 为模板,dNTP 为原料,按 5′→3′ 方向合成 DNA,合成起始时需色氨酸 tRNA($tRNA^{Trp}$)作引物。②具有核酸酶 H 作用,能特异从 DNA-RNA 杂交体中切除 RNA 及引物。③DNA pol 的作用,可以单链 DNA 为模板合成双链 DNA。

反转录的基本过程(图 10-11)是反转录酶以(病毒)RNA 为模板,以 dNTP 为原料,在 $tRNA^{Trp}$引物的 3′-OH 上接续合成 DNA(负链),形成 RNA-DNA 杂交体。DNA 负链合成快完成时,模板 RNA 和引物先后被反转录酶水解除去,留下单股 DNA 负链,称互补 DNA(complementary DNA,cDNA)。反转录酶再以 DNA 负链为模板催化合成 DNA 单链(正链),成为 DNA 双链。此双链 DNA 保留了病毒 RNA 遗传信息,可直接整合到宿主细胞 DNA 中,转录出 RNA 病毒的 RNA,进而合成 RNA 病毒,故称之为前病毒(provirus)。

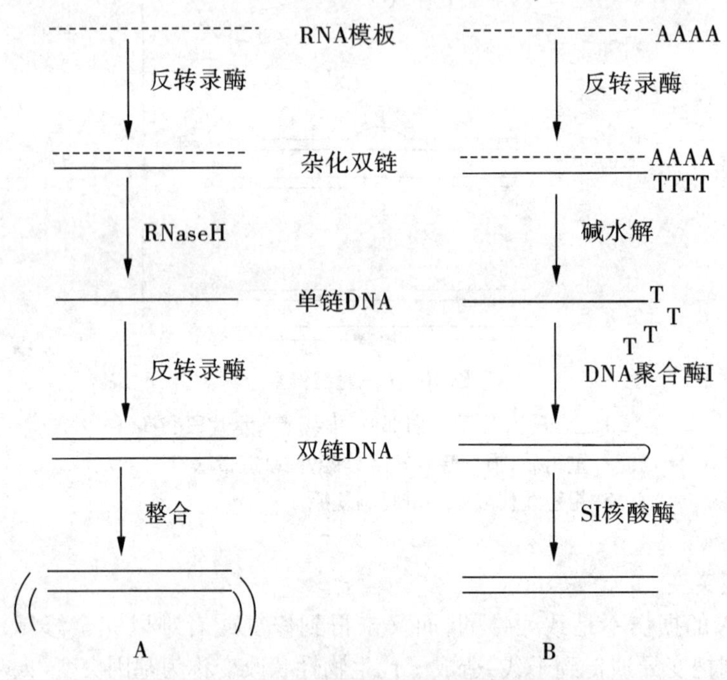


**图 10-11 反转录酶催化的 cDNA 合成**

A. 反转录病毒细胞内复制 B. 试管内合成 cDNA

反转录作用的发现,大大扩充和发展了中心法则,即在 Crick 提出的中心法则的基础增添了 RNA 反转录成 DNA、RNA 自身复制及其表达,而且还使人们对 RNA 病毒致癌机制有了进一步的认识。后来又发现反转录酶也存在于正常细胞,如蛙卵、正在分裂的淋巴细胞、胚胎细胞等,推测可能与细胞分化和胚胎发生有关。在基因工程中,当目的基因制备困难时,可根据已知某蛋白质的氨基酸顺序,合成其 mRNA,再以 mRNA 为模板反转录成 cDNA,后者扩增后既可作 cDNA 探针,也可再转变成 cDNA 双链,进行 DNA 重组或建立 cDNA 文库,从中很易筛选出目的基因。

# 第二节 RNA 生物合成

## 一、转录的概念

转录(transcription)是指在 DNA 指导的 RNA 聚合酶催化下,以 DNA 为模板、NTP 为原料合成 RNA 的过程。体内各种 RNA 都基本上以这种方式合成。在合成过程及合成之后,其中某些碱基还要进一步修饰成稀有碱基(如还原成二氢尿嘧啶、异位成假尿苷,脱氨成次黄嘌呤及甲基化等)。

从化学反应机制上看,转录与复制有相似之处,例如合成方向都是 5′→3′,都以生成磷酸二酯键连接核苷酸,但相似中仍有区别(表 10-1)。

**表 10-1 复制和转录的区别**

| | 复制 | 转录 |
|---|---|---|
| 模板 | 两股链均复制 | 模板链转录(不对称性转录) |
| 原料 | dNTP | NTP |
| 酶 | DNA 聚合酶 | RNA 聚合酶 |
| 产物 | 子代双链 DNA | mRNA, tRNA, rRNA |
| 配对 | A-T,C-G | A-U,T-A,G-C |

## 二、参与转录的物质

### (一)模板 DNA

> 想一想:
> 何谓转录?何谓不对称转录?

DNA 是双链结构,但只能转录其中一条链上的转录单位。转录单位是指 RNA 聚合酶作用的起始位点到终止位点之间的 DNA 顺序。真核生物多数转录单位只含 1 个结构基因;原核细胞则含几个功能相关的基因。DNA 两股链中被转录的单链叫模板链(template strand),不被转录的单链称编码链(coding strand)。由于各个基因在 DNA 双链中分布不同,使各转录单位也分布在两链的不同节段,因此模板链并不固定于某条 DNA 单链。把只转录 DNA 双链中模板链,而不转录编码链的转录方式称不对称转录(asymmetrical transcription)。

模板链被转录的方向是 3′→5′。转录开始时,RNA 聚合酶(金酶)与 DNA 模板的启动基因结合,启动基因亦称启动子(promoter),但启动子本身并不被转录。原核生物的启动子包括 3 个功能单位(图 10-12)。①转录起始部位,即转录时与 RNA 链中第 1 个核苷酸互补结合的部位。常用+1 表示其顺序位置。第二个核苷酸用+2 表示,其后以此类推。②结合部位,即 RNA 聚合酶结合的部位,在启动部位上游 10(即-10)bp 处,碱基顺序为 TATAAT,故称 TATA 盒(TATA box)。③识别部位,即 RNA 聚合酶识别 DNA 所必需的部位,在起始部位上游 35( -35)bP 处,具 TTGACA 顺序。真核生物的启动子还不十分清楚,但已知也有一特殊富含 AT 碱基对区叫 Hogness 盒,在转录起始部位上游 25( -25)bp 处,是 RNA 聚合酶与启动子结合的部位。此部位上游 45 ~85bp 处,有 GGCCAATCT 顺序,称 CAAT 盒,可能也与结合 RNA 聚合酶或启动子强度有关。

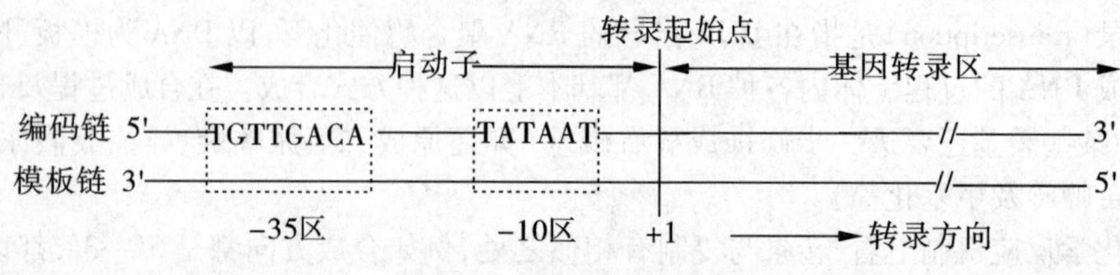


图 10-12　原核生物启动子

除了启动子,在真核生物还有增强子(enhancer),位于启动子上游或下游,作用是增强转录速率。

在转录单位内,原核生物模板链的一级结构与蛋白质一级结构直接互相对应,真核生物则在基因之内还镶嵌着非编码区。把在基因中能编码蛋白质的 DNA 顺序称外显子(exon),而夹在外显子之间不编码蛋白质的 DNA 顺序叫内含子(intron)。关于内含子的功能有两种不同看法。一种看法认为内含子是在进化中出现或消失的,内含子有利于物种的进化选择。另外一种认为内含子在基因表达中有调控功能。

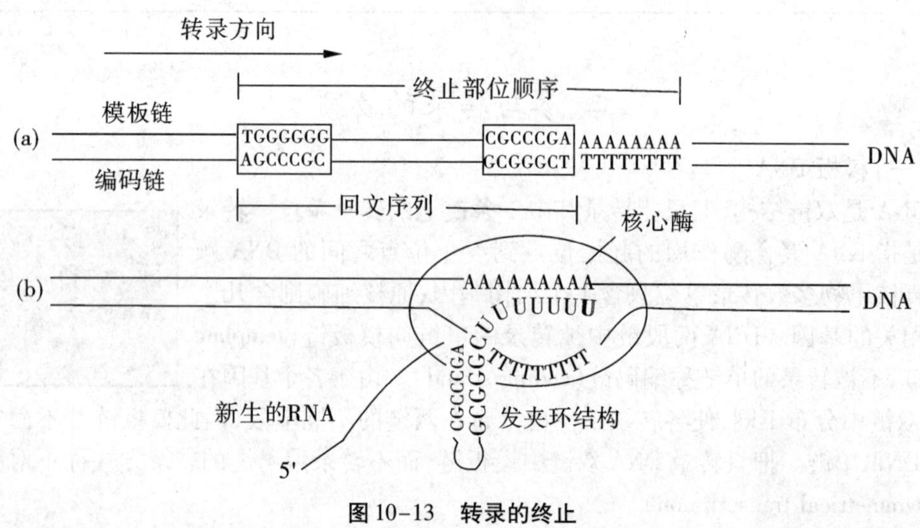


图 10-13　转录的终止

(a)终止部位顺序　(b)三元终止复合物的生成

DNA 链上还有转录终止信号,称终止子(terminator)。原核生物的终止子有两类,一类为不含回文顺序(回文指一段正读和反读意义都相同的文字,在 DNA 链中指一段走向相反、顺序相同的双链顺序)或回文顺序较少,其终止转录作用需要 ρ 因子(能与 RNA 聚合酶结合，阻止其跨越终止子的蛋白质）协助。另一类则具回文顺序，其转录出的 RNA 形成发夹样结构，使 RNApol、RNA 和模板形成三元复合物，直接阻止 RNA 聚合酶的滑动（图 10-13）。此外模板链 5′ 端有-AAAAAA-顺序，在其 mRNA 3′ 端形成-UUUUUU-顺序，A-U 结合键在碱基对中结合力最弱，使 RNA 易脱落而终止转录。

**（二）RNA 聚合酶**

在各种原核和真核生物中均有 DNA 指导的 RNA 聚合酶（DNA directed RNA polymerase，DDRP），即 RNA 聚合酶（RNApol）。

> 想一想：
> RNA 聚合酶分子组成及功能如何？

原核生物只有一种 RNA 聚合酶。大肠杆菌 RNA 聚合酶由 5 个亚基组成，4 种亚基分别为 $\alpha$、$\beta$、$\beta'$ 和 $\sigma$ 亚基，其中 $\alpha$ 亚基有 2 个，故为 $\alpha_2\beta\beta'\sigma$。$\sigma$ 亚基在 RNA 合成启动后即脱离其他亚基，此时 RNApol 叫核心酶，含 $\alpha_2\beta\beta'$。5 个亚基结合在一起时叫全酶。核心酶只具催化合成 RNA 作用，无识别启动子功能。各亚基的功能见表 10-2。

**表 10-2　大肠杆菌 RNA 聚合酶亚基组成及功能**

| 亚基 | 相对分子质量 | 数量 | 功能 |
|---|---|---|---|
| α | 37 000 | 2 | 决定哪些基因被转录 |
| β | 151 000 | 1 | RNA 的起始与延伸 |
| β′ | 156 000 | 1 | 结合 DNA 模板 |
| σ | 70 000 | 1 | 识别起始点 |

真核细胞中有 3 种 RNA pol，分别称 RNA pol Ⅰ、Ⅱ及Ⅲ。它们专一地转录不同的基因，产生不同的产物。三种酶对鹅膏蕈碱抑制作用的敏感性不同，是区别三种酶的方法之一。各亚基的功能见表 10-3。

**表 10-3　真核细胞 RNA 聚合酶的种类和功能**

| 种类 | 细胞定位 | 合成的 RNA | 对 α-鹅膏蕈碱的敏感性 |
|---|---|---|---|
| Ⅰ | 核仁 | rRNA 前体 | 不敏感 |
| Ⅱ | 核质 | hnRNA | 高度敏感 |
| Ⅲ | 核质 | tRNA 前体，5S rRNA | 中度敏感 |

**（三）ρ 因子**

ρ 因子为一种协助转录终止的蛋白质，能与单股 RNA 链结合。因有 ATP 酶活性，可水解 ATP 释出能量供其沿 RNA 按 5′→3′ 滑动，最后接触到 RNA pol 与之反应，使 RNA-DNA 杂交体解链，RNA 释出。

## 三、转录的过程

真核生物的转录过程与原核生物大体相似，但尚不完全清楚，故以原核生物为例介绍转录的具体过程。

### (一)起始阶段

σ 因子辨认模板链启动子的识别位点,并与之结合,导致全酶结合在启动子的结合位点。形成闭合转录起始复合体(closed transcription complex)。然后结合位点区域的部分双螺旋解开,形成开放转录复合体(open transcription complex)。当全酶在启动子由 3′ 端向 5′端滑动到达启动子的起始部位时,选择结合到模板链。此时,酶结合处的局部 DNA 发生变构,在约 17 个 bp 范围双链解开,形成转录泡。两个三磷酸嘌呤核苷优先按碱基配对原则与模板配对,全酶即催化其间形成磷酸二酯键,同时放出焦磷酸。之后,σ 因子脱落,模板链上只结合着核心酶。σ 因子的脱落使核心酶与模板链结合变得疏松,便于核心酶沿模板链由 3′→5′ 滑动。

> 想一想:
> 转录与复制有何异同?

### (二)延伸阶段

核心酶在模板链上由 3′→5′ 端滑动,一方面使 DNA 双链不断按模板链 3′→5′方向解开,另一方面使与模板配对结合的 NTP 间不断形成磷酸二酯键,RNA 链按 5′→3′ 方向延伸。由于核心酶移动过后,两条单股 DNA 链又恢复到双股形式,使转录泡沿 DNA 模板链按 3′→5′ 方向随核心酶一起滑动。新生成的 RNA 和模板链约有 12bp 的杂交螺旋,超过此数值则解开成单链 RNA(图 10-14)。

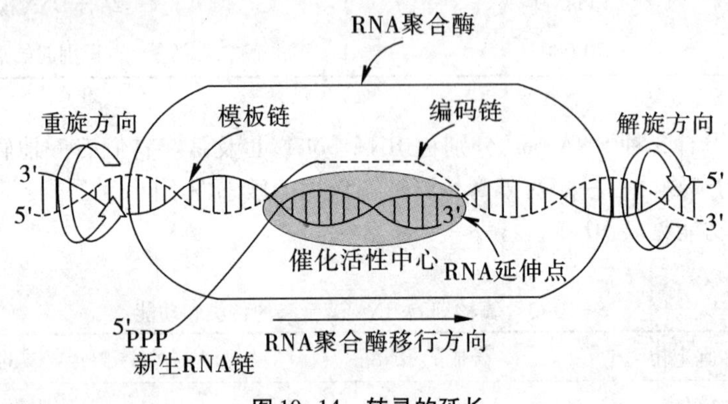


图 10-14 转录的延长

### (三)终止阶段

随核心酶沿模板链由 3′ 端向 5′ 端滑动,新合成的 RNA 链不断由 5′ 端向 3′端延伸。当核心酶滑动到模板 DNA 链终止子时,若终止子有富含 GC 的回文顺序,则新生的 RNA 链形成发夹样结构,阻碍核心酶滑动,使模板-核心酶-新生 RNA 三元复合物易于解体,加之,模板回文顺序后的 AAAAAA 与新生 RNA 的 UUUUUU 配对结合键最易断开,致使新生 RNA 链脱落,转录终止。若终止子中不含回文顺序或回文顺序较少时,不形成或形成短的发夹结构,模板-核心酶-新生 RNA 三元复合物不易解体,则沿新生 RNA 链由 5′→3′滑动来的 ρ 因子与核心酶结合,使转录终止并释出新生 RNA 链,核心酶随后亦脱落(图 10-15)。

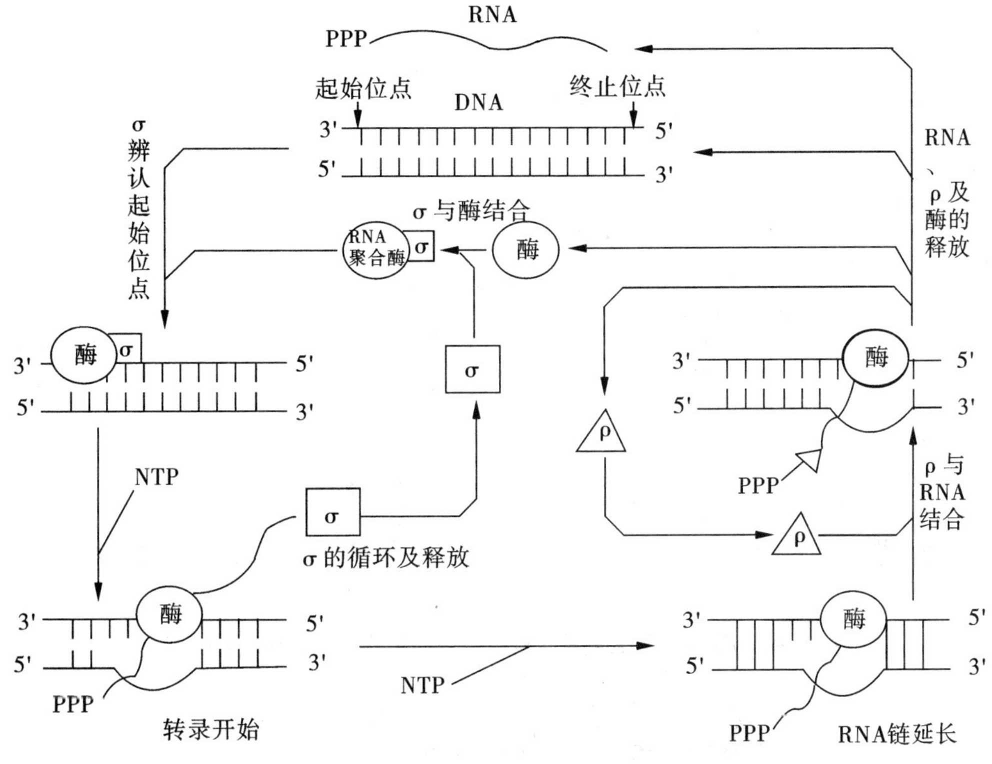


图 10-15　RNA 合成示意图

## 四、转录出 RNA 的加工成熟

> 想一想：
> 三种 RNA 转录后是如何加工修饰的？

除原核生物的 mRNA 外，所有真核和原核生物转录出的 RNA 都必须经加工成熟才有活性。加工成熟过程在细胞核内进行。

### （一）mRNA 加工成熟

真核生物刚转录出的 mRNA 是 mRNA 前体，相对分子质量大而不均一，称核不均一 RNA（heterogeneous nuclear RNA，hnRNA）。哺乳动物 hnRNA 分子中有 50% ~75% 的顺序不出现在胞浆中，说明这些顺序是属于内含子的转录产物，在加工成熟过程中被切除掉了。剪接过程包括切除内含子的转录产物（仍称内含子）和将几个外显子转录产物（仍称外显子）拼接起来。剪接过程还需 6 种非特异小型核糖核蛋白（Unspecific small nuclear ribonucleoprotein，UsnRNP）与 hnRNA 结合成"剪接体（spliceosome）协助。此过程的详细情况还未完全弄清楚。

剪接后还需在 5′ 端戴"帽子"。所谓帽子是 7-甲基鸟苷-5′-三磷酸（$m^7$Gppp），戴帽过程需 RNA 磷酸酶、鸟苷酸转移酶及甲基转移酶催化（图 10-16）。除了戴"帽子"，还需加"尾巴"。所谓尾巴是在 3′ 端加上 30 ~240 个的多聚腺苷酸（poly A），见图10-17。帽子功能是保护 mRNA 免受 RNA 酶水解破坏，并作为蛋白质生物合成时的识别标志。尾巴有保护 mRNA 被翻译的稳定性，也可能与其被连续翻译及 mRNA 由细胞核进入胞浆的

转运有关。

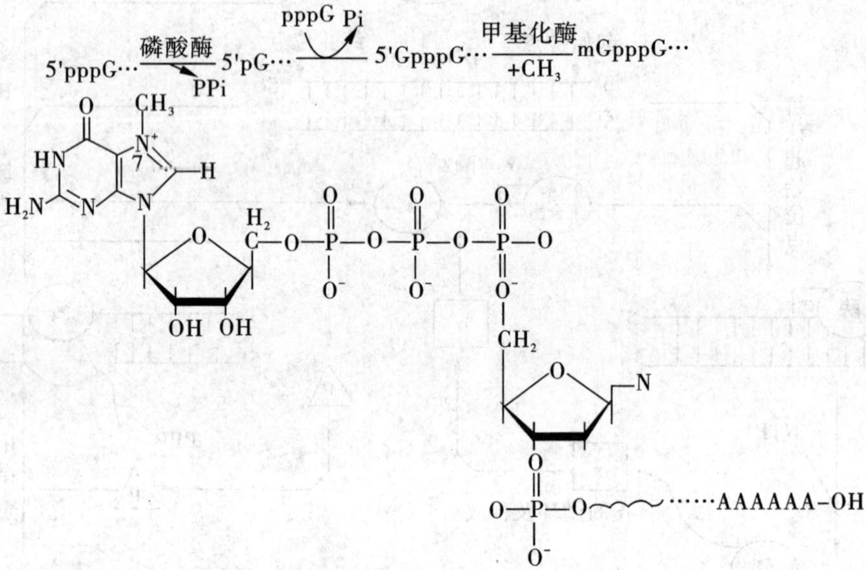

5'pppG··· —磷酸酶→ (PPi) 5'pG··· —(pppG, Pi)→ 5'GpppG··· —甲基化酶, +$CH_3$→ mGpppG···

O—P—O—········AAAAAA-OH

图 10-16　mRNA 帽子结构的生成(上)及帽子结构的详细结构式(下)

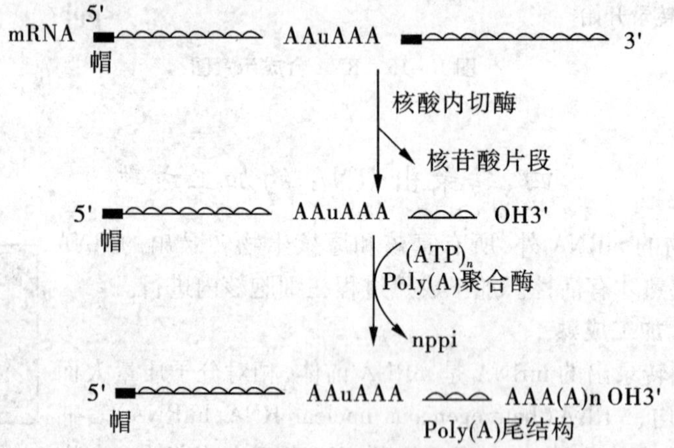

mRNA 5' 帽 ■⌒⌒⌒⌒ AAuAAA ■⌒⌒⌒⌒ 3'

↓ 核酸内切酶 → 核苷酸片段

5' 帽 ■⌒⌒⌒⌒ AAuAAA ⌒⌒ OH3'

↓ $(ATP)_n$ Poly(A)聚合酶 → nppi

5' 帽 ■⌒⌒⌒⌒ AAuAAA ⌒⌒ AAA(A)n OH3'

Poly(A)尾结构

图 10-17　mRNA 尾巴的形成

### (二)tRNA 加工成熟

真核生物转录出的 tRNA 前体比成熟的 tRNA 约多数十个核苷酸,成熟过程中需在 5′和 3′ 端剪切下多余的核苷酸,之后再在反密码环中剪切 14 ~ 60 个核苷酸并拼接成反密码环。还要在 3′ 端加上 CCA-OH。此外,又要把尿嘧啶还原成二氢尿嘧啶(DHU)、异位成假尿嘧啶核苷(φ),尿嘧啶(U)甲基化成胸腺嘧啶(T),使嘌呤碱基(A 或 G)脱氨后生成次黄嘌呤,并使某些碱基(C、G 和 A)甲基化成相应的甲基化碱基(图 10-18)。tRNA 的加工成熟过程在核内进行。

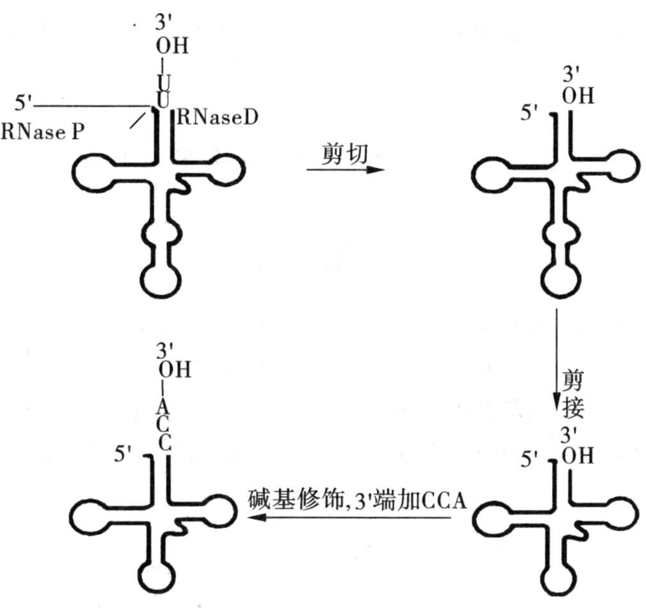


图 10-18 tRNA 前体的加工

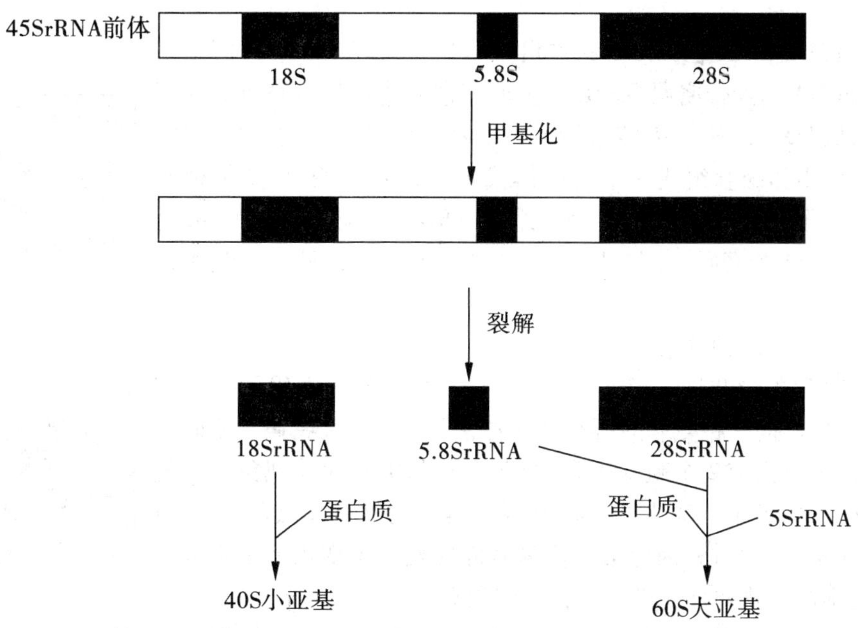


图 10-19 真核细胞 rRNA 前体加工示意图

**(三)rRNA 加工成熟**

真核生物的 rRNA 共 4 种,除 5SrRNA 自己独立成体系外,其余 3 种 rRNA 的基因在核仁合成同一前体(45SrRNA)。在每个基因转录产物的某些核糖 2′-OH 上先进行甲基化,以使其抗核酸酶破坏。而非基因的间隔区则无甲基化,在成熟过程中逐步切除,最后生成 18SrRNA、28SrRNA 和 5. 8SrRNA。5SrRNA 前体经过碱基修饰成熟为 5SrRNA(图 10-19)。

# 第三节　蛋白质的生物合成

## 一、翻译的概念

将 mRNA 上的核苷酸序列转变为蛋白质中的氨基酸序列的过程称为翻译。如前所述,遗传信息传递的中心法则是 DNA→mRNA→蛋白质,蛋白质分子中氨基酸的排列顺序由 DNA 链的结构基因碱基顺序转录给 mRNA,再由 mRNA 碱基顺序转变为蛋白质分子中氨基酸排列顺序。

说一说:
翻译的概念和生物学意义。

## 二、蛋白质生物合成体系

参与蛋白质生物合成的物质除作为原料的 20 种氨基酸外,还有 mRNA、tRNA、核糖体(含 rRNA)、多种酶、蛋白质因子、ATP、GTP 和一些无机离子等。这些物质总称为蛋白质生物合成体系。

### (一)三类 RNA 在翻译中的作用

1. mRNA 与遗传密码　mRNA 上所携带的遗传信息是以碱基互补原则,从 DNA 结构基因转录下来的。在 mRNA 链上以 5′→3′方向,每 3 个相邻碱基组成一个三联体代表一种氨基酸,称遗传密码(又称密码子,codon),见表 10-4。组成 mRNA 的碱基有四种,故可排列成 $4^3=64$ 个密码子,它们不仅代表 20 种氨基酸,而且有起始密码和终止密码。

想一想:
在翻译过程中三种 RNA 是如何起作用的?

遗传密码有如下特点:

(1)密码的简并性:一种氨基酸具有两种以上的密码子称为密码的简并性。同一种氨基酸所有的几种密码子称同义密码。密码子的专一性主要由前 2 个碱基决定,第 3 个碱基则呈摆动现象。这是由于密码子的第 3 个碱基(3′端)与反密码子的第 1 个碱基(5′端)配对要求不十分严格,因此第 3 个碱基即便发生突变仍能正确翻译出,这对维持生物物种的稳定性有一定意义。

想一想:
mRNA 分子上的遗传密码有何特点?

(2)密码阅读的连续性:密码之间不隔开,翻译方向是从 5′端向 3′端一个一个连续不断地进行,直至终止密码。如在 mRNA 分子插入或缺失一个碱基,就会引起阅读框(被翻译的碱基顺序)移位,称移码。移码可引起突变。

(3)起始密码和终止密码:UAA、UAG 和 UGA 是 3 个终止密码,它们不代表任何氨基酸,只标志翻译的终止。AUG 是蛋氨酸的密码子,但在 mRNA 分子翻译起始部位时,又是肽链合成的起始密码子。因此,代表氨基酸的密码子是 61 个。

(4)密码的通用性:遗传密码子基本上通用于生物界所有物种,说明了生物的同源进

化。近十年研究表明，在线粒体和叶绿体的密码与通用密码有一些差别。

**表 10-4　遗传密码表**

| 第一个核苷酸（5′端） | 第二个核苷酸 U | C | A | G | 第三个核苷酸（3′端） |
|---|---|---|---|---|---|
| U | UUU 苯丙 | UCU 丝 | UAU 酪 | UGU 半胱 | U |
| | UUC 苯丙 | UCC 丝 | UAC 酪 | UGC 半胱 | C |
| | UUA 亮 | UCA 丝 | UAA 终止 | UGA 终止 | A |
| | UUG 亮 | UCG 丝 | UAG 终止 | UGG 色 | G |
| C | CUU 亮 | CCU 脯 | CAU 组 | CGU 精 | U |
| | CUC 亮 | CCC 脯 | CAC 组 | CGC 精 | C |
| | CUA 亮 | CCA 脯 | CAA 谷胺 | CGA 精 | A |
| | CUG 亮 | CCG 脯 | CAG 谷胺 | CGG 精 | G |
| A | AUU 异亮 | ACU 苏 | AAU 天胺 | AGU 丝 | U |
| | AUC 异亮 | ACC 苏 | AAC 天胺 | AGC 丝 | C |
| | AUA 异亮 | ACA 苏 | AAA 赖 | AGA 精 | A |
| | AUG 蛋 | ACG 苏 | AAG 赖 | AGG 精 | G |
| G | GUU 缬 | GCU 丙 | GAU 天 | GGU 甘 | U |
| | GUC 缬 | GCC 丙 | GAC 天 | GGC 甘 | C |
| | GUA 缬 | GCA 丙 | GAA 谷 | GGA 甘 | A |
| | GUG 缬 | GCG 丙 | GAG 谷 | GGG 甘 | G |

* AUG 若在 mRNA 翻译起始部位，为起始密码；不在起始部位，则为蛋氨酸密码。

2. tRNA 与氨基酸的转运　在蛋白质生物合成中 tRNA 是氨基酸特异的运载工具，这是由于 tRNA 的 3′-末端的 CCA-OH（氨基酸臂）是结合氨基酸的部位，可结合氨基酸形成氨基酰-tRNA。结合何种氨基酸，取决于 tRNA 反密码环上的反密码子。反密码子准确地按碱基配对原则与 mRNA 上密码子结合，使所带的氨基酸按 mRNA 分子中密码子顺序排列成肽链。这种结合是反方向的，即反密码子的第 1、2、3 核苷酸分别和密码子的第 3、2、1 核苷酸结合。其中反密码子的第 1 位核苷酸和密码子的第 3 位核苷酸结合时，并不严格遵循碱基配对原则，即 U-G、I-U、I-C 或 I-A 均可配对，这种现象称为摆动配对。

3. rRNA 与蛋白质构成的核糖体（又称核蛋白体）　核蛋白体由大亚基和小亚基组成。两个亚基均由不同的 rRNA 与多种蛋白质组成。大亚基上有转肽酶，还有两个氨基酰-tRNA 结合位点，一个是结合肽酰-tRNA 的位点（peptidyl site 位，P 位，亦称“给位”），另一个是结合氨基酰-tRNA 的位点（aminoacyl site 位，A 位，亦称“受位”）。小亚基有 mRNA 结合部位，使 mRNA 能附着于核蛋白体上，以便遗传密码被逐个进行翻译（图

10-20）。

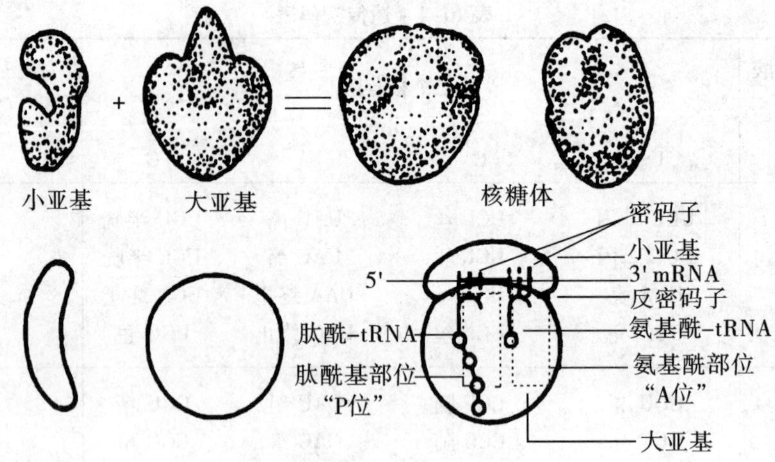


图 10-20 核糖体

**（二）蛋白质合成的酶类**

1. 氨基酰-tRNA 合成酶 此酶在 ATP 存在下，催化氨基酸活化，以便与 tRNA 结合。酶特异性很高，每一种酶只催化一种特定氨基酸与其相应 tRNA 结合，此酶有 20 种以上。

2. 转肽酶 存在于核蛋白体大亚基上，是其组成蛋白质成分之一。作用是使 P 位上肽酰（或氨基酰）-tRNA 的肽酰（或氨基酰）转移至 A 位上氨基酰-tRNA 的氨基上，使酰基与氨基结合形成肽键。

**（三）其他因子**

1. 蛋白因子，如起始因子（initiation factor，IF），延长因子（elongation factor，EF），终止因子或称释放因子（releasing factor，RF）；分别参与蛋白质生物合成的起始、延长和终止过程。

2. $Mg^{2+}$、$K^{+}$等无机离子。

3. ATP、GTP 等供能物质。

## 三、蛋白质生物合成的过程

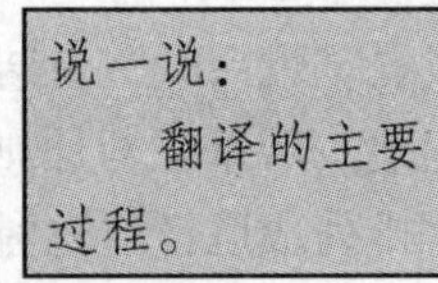


蛋白质的生物合成包括三个阶段：氨基酸活化、肽链合成、多肽链合成后的加工修饰。此过程原核生物与真核生物不全相同，以原核生物为例介绍。

**（一）氨基酸的活化**

氨基酸的羧基以酯键的形式连接在 tRNA 的 3′ 末端上，形成氨基酰-tRNA，即氨基酸活化。反应在细胞质进行，由氨基酰-tRNA 合成酶（下面反应式中用"酶"代表）催化，ATP 供能。反应分两步进行：

$$R-\underset{|}{\overset{NH_2}{CH}}-COOH + ATP \xrightleftharpoons{酶, Mg^{2+}} R-\overset{NH_2}{\underset{}{CH}}-\underset{\|}{\overset{}{C}}(=O) \sim AMP\text{-}酶 + PPi$$

$$R-\overset{NH_2}{CH}-\underset{O}{\overset{}{\underset{\|}{C}}} \sim AMP\text{-}酶 + tRNA\cdots CCA\text{-}OH \rightleftharpoons tRNA\cdots CCA\text{-}O \sim \underset{O}{\underset{\|}{C}}-\overset{NH_2}{CH}-R + AMP + 酶$$

反应中,ATP 分解成 AMP 和焦磷酸并释放能量,使氨基酸的羧基活化,形成氨基酰-AMP-酶中间复合物,其中的活化氨基酰进一步转移到 tRNA 的 3′-CCA 末端腺苷酸(A)的核糖 2′ 或 3′ 位的游离—OH 上,以酯键连接,形成氨基酰-tRNA。转运氨基酸至核糖体上,按 mRNA 遗传密码指导的顺序,参与肽链合成。

**(二)肽链的合成**

在核糖体上按 mRNA 密码顺序,氨基酸缩合成肽链的过程称核糖体循环(ribosome cycle)。此循环可分为起始、延伸、终止三个阶段。

1. 起始阶段　起始阶段主要由核糖体大与小亚基、模板 mRNA 及具有启动作用的甲酰蛋氨酰-tRNA 共同构成起始复合体,这一过程需要 $Mg^{2+}$、GTP 及几种 IF 参与(图 10-21)。mRNA 分子阅读框中第一个密码子既代表起始密码子,又是蛋氨酸密码子,但原核生物参加形成起始复合体的氨基酰-tRNA 是甲酰蛋氨酰-tRNA(fmet-$tRNA^{fmet}$),称为起始 fmet-$tRNA^{fmet}$。

起始复合体的形成首先由 $IF_3$、小亚基、$IF_1$和 mRNA 形成一个复合物;同时,$IF_2$、起始 fmet-$tRNA^{fmet}$和 GPT 也结合成一个复合物;然后上述两种复合物再组成 30S 起始复合物。之后,$IF_3$脱落,$IF_{1,2}$和 GTP 仍结合在复合物中;大亚基结合到小亚基上,形成 70S 起始复合体。复合体中的 GTP 水解为 GDP 和 Pi 脱落,同时 $IF_{1,2}$也释放出来。70S 起始复合体含 mRNA 链的两个密码子,其中第 1 个是起始密码子 AUG 对应于核糖体的 P 位,起始 fmet-$tRNA^{fmet}$的反密码子恰好与之互补结合;mRNA 的第 2 个密码子对应于核糖体的 A 位,以便接受相对应的氨基酰-tRNA。

2. 肽链的延伸　起始复合体形成后,随即对 mRNA 链上的遗传信息进行连续翻译,即各种氨基酰-tRNA 按 mRNA 的密码子顺序在核糖体上一一对号入座,由 tRNA 带到核糖体上的氨基酸依次以肽键相连接,直到新生肽链达到应有的长度为止。新生肽链每增长一个氨基酸单位都要经过进位、转肽和移位的过程,这一阶段需要 EF、GTP、$Mg^{2+}$和 $K^+$参与。

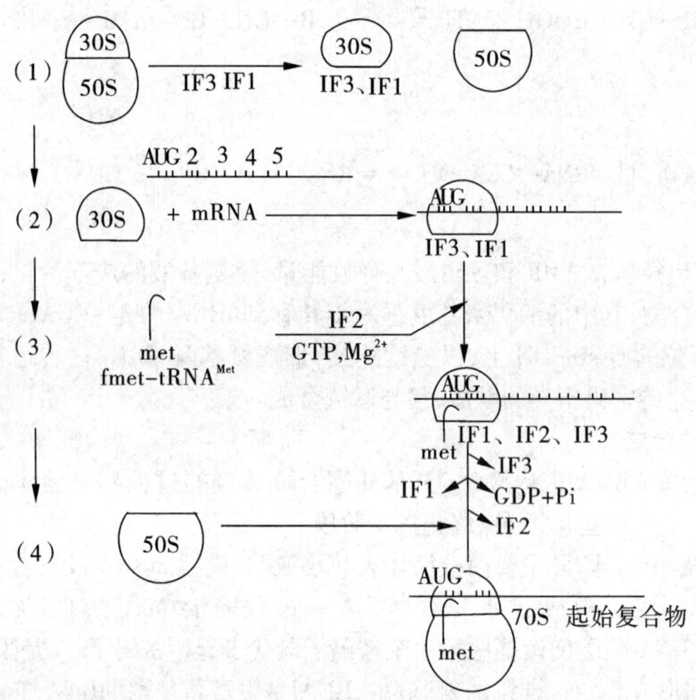


图 10-21 翻译的起始阶段

IF1、IF2、IF3 为三种不同的启动因子

(1)注册(进位):在起始复合体中,起始 fmet-$tRNA^{fmet}$在核糖体的 P 位,A 位空着,依照核糖体 A 位处 mRNA 上的第 2 个密码子,相应氨基酰-tRNA 的反密码子与之互补结合,进入到 A 位。进位必须 EF-T(由 Tu、Ts 两亚基组成)和 GTP 参与。当 EF-T 与 GTP 结合后,释出 Ts,与氨基酰-tRNA 结合成氨基酰-tRNA-Tu-GTP 复合物,将氨基酰-tRNA 送至核蛋白体的 A 位。之后 Tu-GTP 分解释出 Pi,Tu-GDP 脱下,Ts 促进 Tu-GDP 中 GDP 脱落,与 Tu 重新结合成 EF-T(Tu-Ts)。这样,在第 1 次进位后,核蛋白体 P 位及 A 位各结合了一个氨基酰-tRNA。

(2)成肽(转肽):在大亚基中的转肽酶催化下,P 位上甲酰蛋氨酰-$tRNA^{fmet}$中的甲酰蛋氨酰基转移到 A 位,并通过其活化的酰基与 A 位上氨基酰-tRNA 中氨基酰的氨基结合,形成第一个肽键。这样在核糖体 A 位生成了二肽酰-tRNA,之后 P 位上空载的 tRNA 从核蛋白体上脱落下来。转肽过程需要 $Mg^{2+}$和 $K^{+}$。肽链的合成方向为 N 端→C 端。

(3)移位(转位):在 EF-G、GTP 和 $Mg^{2+}$的参与下,GTP 分解供能,核糖体沿 mRNA 由 5′ 端向 3′ 端移动一个密码子位置,使原先在 A 位上的二肽酰-tRNA 移至 P 位,而 mRNA 链上的下一个密码子进入 A 位,以便另一个相应的氨基酰-tRNA 进位。然后再进行转肽,形成三肽酰-tRNA,接着再移位。进位、转肽、移位反复进行,肽链就按 mRNA 密码顺序所决定的氨基酸顺序不断延长,直至出现终止密码为止(图 10-22)。

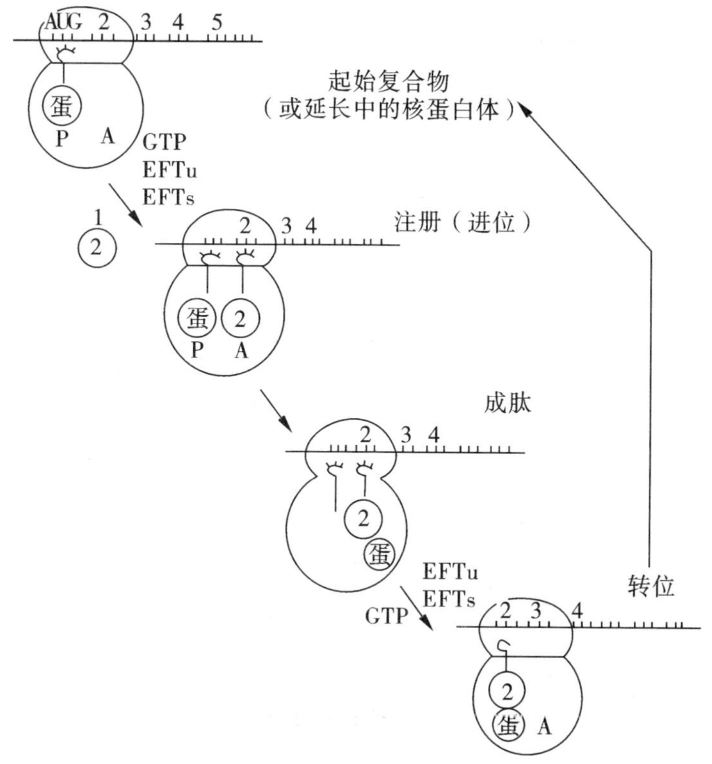


**图 10-22　翻译的延长**

EFTu、EFTs 代表不同的肽链延长因子；

tRNA 上“蛋”、“2”、“3”分别代表甲酰蛋氨酸与不同的氨基酰

3. 肽链合成的终止　当肽链合成至 A 位上出现终止密码(UAG、UAA 或 UGA)时，各种氨基酰-tRNA 都不能进位，只有终止因子能够识别终止密码并与之结合。终止因子和核糖体结合后，使转肽酶活性改变为催化 P 位上肽酰-tRNA 水解酶的作用，从而使合成的多肽链从 tRNA 上释放出来，这一步也需要 GTP 分解供能。接着，tRNA 也从 P 位上脱落，核糖体再解聚为大、小亚基，并与 mRNA 分离。至此，多肽链的合成过程即告完成(图 10-23)。

实际上，细胞内合成多肽时并不是单个核糖体，而是每分子 mRNA 常结合着多个核糖体。1 分子 mRNA 上结合多个核糖体所形成的多聚体称多核糖体，多核糖体才是合成肽链的功能单位。多核糖体上核糖体的数目依 mRNA 的长度而定。一般多个核糖体之间相隔 90 多个核苷酸的距离，所以 mRNA 愈长，结合核糖体愈多。在多核糖体中，每一个核糖体上都有一条正在增长的新生肽链。距 mRNA 3′ 端愈近，新生肽链愈长，直到肽链完全合成为止(图 10-24)。通过多核糖体的形式提高了 mRNA 的利用率，即提高了多肽链合成的效率。

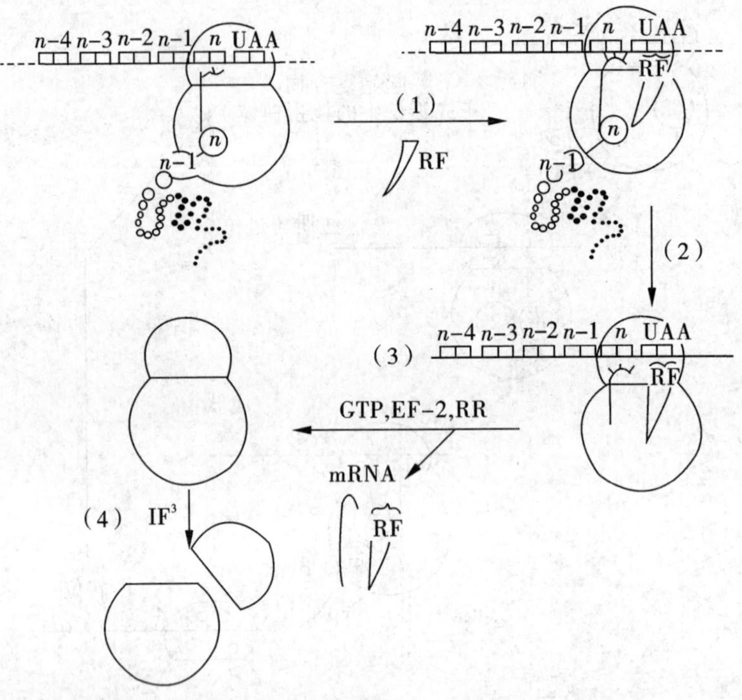


图 10-23 翻译过程的终止

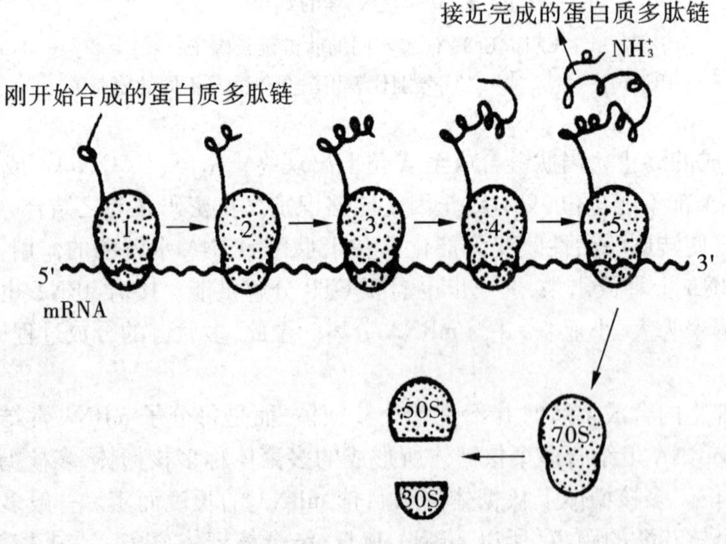


图 10-24 多核糖体

### (三) 多肽链合成后的加工修饰

许多新合成的多肽链还无生物活性,需经加工修饰,才能成为具有一定生物活性的完整的蛋白质分子。主要的加工修饰如下:

1. 多肽链 N-端的甲酰蛋氨酸可被切除　多肽链 N-端的甲酰蛋氨酸可在肽链合成后或在肽链延长过程中，被脱甲酰基酶和对蛋氨酸特异的氨基肽酶作用下先后切除。

2. 切除部分肽段使无活性的或有部分活性的蛋白质转变为完全有活性的形式　如胰岛素原切除一段肽链（C 肽，人 C 肽有 31 个氨基酸残基），使其形成 A 链（21 个氨基酸残基）、B 链（30 个氨基酸残基），才具活性。

3. 氨基酸残基的修饰　如胶原蛋白中某些脯氨酸和赖氨酸经羟化生成羟脯氨酸和羟赖氨酸，才能进而成熟为胶原纤维。某些蛋白质还存在甲基化、磷酸化、糖基化以及酯化的氨基酸残基，都是在肽链合成后，经化学修饰而成的。

4. 二硫键的形成　多肽链内部或多肽链间所形成的二硫键，是多肽链中空间位置相近的半胱氨酸残基的巯基氧化而形成的，二硫键的形成对维持蛋白质空间结构起着重要作用。

# 第四节　蛋白质生物合成与医学的关系

蛋白质生物合成与遗传、分化、免疫、物质代谢、肿瘤发生及某些药物作用等都有密切关系，现举例说明如下：

## 一、分子病

蛋白质分子结构和功能异常而引起的疾病称为分子病。但造成蛋白质结构和功能异常的基础是 DNA 分子上碱基突变。如镰形红细胞贫血症，正常人血红蛋白 $\beta$ 链第 6 位氨基酸是谷氨酸，对应的 RNA 上的密码子是 GAA，DNA 编码链相应的序列也是 GAA，但由于 DNA 损伤，GAA→GTA 致使 mRNA 上的密码子由 GAA→GUA，变成了缬氨酸的密码子，由于缬氨酸取代了谷氨酸，而使红细胞形成镰刀形并容易聚集和破裂。

## 二、干扰素对病毒蛋白质合成的影响

干扰素是一组小分子糖蛋白。病毒感染宿主细胞后，在繁殖过程中复制出双链 RNA，诱导宿主细胞产生干扰素。干扰素作用于其邻近细胞，使之具有抗病毒能力。其机制是干扰素和双链 RNA 能激活蛋白激酶，使真核生物起始因子-2（eIF-2）磷酸化失活，抑制病毒蛋白质合成；干扰素和双链 RNA 还诱导细胞合成 2′,5′-寡聚腺苷酸（通过 2′,5′-磷酸二酯键相连的寡聚腺苷酸），能活化核酸内切酶，降解病毒 mRNA，抑制病毒蛋白质合成（图 10-25）。

> 想一想：
> 干扰素、某些抗生素是如何影响翻译过程的？

## 三、抗生素对细菌蛋白质合成的影响

### （一）抑制 DNA 模板功能的抗生素

此类抗生素有争光霉素、自力霉素，放线菌素、丝裂霉素等。如丝裂霉素 C 选择性地与细菌或癌细胞的 DNA 中鸟嘌呤结合而妨碍 DNA 双链打开，抑制 DNA 复制，实现抗菌和抗肿瘤作用。

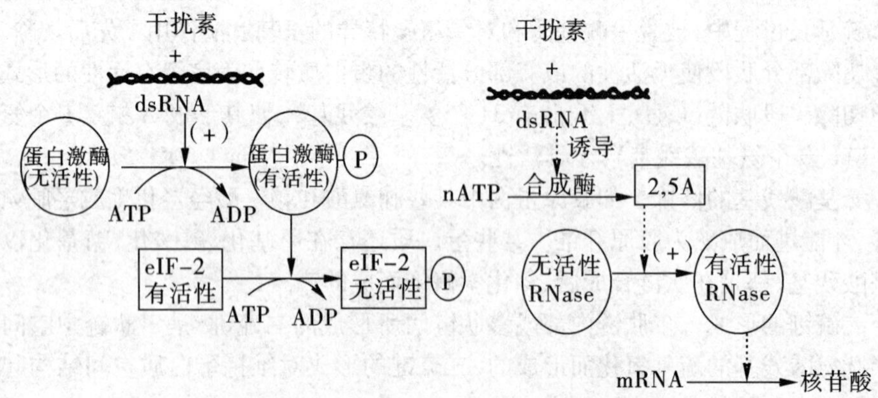


**图 10-25　干扰素对病毒蛋白质合成的影响**

dsRNA:双链 RNA。EIF-2:真核细胞起始因子 2。
2,5A:2',5'-寡腺苷酸。Rnase:核糖核酸内切酶

**(二)抑制 RNA 合成的抗生素**

利福霉素与原核生物 RNA pol 的β亚基结合,使之不能和因子结合,抑制 RNApol 活性,但对真核生物无明显作用,用于抗结核治疗。

**(三)抑制翻译的抗生素**

链霉素和卡那霉素能与原核生物小亚基结合,使核糖体变构,氨基酰-tRNA 与 mRNA 密码子结合松弛,导致错读密码,合成错误的蛋白质。氯霉素能与原核生物大亚基结合,影响肽酰转移反应,阻断肽键形成。

# 第五节　基因表达的调控

## 一、基因表达的概念及基因表达调控的意义

> 想一想:
> 基因表达调控的意义。

基因表达主要是指 DNA 结构基因中遗传信息通过基因激活、转录和翻译合成具有特定功能的蛋白质分子的整个过程。而 tRNA 和 rRNA 基因的转录是基因表达的另一种方式。基因表达可分为两类:组成性基因表达和适应性基因表达。组成性基因表达是指不大受环境变动而变化的一类基因表达。其表达产物是细胞或生物体整个生命过程中都持续需要并且必不可少的,通常被称为看家基因。适应性基因表达是指环境的变化容易使其表达水平变动的一类基因表达。应环境条件变化基因表达水平增高的现象称为诱导,这类基因被称为可诱导的基因。应环境条件变化基因表达产物水平降低的现象称为阻遏,这类基因被称为可阻遏的基因。基因表达调控的意义在于:一是使生物体各组织具有不同的物质代谢功能;二是使机体在生长、发育的不同阶段,基因表达按先后次序进行。即基因表达具有很强的空间性和时间性,以便使机体能更好地适应内外环境的变化和生命

过程的需要。

## 二、基因表达调控的方式

### (一)原核生物基因表达调控

1961 年,Jacob 和 Monod 根据对大肠杆菌乳糖代谢调节的研究,提出了"操纵子"学说。所谓操纵子,就是原核生物基因表达调控的基本单位,它是由一组结构基因和位于其上游的启动基因(启动子)和操纵基因组成。启动基因是 RNA 聚合酶在转录起始时的结合部位,操纵基因是控制 RNA 聚合酶向结构基因移动的必经部位,相当于转录的"控制闸",闸门打开,结构基因便被转录。闸门是开还是关,受位于启动基因上游的调节基因表达的阻遏蛋白(辅阻遏蛋白)及诱导剂(阻遏剂)的影响(图 10-26),这是原核生物基因表达调控的主要方式,也称负性调控;而正性调控是指 cAMP 与分解代谢基因活化蛋白(CAP)结合形成 cAMP-CAP 结合到启动基因的 CAP 位点上,促进转录进行,协助负性调控使细胞适应环境的变化。

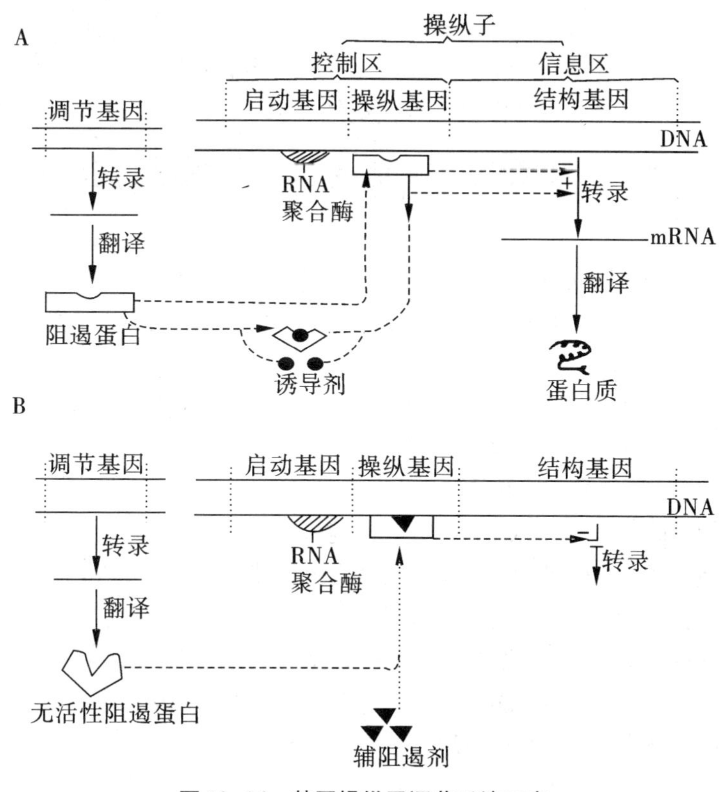


**图 10-26 基因操纵子调节系统示意**

+、-示促进、抑制

A. 阻遏蛋白的阻遏机制 B. 无活性阻遏蛋白的阻遏机制

**(二) 真核生物基因表达调控**

真核基因组分子巨大,结构复杂,调节也更复杂,但可简单描述为由顺式作用元件和反式作用因子调控的。顺式作用元件是指对基因转录有调控作用的 DNA 序列;反式作用因子是指能直接或间接与 DNA 调控元件结合而发挥作用的蛋白质因子。顺式作用因子包括启动子和增强子,反式作用因子主要是一些蛋白质因子。

解释:
操纵子、顺式作用元件反式作用因子。

# 第六节 基因工程

## 一、基因工程概念

基因工程是人工使某特定基因(目的基因)经载体(vector)携带,进入某生物细胞或重组入其 DNA 分子中,经筛选、纯化、扩增,并使之表达出人类所需要的蛋白质或对人类有益的生物性状的技术,也称基因克隆或重组 DNA 技术。它是人工定向改变生物遗传信息的技术,是分子生物学中进展最迅速的技术,已经并将继续为整个生命科学(包括医药卫生各学科)作出不可估量的贡献。

想一想:
基因工程、限制性内切核酸酶、PCR 的概念。

## 二、基因工程的常用载体和限制性内切酶

**(一) 载体**

载体是基因工程中 DNA 片段的重要运载工具,但本身是小型 DNA 分子,它能把适当大小的外源 DNA(非载体自身 DNA)插入自身分子中而转入宿主细胞,并可在宿主细胞中复制。常用的载体有:

1. 质粒(plasmid) 是存在于细菌胞浆中的非染色体环状 DNA,长度为 1 ~ 200 kb(千碱基对),能在宿主细胞内进行自身复制。较好的质粒在宿主细胞中自身复制快,有多个常用限制性内切酶的特异单一位点,容易插入外源 DNA。

2. 噬菌体(phage) 是一类细菌的病毒,能侵入细菌体内并在其中生长繁殖(DNA 复制)。常用 λ 噬菌体,可感染大肠杆菌。噬菌体可携带较大的 DNA 片段。

3. 病毒载体 某些病毒 DNA 能携带外源 DNA 并在动物细胞中增殖,如 $SV_{40}$(simian virus40,猿猴 40 病毒)已转运兔血红蛋白 β-链基因到非洲猴肾培养细胞中并表达成功。

4. 柯斯质粒(cosmid) 又译为黏粒,由细菌的质粒和噬菌体的黏性末端构建而成,可感染进入细胞,可转运 29 ~ 45 kb 的 DNA 片段。既可感染细菌,也可感染哺乳动物细胞,进行基因表达。

**(二) 限制性内切酶**

限制性内切酶(restriction endonuclease)是基因工程的重要工具酶,识别 DNA 双链中特异核苷酸顺序,并在该处水解切开。某些限制性内切酶的切口是错开的,以致切口两边各有几个核苷酸的单链,称为黏性末端(cohesive end)。相反,若切口不错开,叫平头末端(flush end 或 blunt end)。具黏性末端时很容易与同一限制性内切酶切开的载体 DNA 或

染色体 DNA 的黏性末端结合,因为它们的黏性末端是互补的。限制性内切酶的发现和应用使 DNA 体外重组成为可能。在基因工程和分子生物学中,没有任何一种酶像限制性内切酶这样举足轻重和广泛应用。

**(三)连接酶**

在基因工程中可将限制性核酸内切酶切割好的目标 DNA 和载体 DNA 连接成重组 DNA 分子。

## 三、基因工程的基本过程

基因工程的基本过程是:①制备目的基因; ②基因构建重组体(目的基因和载体连接);③转化或转染(将重组体导入宿主细胞);④筛选纯化后,目的基因进行扩增、表达及表达产物的获得(图 10-27)。

说一说:
基因工程的基本过程。

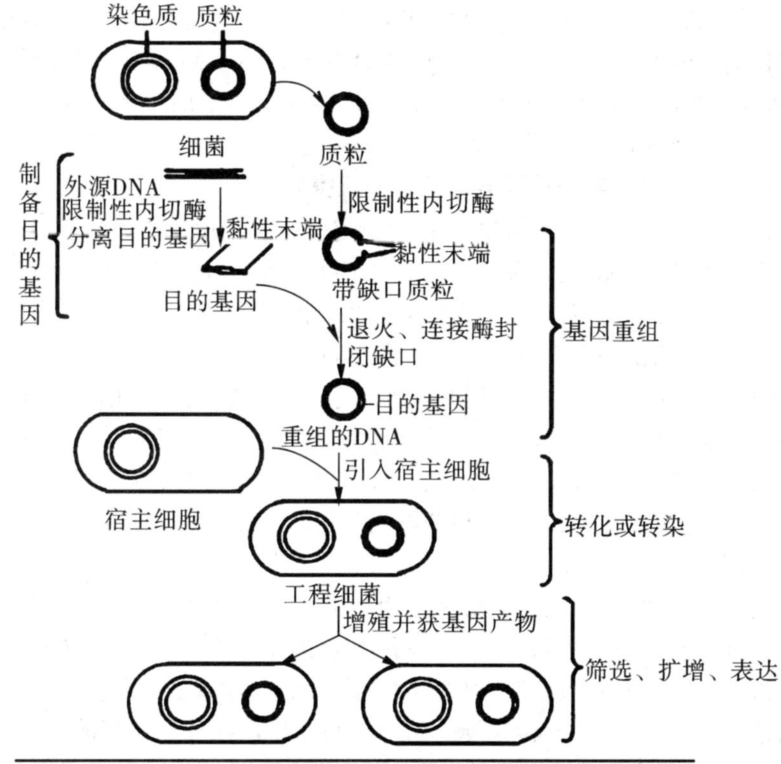


**图 10-27　基因工程示意**

**(一)制备目的基因**

目标 DNA 也称目的基因,是指为达到目的而选定的欲转导、克隆、表达的基因。目标 DNA 可通过以下几个方面获得:

(1)从基因组中直接分离。

(2)逆转录:对于真核生物来说,直接分离比较困难,但是可从胞质中分离得到相应的 mRNA,通过逆转录机制可获得 cDNA。

(3)人工合成:对于简单的 DNA 序列可进行人工合成。

(4)聚合酶链反应(PCR):这是一种常用的 DNA 扩增技术,在获取目标 DNA 中应用十分广泛。

> 想一想:
> 基因工程中常用工具酶有何作用特点?目标 DNA、载体 DNA 可以从哪几方面获得?

**(二)构建重组体**

用于制备目的基因时所选定的同一限制性内切酶切开载体,使目的基因和载体 DNA 两端有互补的黏性末端。二者在一起保温,其黏性末端可自发地进行碱基互补配对形成氢键。再用 DNA 连接酶连接缺口,使目的基因重组入载体环状 DNA 中。平头末端者则需加上人工接头构成黏性末端。也可在连接酶作用下连接,但需要的酶和底物量大、连接效率低。

**(三)重组 DNA 的转化**

把插入了目的基因的载体称 DNA 重组体。它可进入受体细胞(宿主细胞)自主进行复制,或把目的基因 DNA 整合到受体细胞 DNA 中再进行复制、表达。把用细菌质粒作载体的重组体导入受体细胞的过程叫转化(transformation)。把用噬菌体、病毒作载体,构建的重组体导入受体细胞的过程称转染(transfection)。

**(四)筛选,纯化、扩增、表达及表达产物的获得**

要进行目的基因的表达,必须筛选、纯化出已经准确而成功地转化或转染了的受体细胞,常用的方法主要是根据遗传表型筛选纯化和利用酶基因标志筛选。筛选、纯化后的单一细胞或菌落,再进行培养繁殖使之成为增殖系,即细胞克隆。随细胞克隆不断进行,重组 DNA 分子在受体细胞中不断复制而使目的基因不断扩增。

基因工程的目的是使目的基因高效表达,产生对人类有价值的蛋白质产品或对人类有益的生物性状。目的基因的表达及表达产物的检测、获得,实际上相当复杂,尽管其研究进展很快,但仍有大量理论和技术问题有待解决。尽管困难不少,但基因工程已取得了诸多极其重要的进展,并显示出其广阔的发展前景。仅在医药卫生领域,正在开发的医用活性多肽和疫苗已达 100 种以上,如人胰岛素、生长激素、干扰素、白细胞介素、肿瘤坏死因子、麻风疫苗、百日咳疫苗、乙型肝炎疫苗等。已投放市场的有:生长激素、乙肝疫苗等。使用 DNA 探针(用同位素等标记的与某基因互补的单股 DNA 片段)技术检测基因缺陷或突变已被应用于遗传病、传染病、肿瘤作基因诊断及法医鉴定等很多领域。基因治疗也已开始,目前研究多在单基因缺陷所致的疾病,1990 年治疗腺苷脱氨酶缺陷症已获成功。基因工程的研究可改变生物遗传性状,创造新品种。如 1983 年已把生长激素基因移入小白鼠受精卵,培育出体重增加 2 倍的"超级鼠"(转基因鼠)。我国把此激素基因移入鱼卵,其鱼幼苗生长速度提高了 2 倍。近年来,我国已完成了抗棉铃虫棉花、抗冻西红柿、克隆绵羊、克隆牛、克隆山羊等应用基因工程的研究。

## 小 结

分子生物学的中心法则阐明了生物遗传信息的规律。DNA 通过半保留复制使遗传信息能够代代相传。复制需要许多酶和蛋白质参与，过程可分为起始、延长和终止三阶段。由复制体按5′→3′方向合成先导链和随从链，随从链是以冈崎片段形式合成。内外环境中某些因素可使DNA损伤，这是突变发生的原因，机体能对其进行修复。逆转录是RNA病毒的复制形式，它是以RNA为模板合成DNA的过程。

转录和复制都是核苷酸聚合成核酸大分子的过程，复制需全部保留和继承亲代的遗传信息；转录是活细胞所需信息的表达，是不对称的转录，需RNA聚合酶及ρ因子等参与，过程可分为起始、延长、终止三阶段。转录出的RNA需经加工修饰成熟后才能发挥生物学活性。

蛋白质的生物合成，需要各种氨基酸作为原料，mRNA作模板，tRNA作转运工具，rRNA和多种蛋白质组成的核糖体作为装配机以及酶、蛋白因子参与。其过程包括氨基酸活化、肽链合成及加工修饰三阶段。肽链合成通过核糖体循环进行，此循环又分起始、延伸和终止三步。延伸由进位、转肽、移位反复循环使肽链延长。终止时终止因子识别并结合终止密码而使肽链脱落。所合成肽链需经加工修饰才能具有生物学活性。

基因表达是基因的遗传信息通过转录和翻译合成各种RNA和蛋白质的过程。生物体内基因的表达有精密的调控机制，以保证功能的有序性。基因表达调控是生物体内基因表达过程在时间、空间上处于有序状态，并对环境条件的变化做出适当反应的复杂过程。

基因工程是按人的意志定向改变生物遗传信息，以获得人类所需要的蛋白质和对人类有益的生物性状。基因工程常见工具是载体和限制性内切酶，基本过程是制备目的基因，把基因与载体连接，再用其转化宿主细胞并扩增，表达目的基因，整个过程可归纳为分、切、接、转、筛、表六大步。

（肖明贵　王慧玲）

# 第十一章　癌基因、抑癌基因与生长因子

**学　习　目　标**

◆掌握癌基因、抑癌基因的概念。

◆熟悉细胞癌基因、病毒癌基因和生长因子的概念。

◆了解常见的细胞癌基因。

◆了解肿瘤的发生与癌基因、抑癌基因的关系。

肿瘤的发生是由于肿瘤细胞的异常生长、增殖和分化引起的，而调控肿瘤细胞恶性生长增殖的基因有两类：一类是促进细胞增殖，具有致癌潜在能力的基因，称为癌基因。另一类是抑制细胞生长增殖，具有抑制肿瘤形成的基因，称为抑癌基因。当这两类基因的任何一种或两种发生变化，即可引起细胞生长失控，导致肿瘤发生。肿瘤的发生又是一个复杂的多基因改变过程，与癌基因、抑癌基因及生长因子的异常表达有密切关系。

## 第一节　癌基因和抑癌基因

### 一、癌基因

癌基因（oncogene，onc）是指在细胞内控制细胞生长和分化的基因，其结构异常或表达异常，可以引起细胞癌变。癌基因的名称一般用3个斜体小写字母表示，如*myc*、*ras*、*src*等。癌基因包括病毒癌基因（virus oncogene，v-onc）和细胞癌基因（c-oncogene，c-onc）。

> 想一想：
> 什么是癌基因？包括哪些？

#### （一）病毒癌基因

病毒癌基因是指存在于病毒基因组中的癌基因，它不编码病毒的结构成分，对病毒复制也没有作用，但可以使细胞持续增殖。

癌基因最初是在逆转录病毒内发现的。1911年P. Rous从鸡肉瘤中分离到了第一个急性转化逆转录病毒，即鸡Rous肉瘤病毒（Rous sarcoma virus，RSV）。经研究证明，在RSV的核酸中发现有一个特殊片段（sarcoma），提取这类病毒的核酸片段进行转化试验，能使正常细胞向癌细胞转变，被命名为癌基因*src*，因而将这种病毒的核酸片段即病毒所携带的致转化基因，称为病毒癌基因。病毒癌基因通常以逆转录病毒株结合其所转化的

宿主细胞命名，如 *src* 癌基因。到目前为止，已发现几十种病毒癌基因，并发现相当一部分病毒癌基因具有癌基因产物。

**（二）细胞癌基因**

细胞癌基因又称为原癌基因，是指存在于正常细胞基因组中的癌基因。正常细胞的原癌基因为生命活动所必需，调节细胞的正常生长与分化。当原癌基因被激活而异常表达时，可引起细胞恶变，形成肿瘤。

细胞癌基因广泛分布于生物界，种类繁多，根据其表达产物不同可分为五个家族：

1. *src* 家族　包括 *src*、*abl*、*fgr*、*fes*、*yes* 等 10 多种基因，表达产物主要是酪氨酸蛋白激酶类。

2. *ras* 家族　有 *H-ras*、*K-ras*、*N-ras* 等多种，表达产物多为信息传递蛋白。

3. *myc* 家族　包括 *C-myc*、*N-myc*、*L-myc* 等数种基因，表达产物属于 DNA 结合类及反式作用因子。

4. *sis* 家族　表达产物为生长因子。

5. *myb* 家族　包括 *myb* 和 *myb-ets* 两个成员，表达产物为核蛋白，能与 DNA 结合，属于转录因子（表 11-1）。

**表 11-1　细胞癌基因的分类及功能**

| 类别 | 癌基因 | 同源的细胞基因 |
|---|---|---|
| 蛋白激酶类 | | |
| 1. 跨膜生长因子受体 | *erb B* | EGF 受体 |
| | *neu*（*erb-2*、*HER-2*） | EGF 受体相似物 |
| | *fms*、*ros*、*kit*、*ret*、*sea* | M-CSF 受体 |
| 2. 膜结合的酪氨酸蛋白激酶 | *src* 族（*src*、*fgr*、*yes*、*lck*、*nck*、*fym*、*fes*、*fps*、*lym*、*tkl*）*abl* | |
| 3. 可溶性酪氨酸蛋白激酶 | *met*、*trk* | |
| 4. 胞浆丝氨酸/苏氨酸蛋白激酶 | *raf*（*mil*、*mht*）、*mos*<br>*cot*、*pl-1* | |
| 5. 非蛋白激酶受体 | *mas* | 血管紧张素受体 |
| | *erb* | 甲状腺激素受体 |
| 信息传递蛋白类 | | |
| 与膜结合的 GTP 蛋白 | *H-ras*、*K-ras*、*N-ras* | |
| 生长因子类 | *sis* | PDGF-2 |
| | *int-2* | FGF 同类物 |
| 核内转录因子 | *C-myc*、*N-myc*、*L-myc* | 转录因子 |
| | *fos*、*jun* | 转录因子 AP-1 |

癌基因被激活，其表达产物的质和量发生改变，导致细胞生长增殖失控。

议一议：
病毒癌基因与细胞癌基因的区别？

## 二、抑癌基因

### （一）抑癌基因的概念

抑癌基因又称肿瘤抑制基因（tumor suppressor gene）或抗癌基因（anti-oncogene），是指存在于正常细胞内的一类可抑制细胞过度生长并具有潜在抑癌作用的基因。

抑癌基因在调控细胞增殖和分化方面与癌基因同等重要，只是导致细胞发生转化的机制与癌基因相反，是由于这类基因的缺失或其表达产物功能的丧失会促进细胞恶性生长。

### （二）常见的抑癌基因

抑癌基因表达产物主要包括跨膜受体、胞质调节因子或结构蛋白、转录因子和转录调节因子、细胞周期因子、DNA 损伤修复因子以及其他一些功能蛋白。目前已知的一些抑癌基因见表 11-2。

表 11-2　常见的某些抑癌基因

| 名称 | 染色体定位 | 相关肿瘤 | 作用 |
|---|---|---|---|
| P53 | 17P13 | 多种肿瘤 | 编码 P53 蛋白（转录因子） |
| Rb | 13q14 | 视网膜母细胞瘤、骨肉瘤、肺癌、乳瘤 | 编码 P105Rb1 蛋白 |
| P16 | 9P21 | 黑色素瘤 | 编码 P16 蛋白 |
| APC | 5q21 | 结肠癌 | 可能编码 G 蛋白 |
| DCC | 18q21 | 结肠癌 | 编码表面糖蛋白 |
| NF1 | 7q11.2 | 神经纤维瘤 | GTP 酶激活剂 |
| NF2 | 22q12 | 神经鞘膜瘤、脑膜瘤 | 连接膜与细胞骨架 |
| VHL | 3p25 | 小细胞肺癌、宫颈癌 | 转录调节蛋白 |
| WT1 | 11P13 | 肾母细胞瘤 | 编码锌指蛋白（转录因子） |

# 第二节　癌基因、抑癌基因与肿瘤的发生

在正常细胞，抑癌基因与原癌基因共同调控细胞生长和分化，相互制约，协调表达，维持正负调节信号的相对稳定。当细胞生长到一定程度时，会自动产生反馈，使抑癌基因高表达，癌基因不表达或低表达。

想一想：
癌基因和抑癌基因的作用机制有何不同？

在某些因素作用下，原癌基因可被激活而具有转化细胞的性质，

通过干扰正常的细胞信号转导过程造成细胞异常分化和增生。而抑癌基因功能的缺失或失活也是细胞癌变的重要原因。抑癌基因的失活常见的几种途径:①基因缺失或自身突变,使表达产物失去活性;②表达蛋白质的磷酸化状态;③抑癌基因与癌基因的表达蛋白相互作用,对细胞增生有正调控作用的原癌基因活性异常增加,同时抑制细胞增生的抑癌基因缺失或失活,最终可引起细胞转化和癌变。

肿瘤发生(tumorigenesis)是多步骤过程。这种多步骤过程在家族性多发性腺瘤样息肉病(FAP)和甲状腺癌中研究得较为详细。从多发性腺瘤样息肉转变为结肠癌可能需要7个或更多的基因突变步骤:①FAP因胚系变化,APC基因的一个等位基因已失活,另一个野生型等位基因如果也发生突变就能使抑癌基因APC丧失功能,导致结肠上皮细胞增生;②在此基础上如果基因突变而使DNA甲基化程度降低,上皮细胞增生可转变为早期腺瘤;③原癌基因K-ras的活化进一步促进腺瘤生长;④抑癌基因DCC丧失功能后腺瘤进展到晚期;⑤抑癌基因P53失活后腺瘤转变为腺癌。在结肠癌发生过程中,上述基因突变的顺序也可能会有变化,在其他的的肿瘤发生过程中涉及的基因突变也不局限于上述基因。

**【知识链接】**

**动脉粥样硬化与癌基因**

动脉粥样硬化是一种以细胞增殖和变性为主要特征的疾病。近年的研究表明,癌基因和抑癌基因与动脉粥样硬化可能有密切关系。动脉粥样硬化斑块损伤的细胞,癌基因表达比正常组织高5~12倍。癌基因的高表达产生过量的血小板源生长因子(PDGF),后者作用于PDGF受体,导致组织细胞的增生,引起血管壁斑块的形成。

## 第三节　生长因子

### 一、生长因子概念及功能

生长因子(growth factor,GF)是一类能促进细胞增生的多肽类,种类极多,通过与质膜上的特异受体结合发挥作用。它们在体液中浓度很低,但对细胞的增生、分化及细胞的其他功能却有明显的生物学效应,是代谢调节的重要方式。

细胞合成、分泌的生长因子到达靶细胞后,作用于细胞膜相应的生长因子受体,这些受体是具有酪氨酸蛋白激酶活性的膜蛋白,可介导发生复杂的信号转导级联过程,最终导致细胞增生。

想一想:
　　什么是生长因子?

### 二、生长因子与肿瘤

各种生长因子都与细胞增生有关,如EGF可促进多种细胞有丝分裂,刺激细胞增生,促进创伤愈合。在肿瘤发生发展中,肿瘤细胞通过自分泌、旁分泌的EGF刺激细胞酪氨酸蛋白激酶(TPK)活性,使细胞不断分裂增生。HGF介导肿瘤组织与间质的作用,促进肿瘤的浸润与转移。

生长因子在肿瘤细胞中常表现为促进增生的信号加强。主要表现有:

1. 肿瘤细胞分泌更多的生长因子　多种癌细胞能产生生长因子,使促进增生的信号加强,如肺癌和卵巢癌细胞 TGF 分泌量增加。

2. 生长因子受体数量增多　在腺癌、鳞状上皮细胞癌中 Erb-B、EGF 受体过度表达。在神经胶质细胞瘤中 NGF 受体显著增加。生长因子的数量与肿瘤的生长速度呈正相关。

3. 信号途径分子异常激活　在肿瘤组织中,ras 的高突变率使小 G 蛋白处于易与 GTP 结合的活性形式,进而促进细胞增生。

## 【知识链接】

### 细胞凋亡与肿瘤

细胞凋亡是在某些生理或病理条件下,细胞接受到某种信号所触发的并按一定程序进行的主动、缓慢的死亡过程。借此机体让不需要的细胞消亡,在生长发育和维持组织器官细胞数目恒定以维持内环境的平衡方面起很大作用。因此,它是细胞的一种不同于坏死的死亡方式,是细胞内的有规律的自我消亡过程。这一过程对控制细胞增殖,防止肿瘤的发生与生长有重要意义。

细胞凋亡与肿瘤发生与生长有着密切的关系。肿瘤不仅是细胞增殖、分化异常的疾病,同时,也可能是一种凋亡异常的疾病。

## 小　结

癌基因是指在细胞内控制细胞生长和分化的基因,其结构异常或表达异常,可以引起细胞癌变。癌基因分为病毒癌基因和细胞癌基因。抑癌基因又称抗癌基因,是一类抑制细胞增殖的基因。在正常细胞,抑癌基因与原癌基因共同调控细胞生长和分化,相互制约,协调表达,维持正负调节信号的相对稳定。当这两类基因的任何一种或两种发生变化,即可引起细胞生长失控,导致肿瘤发生。

生长因子是一类能促进细胞增生的多肽类,种类极多,通过与质膜上的特异受体结合发挥作用。

肿瘤的发生是多因素的多阶段变化的结果,癌基因的激活及抑癌基因的失活所导致的细胞增生加快与细胞凋亡抑制的概念适合于各种肿瘤的发生和发展机制。

(赵亚杰)

# 第十二章 细胞信号转导

**学 习 目 标**

◆掌握信号分子、受体、细胞信号转导的概念。
◆熟悉信号分子、受体的种类及作用。
◆熟悉受体与配体结合的特点。
◆了解 cAMP 信号转导途径、胞内受体介导的信号转导途径。
◆了解细胞信号转导与医学的关系。

细胞信号转导是机体内一部分细胞发出信号，另一部分细胞接受信号并将其转变为细胞功能变化的过程。信号分子通过与存在于靶细胞膜上或细胞内的受体特异性的识别并结合，激活特定的信号放大系统，引起蛋白质分子构象、酶活性、膜通透性以及基因表达等方面的改变，从而产生一系列的生理效应。简言之，细胞信号转导（cellular signal transduction）就是指生物体对内外源信息所发生的细胞应答过程。

细胞信号转导的异常与人类许多常见疾病相关，其中包括肿瘤、内分泌代谢性疾病、心血管疾病以及某些精神疾病等。某些感染性疾病的发病机制，如霍乱等也与细胞信号转导紊乱有密切关系。因此，阐明细胞信号转导的机制对于认识细胞在整个生命过程中的增殖、分化、代谢及死亡等方面的表现和调控方式，进而理解各种生命活动的本质具有重大的理论意义。

## 第一节 信号分子

### 一、信号分子概念

体内外因素如激素、生长因子、神经递质、光、味、机械刺激等可引发细胞内若干种化学物质的浓度或活性变化，进而调节物质代谢及细胞的生物学行为。这些具有调节细胞生命活动功能的化学物质被称为信号分子（signaling molecules）。信号分子可以携带各种生物信息，通过细胞间的交流调节细胞的生长、分化、物质代谢及学习记忆等生命过程。

## 二、信号分子的种类与化学本质

信号分子根据其来源和作用机制可分为蛋白质和肽类(如胰岛素、胰高血糖素、下丘脑激素、垂体激素)、氨基酸及其衍生物(如甲状腺激素、儿茶酚胺类激素)、类固醇激素(如肾上腺皮质激素、性激素)、脂肪酸衍生物(如前列腺素)、神经递质(如乙酰胆碱、5-羟色胺、脑啡肽)、生长因子(如表皮生长因子、成纤维细胞生长因子、血小板衍生生长因子)、细胞因子(如白介素、干扰素)、无机物(如 $Ca^{2+}$)和气体(如 NO、CO)等。

> 想一想:
> 信息分子有哪些种类,根据其不同作用有如何区分?

为了区别信号分子的不同作用,细胞外或细胞间生物信号分子如激素、生长因子、神经递质等称为第一信使。第一信使与细胞膜上特异受体结合后,引起胞质内产生细胞内信号分子,如3′,5′-环腺苷酸(cAMP)、3′,5′-环鸟苷酸(cGMP)、$Ca^{2+}$、三磷酸肌醇($IP_3$)、甘油二酯(DAG)、神经酰胺、NO、CO 等称为第二信使。第二信使的特点是:能转换、放大细胞外调节信号;能在细胞内扩散;其直接作用多数是通过酶促级联反应,最终改变信号转导酶/蛋白质或离子通道活性,引起细胞生物效应。负责细胞核内外信息传递的物质称为第三信使,这是一类可与靶基因特异序列结合的核蛋白,能调节基因的转录,因此又称为 DNA 结合蛋白,发挥着转录因子或转录调节因子的作用。如立早基因编码的蛋白质常作为第三信使参与基因调控、细胞增殖与分化以及肿瘤的形成等。

# 第二节　受体

受体(receptor)是指存在于靶细胞膜上或细胞内的一类特殊蛋白质,个别是糖脂。其作用有两个方面:一是识别外源信号分子并与之结合;二是转换配体信号,使之成为细胞内分子可识别的信号,将信号正确无误地放大并传递到细胞内部,进而引起生物学效应。能与受体呈特异性结合的生物活性分子称为配体(ligand)。

## 一、受体的分类、一般结构及功能

根据受体存在的部位的不同,可将其分为细胞膜受体和细胞内受体两大类。细胞膜受体存在于细胞膜上,它们绝大部分是镶嵌糖蛋白,其配体结合部位均位于质膜表面。与膜受体结合的大部分信号分子都具有亲水性,不能直接进入细胞,因而只能结合于靶细胞膜表面的受体,然后触发细胞内的信号转导途径,产生特异的生理效应。细胞内受体则位于胞浆或胞核中,它们全部为 DNA 结合蛋白。疏水性的信号分子与载体蛋白结合而转运到达靶细胞,再与载体蛋白解离后,通过扩散穿过质膜进入细胞,与靶细胞内的受体结合而使之活化,调控特异基因的表达。

### (一)膜受体

按照其分子结构与功能的不同,膜受体又可分为多种。

1. 离子通道型受体　此型受体本身就是位于细胞膜上的配体门控离子通道,其共同特点是由均一的或非均一的亚基构成寡聚体,并由这些亚基围成一跨膜通道,故又称为环状受体。此型受体通过配体的结合与否来控制通道的开关,选择性地允许离子进出细胞,引起细胞内某种离子浓度的改变,从而引发生理效应。例如,烟碱样乙酰胆碱受体是由五个亚基构成的跨膜的寡聚体,对 $Na^+$、$K^+$及 $Ca^{2+}$的通透具有选择性。

2. G 蛋白偶联型受体　此型受体通常为单体或均一的亚基组成的寡聚体,其多肽链可分为胞外区、跨膜区和胞内区三部分。多肽链在细胞内外往返跨膜后形成 7 段α-螺旋的跨膜区(故又称七跨膜α-螺旋型受体)。7 段疏水α-螺旋由 6 个环状肽段将其连接,胞外、胞内各 3 个。N-末端位于细胞外,C-末端位于细胞内。胞内区第三环与 C-末端序列构成与 G 蛋白偶联的结构域,通过 G 蛋白(鸟苷酸结合蛋白)影响腺苷酸环化酶(adenylate cyclase,AC)或磷脂酶 C(lipase C)等的活性,再引起细胞内产生第二信使。大多数常见的神经递质受体和激素受体是属于 G 蛋白偶联型受体。

3. 具有酶活性的受体　此型受体一般是由均一或非均一多肽链构成的单体或寡聚体,每个单体或亚基的跨膜α-螺旋区只有一段(故又称单跨膜α-螺旋型受体),具高度疏水性。受体的细胞外区较大,为配体结合区;细胞内区则带有受体型酪氨酸蛋白激酶(tyrosine protein kinase,TPK)结构域,或者带有与非受体型 TPK 作用的结构域。此型受体与配体结合后,通常引起受体构象改变,然后激活受体的或非受体的 TPK 活性,催化底物蛋白酪氨酸残基的磷酸化,触发细胞信号转导过程。胰岛素受体(InsR)、表皮生长因子受体(EGFR)、血小板衍生生长因子受体(PDGFR)等都属于此型受体。

4. 具有鸟苷酸环化酶(guanylate cyclase,GC)活性的受体　该类受体分为膜受体和可溶性受体。膜受体的配体包括心房钠尿肽(atrionatriuretic peptide,ANP)和鸟苷蛋白。可溶性的鸟苷酸环化酶(soluble guanylate cyclase,GC-S)的配体为 NO 和 CO。

**(二)胞内受体**

此型受体分布于胞浆或胞核,多为反式作用因子,当与相应配体结合后,能与 DNA 的顺式作用元件结合,调节基因转录。能与该型结合的信息物质有类固醇激素、甲状腺素和维甲酸等。

> 说一说:
> 受体有哪些类型?

## 二、受体与配体结合的特点

1. 高度专一性　指受体只能选择性与相应的配体结合的性质。其原因在于受体分子上存在具有一定空间构象的配体结合部位,即配体结合结构域,该结构域只能选择性地与具有特定分子结构的配体相结合。这一性质使靶细胞只能对其周围环境中的特定信号分子产生反应。

2. 高度亲和力　体内信号分子的浓度非常低,无论是膜受体还是胞内受体,它们与配体间的亲和力都极强,即使在浓度极低的情况下都可发生。

3. 可逆性　受体与配体之间以非共价键结合,键能较低,当生物效应发生后,受体-配体复合物随即解离,受体可恢复到原来状态,并被再次利用,而配体则常被立即灭活。

4. 可饱和性　在一定条件下,存在于靶细胞表面或细胞内的受体数目是一定的。因此,受体与其配体的结合反应可达到饱和,受体-配体结合曲线为矩形双曲线。

> 说一说:
> 受体与配体的结合有哪些特点?

5. 特定的作用模式　受体在细胞内的分布,从数量到种类均有组织特异性,并出现特定的作用模式,提示某类受体与配体结合后能引起某种特定的生理效应。

### 三、受体活性的调节

许多因素可以影响细胞的受体数目和(或)受体对配体的亲和力。若受体的数目减少和(或)对配体的结合力降低与失敏,称之为受体下调。反之则称为受体上调。一般说来,基因表达增强可使靶细胞受体数目增加;结合配体后的膜受体常被溶酶体酶降解而导致膜表面受体数目减少。受体的磷酸化-脱磷酸化修饰,或者受体构象的改变,则会导致受体与配体亲和力的增高或降低。此外,膜磷脂代谢、G 蛋白也影响受体与配体的结合。

## 第三节　细胞信号转导途径

信号分子与靶细胞膜表面或细胞内的特异受体结合以后,引起受体的构象和(或)酶活性改变,即可将信号传递给细胞内的各种信号转导分子,通过一系列的级联反应,最后产生特定的生理效应。由细胞内若干信号转导分子所构成的级联反应系统称为细胞信号转导途径。目前已经鉴定的细胞信号转导途径达 10 多条,同一信号转导途径可由不同的信号分子通过不同的机制激活,同一信号分子也可通过若干不同的途径进行信号转导,且绝大多数信号转导途径之间存在广泛的信号交流,从而使各信号转导途径在细胞内形成了一个十分复杂的网络系统。不同的信号分子之所以能作用于靶细胞并使之产生特定的生理效应,除了由于触发的信号转导途径不同以外,还因为所触发的若干信号转导途径的组合方式及信号交流的情况不同。

### 一、膜受体介导的信号转导途径

膜受体介导的信号转导途径的共同特征,是通过存在于细胞外的信号分子与靶细胞膜表面受体的特异结合来触发细胞内的信号转导过程,信号分子本身并不进入细胞。膜受体介导的信号转导途径主要有:cAMP 信号转导途径、cGMP 信号转导途径、PI3K 信号转导途径、$Ca^{2+}$信号转导途径、TPK 信号转导途径等。cAMP 信号转导途径是一条经典的信号转导途径,信号分子通常与 G 蛋白偶联型受体相结合而激活此途径。一般说来,构成 cAMP 信号转导途径的级联反应为:信号分子→膜受体→G 蛋白→AC→cAMP→PKA(蛋白激酶 A)→效应蛋白(酶)→生理效应(图 12-1)。

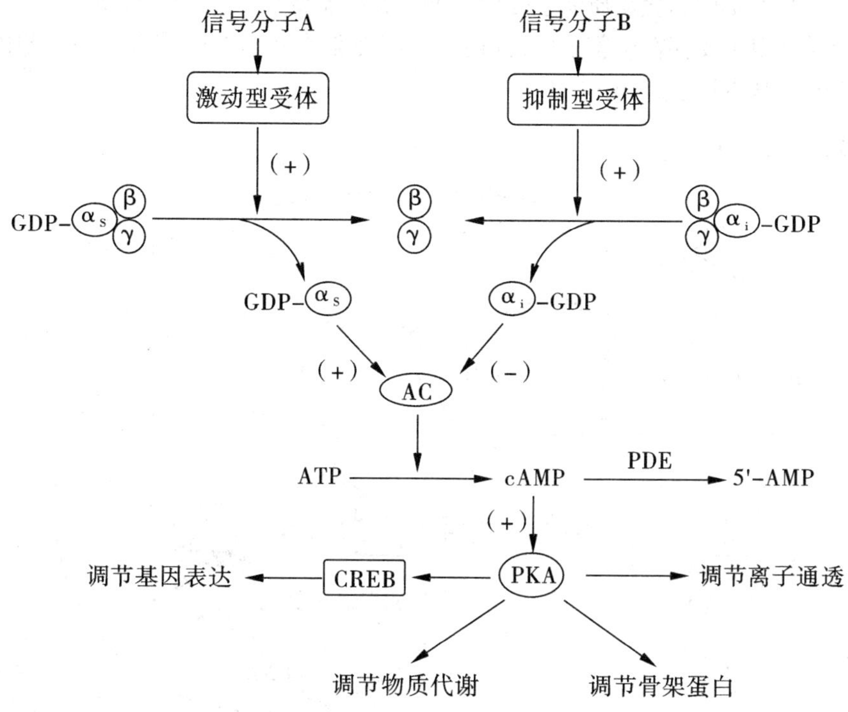


图 12-1　cAMP 信号转导途径的级联反应

## 【知识链接】

### 让我们记住这些科学家

萨瑟兰(Earl W. Sutherland, Jr.),发现并分离出 cAMP,揭示了激素调节作用的机制,荣获 1971 年诺贝尔生理学或医学奖。费希尔(Edmond H. Fischer)和克雷布斯(Edwin G. Krebs)发现了可逆性蛋白磷酸化修饰调节机制,荣获 1992 年诺贝尔生理学或医学奖。他们的发现探明了传递生命第二信使的实质。

科恩(Stanley Cohen)和利瓦伊-蒙塔尔奇尼(Rita Levi Montalcini)发现了生长因子并揭示其生理功用;吉尔曼(Alfred G. Gilman)和罗德贝尔(Martin Rodbell)发现了 G-蛋白及其在细胞内信号传导中的作用;佛契哥特(Robert F. Furchgott)、伊格纳罗(Louis J. Ignarro)和慕拉德(Ferid Murad)发现一氧化氮是心血管系统的一种信号分子;卡尔森(Arvid Carlsson)、格林加德(Paul Greengard)和坎德尔(Eric Kandel)发现了神经系统中的信号传递;这些科学家分别于不同年代荣获诺贝尔生理学或医学奖。

## 二、胞内受体介导的信号转导途径

通过胞内受体介导进行信号转导的信号分子通常具有脂溶性,包括类固醇激素(糖皮质激素、盐皮质激素、雄激素、雌激素、孕激素)、甲状腺激素($T_3$、$T_4$)、1,25-$(OH)_2$ $D_3$以及视黄酸等。这些信号分子的特异受体都分布于胞浆和(或)胞核中,但其分布存在差异。糖皮质激素受体和盐皮质激素受体主要存在于胞浆中，$T_3$受体、1,25-(OH)$_2$ $D_3$受体和视黄酸受体则主要存在于胞核中，其他受体则在胞浆和胞核中均有分布。胞内受体介导的信号转导基本过程见图 12-2。

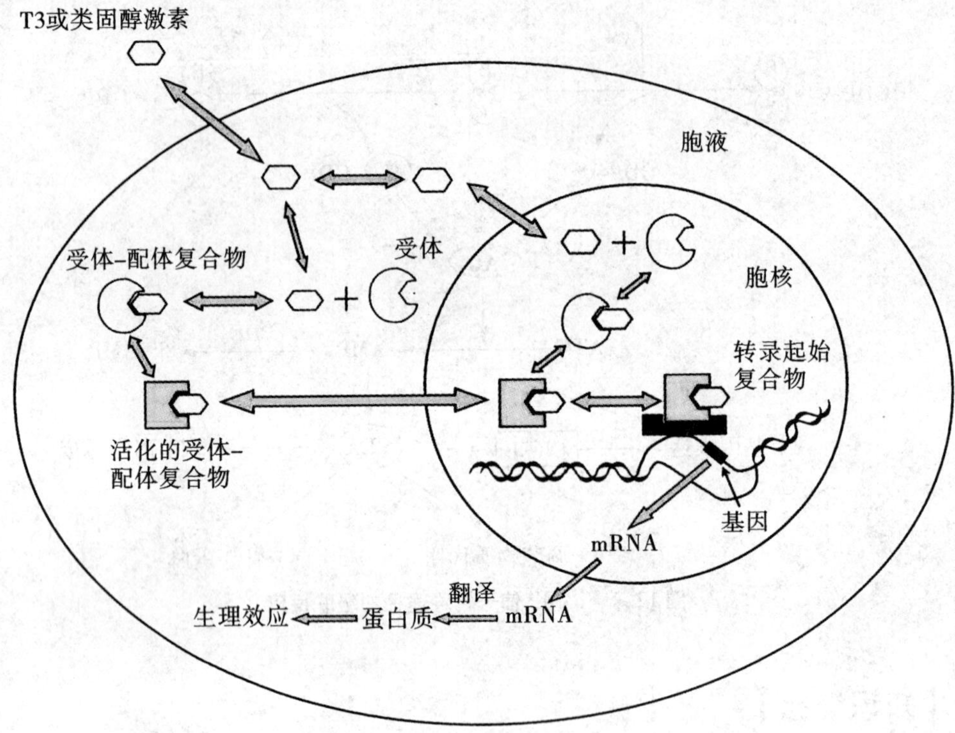


图 12-2　类固醇激素与甲状腺素通过胞内受体调节的生理过程

# 第四节　细胞信号转导与医学

细胞信号转导是靶细胞对特异信号分子作出相应反应的复杂的生物化学过程，涉及到若干环节中的许多信号转导分子，这些信号转导分子的结构或数量的异常均可导致疾病的发生，而临床上也常常通过使用药物对这些信号转导分子的活性进行调节来治疗疾病。

## 一、细胞信号转导与疾病

1. 细胞信号转导与受体病　由于基因突变，使靶细胞激素受体缺失、减少或结构异常所引起的内分泌代谢性疾病称为受体病，常导致靶细胞对相应的激素产生抵抗。迄今已报道的有胰岛素、雄激素、糖皮质激素、盐皮质激素、1,25-(OH)$_2$ $D_3$及甲状腺激素抵抗症等。这类疾病有明显的家族史，其特征为血中相应激素浓度正常或增高，但临床上却表现出相应激素缺乏的症状和体征，用相应激素治疗效果不佳。

2. 细胞信号转导与肿瘤　已经证实，若干信号转导分子功能和结构的改变与肿瘤的发生有关，包括生长因子（如 c-sis）、生长因子受体（如 EGFR）、胞内信号转导蛋白（如 Src、Ras、c-Fos、c-Jun）等。

3. 细胞信号转导与感染性疾病　霍乱毒素通过对 Gs 蛋白 a 亚基的共价修饰，使其保持活性状态而导致 AC 的持续性激活；百日咳毒素则是通过对 Gi 蛋白 a 亚基的共价修饰，使其保持失活状态而不能抑制 AC 的活性。

4. 细胞信号转导与精神疾病　已知某些精神疾病的发生可能与脑中某种信号分子的浓度改变有关，如狂-郁症的发生可能与脑中儿茶酚胺及 5-羟色胺的异常有关。而在吗啡成瘾时，不但涉及受体活性的改变，还与 Gs 活性降低有关。

## 二、细胞信号转导与药物治疗

许多药物可通过阻断受体的作用来治疗疾病，包括乙酰胆碱、肾上腺素、组胺 $H_2$受体的阻断药等。而有些药物则是通过影响胞内第二信使的浓度来治疗疾病，如氨茶碱、咖啡碱等能抑制胞内 cAMP-磷酸二酯酶的活性，提高 cAMP 含量，引起平滑肌松弛来发挥平喘作用。

> 议一议：
> 细胞信号转导与医学的关系。

# 小　结

细胞信号转导是指生物体对内外源信息所发生的细胞应答过程。细胞信号转导过程包括：特定的细胞释放信息物质→信息物质经扩散或血液循环到达靶细胞→与靶细胞的受体特异性结合→受体对信号进行转换并启动靶细胞信使系统→靶细胞产生生物学效应。目前已知的细胞间信息物质的化学本质有蛋白质和肽类、氨基酸及其衍生物、类固醇激素、脂肪酸衍生物、神经递质、生长因子、细胞因子、无机物和气体分子等。

细胞膜和细胞内存在细胞信号转导的受体，分别接受水溶性和脂溶性化学信号。受体与配体结合具有高度专一性、高度亲和力、可逆性、可饱和性和特定的作用模式等特点。

细胞信号转导途径有膜受体介导的信号转导途径和胞内受体介导的信号转导途径。膜受体介导的信号转导途径的共同特征是通过存在于细胞外的信号分子与靶细胞膜表面受体的特异结合来触发细胞内的信号转导过程，信号分子本身并不进入细胞。经典的 cAMP 信号转导途径的级联反应为：信号分子→膜受体→G 蛋白→AC→cAMP→PKA→效应蛋白→生理效应。

细胞内信号转导过程具有迅速产生、迅速终止、级联放大、复杂的网络交叉等特点。其机制的研究在医学发展中的意义是对疾病的发病机制进行深刻的认识，为新的诊断和治疗技术提供靶位。

（杨五彪）

# 第十三章　血液的生物化学

**学　习　目　标**

◆说出血液的化学组成成分。
◆熟悉血浆蛋白质的分类方法及其功能。
◆解释非蛋白氮含氮化合物的概念。
◆说出血红素合成的原料及关键酶。
◆简述成熟红细胞的代谢特点及意义。

血液由液态的血浆与混悬在其中的红细胞、白细胞、血小板等有形成分组成。正常人体的血液总量占体重的8%，血浆占全血体积的50% ~60%，血细胞占全血体积的40% ~50%。血液凝固后析出的淡黄色透明液体为血清。血清与血浆的主要区别是血清中不含纤维蛋白原。

正常人血液的相对密度为1.050 ~1.060，黏度为水的5 ~6倍，pH值为7.35 ~7.45。

本章主要讨论血液的化学成分、血浆蛋白质和红细胞代谢。

## 第一节　血液的化学组成

### 一、血液的化学成分

正常人全血含水77% ~81%，余为固体成分和少量的$O_2$、$CO_2$等气体。血浆含水较多，93% ~95%；红细胞含水较少，约65%。

血浆中的固体成分分为有机物和无机物两大类。有机物包括蛋白质、非蛋白含氮物、糖、脂类、酶、激素、维生素以及其他不含氮的有机物。无机物为多种无机盐，它们主要以离子状态存在。主要阳离子有$Na^+$、$K^+$、$Ca^{2+}$、$Mg^{2+}$；主要的阴离子有$Cl^-$、$HCO_3^-$、$HPO_4^{2-}$等。这些离子在维持血浆渗透压、酸碱平衡及神经肌肉的兴奋性等方面起着重要作用。

由于血液的某些成分受食物影响，故常采取8 ~12 h的空腹血液进行分析。血液中主要化学成分及正常值见表13-1。

表 13-1　血液中主要化学成分

| 化学成分 | 血标本 | 正常参考范围 |
|---|---|---|
| **一、蛋白质** | | |
| 血红蛋白 | 全血 | 男:120 ~ 160 g/L<br>女:110 ~ 150 g/L |
| 总蛋白 | 血清 | 60 ~ 80 g/L |
| 清蛋白 | 血清 | 35 ~ 55 g/L |
| 球蛋白 | 血清 | 20 ~ 30 g/L |
| 纤维蛋白原 | 血浆 | 2 ~ 4 g/L |
| **二、非蛋白含氮物** | | |
| NPN | 全血 | 14.3 ~ 25.0 mmol/L |
| 尿素 | 血清 | 1.78 ~ 7.14 mmol/L |
| 氨 | 全血 | 47 ~ 65 μmol/L |
| 尿酸 | 血清 | 0.12 ~ 0.36 mmol/L |
| 肌酐 | 血清 | 0.05 ~ 0.11 mmol/L |
| 肌酸 | 血清 | 0.19 ~ 0.23 mmol/L |
| 氨基酸氮 | 血清 | 2.6 ~ 5.0 mmol/L |
| 总胆红素 | 血清 | 1.7 ~ 17.1 μmol/L |
| **三、不含氮的有机物** | | |
| 葡萄糖 | 血清 | 3.9 ~ 6.1 mmol/L |
| 甘油三酯 | 血清 | 1.1 ~ 1.7 mmol/L |
| 总胆固醇 | 血清 | 2.8 ~ 6.0 mmol/L |
| 磷脂 | 血清 | 48.4 ~ 80.7 mmol/L |
| 酮体 | 血清 | 0.078 ~ 0.49 mmol/L |
| 乳酸 | 全血 | 0.6 ~ 1.8 mmol/L |
| **四、无机盐** | | |
| $Na^+$ | 血清 | 135 ~ 145 mmol/L |
| $K^+$ | 血清 | 3.5 ~ 5.5 mmol/L |
| $Ca^{2+}$ | 血清 | 2.1 ~ 2.7 mmol/L |
| $Mg^+$ | 血清 | 0.8 ~ 1.2 mmol/L |
| $Cl^-$ | 血清 | 98 ~ 106 mmol/L |
| $HCO_3^-$ | 血浆 | 22 ~ 27 mmol/L |
| 无机磷 | 血清 | 1.0 ~ 1.6 mmol/L |

正常情况下,血液中化学成分的含量相对恒定,保持动态平衡。当机体物质代谢障碍产生疾病时,血液中某些化学成分的含量则会发生改变,因此临床上常常分析血液中某些化学成分用于疾病的诊断、疗效观察及预后判断。

## 二、非蛋白质含氮化合物

血液中除蛋白质以外的含氮物质主要有尿酸、肌酸、肌酐、氨基酸、胆红素、氨等,临床上把这些化合物所含氮量总称为非蛋白氮(non protein nitorgen, NPN)。正常人血中 NPN 含量为 14.3 ~25 mmol/L(20 ~40 mg/dL),这些含氮化合物中绝大多数是蛋白质和核酸的分解代谢终产物,它们由血液运输到肾排出体外,当肾功能严重损害时,因排泄受阻而使 NPN 升高,临床上常通过测定 NPN 含量以了解肾脏的排泄功能。另外,当体内蛋白质分解增强时,如高热、糖尿病等,也可因 NPN 生成量增多而使血中浓度升高。

> 想一想:
> 什么是非蛋白氮?机体中有哪些非蛋白含氮化合物?

尿素氮是 NPN 中含量最多的一种物质,尿素氮的含量约占 NPN 总量的一半(1/3 ~1/2),正常人血中尿素氮含量为 1.78 ~7.14 mmol/L,目前临床上已用尿素氮替代了血清 NPN 的测定。当蛋白质分解增强时,由于生成的尿素增多,血液尿素氮亦增高。尿素本身并无毒性,但它潴留在体内时,则表示肾功能障碍。

血中尿酸是嘌呤化合物代谢终产物,正常人血清中含量为:男性 0.15 ~0.38 mmol/L(2.4 ~6.4 mg/dL),女性 0.10 ~0.30 mmol/L(1.6 ~5.2 mg/dL)(尿酸酶法)。血中尿酸增高,可见于痛风症、体内核酸分解增强(如白血病、恶性肿瘤)或肾脏排泄障碍。

肌酸是由精氨酸、甘氨酸和蛋氨酸在体内合成的产物,正常人血中含量为 0.19 ~0.23 mmol/L(3 ~7 mg/dL),肌萎缩等广泛性肌病时,血中肌酸增多,尿中排出量也增加。

肌酐是由肌酸脱水或磷酸肌酸脱磷酸、脱水而生成的产物,因此,它是肌酸代谢的终产物。正常人血液中肌酐含量为 0.05 ~0.11 mmol/L(1 ~2 mg/dL),肌酐全部由肾排出,因血中肌酐含量不受食物蛋白质多少的影响,故临床上检测肌酐含量较 NPN 更能正确地了解到肾脏的排泄功能。

正常人血氨含量为 47 ~35 μmol/L。$NH_3$在肝中合成尿素,故肝功能严重损伤时,血氨含量升高,而血中尿素含量可下降。

血中多肽主要为红细胞中的谷胱甘肽及血浆中的肽类,如血管紧张素、缓激肽等活性肽。

胆红素是血红素的分解代谢产物,正常人血浆中含量为 1.7 ~17 μmol/L。肝功能障碍、胆道梗阻等,血中胆红素均可升高。

# 第二节　血浆蛋白质

## 一、血浆蛋白质的组成

血浆蛋白质是血浆中含量最多的固体成分，是血浆中各种蛋白质的总称，正常含量为60~80 g/L。血浆蛋白质种类繁多，目前已知血浆蛋白质有200多种。用不同的方法可将血浆蛋白质分离成不同的组分，常用的方法有盐析法和电泳法。

**（一）盐析法**

盐析法是根据各种血浆蛋白质在不同浓度的盐溶液中溶解度的差别而加以分离。盐析法（常用硫酸铵、硫酸钠及氯化钠）可将血浆蛋白质分为清蛋白、球蛋白及纤维蛋白原几部分。其中清蛋白含量为35~55 g/L，球蛋白为20~30 g/L，清蛋白/球蛋白（A/G）为1.5~2.5∶1。

> 议一议：
> 血浆蛋白质有哪些分类方法？能将蛋白质各分为几种？

**（二）电泳法**

可根据蛋白质分子大小不同和表面电荷的差别，在电场泳动中速度不同而加以分离。如以醋酸纤维素薄膜为支持物，可将血浆蛋白质分为清蛋白、$\alpha_1$球蛋白、$\alpha_2$球蛋白、$\beta$球蛋白和$\gamma$球蛋白（免疫球蛋白）五条区带，如图13-1所示。

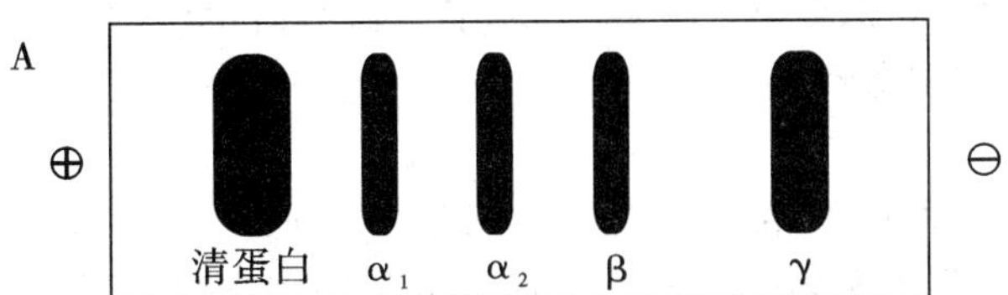


图13-1　血浆蛋白电泳染色后的图谱

如果用分辨率更高的电泳方法（如聚丙烯酰胺凝胶电泳或免疫电泳）则可将血浆蛋白质分为30多种成分。

## 二、血浆蛋白质的来源

肝是合成血浆蛋白的主要器官。清蛋白几乎全部在肝中合成。$\alpha$和$\beta$球蛋白大部分在肝中合成，免疫球蛋白则主要来源于浆细胞。测定血浆总蛋白及各组成成分的含量有助于对某些疾病的诊断。

## 三、血浆蛋白质的功能

**（一）维持血浆胶体渗透压**

血浆蛋白质中，清蛋白的含量最高，约占血浆蛋白质总量的60%，而且相对分子质量较小，分子数目最多，故在维持血浆胶体渗透压方面起主要作用。血浆胶体渗透压是使组织间液回流入血管的主要力量。

当营养不良，肝功能减退时，清蛋白合成减少；慢性肾病时，大量清蛋白从尿中丢失，均可导致血浆胶体渗透压下降，使水分过多潴留于组织间隙而出现水肿。因此，临床护理中，观察患者水肿的出现及其特征，有助于判断相应疾病的发生。

**（二）维持血浆正常 pH 值**

正常血浆的 pH 值为 7.35 ~ 7.45，而血浆蛋白质的等电点大部分在 pH 值 4.0 ~ 7.3 之间，故在生理条件下，血浆蛋白质带负电荷，一部分以酸的形式存在，另一部分则形成弱酸盐，这两部分构成缓冲体系，在维持血浆正常 pH 值中发挥作用。

**（三）运输作用**

血浆中一些不溶或难溶于水的物质，常与血浆中的一些蛋白质结合。如清蛋白可结合脂肪酸、胆红素、甲状腺素、肾上腺素、二价的金属离子（$Cu^{2+}$、$Ca^{2+}$等）及药物（磺胺类、阿司匹林、洋地黄等），球蛋白中有许多特异的载体蛋白，如运皮质激素蛋白、甲状腺素结合球蛋白、视黄醇结合蛋白、脂蛋白、运铁蛋白等。血浆蛋白质与各种物质的结合，利于它们在血液中的运输，并且可以调节被运输物质的代谢，如减少某些物质被细胞过多摄取，降低某些物质的毒性及防止某些小分子物质从肾小球滤出等。

**（四）营养作用**

血浆蛋白质在体内分解产生的氨基酸参与氨基酸代谢池，用于合成组织蛋白质、转变成其他含氮物质、异生为糖或氧化供能。清蛋白含有较多的必需氨基酸，如亮氨酸、赖氨酸、缬氨酸、苏氨酸、苯丙氨酸，为合成组织蛋白提供原料。因此，临床输入血清清蛋白，有利于疾病的恢复或术后创伤修复、愈合。

> 想一想：
> 血浆蛋白质都有哪些功能？

**（五）免疫作用**

血浆中具有免疫作用的蛋白质是免疫球蛋白（抗体）和补体。血浆中 $\gamma$-球蛋白几乎全是免疫球蛋白，一小部分免疫球蛋白出现在 $\beta$ 和 $\alpha$ 球蛋白部分。当病原菌等物质（抗原）侵入机体时，刺激浆细胞产生特异的抗体，它能识别特异性抗原，并与之结合成抗原抗体复合物，消除抗原的危害。抗原抗体复合物能激活补体系统，由补体杀伤病原菌。

**（六）催化作用**

血浆中有许多酶，按其来源和作用分为三大类。

1. 血浆功能性酶　这类酶能够在血浆中发挥重要的催化作用。如凝血酶系、纤溶酶系在一定条件下被激活后发挥作用。脂蛋白脂肪酶、卵磷脂胆固醇脂酰基转移酶、肾素、铜蓝蛋白等也是在血浆中发挥作用的酶。

2. 外分泌酶　这类酶来源于外分泌腺，正常时只有极少量逸入血浆，与血浆的正常功能无关。如唾液淀粉酶、胰淀粉酶、胰脂肪酶、胃蛋白酶、胰蛋白酶和前列腺酸性磷酸酶等。这类酶的活性与外分泌腺体的功能状态有关，例如在急性胰腺炎时，血浆淀粉酶活性可明显升高。

3. 细胞酶（血浆非功能性酶）　这类酶是细胞中参与物质代谢的酶类，正常时血浆中含量甚微，在血液中无重要的催化作用，其活性升高常可反映有关脏器细胞破损或细胞膜通透性的增加。例如，肝炎时 ALT 及 AST 在血浆中的活性增高。

**(七)血液凝固和纤维蛋白溶解作用**

一些血浆蛋白质是凝血因子,当血管壁受到损伤,血液流出血管时,凝血因子参与连锁的酶促反应,使可溶性的纤维蛋白原转变为凝胶状的纤维蛋白,后者网罗血细胞形成血凝块,阻止出血。在创伤修复时,使纤维蛋白溶解酶原(纤溶酶原)在纤溶激活剂的作用下转变为纤溶酶,使纤维蛋白溶解,以保证血流畅通。此外,血浆中还存在抗凝血物质及纤溶抑制剂。在不同的条件下,血浆的凝血和抗凝血作用分别在不同功能条件下对机体起保护作用。

# 第三节　红细胞的代谢

红细胞是血液中最主要的细胞,在骨髓中由造血干细胞定向分化而成,经历了早、中、晚幼红细胞、网织红细胞等阶段,最后成为成熟红细胞。成熟红细胞除细胞膜外,全部细胞器均消失,因此不能进行核酸和蛋白质的生物合成,不能进行有氧氧化,所需能量主要由糖酵解供给。

## 一、成熟红细胞的代谢特点

血浆葡萄糖是成熟红细胞的主要能量来源,其中90% ~95%经糖酵解被利用,5% ~10%通过磷酸戊糖途径代谢。

**(一)糖酵解和2,3-二磷酸甘油酸支路**

红细胞经糖酵解途径获得能量与其他组织相似,1 mol 葡萄糖经糖酵解净生成2 mol ATP,不同点是成熟红细胞中能够生成2,3-二磷酸甘油酸(2,3-BPG),即存在2,3-二磷酸甘油酸支路。

1.2,3-BPG的生成:该支路的分支点是1,3-二磷酸甘油酸。红细胞内糖酵解的中间产物1,3-二磷酸甘油酸可经二磷酸甘油酸变位酶转变为2,3-BPG,后者经2,3-BPG磷酸酶生成3-磷酸甘油酸,再沿酵解途径生成乳酸。该途径即为2,3-二磷酸甘油酸支路。

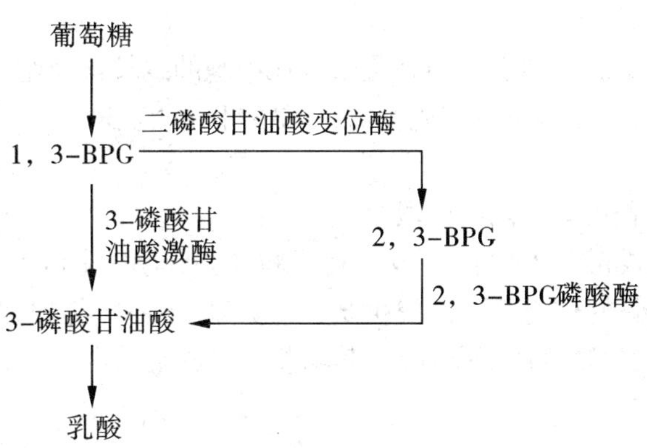


**2,3-二磷酸甘油酸支路**

2.2,3-BPG的功能:调节血红蛋白的带氧功能。2,3-BPG与$HbO_2$作用能降低Hb对

$O_2$的亲和力，促进 $HbO_2$解离出 $O_2$，供组织利用。

**（二）磷酸戊糖途径**

红细胞内磷酸戊糖途径的代谢过程与其他细胞相同，主要功能是产生 NADPH + $H^+$。生成的 NADPH 是红细胞内重要的还原物质，能对抗氧化剂，使氧化型谷胱甘肽（GSSG）还原为谷胱甘肽（GSH），后者能保护细胞膜蛋白、血红蛋白和酶蛋白的巯基不被氧化，从而维持红细胞的正常功能。

6-磷酸葡萄糖脱氢酶缺陷的患者，红细胞内 NADPH 和 GSH 减少，含巯基的膜蛋白和酶失去保护作用，红细胞容易发生破裂而导致溶血。

## 【知识链接】

**蚕豆病**

红细胞内葡萄糖-6-磷酸脱氢酶（G6PD）有遗传缺陷者在食用新鲜蚕豆后会发生急性溶血性贫血症——蚕豆病。蚕豆病多见于儿童，男性患者较多。大多食新鲜蚕豆后发病，出现发烧、恶心、呕吐、排浓茶色尿、面色苍白等症状。该病发展迅速，继而出现贫血、黄疸，严重时有休克、心功能和肾功能衰竭。因为新鲜蚕豆具有氧化作用，加上由于 G6PD 的缺陷不能提供足够的 NADPH 以维持还原型谷胱甘肽（GSH）的还原性（抗氧化作用），诱发了红细胞膜被氧化，产生溶血反应。

## 二、血红素的生物合成

血红蛋白（hemogtobin，Hb）是红细胞中最主要的蛋白质，含量占红细胞蛋白总量的95%以上。血红蛋白是一种结合蛋白质，由珠蛋白和血红素组成。珠蛋白的合成与一般蛋白质的合成相同。

血红素是含铁的卟啉化合物，不仅是血红蛋白的辅基，也是肌红蛋白、细胞色素、过氧化物酶的辅基。

**（一）合成部位及原料**

血红素在有核红细胞及网织红细胞阶段是在细胞的线粒体及胞液中合成，合成血红素的原料是琥珀酰 CoA、甘氨酸和 $Fe^{2+}$。

> 议一议：
> 何为血红素？血红素合成的原料有哪些？

**（二）合成过程**

血红素的合成过程可分为四个阶段。

1. $\delta$-氨基-$\gamma$-酮戊酸（ALA）的生成　在线粒体内，琥珀酰 CoA 及甘氨酸在 ALA 合酶的催化下，脱羧生成 $\delta$—氨基-$\gamma$-酮戊酸（$\delta$-aminolevuliniacid，ALA）。此酶是血红素生物合成的限速酶，其辅酶是磷酸吡哆醛。

$$\begin{matrix}COOH\\|\\CH_2\\|\\CH_2\\|\\C\sim SCoA\\\|\\O\end{matrix}\ +\ \begin{matrix}CH_2NH_2\\|\\COOH\end{matrix}\ \xrightarrow[\text{ALA合酶（磷酸吡哆醛）}]{HSCoA+CO_2}\ \begin{matrix}COOH\\|\\CH_2\\|\\CH_2\\|\\C=O\\|\\CH_2NH_2\end{matrix}$$

2. 胆色素原的生成　ALA 生成后从线粒体进入胞液，2 分子 ALA 在 ALA 脱水酶催化下，脱水缩合生成 1 分子卟胆原（porphobilinogen，PBG）。ALA 脱水酶的相对分子质量为 26 万，由 8 个亚基组成。此酶含有巯基，对铅等重金属的抑制作用十分敏感。

$$\begin{matrix}COOH\\|\\CH_2\\|\\CH_2\\|\\C=O\\|\\CH_2\\|\\NH_2\end{matrix}\quad \begin{matrix}COOH\\|\\CH_2\\|\\CH_2\\|\\O=C\\|\\H-C-H\\|\\H-N-H\end{matrix}\ \xrightarrow[2H_2O]{\text{ALA脱水酶}}$$



3. 尿卟啉原Ⅲ及粪卟啉原Ⅲ的生成　在胞液中，4 分子卟胆原在卟胆原脱氨酶催化下，脱氨生成线状四吡咯。后者在尿卟啉原Ⅲ合成酶催化下，环化生成尿卟啉原Ⅲ。尿卟啉原Ⅲ经尿卟啉原Ⅲ脱羧酶催化，进一步生成粪卟啉原Ⅲ。

4. 血红素的生成　粪卟啉原Ⅲ进入线粒体再转变成原卟啉Ⅸ。原卟啉Ⅸ在亚铁螯合酶的催化下，与 $Fe^{2+}$ 螯合生成血红素。铅等重金属对亚铁螯合酶也有抑制作用。

血红素生成后从线粒体转运到胞液，在骨髓内有核红细胞及网织红细胞中，与珠蛋白结合成为血红蛋白（图 13-2）。

综上所述，可将血红素合成的特点归结如下：①体内大多数组织均具有合成血红素的能力，但合成的主要部位是骨髓与脾。成熟红细胞不含线粒体，故不能合成血红素。②血红素合成的原料是琥珀酰 CoA、甘氨酸及 $Fe^{2+}$ 等简单小分子物质。③血红素合成的起始和最终过程均在线粒体进行，而其他中间步骤则在胞液中进行。这种定位对终产物血红素的反馈调节作用具有重要意义。

**（三）血红素合成的影响因素**

血红素的合成受多种因素的调节，其中最主要的调节步骤是 ALA 的生成。ALA 合酶是血红素合成酶系的限速酶，该酶活性受下列因素影响。

1. 血红素　当血红素生成速度大于珠蛋白的合成速度时，过多的血红素则自行氧化成高铁血红素，高铁血红素是 ALA 合酶的较强抑制剂，抑制血红素的生成。另外，血红素升高可以阻抑 ALA 合酶的生成。

2. 促红细胞生成素（erythropoietin，EPO）　促红细胞生成素主要在肾脏产生，可诱导

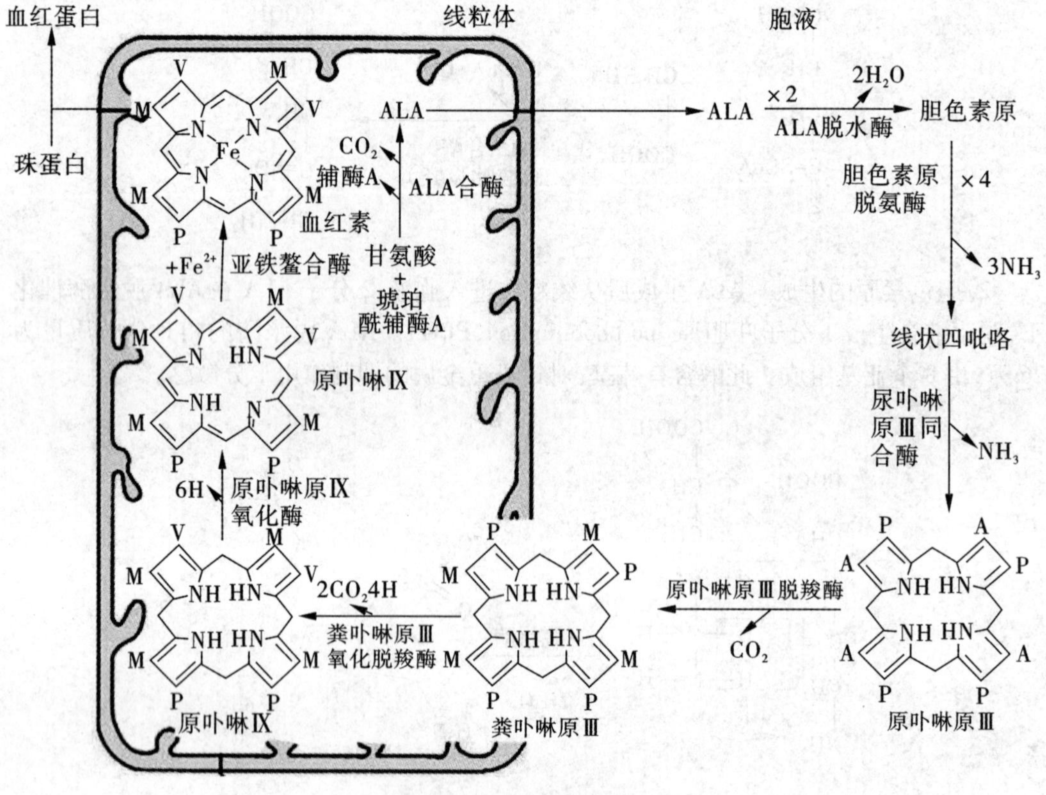


图 13-2 血红素的生成

ALA 合酶合成,从而促进血红素的生物合成。当机体缺 $O_2$时,促红细胞生成素分泌增多,促进血红素和血红蛋白的合成,以适应机体运氧的需要。慢性肾炎、肾功能不全患者常见的贫血现象与促红细胞生成素合成量的减少有关。

3. 某些类固醇激素　雄激素及雌二醇等都是血红素合成的促进剂。如睾丸酮在肝中的 5-$\beta$-还原酶作用下生成的 5-$\beta$-二氢睾酮,对骨髓中 ALA 合酶的合成有诱导作用,从而促进血红素和血红蛋白的合成。因此,临床上应用丙酸睾丸酮及其衍生物治疗再生障碍性贫血。

此外,铅可抑制 ALA 脱水酶及亚铁螯合酶,导致血红素生成的抑制。

# 小　结

血浆中的化学成分主要有蛋白质、非蛋白含氮物(如尿素、尿酸、肌酸、肌酐、氨基酸、胆红素、氨等)、糖、脂类等有机物,还包括有 $Na^+$、$K^+$、$C1^-$、$HCO_3^-$等无机物。

血浆中的蛋白质多在肝脏合成,用电泳法可将血浆蛋白质分为五条区带,其中含量最多的是白蛋白。血浆中的蛋白质具有维持血浆胶体渗透压、正常 pH 值、运输、免疫、凝血和抗凝血、营养、催化等多种重要的生理功能。

成熟红细胞的能量来源主要依靠糖酵解。血红素合成的原料是琥珀酰 CoA、甘氨酸和铁离子,ALA合酶是合成血红素的限速酶,该酶活性受血红素、红细胞生成素、类固醇激素等因素的影响。

（赵亚杰）

# 第十四章 肝的生物化学

**学 习 目 标**

◆总结生物转化作用的类型和意义。
◆解释胆汁酸的组成、生成、转化和生理作用。
◆描述胆色素生成、转化、排泄及其生理意义。
◆归纳肝结构、化学组成特点与其功能之间的关系。
◆了解三类黄疸的发病机制及生化指标。

肝在蛋白质、氨基酸、糖类、脂类、维生素、激素等代谢中起着重要作用,同时还有分泌、排泄、生物转化等方面的功能,这与肝所具有独特的形态结构和化学组成有关。

## 第一节 肝的结构和化学组成特点

肝是人体内具有多种代谢功能的重要器官,它与体内各种物质的合成与分解、转化与运输、储存与释放、分泌与排泄密切相关,并在体内物质代谢的调控中发挥极其重要的作用。肝的组织结构及化学组成特点是其具有多种多样重要功能的物质基础。

### 一、肝的结构特点

**(一)具有双重血液供应系统**

进入肝的血管有门静脉和肝动脉,门静脉血流量约占肝总血流量的75%,肝动脉血流量约占肝总血流量的25%。一方面,肝可通过肝动脉获取由肺和其他组织运输来的充足的氧和代谢产物;另一方面,肝又可以从门静脉获取从消化道吸收来的大量营养物质,并在肝加以改造。这种畅通的运输网络,使肝在营养物质代谢、代谢废物、产物的处理中发挥重要的作用。

**(二)具有丰富的血窦**

肝内丰富的血窦,使血液在血窦中流动缓慢,从而增加了肝细胞和血液接触面积,延长了接触时间,使肝细胞充分进行物质交换,既能获取足够的营养物质,又不至于使代谢物堆积。

**(三)肝有两条输出通道**

肝有肝静脉和胆道两条输出通道,有利于非营养物质代谢转变及排泄。通过肝静脉与体循环相联系,使经过肝处理后的代谢物经肾脏由尿液排出;通过胆道系统与肠道相通,使肝内代谢产物如胆固醇、胆汁酸盐、胆色素及其他毒物或已解毒产物随胆汁排入肠腔由粪便排出。

## 二、肝的化学组成特点

肝细胞含有丰富的线粒体,保证了活跃的代谢和充足的能量供应;含有丰富的粗面内质网、滑面内质网、高尔基复合体及大量的核蛋白体,它们是肝细胞合成血浆蛋白和合成肝细胞参与物质代谢有关酶类的场所;肝细胞内还含有数百种酶,参与物质代谢。肝细胞溶酶体中含有大量水解酶类和其他酶类,过氧化物酶体中含有过氧化物酶和过氧化氢酶,微粒体含有大量与肝生物转化功能有关的酶类,许多酶在肝中的活性要比在其他组织高得多,有些酶甚至仅仅存在于肝细胞中,例如卵磷脂-胆固醇酰基转移酶(LCAT),尿素合成酶系,以及催化芳香族氨基酸与含硫氨基酸代谢的很多酶等。这些都是肝脏具有极其活跃的代谢功能的基础。故肝具有“物质代谢中枢”之称。

> 想一想:
> 1. 肝有哪些结构与化学组成特点与其各种代谢功能关联?
> 2. 哪些酶主要由肝细胞合成?

# 第二节　肝在物质代谢中的作用

## 一、肝在糖代谢中的作用

肝在糖代谢中的重要作用主要表现为:维持机体在不同功能状态下血糖浓度的相对恒定,以保证各组织器官的能量供应。肝发挥上述功能主要是通过糖原的合成与分解及糖异生作用三个方面来完成。

**(一)糖原合成**

在进食或输入葡萄糖后,血糖浓度增高,大量的葡萄糖在肝细胞内合成糖原而储存,其储存量可达肝重的5% ~6%(75 ~100 g)。当然,肝储存糖原的量是有限的,合成糖原后多余的一部分葡萄糖,可以在肝中转变成脂肪并以极低密度脂蛋白的形式从肝输出到脂肪组织去储存。过高的血糖由于被肝细胞大量摄取而降至正常水平。

**(二)糖原分解**

空腹时(餐后2 ~12 h),血糖不断被全身各组织器官摄取消耗呈下降趋势。此时,肝糖原分解成葡萄糖补充血糖使之不致过低。

**(三)糖异生作用**

在长期饥饿状态下(餐后12 h以上),肝糖原几乎被耗尽,肝细胞利用甘油、乳酸、氨基酸等非糖物质在肝内经糖异生途径转化为糖,维持血糖浓度,使血糖水平保持在生理范围之内。空腹24 ~48 h后,糖异生可达最高速度。

此外,其他单糖如果糖、半乳糖也可以在肝中转变为葡萄糖供机体利用。肝还能将糖转变为脂肪、胆固醇及磷脂等。

正因为肝是调节血糖浓度的重要器官,因此当肝功能严重受损时,肝糖原的合成、分解及糖异生作用均降低,容易导致血糖含量变化。患者在进食或输入葡萄糖后,常常发生一时性高血糖甚至出现糖尿;相反,空腹或饥饿时,血糖补充不力,易发生低血糖,甚至出现低血糖昏迷。因此,有人形象比喻肝功能严重受损的病人在糖代谢方面的表现为:"饱不得,饿不得"。

## 二、肝在脂肪代谢中的作用

肝在脂类的消化、吸收、分解、合成及运输等代谢过程中均起着重要的作用。

### (一)消化吸收

肝细胞分泌的胆汁酸在肠道中能促进脂类乳化并激活胰脂酶,是脂类物质及脂溶性维生素的消化、吸收所必需的。当肝细胞受损和胆道阻塞时,常可导致脂类物质消化吸收不良,出现食欲下降、厌油腻、脂肪泻、脂溶性维生素缺乏等症状。

### (二)分解

肝除了进行脂肪酸β-氧化外,还是体内产生酮体的主要器官。饥饿时脂肪动员增加,脂肪酸β-氧化增强,产生酮体供肝外组织氧化利用。在血糖供给不足时,酮体成为心肌、大脑和肾等组织的主要供能物质。

### (三)合成与运输

肝不仅合成磷脂、胆固醇、甘油三酯等非常活跃,并能以 VLDL 的形式分泌入血,通过血液运输到全身各组织器官摄取利用。HDL 及所含的 apo CⅡ也由肝合成。此外,肝还是降解 LDL 的主要器官,还可对胃肠道吸收的脂肪进行改造(同化作用)。当肝功受损,脂蛋白合成减少,影响肝内脂肪转运,可导致脂肪肝。肝的胆固醇合成量约占全身总量的 3/4 以上。肝合成与分泌的 LCAT 催化血浆中的胆固醇酯化,以利运输。肝功能障碍时,血浆胆固醇与胆固醇酯比值升高。因此,肝还是转化和排泄胆固醇的主要器官。饱食后,肝合成脂肪酸,并以甘油三酯的形式储存于脂库。

## 三、肝在蛋白质代谢中的作用

### (一)肝是合成蛋白质的重要器官

肝除了合成其本身的结构蛋白质和γ-球蛋白外,几乎所有的血浆蛋白质均来自肝,包括全部的清蛋白、部分球蛋白、凝血因子、纤维蛋白原、多种结合蛋白质和某些激素及激素的前体等。通过这些蛋白质的作用,肝在维持血浆胶体渗透压、凝血作用、血压恒定和物质代谢等方面起着重要作用。

由于血浆清蛋白全部由肝合成,当肝功能严重受损时,清蛋白的合成减少,可导致 A/G 比值下降,甚至倒置;同时由于凝血蛋白酶的代谢紊乱可引起凝血机制障碍。

### (二)肝是体内氨基酸代谢的主要场所

肝含有丰富的氨基酸代谢酶类,氨基酸在肝内进行转氨基作用、脱氨基作用和脱羧基作用等。肝内丙氨酸氨基转移酶(ALT)的活性显著比其他组织高,所以当肝细胞的细胞膜通透性发生改变或肝细胞坏死时,肝细胞内的酶大量进入外周血液,引起血浆中 ALT

的活性异常升高。临床生化中，血清转氨酶活性测定有助于肝脏疾病的诊断。肝还是芳香族氨基酸和芳香族胺类物质的清除器官。严重肝病时，芳香族胺类物质转变为胺类假性神经递质，取代正常的神经递质（如去甲肾上腺素等），引起中枢神经活动紊乱。

> 想一想：
>
> 1. 严重肝功能障碍患者常常会出现哪些代谢异常情况？
> 2. 哪些代谢途径在各组织器官都能进行，但以肝为主要场所？哪些代谢途径是肝特有的？

**（三）肝是合成尿素的重要器官**

鸟氨酸氨基甲酰转移酶和精氨酸酶主要存在于肝中，故肝是合成尿素的唯一器官。无论是氨基酸分解代谢产生的氨，还是肠道细菌作用产生并吸收入血的氨，均可经肝的鸟氨酸循环合成尿素。当肝功能严重受损时，尿素合成障碍，可使血氨浓度升高，血氨升高引起神经系统症状。

## 四、肝在维生素代谢中的作用

**（一）肝促进脂溶性维生素的吸收**

肝合成、分泌的胆汁酸盐既能促进脂类的消化吸收，亦能协助脂溶性维生素 A、维生素 D、维生素 E、维生素 K 的吸收。长期肝病或胆道阻塞可引起脂溶性维生素吸收不良并导致某些维生素的缺乏症。

**（二）肝可储存多种维生素**

肝不仅是维生素 A、维生素 K、维生素 $B_1$、维生素 $B_2$、维生素 $B_6$、泛酸和叶酸含量最多的器官，亦是维生素 A、维生素 D、维生素 E、维生素 K 及维生素 $B_{12}$的主要储存场所，其中维生素 A 尤为丰富，约占全身总量的 95%。

**（三）肝是多种维生素代谢及转化的重要场所**

肝直接参与多种维生素的代谢转化过程。例如维生素 PP 转化为辅酶 $NAD^+$、$NADP^+$；维生素 $B_1$转化为 TPP；泛酸转化为辅酶 A 的组成成分；从食物中摄入的 β-胡萝卜素转化为维生素 A，维生素 $D_3$羟化为 25-羟维生素 $D_3$等过程也都是在肝中进行的。此外，肝合成的维生素 D 结合球蛋白及视黄醇结合蛋白，参与运输维生素 D 与维生素 A；维生素 K 参与肝细胞中凝血酶原及凝血因子Ⅶ、Ⅸ、Ⅹ的合成。

## 五、肝在激素代谢中的作用

肝是激素灭活的重要器官。激素灭活是指激素在体内被转化为无活性或低活性产物的过程。灭活过程对于激素作用的时间及强度具有调控作用，灭活后的产物大部分随尿排出。

在肝内灭活的激素主要有肾上腺皮质激素、性激素和类固醇激素。许多蛋白质、多肽和氨基酸衍生物类的激素也在肝灭活，如胰岛素、甲状腺素、抗利尿激素等。

当肝功能受损时，激素灭活作用减弱，血中激素水平增高，导致某些病理变化。如雌激素水平升高，导致表皮毛细血管扩张出现蜘蛛痣；醛固酮水平升高，导致水钠潴留出现组织水肿；胰岛素水平升高易致低血糖等。

# 第三节 肝的生物转化作用

## 一、生物转化的概念

非营养物质经过氧化、还原、水解和结合反应，使其极性增加或活性改变，而易于排出体外的这一过程称为生物转化作用(biotransformation)。

肝、肾、肠、肺等组织都存在生物转化的酶系，但由于肝细胞的微粒体、胞液、线粒体等存在的酶系种类多，含量高，故肝是生物转化的主要器官。

非营养物质是指既不能构成组织细胞的结构成分，又不能氧化供能的物质，其来源有三：①体内合成的激素、神经递质和其他生物活性物质，氨基酸分解产生的氨、胺以及胆色素等；②肠道吸收的胺、酚、吲哚、硫化氢等；③由外界进入体内的药物、毒物、有机农药、色素及食品添加剂等。

> 想一想：
> 什么是生物转化？有何生理意义？

生物转化作用对有毒物质的解毒、药物发挥药效或灭活、生物活性物质的降解、促进水溶性及对有害物质的排泄都有很重要的意义。然而也不能忽略少数物质经生物转化后毒性反而增加或是具有致癌作用，这是对机体不利的方面。

## 二、生物转化的反应类型

生物转化的化学反应概括为两相反应。第一相反应包括氧化、还原、水解反应；第二相反应称为结合反应。少数物质只经过第一相反应即可排出体外，但多数非营养物质如药物或毒物等经过第一相反应后，其极性改变不够大，常续以第二相反应，即与某些极性更强的物质(如葡萄糖醛酸、硫酸等)结合，增加其溶解度，才能排出体外。有些则不经过第一相反应，直接进行结合反应。

**(一)氧化反应**

氧化反应是最常见的生物转化反应，由多种氧化酶系催化，包括加单氧酶系、单胺氧化酶系及脱氢酶系等。

1. 加单氧酶系　加单氧酶系(monooxygenase)存在于微粒体中。由 NADPH-细胞色素 $P_{450}$还原酶(辅酶为 FAD)及细胞色素 $P_{450}$所组成。可催化多种化合物的羟化，与许多活性物质的合成、灭活及药物、毒物的生物转化等过程有密切关系。该酶系反应的特点是激活分子氧，使其中一个氧原子加在底物分子中形成羟基；另一个氧原子被 NADPH 还原成水分子。由于一个氧分子发挥了两种功能，故又称混合功能氧化酶。其反应通式如下：

$$\underset{\text{底物}}{RH}+O_2+NADPH+H^+ \xrightarrow{\text{加单氧酶系}} \underset{\text{产物}}{ROH}+H_2O+NADP^+$$

此酶系特异性低，可催化烷烃、烯烃、芳香烃、类固醇、氨基氮等多种物质进行不同类型的氧化反应，最常见的是羟化反应。此种羟化反应不仅增加药物或毒物的极性，使其水溶性增加，易于排泄，而且是许多代谢过程不可缺少的步骤，如维生素 D 的羟化、类固醇激素和胆汁酸的合成过程等皆需羟化作用。

2. 单胺氧化酶系　单胺氧化酶系（monoamine oxidase，MAO）存在于肝的线粒体中，是一种黄素蛋白。此酶可催化胺类物质氧化脱氨基生成相应的醛，后者再进一步氧化为酸。从肠道吸收的腐败产物如组胺、尸胺、酪胺和体内许多生理活性物质如 5-羟色胺、儿茶酚胺类均可在此酶催化下氧化为醛和氨，其反应通式如下：

$$\underset{\text{胺}}{RCH_2NH_2} + O_2 + H_2O \xrightarrow{\text{单胺氧化酶}} \underset{\text{醛}}{RCHO} + NH_3 + H_2O_2$$

3. 脱氢酶系　醇脱氢酶（alcohol dehydrogenase，ADH）和醛脱氢酶（aldehyde dehydrogenase，ALDH）分别存在于肝细胞的胞液及微粒体中。两者均以 $NAD^+$ 为辅酶，分别催化醇或醛氧化成相应的醛或酸。如乙醇进入体内后，主要在肝的醇脱氢酶催化下氧化成乙醛，乙醛再经醛脱氢酶催化生成乙酸。

$$\underset{\text{乙醇}}{CH_3CH_2OH} \xrightarrow[NAD^+ \rightarrow NADH+H^+]{\text{醇脱氢酶}} \underset{\text{乙醛}}{CH_3CHO} \xrightarrow[H_2O+NAD^+ \rightarrow NADH+H^+]{\text{醛脱氢酶}} \underset{\text{乙酸}}{CH_3COOH}$$

### （二）还原反应

肝细胞微粒体中含有还原酶系，主要是硝基还原酶（nitroreductase）和偶氮还原酶类，体内只有极少数物质可被还原，反应时需要 NADPH 供氢，产物是胺类。

$$\underset{\text{硝基苯}}{C_6H_5NO_2} \xrightarrow{2H \rightarrow H_2O} \underset{\text{亚硝基苯}}{C_6H_5NO} \underset{-2H}{\overset{+2H}{\rightleftharpoons}} \underset{\text{苯胲}}{C_6H_5NHOH} \xrightarrow{2H \rightarrow H_2O} \underset{\text{苯胺}}{C_6H_5NH_2}$$

（自动进行）

### （三）水解反应

肝细胞的胞液和微粒体中含有多种水解酶，如酯酶、酰胺酶及糖苷酶等，它们分别催化酯类、酰胺类、糖苷类化合物的水解，以降低或消除其生物活性。

$$\underset{\text{乙酰水杨酸（阿司匹林）}}{C_6H_4(OCOCH_3)COOH} \xrightarrow[\text{酯酶}]{\text{水解}} \underset{\text{水杨酸}}{C_6H_4(OH)COOH} + \underset{\text{乙酸}}{CH_3COOH}$$

### （四）结合反应

结合反应（conjugation reaction），是体内最重要的生物转化方式。凡含有羟基、羧基或氨基的药物、毒物、激素均可与葡萄糖醛酸、硫酸、谷胱甘肽、甘氨酸等发生结合反应，或进行酰基化、甲基化等反应，从而增加其水溶性或改变其生物活性，以利于灭活或排出。其中以葡萄糖醛酸的结合反应最为重要和普遍。

1. 葡萄糖醛酸结合反应　肝细胞微粒体中含有葡萄糖醛酸基转移酶，该酶以尿苷二磷酸 α-葡萄糖醛酸（UDPGA）为供体，催化葡萄糖醛酸基转移到多种含极性基团的化合物(如醇、酚、硫酸、胺及羧酸等)上,生成β-葡萄糖醛酸苷。

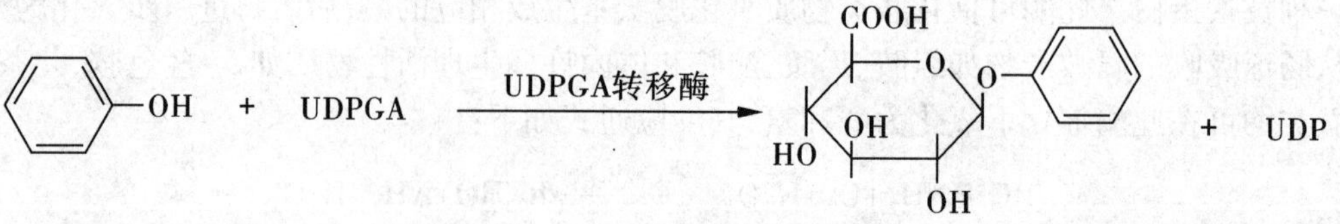

苯酚 —OH + UDPGA —UDPGA转移酶→ 苯-β-葡萄糖醛酸苷 + UDP

2. 硫酸结合反应　肝细胞中的硫酸转移酶,能将活性硫酸供体3′-磷酸腺苷5′-磷酰硫酸(PAPS)中的硫酸基转移到多种醇、酚或芳香族胺类分子上,生成硫酸酯化合物。如雌激素在肝中与硫酸结合而灭活。

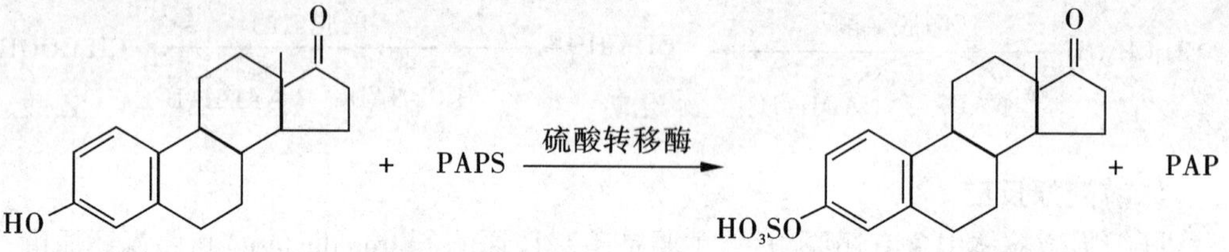

雌酮 + PAPS —硫酸转移酶→ 雌酮硫酸酯 ($HO_3SO$—) + PAP

3. 乙酰基结合反应　芳香胺类化合物主要在胞液中乙酰基转移酶的催化下与乙酰基结合生成乙酰化合物,乙酰基的直接供体是乙酰辅酶A。反应通式如下:

$$CH_3CO \sim CoA + RNH_2 \longrightarrow CH_3CONHR + HSCoA$$

4. 甲基结合反应　体内胺类活性物质或某些药物可在肝细胞胞液和微粒体中的多种甲基酶催化下,由S-腺苷蛋氨酸(SAM)提供甲基,通过甲基化灭活。如儿茶酚胺、5-羟色胺及组织胺等,可通过甲基化而失去生物活性。

除上述结合反应外,还有谷胱甘肽、甘氨酸等结合反应。

## 三、生物转化的反应特点

### (一)生物转化反应的连续性

一种非营养物质生物转化的反应过程往往比较复杂,常需要连续进行几种反应才能完成。一般先进行第一相反应,再进行第二相反应。例如:解热镇痛药非那西汀在肝微粒体酶体系催化下氧化脱乙基生成乙酰氨基苯酚(即扑热息痛),但其在pH值为7.4的血浆中只有0.25%呈解离状态,不易直接排出。乙酰氨基苯酚再与极性很强的葡萄糖醛酸结合,在血液中99%以上解离成离子态,且又有多个羟基,水溶性大,易随尿排出。

$CH_3CH_2O$—⟨苯环⟩—$NHCOCH_3$ —第一相反应(氧化脱乙基)→ HO—⟨苯环⟩—$NHCOCH_3$

对乙酰氨基苯乙醚(非那西汀)　　对乙酰氨基酚(扑热息痛)

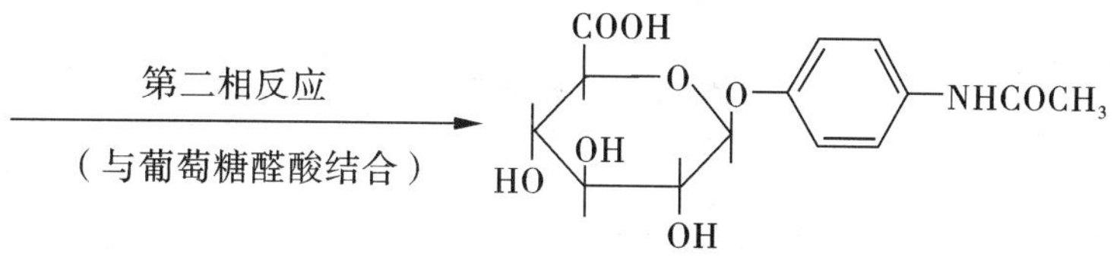

第二相反应 ⟶（与葡萄糖醛酸结合）

COOH　O　O　NHCOCH$_3$　OH　HO　OH

乙酰氨基苯-β-葡萄糖醛酸苷

**（二）生物转化反应类型的多样性**

同一种非营养物质进行生物转化时，可发生不同的化学反应，生成不同的产物。如乙酰水杨酸水解生成的水杨酸既可与甘氨酸结合，也可与葡萄糖醛酸结合，还可以参与氧化反应。

**（三）解毒与致毒的双重性**

经过生物转化以后，大多数非营养物质的毒性减弱或消失，但有些物质经过生物转化以后毒性反而增强，生物学活性增强。最典型的例子是化学致癌剂苯并芘，其本身并无致癌作用，但经肝微粒体氧化系统活化形成环氧化物后却能与核酸分子中鸟嘌呤残基结合引发基因突变而具有强烈致癌作用。故生物转化作用不能笼统地称为解毒作用。

> 想一想：
> 生物转化有什么特点？肝的生物转化作用是解毒作用吗？

## 四、影响生物转化的因素

生物转化作用常受年龄、性别及诱导物等诸多体内、外因素的影响。如新生儿生物转化酶系发育不完善，对药物或毒物的耐受性较差，肝微粒体葡萄糖醛酸转移酶在出生后才逐渐增加，8 周才达到成人水平，而体内 90% 的氯霉素是与葡萄糖醛酸结合后解毒，故新生儿易发生氯霉素中毒。老年人由于器官退化，肝微粒体代谢药物的酶不易被诱导，对药物的转化能力降低，易出现中毒现象。

肝实质病变时，肝血流量减少，生物转化功能及所需的酶活性降低，使药物或毒物的灭活速度下降，故对肝病患者用药应当慎重。某些药物或毒物可诱导相关酶的合成，如长期服用苯巴比妥可诱导肝微粒体混合功能氧化酶的合成，加速药物代谢过程，使机体对此类催眠药产生耐药性。

# 第四节　胆汁酸代谢

## 一、胆汁

胆汁（bile）是肝细胞分泌的一种液体，通过胆道系统循胆总管进入十二指肠。正常成人平均每天分泌胆汁 300 ~ 700 mL。肝胆汁（hepatic bile）是肝细胞分泌的胆汁，呈金黄色，澄清透明，固体成分含量较少。肝胆汁进入胆囊后，胆囊壁吸收其中水分、无机盐等，并分泌黏液，使胆汁浓缩成为胆囊胆汁（gallbladder bile）。胆囊胆汁呈暗褐色或棕绿色。

两种胆汁的组成见表 14–1。

表 14–1　两种胆汁组成

| | 肝胆汁 | 胆囊胆汁 |
|---|---|---|
| 相对密度 | 1.009 ~ 1.013 | 1.026 ~ 1.032 |
| pH | 7.1 ~ 8.5 | 5.5 ~ 7.7 |
| 水(%) | 96 ~ 97 | 80 ~ 86 |
| 固体成分(%) | 3 ~ 4 | 14 ~ 20 |
| 无机盐(%) | 0.2 ~ 0.9 | 0.5 ~ 1.1 |
| 黏蛋白(%) | 0.1 ~ 0.9 | 1 ~ 4 |
| 胆汁酸盐(%) | 0.2 ~ 2 | 1.5 ~ 10 |
| 胆色素(%) | 0.05 ~ 0.17 | 0.2 ~ 1.5 |
| 总脂类(%) | 0.1 ~ 0.5 | 1.8 ~ 4.7 |
| 胆固醇(%) | 0.05 ~ 0.17 | 0.2 ~ 0.9 |
| 磷脂(%) | 0.05 ~ 0.08 | 0.2 ~ 0.5 |

胆汁的主要固体成分是胆汁酸盐(bile salts),约占固体成分的 50%,其余的是胆色素、胆固醇、磷脂、黏蛋白。胆汁中还含有多种酶类,包括脂肪酶、磷脂酶、淀粉酶、磷酸酶等。除胆汁酸盐和某些酶类与脂类的消化有关外,其他成分多属排泄物。进入体内的药物、毒物、食物添加剂及重金属盐等,经过肝生物转化后均可从胆汁排出体外。

## 二、胆汁酸的代谢

### (一)胆汁酸的分类

胆汁酸(bile acid)是胆汁中的主要成分,均为 24 碳胆烷酸的衍生物,按其来源可分为初级胆汁酸(primary bile acid)和次级胆汁酸(secondary bile acid)。初级胆汁酸是肝细胞以胆固醇为原料合成的,包括胆酸(cholic acid)、鹅脱氧胆酸(chenodeoxycholic acid)以及它们和甘氨酸、牛磺酸结合的产物:甘氨胆酸(glycocholic acid)、牛磺胆酸(taurocholic acid)、甘氨鹅脱氧胆酸(glycochenodeoxycholic acid)和牛磺鹅脱氧胆酸(taurochenodeoxycholic acid)。次级胆汁酸是初级胆汁酸在肠道受细菌的作用生成的脱氧胆酸(deoxycholic acid)和石胆酸(lithocholic acid)以及它们和甘氨酸、牛磺酸的结合产物(图 14–1)。

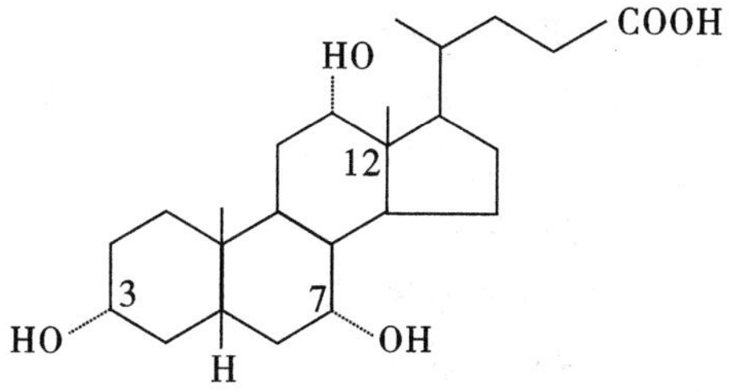

胆酸 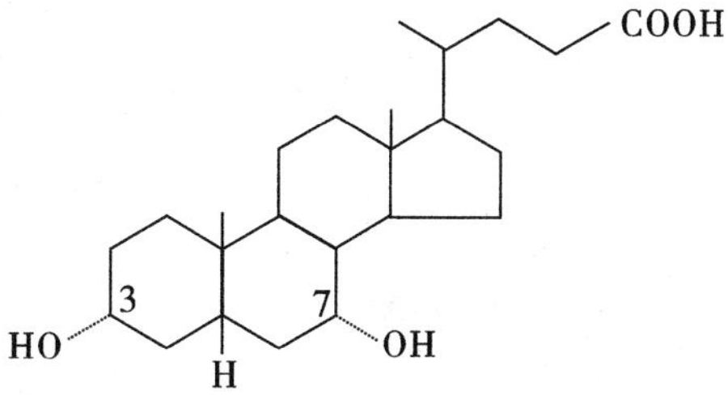　　　　鹅脱氧胆酸

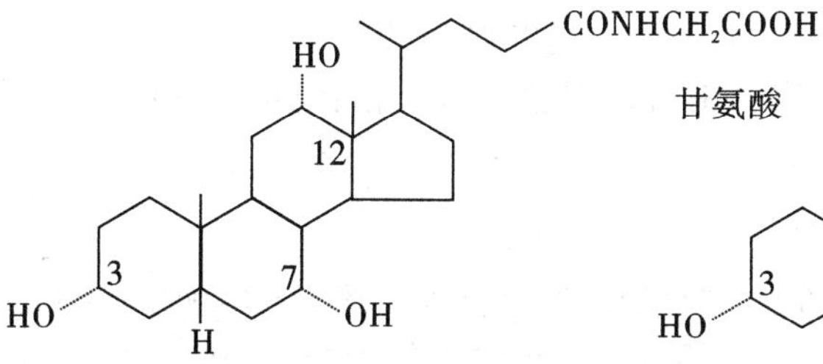

甘氨胆酸 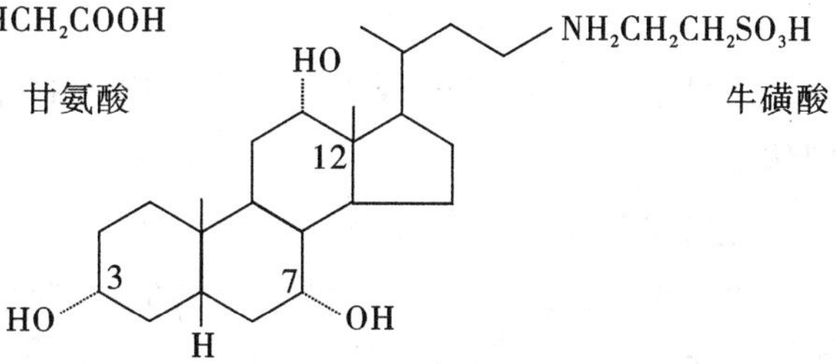　　　　牛磺胆酸

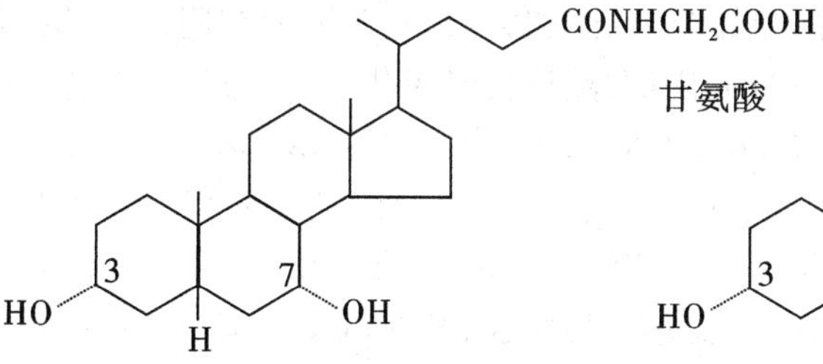

甘氨鹅脱氧胆酸 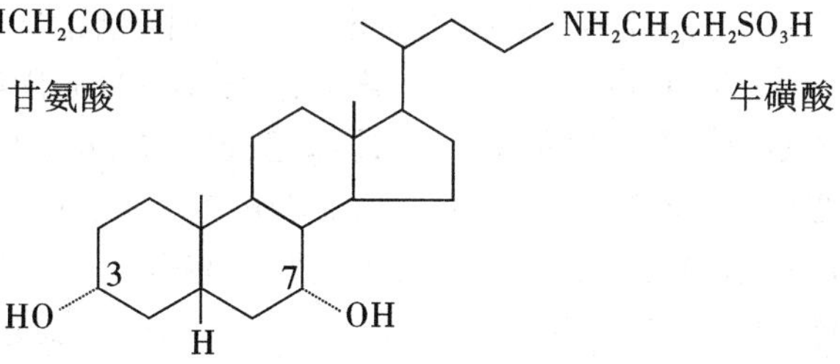　　　　牛磺鹅脱氧胆酸

**图 14-1　初级胆汁酸的结构式**

胆汁酸按其结构也可分为两类，一类是游离型胆汁酸（free bile acid），包括胆酸、鹅脱氧胆酸、脱氧胆酸和石胆酸。另一类是结合型胆汁酸（conjugated bile acid），是上述游离胆汁酸与甘氨酸、牛磺酸的结合产物。

现将胆汁酸分类总结如下：

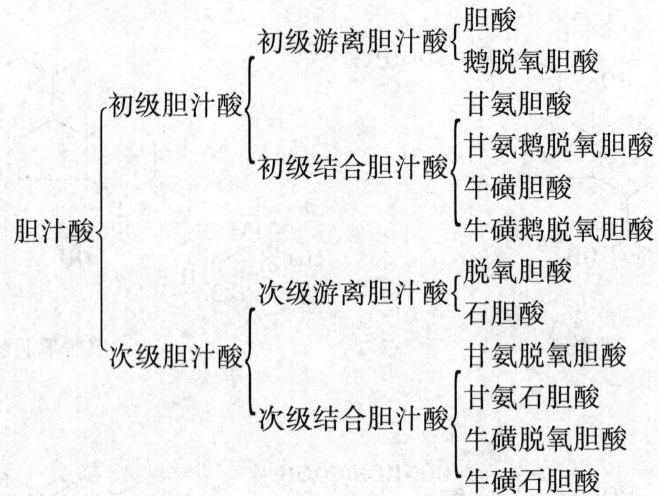


人胆汁中的胆汁酸以结合型为主。均以钠盐或钾盐的形式存在,即胆汁酸盐,简称胆盐。

**(二)胆汁酸的生成**

胆汁酸是脂类物质消化吸收所必需的一类物质。肝进行胆汁酸的合成和排泄构成了胆固醇降解的主要途径,也是清除胆固醇的主要方式。正常人每天合成的胆固醇总量约有40%(0.4~0.6g)在肝内转变为胆汁酸,并随胆汁排入肠道。其代谢包括合成、排泌及肠肝循环三个主要环节。

1. 初级胆汁酸的生成:胆固醇在肝细胞中经一系列酶的催化转变生成的胆汁酸称为初级胆汁酸(primary bile acids)。此过程较为复杂,需经过多步反应才能完成。

(1)游离型初级胆汁酸的生成:在肝细胞的微粒体和胞液中,胆固醇在胆固醇7α-羟化酶(7α-hydroxylase)的催化下,生成7α-羟胆固醇,然后再经氧化、还原、羟化、侧链氧化及断裂等多步酶促反应生成游离型胆汁酸(free bile acid),主要有胆酸(3α,7α,12α三羟胆酸)和鹅脱氧胆酸(3α,7α二羟胆酸)。在肝中,胆汁酸生物合成的主要限速步骤是由7α-羟化酶催化的反应,该酶是胆汁酸合成的限速酶。此酶属加单氧酶,需要细胞色素$P_{450}$、$O_2$及NADPH或维生素C供氢。7α-羟化酶受胆汁酸浓度的负反馈调节。口服消胆胺或纤维素多的食物促进胆汁酸排泄,减少胆汁酸的重吸收,解除对7α-羟化酶的抑制,加速胆固醇转化为胆汁酸,可降低血清胆固醇。甲状腺激素对7α-羟化酶和胆固醇侧链氧化酶的活性均有增强作用,可促进胆汁酸的合成。故甲状腺功能亢进时,血清胆固醇浓度降低,反之亦然。

(2)结合型初级胆汁酸的生成:胆酸或鹅脱氧胆酸可分别与牛磺酸或甘氨酸结合形成结合型胆汁酸(conjugated bile acid)。在肝细胞的微粒体和胞液中含有催化胆汁酸结合反应酶系。胆汁酸首先在微粒体硫激酶作用下被辅酶A活化,再在微粒体的胆汁酸-N-转酰基酶和胞液中的磺酸基移换酶的作用下与甘氨酸或牛磺酸结合,分别生成甘氨胆酸、牛磺胆酸、甘氨鹅脱氧胆酸、牛磺鹅脱氧胆酸(图14-2)。

这种结合作用使其极性增强,亲水性更大,不仅有利于胆汁酸在肠腔内发挥其促进脂质消化吸收的作用,且防止胆汁酸过早地在胆管及小肠内被吸收。它们常与钠、钾等离子结合而形成胆汁酸盐，简称胆盐（bile salt）。甘氨酸结合物与牛磺酸结合物的比值约为2∶1～3∶1。胆汁酸主要以结合型为主并以此形式向胆道系统排泌。

2. 次级胆汁酸的生成　肝细胞合成的初级胆汁酸进入肠道，在完成脂类物质的消化吸收后，在回肠和结肠上段细菌的作用下，结合胆汁酸水解脱去甘氨酸或牛磺酸释放出初级游离型胆汁酸，后者进一步脱去7α-羟基，使胆酸转变为7-脱氧胆酸，鹅脱氧胆酸转变为石胆酸。这种由初级胆汁酸在肠菌作用下形成的胆汁酸称为次级胆汁酸（secondary bile acids）（图14-2）。

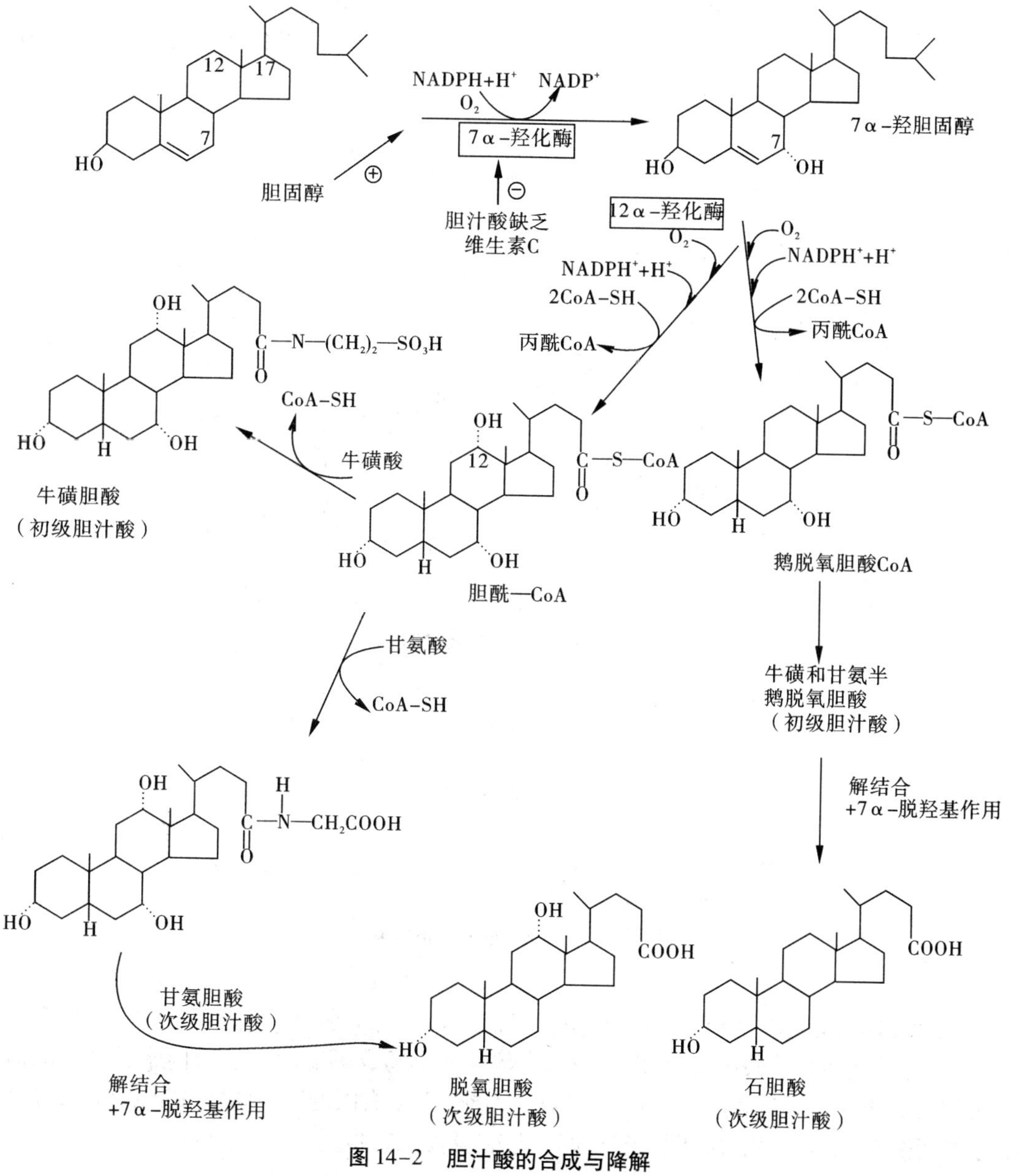

**图14-2　胆汁酸的合成与降解**

石胆酸溶解度小，一般不与甘氨酸或牛磺酸结合；脱氧胆酸与甘氨酸或牛磺酸结合，生成结合型次级胆汁酸，即甘氨脱氧胆酸和牛磺脱氧胆酸。

3. 胆汁酸的肠肝循环　随胆汁进入肠道的胆汁酸(包括初级、次级、结合型与游离型)绝大部分(约95%以上)被肠壁重吸收，经门静脉入肝，被肝细胞摄取。在肝细胞内，游离型胆汁酸被重新合成结合型胆汁酸，与新合成的结合胆汁酸一起排入肠腔。这一过程称为胆汁酸的"肠肝循环"(enterohepatic circulation)。胆汁酸在肠道的重吸收主要有两种方式：一种是结合型胆汁酸在回肠部位的主动重吸收；另一种是游离型胆汁酸在肠道各部通过扩散作用的被动重吸收。大部分胆汁酸的吸收是主动的重吸收。肠道中的石胆酸(约为5%)溶解度较小，几乎不能吸收，大部分随粪便排出体外。正常人每日有0.4～0.6 g胆汁酸随粪便排出(图14-3)。

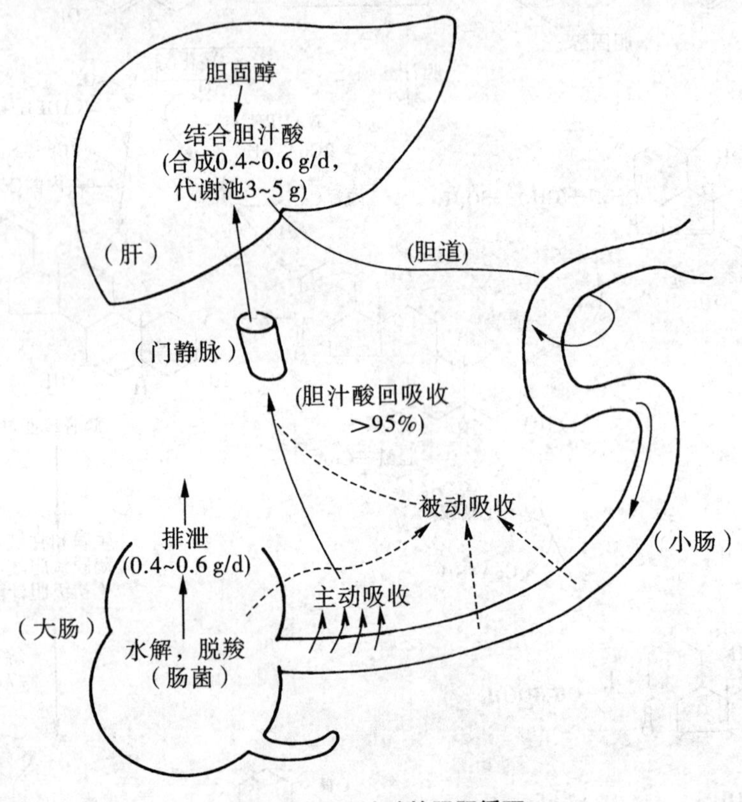


**图14-3　胆汁酸的肠肝循环**

胆汁酸的肠肝循环具有重要的生理意义。肝每日合成胆汁酸的量仅有0.4～0.6 g，肝内胆汁酸代谢池总共3～5 g，即使饭后全部倾入小肠也不能满足小肠内脂类乳化的需要。然而，由于每次进餐后可进行2～4次肠肝循环，使有限的胆汁酸能够反复利用，发挥其最大限度的乳化作用，保证了脂类物质消化、吸收的需要。

## 三、胆汁酸的功能

### （一）促进脂类的消化吸收

说一说：
胆汁酸的生理功能。

胆汁酸分子内既含有亲水性的羟基、羧基、磺酸基等基团，又含有疏水的烃核和甲基。在立体构型上两类基团恰位于环戊烷多氢菲核的两侧，构成亲水和疏水两个侧面，故有很强的界面活性，能降低油/水两相的表面张力（图 14-4）。胆汁酸分子的这种结构特性使其成为较强的乳化剂，能与疏水的脂类物质卵磷脂、胆固醇、脂肪或脂溶性维生素等物质形成混合微团（3～10 μm），使脂类物质能稳定地分散在水溶液中，既有利于酶的作用，又有利于脂类物质通过肠黏膜表面水层，促进脂类物质的消化和吸收。

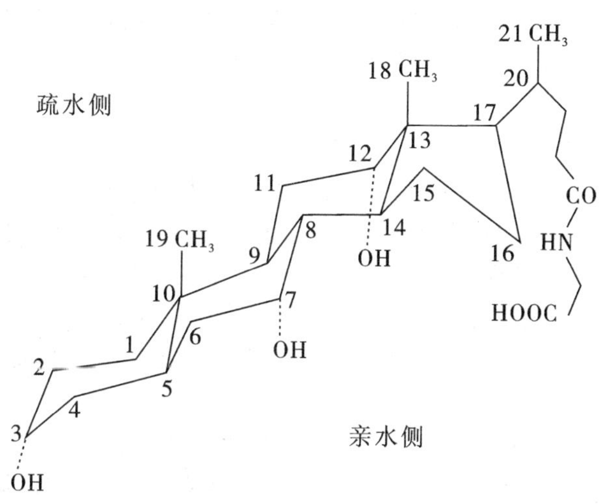


图 14-4　甘氨胆酸的构象式

### （二）抑制胆汁中胆固醇的析出

胆汁酸通过与卵磷脂的协同作用，与脂溶性的胆固醇形成可溶性微团，促进胆固醇溶解于胆汁中，使之不易结晶、析出和沉淀，经胆道转运至肠道排出体外。若肝合成胆汁酸的能力下降，消化道丢失胆汁酸过多或肠肝循环中肝摄取胆汁酸过少，以及排入胆汁中的胆固醇过多（如高胆固醇血症患者），均可造成胆汁中胆汁酸、卵磷脂和胆固醇的比值下降（小于 10∶1），易引起胆固醇析出沉淀，形成胆结石。

### （三）对胆固醇代谢的调控作用

胆汁酸浓度对胆汁酸生成的限速酶——7α-羟化酶和胆固醇合成的限速酶——HMG-CoA 还原酶均有抑制作用，进入肝的胆汁酸可同时抑制这两种酶的活性。肝合成胆固醇的速度，可影响胆汁酸的生成。胆汁酸代谢过程对体内胆固醇的代谢有重要的调控作用。

此外，患者患某些肝病时，血清胆红素、谷丙转氨酶等肝功能指标正常情况下，血清总胆酸可增高；当肝硬化活动性降到最低时，血清总胆酸仍维持较高水平。认为血清总胆酸是反映肝实质损害的灵敏指标。

# 第五节　胆色素代谢

胆色素(bile pigments)是铁卟啉化合物在体内主要分解代谢产物,包括胆绿素(biliverdin)、胆红素(bilirubin)、胆素原(bilinogen)和胆素(bilin)等化合物。其中最主要的是胆红素,它们主要随胆汁经肠道排出。临床上黄疸症状的出现,系胆色素的代谢障碍所致。

## 一、胆红素的生成与转运

### (一)胆红素的生成

体内80%的胆红素来自于衰老的红细胞破坏后释出的血红蛋白,其余来自肌红蛋白、过氧化氢酶、过氧化物酶、细胞色素等含血红素的化合物。正常成人每天生成250 ~ 350 mg胆红素。

正常红细胞的平均寿命为120 d。衰老的红细胞在肝、脾、骨髓的单核-巨噬细胞的作用下破坏释放出血红蛋白,随后血红蛋白分解为珠蛋白和血红素。珠蛋白按一般蛋白质代谢途径分解,血红素在微粒体血红素加氧酶(heme oxygenase)的催化下,铁卟啉环上的$\alpha$甲炔基(—CH ═)氧化断裂,释放出CO、$Fe^{3+}$,并生成胆绿素。释放的铁可以被机体再利用,一部分CO从呼吸道排出。胆绿素在胆绿素还原酶及NADPH的作用下迅速被还原成胆红素(非酯型)。人体内胆绿素还原酶活性极高,血液中极少出现胆绿素(图14-5)。

非酯型胆红素分子中虽含有羧基、羰基、羟基和亚氨基等极性基团,但由于胆红素分子不是以线性四吡咯结构存在,而是通过分子内部形成6个氢键得以稳定,使胆红素分子形成脊瓦状的刚性折叠(图14-6),极性基团包埋于分子内部,而疏水基团则暴露在分子表面,使胆红素具有疏水亲脂性质,极易透过生物膜。当透过血脑屏障进入脑组织后,它能抑制大脑RNA和蛋白质的合成作用及糖代谢;与神经核团结合可产生核黄疸,干扰脑细胞的正常代谢及功能,故胆红素是人体的一种内源性毒物。

### (二)胆红素的运输

胆红素具有脂溶性,可自由透过细胞膜,若高浓度胆红素进入细胞内可影响细胞功能。胆红素在单核-巨噬细胞系统中生成后可进入血液,主要以胆红素-清蛋白复合体的形式存在并进行运输,少量与$\alpha_1$球蛋白结合。这种结合既增加了胆红素在血浆中的溶解度有利于运输,又限制了胆红素自由通过生物膜进入细胞,尤其是消除或限制了对脑细胞的毒性作用。

正常人每100 mL血浆中的清蛋白能结合20 ~ 25 mg胆红素,而血浆胆红素浓度只有1.7 ~ 17.1 μmol/L(0.1 ~ 1.0 mg/dL),足以阻止胆红素进入组织产生毒性作用。若血浆清蛋白含量降低,可促使胆红素从血浆向组织转移;反之,可促使组织中胆红素向血浆转移。临床上高胆红素血症患儿静脉滴注血浆就是此原理。磺胺类、甲状腺激素、脂肪酸、乙酰水杨酸、抗生素、利尿剂和造影剂等有机阴离子可与胆红素竞争清蛋白的结合部位或改变清蛋白的构象,影响胆红素与清蛋白的结合,使胆红素从复合物中游离出来而毒害细胞。

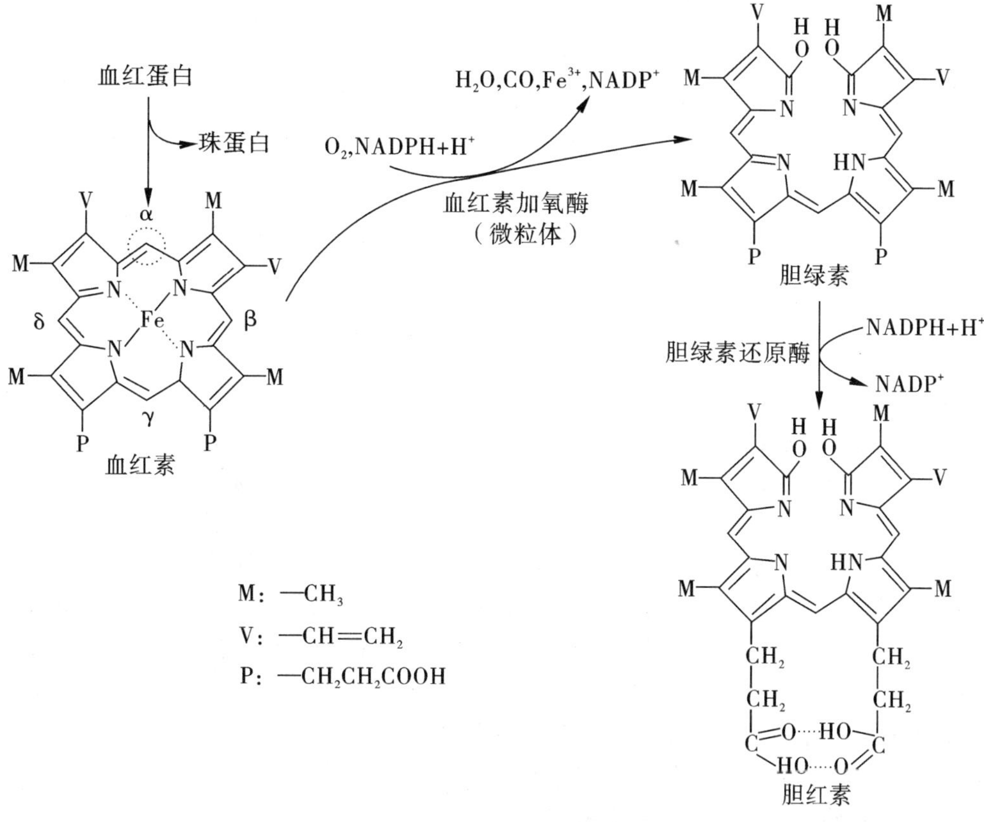


图 14-5　胆红素的生成

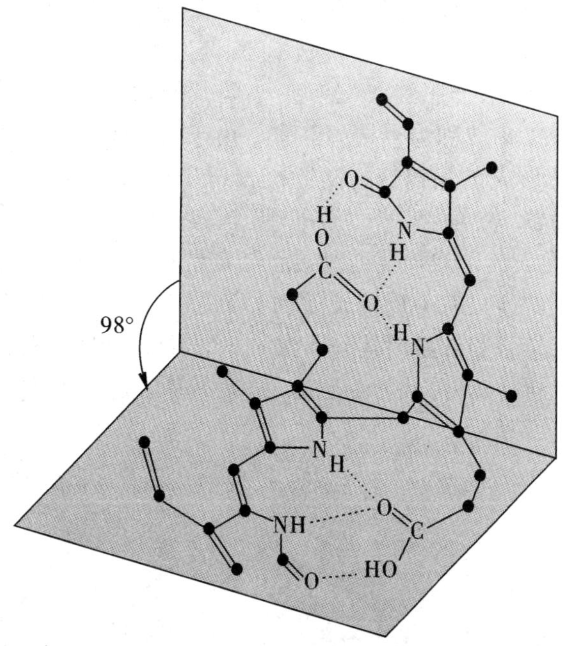


图 14-6　胆红素空间结构示意

新生儿极易发生高胆红素血症且对胆红素的代谢机制不完善，当需使用上述有机阴离子药物时必须慎重，以防"核黄疸"（脑基底核细胞受胆红素损害）发生。

非酯型胆红素与清蛋白结合后相对分子质量变大，不能经肾小球滤过而随尿排出，故尿中无此胆红素。由于此种胆红素必须在加入乙醇后才能与重氮试剂起反应，所以称间接胆红素，又因该胆红素尚未进入肝进行生物转化的结合反应，故又称未结合胆红素（又称游离胆红素或血胆红素）。

## 二、胆红素在肝中的转变

胆红素在肝内的代谢，包括肝细胞对胆红素的摄取、结合和排泄三个过程。

### （一）肝细胞对胆红素的摄取

肝细胞对胆红素有极强的亲和力。当胆红素-清蛋白复合物随血液运输到肝时，在肝细胞的窦状隙胆红素与清蛋白分离，在肝细胞的肝窦侧细胞膜处被摄入细胞内。

摄入肝细胞内的胆红素与胞浆中的配体蛋白——Y 蛋白（即谷胱甘肽-S-转移酶 glutathione S-transferase，GST）或 Z 蛋白结合，被转移至内质网而完成摄取过程。血循环每流经肝一次，有 40% 的胆红素被肝细胞摄取。Y 蛋白在肝细胞中含量丰富并且对胆红素的亲和力比 Z 蛋白大，只有当 Y 蛋白结合达到饱和时，Z 蛋白的结合量才增加。许多有机阴离子如类固醇、四溴酚酞磺酸钠、甲状腺激素等具有与 Y 蛋白相同的结合部位，能竞争地抑制肝细胞对胆红素的摄取。

### （二）肝细胞对胆红素的结合作用

> 想一想：
>
> 1. 肝在胆红素代谢中有什么重要作用？
>
> 2. 结合胆红素和未结合胆红素性质有何区别？

在内质网，胆红素在尿苷二磷酸-葡萄糖醛酸基转移酶（UDP-glucuronyl transferase，UGT）的催化下，由 UDP-葡萄糖醛酸（UDPGA）提供葡萄糖醛酸基（GA），生成葡萄糖醛酸胆红素（bilirubin glucuronide），称结合胆红素（酯型）。因其能与重氮试剂直接迅速起反应，所以又被称为直接胆红素。由于胆红素分子中含有两个羧基，故可形成单葡萄糖醛酸胆红素（bilirubin monoglucuronide，BMG）或双葡萄糖醛酸胆红素（bilirubin diglucuronide，BDG），在人体内双葡萄糖醛酸胆红素是其主要结合产物，单葡萄糖醛酸胆红素只有少量生成（图 14-7）。此外，还有小部分胆红素可与硫酸、甲基、乙酰基等结合。结合胆红素因其分子内的 6 个氢键被破坏，转化为水溶性极强的结合型物质，易于随胆汁排泄，亦可从肾小球滤过，但不易透过细胞膜进入其他组织。两种胆红素的区别如表 14-2 所示。

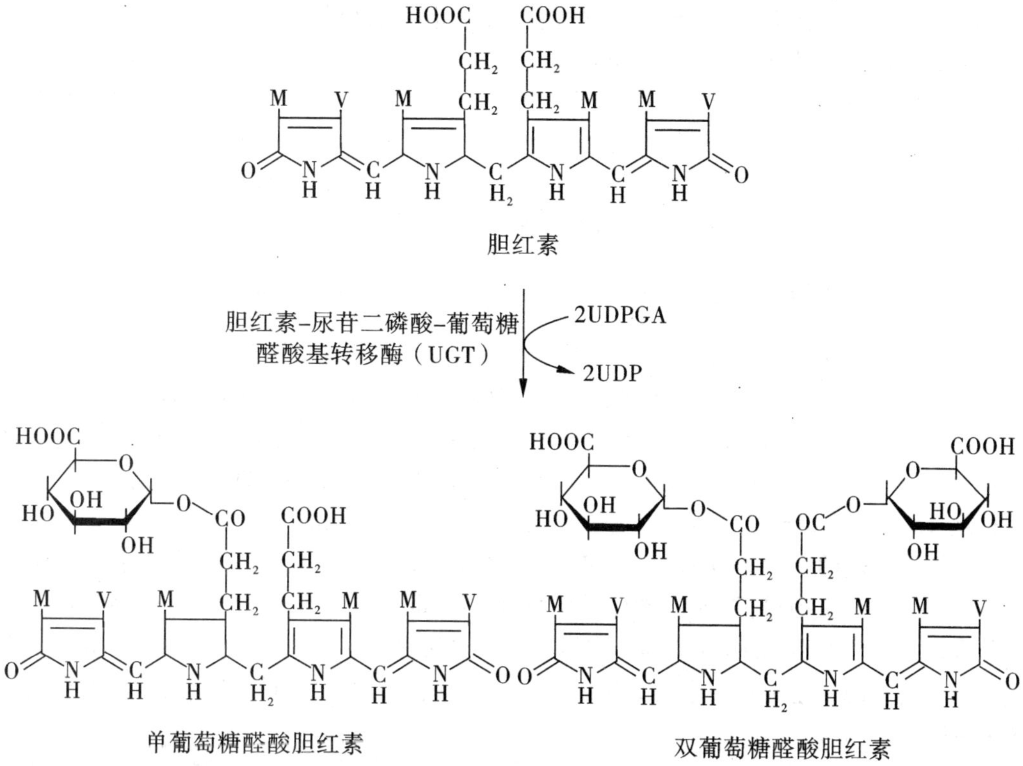

胆红素

胆红素-尿苷二磷酸-葡萄糖醛酸基转移酶（UGT）

2UDPGA

2UDP

单葡萄糖醛酸胆红素　　　　双葡萄糖醛酸胆红素

**图 14-7　葡萄糖醛酸胆红素的生成及结构**

M 为—$CH_3$，　V 为—CH＝$CH_2$

**表 14-2　两类胆红素的比较**

| | 未结合胆红素 | 结合胆红素 |
|---|---|---|
| 常见其他名称 | 游离胆红素<br>血胆红素<br>间接胆红素 | 肝胆红素<br>直接胆红素 |
| 结构特点 | 在血浆中与清蛋白结合<br>未与葡萄糖醛酸结合 | 主要与葡萄糖醛酸结合 |
| 水溶性 | 小 | 大 |
| 脂溶性 | 大 | 小 |
| 细胞膜通透性及毒性 | 大 | 小 |
| 经肾随尿排出 | 不能 | 能 |
| 与重氮试剂反应的速度 | 慢或间接反映 | 迅速、直接反映 |

### (三)肝对胆红素的排泄作用

结合胆红素与胞浆中的GST结合被运往肝细胞的毛细胆管侧的胞膜处排入毛细胆管,这一过程是由载体介导,有一系列的细胞器如内质网、高尔基复合体、溶酶体、微丝和微管等参与的逆浓度梯度的排泄过程,此过程对缺氧、感染、药物均敏感。肝内外的阻塞或重症肝炎,均可导致排泄障碍,使结合胆红素逆流入血,尿中出现胆红素。

血浆中的胆红素通过肝细胞膜特异受体、胞浆内载体蛋白和内质网的葡萄糖醛酸基转移酶的共同作用,不断地被肝细胞摄取、结合、转化和排泄,从而不断地被清除。

## 三、胆红素在肠道中的变化及胆色素的肠肝循环

结合胆红素随胆汁排入肠道后,在肠道细菌β-葡萄糖苷酶的作用下脱去葡萄糖醛酸基,并逐步还原生成无色的胆色素原族化合物(包括中胆素原、粪胆素原、尿胆素原等)。大部分胆素原随粪便排出体外,在肠道下段与空气接触,被氧化为胆素。胆素呈黄褐色,是粪便颜色的主要来源。正常成人每天从粪便排出的粪胆素原为50~250 mg。当胆道完全阻塞时,结合胆红素入肠受阻,不能生成(粪)胆素原和(粪)胆素,故粪便呈灰白色。

肠道中生成的胆素原有10%~20%可被肠黏膜细胞重吸收,经门静脉入肝。其中大部分再随胆汁排入肠道,形成胆素原的肠肝循环(bilinogen enterohepatic circulation)。小部分进入体循环经肾随尿排出,即为尿胆素原。当接触空气后被氧化成尿胆素,成为尿中颜色的主要来源。正常人随尿每日排出0.5~4.0 mg胆素。现将胆红素正常代谢概括为图14-8。

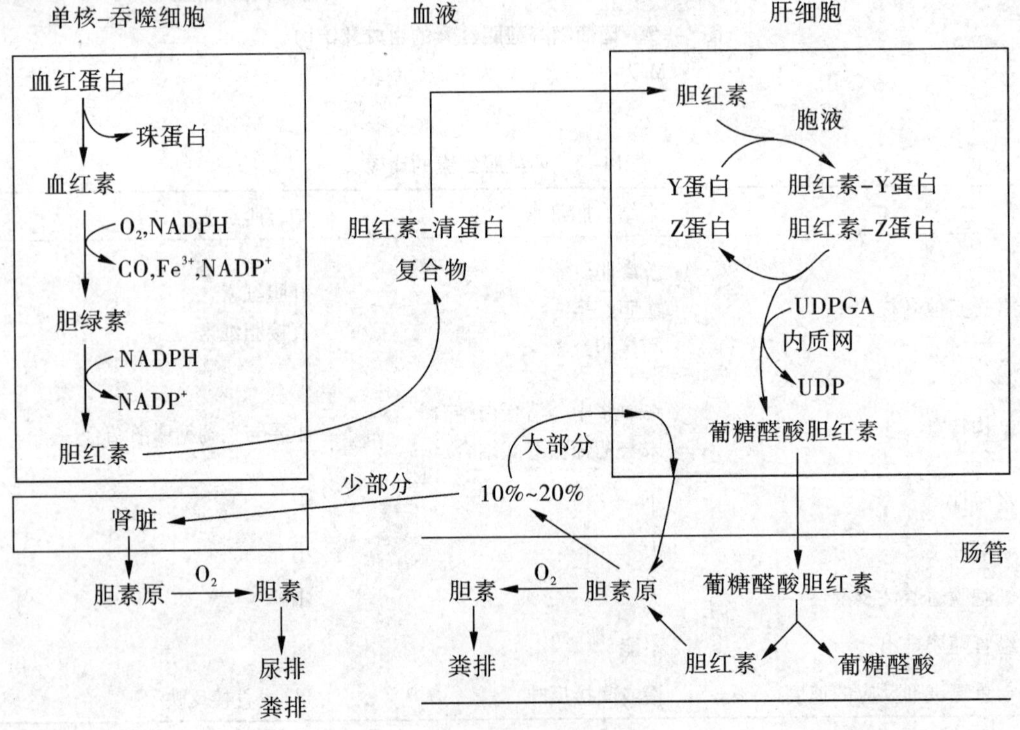


图14-8 胆色素代谢示意图

## 四、血清胆红素与黄疸

正常人血清胆红素总量小于 17. 1 μmol/L，其中未结合胆红素约占 4/5，其余为结合胆红素。凡能引起体内胆红素生成过多，或肝细胞对胆红素摄取、结合、排泄过程发生障碍均可引起血浆胆红素浓度的升高，称高胆红素血症。胆红素为金黄色物质，当血清中胆红素含量过高而引起皮肤、黏膜、大部分组织和内脏器官及某些体液的黄染，这一体征称黄疸(jaundice)。黄疸的程度取决于血清胆红素的浓度。如血清胆红素浓度<34 μmol/L，肉眼不易观察到巩膜和皮肤的黄染，称隐性黄疸；当血清胆红素浓度>34 μmol/L 时，黄染十分明显，成为显性黄疸。临床上依据黄疸产生的机制，将黄疸分为三类。

### (一)溶血性黄疸(肝前性黄疸)

溶血性黄疸由于红细胞大量破坏，单核-吞噬细胞产生的胆红素过多，超过肝细胞的摄取、结合和排泄能力所致。其特征为：血清未结合胆红素浓度异常增高，结合胆红素浓度改变不大，与重氮试剂间接反应阳性，尿胆素原升高，尿胆红素阴性。见于恶性疟疾、地中海贫血、某些药物及输血不当等。

### (二)阻塞性黄疸(肝后性黄疸)

各种原因引起的胆汁排泄通道受阻，使胆小管和毛细胆管内压力增大破裂，结合胆红素返流入血，造成血清胆红素升高。其特征为：血清结合胆红素浓度升高，未结合胆红素浓度无明显改变，与重氮试剂直接反应阳性，尿胆素原减少，尿胆红素强阳性。尿液颜色变浅。常见于胆管炎症、肿瘤、结石或先天性胆道闭塞等疾病。

> 想一想：
> 为什么胰头癌患者尿中胆红素阳性？

### (三)肝细胞性黄疸

由于肝细胞受损，使其摄取、结合、转化和排泄胆红素的能力降低，一方面肝不能将未结合胆红素全部转化为结合胆红素，使血中未结合胆红素升高；另一方面肝细胞肿胀，毛细胆管阻塞或毛细胆管与肝血窦直接相通，使部分结合胆红素返流入血，使血中结合胆红素也升高。经肠肝循环到达肝的胆素原可经损伤的肝细胞进入体循环，并从尿中排出。其特征为：血清胆红素与重氮试剂呈双相反应阳性，尿胆素原升高，尿胆红素阳性。各种黄疸类型血、尿、粪的变化见表 14-3。

**表 14-3　三种黄疸类型血、尿、粪的变化**

| 类　型 | 血　液 | | 尿　液 | | 粪　便 |
|---|---|---|---|---|---|
| | 未结合胆红素 | 结合胆红素 | 胆红素 | 胆素原 | 颜色 |
| 正常 | 有 | 无或极微 | 无 | 少量 | 黄色 |
| 溶血性黄疸 | 增加 | 不变或微增 | 无 | 显著增加 | 加深 |
| 阻塞性黄疸 | 不变或微增 | 增加 | 有 | 减少或无 | 变浅或陶土色 |
| 肝细胞性黄疸 | 增加 | 增加 | 有 | 不定 | 变浅 |

# 小 结

肝通过其独特的解剖结构和化学组成，在体内的物质代谢中起重要作用，包括血糖水平的调节，脂类的消化、吸收、分解、合成、利用及运输，蛋白质合成和氨基酸代谢，尿素合成，以及维生素代谢和激素的灭活等。

许多进入体内的或体内自身代谢产生的非营养物质，都可在肝进行生物转化作用，增加水溶性，改变毒性或药理作用，使之易于随胆汁或尿液排出。生物转化作用包括氧化、还原、水解和结合四类反应。氧化、还原、水解为第一相反应，结合为第二相反应，其中以氧化反应和结合反应尤为重要。催化氧化反应的主要是加氧酶系，结合反应中可供结合的基团主要是葡萄糖醛酸、硫酸、乙酰基等。

胆红素是胆汁中重要成分，主要来自血红蛋白中血红素的分解。新生胆红素是脂溶性物质，对组织细胞有毒害作用。它透出单核-巨噬细胞后进入血液，与血液中清蛋白结合成复合体而运输至肝，并被肝细胞摄取。在肝与葡萄糖醛酸结合变成极性较强的水溶性的葡萄糖醛酸胆红素，再随胆汁排入肠腔，在肠道细菌作用下，脱去葡萄糖醛酸并进一步还原为无色的胆素原族化合物。大部分的胆素原随粪便排出，小部分（10%～20%）由肠壁吸收入肝，再经胆道排入肠道，形成“胆素原肠肝循环”。其中被肠壁重吸收的胆素原尚有少量进入体循环由尿排出。与空气接触后，尿胆素原被氧化成尿胆素。黄疸是胆色素代谢障碍的临床表现，按其原因可以分为溶血性、阻塞性和肝细胞性三类黄疸，其血、尿、粪中胆色素的变化可协助鉴别诊断。

（杨五彪）

# 第十五章　水和无机盐代谢

**学 习 目 标**

- ◆列举水和无机盐的主要功能。
- ◆熟悉水和无机盐在体内的含量、分布。
- ◆理解水、钠、氯和钾的代谢及其调节。
- ◆解释钙、磷生理功能，血钙、血磷及其调节。
- ◆了解微量元素的生理功能。

水和无机盐是人体的重要组成成分，对维持人体正常结构和功能具有重要作用。疾病和外界环境的变化，可引起水和无机盐代谢失常，对机体产生各种不利影响，甚至危及生命。因此掌握水与无机盐代谢对疾病的预防、诊断、治疗有重要意义。

## 第一节　体　液

体液(body fluid)是指体内的水及溶于水中的无机盐和有机物构成的液体。体液是细胞生活的内环境，也是细胞代谢的主要场所。保持体液的容量、分布和组成的动态平衡，是维持正常生命活动的必要条件。

### 一、体液的分布与含量

体液分为细胞内液和细胞外液，细胞外液包括血浆和细胞间液等。成年人体液占体重60%，其中细胞内液占体重的40%，细胞外液占体重的20%。在细胞外液中血浆约占体重的5%，细胞间液占体重的15%。

> 议一议：
> 体重为60 kg的成人体液总量和细胞内液、细胞间液、血浆的量分别是多少升？

血浆是沟通人体内外环境和各部分内环境之间的重要转运体系，也是体内特殊细胞外液的来源，对生命活动的维持极为重要。消化液、淋巴液、脑脊液及渗出液等可以认为是细胞外液的特殊部分，这些特殊液体的大量丢失可影响体液的容量、渗透压和酸碱平衡。

体液总量受年龄、性别和胖瘦等因素的影响而有很大的变动。年龄越小，体液占体重的百分比越大(表15-1)。成年男性体液量多于同体重女性。肥胖者比同体重的均衡型者的体液总量低。

表 15-1 不同年龄正常人的体液分布(占体重的百分数)

| 年龄 | 体液总量 | 细胞内液 | 细胞外液 | | |
|---|---|---|---|---|---|
| | | | 总量 | 细胞间液 | 血浆 |
| 新生儿 | 80 | 35 | 45 | 40 | 5 |
| 婴儿 | 70 | 40 | 30 | 25 | 5 |
| 儿童(2~14 岁) | 65 | 40 | 25 | 20 | 5 |
| 成人 | 55~65 | 40~45 | 15~20 | 10~15 | 5 |
| 老年人 | 55 | 30 | 25 | 18 | 7 |

由于婴幼儿体内含水量较多,每日对水的需要量高,每千克体重计算比成人高 2~4 倍,同时,婴幼儿每千克体重的体表面积比成年人大,水通过皮肤蒸发快,而调节水和电解质平衡的能力又差,因此,婴幼儿易发生水和电解质平衡失调。

## 二、体液的电解质含量及特点

体液中的溶质如无机盐、蛋白质和有机酸等常以离子状态存在,故称为电解质。

**(一)电解质含量**

电解质在细胞内外液中的的浓度和分布见表 15-2。

**(二)电解质分布特点**

1. 体液各部分的负离子与正离子平衡　从表 15-2 可以看出血浆、细胞间液及细胞内液中正负离子的摩尔电荷浓度是相等的。通过细胞内外液之间的离子交换,体液各部分正离子和负离子的电荷量是相等的。

> 说一说:
> 体液电解质含量与分布有何特点?

2. 细胞内外液的离子分布有差异　细胞外液中的正离子以 $Na^+$ 为主,其含量占正离子总量的 90% 以上,负离子以 $Cl^-$ 和 $HCO_3^-$ 为主;细胞内液的正离子以 $K^+$ 为主,负离子以磷酸根和蛋白质为主。

3. 细胞内外液的渗透压相等　电解质浓度若以 mmol/L 计算,细胞内液离子总浓度高于细胞外液,但细胞内、外液的渗透压基本相等。其原因是由于细胞内液蛋白质含量高,其他电解质又以二价离子多,这些离子产生的渗透压小。

4. 血浆与细胞间液之间电解质含量相近,但细胞间液蛋白质含量明显低于血浆　这对于维持血容量和血浆与细胞间液之间的水的交换有重要作用。

电解质含量和分布的特点与体液的酸碱平衡、电荷平衡、渗透压平衡以及物质交换等密切相关。

**表 15-2　各种体液中电解质的含量(mmol/L)**

| | | 血浆 | | 细胞间液 | | 细胞内液(肌肉) | |
|---|---|---|---|---|---|---|---|
| | | 离子 | 电荷 | 离子 | 电荷 | 离子 | 电荷 |
| 阳离子 | $Na^+$ | 145 | (145) | 139 | (139) | 10 | (10) |
| | $K^+$ | 4.5 | (4.5) | 4 | (4) | 158 | (158) |
| | $Mg^{2+}$ | 0.8 | (1.6) | 0.5 | (1) | 15.5 | (31) |
| | $Ca^{2+}$ | 2.5 | (5) | 2 | (4) | 3 | (6) |
| | 合计 | 152.8 | (156) | 145.5 | (148) | 186.5 | (205) |
| 阴离子 | $Cl^-$ | 103 | (103) | 112 | (112) | 1 | (1) |
| | $HCO_3^-$ | 27 | (27) | 25 | (25) | 10 | (10) |
| | $HPO_4^{2-}$ | 1 | (2) | 1 | (2) | 12 | (24) |
| | $SO_4^{2-}$ | 0.5 | (1) | 05 | (1) | 9.5 | (19) |
| | 蛋白质 | 2.25 | (18) | 025 | (2) | 8.1 | (65) |
| | 有机酸 | 5 | (5) | 6 | (6) | 16 | (16) |
| | 有机磷酸 | | (-) | | (-) | 23.3 | (70) |
| | 合计 | 138.75 | (156) | 144.75 | (148) | 79.9 | (205) |

## 三、体液的交换

人体除每天与外界环境交换水分外。体内血浆、细胞间液和细胞内液之间不断地相互交换。

### (一)血浆与细胞间液之间的交换

血浆和细胞间液是通过毛细血管壁进行交换的。毛细血管壁是一种半透膜,血浆和细胞间液中的水分和小分子溶质,如葡萄糖、氨基酸、尿素及无机盐等可以自由透过,大分子蛋白质不易透过毛细血管壁,细胞间液中的蛋白质浓度低于血浆蛋白质,故血浆的胶体渗透压高于细胞间液的胶体渗透压。

> 想一想:
>
> 要使某患者(体重为 70 kg)血浆中某种药物的浓度达到20 mg/L,若该药物不进入细胞内液,请问给患者静脉注射该药物多少克?

引起血浆与细胞间液之间体液交换的因素,在血管内为毛细血管的血压和血浆的胶体渗透压,在血管外为细胞间液的流体静压和细胞间液的胶体渗透压。在毛细血管的动脉端,血管内外流体静压差(血压-细胞间液静水压)大于胶体渗透压差(血浆胶体渗透压-细胞间液胶体渗透压,称之为有效胶体渗透压),故水和可透性物质自血浆流向细胞间液,使营养物质由血浆运送到细胞间液,再进入细胞被利用。在毛细血管的静脉端,由于毛细血管血压降低,血管内外流体静压差小于血浆有效胶体渗透压,故水和可透性物质自细胞间液回流血浆,使细胞内物质代谢的中间产物和终产物运回血浆。此外还有一部分体液由于淋巴管内的负压而经淋巴系统进入血液。

正常情况下,体液从毛细血管壁的滤出量和重吸收量基本相等。血浆与细胞间液的交换很迅速,1 min 可交换 2 L 多,并维持动态平衡。当血浆蛋白质浓度降低时,血浆的胶体渗透压下降,细胞间液回流到毛细血管内的量减小,体液在组织间隙潴留而发生水肿。

**(二)细胞间液与细胞内液之间的交换**

细胞间液与细胞内液之间是通过细胞膜进行交换的。细胞膜是一种功能极为复杂的半透膜,对物质的透过有高度的选择性。细胞膜允许水自由透过,葡萄糖、氨基酸、尿素、肌酐、尿酸、$CO_2$、$O_2$、$Cl^-$和 $HCO_3^-$ 等也可以通过;但是蛋白质、$K^+$、$Ca^{2+}$、$Mg^{2+}$等则不易通过。细胞内液与细胞间液的化学组成差异很大,这主要是主动转运的结果。

引起细胞间液与细胞内液交换的因素,主要是细胞内外液渗透压的大小。当细胞内外液的渗透压不平衡时,水自渗透压较低的一方向渗透压较高的一方流动,直到二者的渗透压相等为止。决定细胞内液渗透压的主要是钾盐,决定细胞外液渗透压的主要是钠盐。当细胞外液渗透压升高时,水自细胞内转移到细胞外,引起细胞皱缩;当细胞外液渗透压降低时,水自细胞外液转移至细胞内,引起细胞肿胀。

细胞内外 $K^+$、$Na^+$分布的显著差异,是由于细胞膜上 $Na^+/K^+$-ATP 酶的作用。该酶能主动把细胞内的 $Na^+$泵出细胞外,同时将细胞外的 $K^+$泵进细胞内,这一过程需要消耗 ATP。

细胞内液与细胞间液之间的相互交换,保证细胞不断地从细胞间液中摄取营养物质,排出细胞本身的代谢产物。

# 第二节　水和无机盐的生理功能

## 一、水的生理功能

水是人体的重要组成成分。体内的水有两种存在形式,大部分与蛋白质、多糖等结合,以结合水的形式存在;一部分以自由状态存在,称为自由水。水的主要生理功能有:

1. 参与和促进物质代谢　水是良好的溶剂,各种营养物质、代谢产物等多数可溶于水中。它们经过血液循环或淋巴运送至各组织细胞进行代谢或排出体外。物质代谢的一系列化学反应都在体液中进行。水还直接参与水解、水化、脱水与氧化等代谢反应。

2. 调节体温　水的比热容大,能吸收较多的热能而本身温度变化不大;水的蒸发热大,因而蒸发少量的汗就能散发大量的热;水的流动性大,通过血液循环和体液交换,使代谢产生的热迅速带往全身,并从体表散发,使全身各处的体温基本保持一致。水的这些性质,有利于体温调节。

3. 润滑作用　水具有润滑作用,能减少摩擦。如唾液有利于吞咽,泪液有利于眼球运动,关节腔的滑液有利于关节活动等。

4. 维持组织的形态和功能　体内水与蛋白质、多糖等结合来维持大分子的构象,这对保持组织器官的形态、硬度、弹性都具有十分重要的意义。血液中存在的主要是自由水,故能保证血液的循环流动。

## 二、无机盐的生理功能

无机盐的种类很多，功能各异，主要生理功能有以下几方面：

1. 维持体液的渗透压和酸碱平衡　$Na^+$、$Cl^-$是维持细胞外液渗透压的主要离子；$K^+$、$HPO_4^{2-}$是维持细胞内液渗透压的主要离子。这些离子同时也是体液中各种缓冲对的主要成分，在维持体液的酸碱平衡中起重要作用。

> 议一议：
> 体液电解质有哪些主要的生理功能？

2. 维持神经、肌肉的应激性　神经、肌肉的应激性与体液中一些离子浓度有关，$Na^+$、$K^+$可提高神经肌肉的应激性，而$Ca^{2+}$、$Mg^{2+}$等的作用则相反。

$$\text{神经肌肉应激性} \propto \frac{[Na^+]+[K^+]}{[Ca^{2+}]+[Mg^{2+}]+[H^+]}$$

上述离子也影响心肌的应激性，$K^+$对心肌有抑制作用，而$Na^+$、$Ca^{2+}$的作用与$K^+$相拮抗。

3. 参与细胞正常的代谢　①作为酶的辅酶或激活剂影响酶的活性。如呼吸链中的细胞色素体系是通过铁的化合价的互变传递电子的；$Cl^-$可激活唾液淀粉酶加速淀粉的水解；$Mg^{2+}$能激活磷酸化酶和各种磷酸激酶。②参与或影响物质代谢。$Na^+$参与小肠对葡萄糖的吸收；$K^+$参与糖原合成和蛋白质的合成；$Ca^{2+}$与肌钙蛋白结合激发骨骼肌与心肌收缩；血液凝固过程也需要$Ca^{2+}$。

4. 构成组织细胞成分　所有的组织细胞中都含有无机盐的成分，如钙、磷、镁是骨骼和牙齿组织中的主要成分。

5. 构成体内有特殊功能的化合物　如血红蛋白和细胞色素中的铁、维生素$B_{12}$中的钴等。

# 第三节　水和钠、钾、氯的代谢

## 一、水的代谢

### （一）水的来源

一般情况下，正常成人每天需水的总量约2 500 mL。其来源有三个：

> 说一说：
> 水的来源与去路有哪些？人体水的生理需要量和最低生理需要量是多少？

1. 饮水（茶、汤及其他流质）　成人每天大约摄取1 200 mL。饮水量随气温、劳动强度和生活习惯而不同，变化幅度较大。

2. 食物水（馒头、米饭、蔬菜、水果等）　各种食物均含一定量的水分，成人每天从食物中摄取的水分约为1 000 mL。

3. 代谢水（内生水）　糖、脂肪和蛋白质等营养物质在代谢过程中经过氧化生成的水称为代谢水。在一般情况下，每天体内生成的代谢水约为300 mL。

### (二)水的去路

成人每天排出水的总量约为2 500 mL。其去路有四条:

> 想一想:
>
> 对昏迷、禁食、食道癌晚期的患者,为维持其生命活动每日补充水的最低生理需要量应该是多少毫升?

1. 肾排出　肾是排出水分的主要器官,对体内水的平衡起着主要的调节作用。成人每天排出尿量约为1 500 mL。尿量变动很大,饮水、出汗等因素对尿量有较大影响。成人每天从肾排出代谢固体废物(尿素、尿酸、肌酐等)一般不少于35 g,而肾排出尿的最大浓度为6% ~8%,所以每日尿量至少需要500 mL,才能充分排泄代谢废物。否则导致代谢废物在体内堆积引起中毒。因此临床上将每日尿量小于500 mL称之为少尿,少于100 mL为无尿。

2. 皮肤蒸发　成人每日由皮肤排出水分的方式有两种:一种是非显性出汗,以皮肤蒸发方式排出纯水约为500 mL;另一种是显性汗,为汗腺所分泌。显性汗的量在高温、运动时明显增加。显性汗是一种低渗溶液,在出汗的同时也丢失 $Na^+$、$Cl^-$ 及少量的 $K^+$。大量出汗时应补充水和氯化钠。显性汗不属于皮肤蒸发,不计入水的正常排出。

3. 肺呼出　肺呼吸时以水蒸气的形式排出部分水分,排出量与呼吸交换的容量和呼吸深度有关,成人每日约排出350 mL。

4. 消化道排出　各种消化腺每天分泌的消化液(如唾液、胃液、胰液、肠液和胆汁等)约8 L,其中含有大量的水和无机盐。正常情况下,98%的消化液经"肠道循环"被重吸收,只有2% 的消化液随粪便丢失到体外,正常成人每天经粪便排出的水分约为150 mL,病理情况下,如呕吐、腹泻、胃肠减压等可引起消化液大量丢失而导致脱水。由于消化液中含有大量的电解质和水分,在正常情况下,这些消化液几乎全部被肠道重吸收。在病理情况下,如呕吐、腹泻等可丢失大量的消化液,引起水和电解质平衡的紊乱。

正常情况下,成人每日摄取的水量和排出的水量基本相等(表15-3),称为水平衡。

**表15-3　成人每日水的出入量**

| 水的摄入量/mL | | 水的排出量/mL | |
|---|---|---|---|
| 饮水 | 1 200 | 肾排出 | 1 500 |
| 食物 | 1 000 | 皮肤蒸发 | 500 |
| 代谢水 | 300 | 肺呼出 | 350 |
| | | 肠道排出 | 150 |
| 合计 | 2 500 | 合计 | 2 500 |

为了维持水平衡和保持正常的生理状况,成人每日的生理需水量约为2 500 mL。当机体由于种种原因不能进水时,每日仍不断由皮肤、呼吸、粪便和肾排出水分约1 500 mL,这是人体每天必然丢失的水量,也是每天的最低需水量。

## 二、钠和氯的代谢

### (一)钠和氯的含量与分布

正常成人钠总量为45～50 mmol/kg体重。其中45%分布于细胞外液,10%分布于细胞内液,45%分布于骨骼。血浆钠含量平均为142 mmol/L。成人体内氯总量约为33 mmol/kg体重,其中70%分布于血浆、组织和淋巴液中。血浆氯平均为102 mmol/L。

### (二)钠和氯的吸收与排泄

1. 吸收 钠和氯主要来自食盐(NaCl),一般成人每天需要NaCl为4.5～9.0 g,其实际摄取量因个人饮食习惯、食物性质、生活情况等的不同而有很大差别。食入的$Na^+$和$Cl^-$几乎全部被消化吸收。

2. 排泄 $Na^+$和$Cl^-$主要经肾随尿排出,少量由汗腺排出。在醛固酮的影响下,肾对钠的排泄具有强大的调节能力,其特点是“多吃多排、少吃少排、不吃不排”。过量的$Na^+$可迅速通过肾脏排出。另外,肾脏调节排钠的能力也很强,在人体完全停止摄入钠时,肾脏排钠趋向于零。因此,较长时间进食低钠饮食,如无意外丢失的话,一般不会出现低钠症状。但在严重呕吐、腹泻、高温作业、剧烈运动等过量出汗时,在补充水分的同时应适当补钠。

## 三、钾的代谢

### (一)钾的含量与分布

人体内钾的含量为31～57 mmol(1.2～2.2 g)/kg体重,总量约为120 g。其中约98%分布于细胞内,仅约2%存在于细胞外液。血清钾浓度为3.5～5.5 mmol/L,而细胞内液钾浓度则高达150 mmol/L左右。

$K^+$、$Na^+$在细胞内、外分布极不均匀,主要是由于细胞膜上钠钾泵的作用,但这两种离子却均可顺浓度梯度缓慢地通过细胞膜进行被动扩散。除钠钾泵外,钾在细胞内、外的分布还受物质代谢和体液酸碱平衡等方面的影响:

1. 糖代谢的影响 每合成1 g糖原需要0.15 mmol$K^+$进入细胞内;而分解1 g糖原又可释放等量的$K^+$到细胞外。因此,当大量补充葡萄糖时,细胞内糖原合成作用增强,钾从细胞外进入细胞内,可引起血浆钾浓度降低,故应注意适当补钾,否则可导致低血钾。在临床医学中对于高血钾患者,可采用注射葡萄糖溶液+胰岛素的方法,加速糖原合成,促使$K^+$由细胞外液进入细胞内,以纠正高血钾。

> 想一想:
> 肾脏在维持$Na^+$和$K^+$的代谢平衡方面各有何特点?

2. 蛋白质代谢的影响 每合成1 g蛋白质,约需0.45 mmol$K^+$进入细胞内;而分解1 g蛋白质,又可释放等量的$K^+$到细胞外。因此,在组织生长或创伤恢复期等情况下,蛋白质合成代谢增强,钾进入细胞内,可使血钾浓度降低,此时应注意钾的补充;而在严重创伤、挤压综合征、感染、缺氧以及溶血等情况下,蛋白质分解代谢增强,细胞内钾释放到细胞外,如超过肾排钾能力时,则可导致高血钾。

3. 细胞外液pH值的影响 酸中毒时细胞外液$H^+$浓度增高,部分$H^+$进入体细胞置换

出细胞内的 $K^+$,同时肾小管上皮细胞泌 $H^+$(排酸)作用增强,泌 $K^+$ 作用(排钾)被抑制,最终导致酸中毒引起高血钾;相反碱中毒则可引起低血钾。

**(二)钾的吸收与排泄**

成人每天钾的需要量为 2 ~3 g。体内钾主要来自食物,蔬菜和肉类均含有丰富的钾,故一般食物即可满足钾的需要。来自食物的钾 90% 被消化道吸收,其余未被吸收的部分则随粪便排出体外。80% ~90% 的钾经肾由尿排出,肾对钾的排泄能力很强,特点是"多吃多排,少吃少排,不吃也排"。即使禁钾 1 ~2 周,肾每天排钾仍可达 5 ~10 mmol,故禁食或大量输液者常常出现缺钾现象,此时应注意适当补钾。约 10% 的钾由粪便排出,严重腹泻时粪便中钾的丢失量可达正常时的 10 ~20 倍之多,故应注意钾的补充。此外汗液也可排出少量钾。

**(三)低血钾与高血钾**

1. 低血钾　血钾浓度低于 3.5 mmol/L 时,称为低血钾。其表现为全身软弱无力、肌张力下降、腱反射减弱、腹胀、消化不良等症状。其原因主要有:①钾摄入过少,见于摄食障碍、禁食等;②丢失过多,见于严重腹泻、呕吐和钾利尿剂过多应用等;③细胞内、外分布异常,见于治疗糖尿病酸中毒时,应用大量葡萄糖和胰岛素,促进血浆 $K^+$ 随葡萄糖进入细胞内,又未及时补钾。此外,碱中毒也能使钾转入细胞内导致低血钾。

> 议一议:
> 影响钾离子在细胞内外分布的因素,为什么静脉注射胰岛素和葡萄糖能纠正高血钾?

2. 高血钾　血钾浓度高于 5.5 mmol/L 时,称为高血钾。其主要表现为神经、肌肉兴奋性增高、肌肉酸痛、腱反射亢进,同时抑制心肌兴奋性,出现心动过缓、传导阻滞,严重时可导致心脏骤停于舒张状态。其主要原因为:①输入钾过多,如输钾过多过快(错误地静脉推注钾)或输入大量库存血液;②排泄障碍,常见于肾功能衰竭或肾上腺皮质功能低下;③细胞内钾外移,当大面积烧伤或呼吸障碍引起缺氧以及酸中毒时均可导致高血钾。

## 四、水和钠、钾、氯代谢的调节

水和钠、钾、氯代谢的平衡主要是通过神经-激素的调节来实现的,其中抗利尿激素(antidiuretic hormone,ADH)和醛固酮(aldosterone)起重要作用。

**(一)抗利尿激素**

抗利尿激素(ADH、加压素)是下丘脑视上核神经细胞分泌的一种肽类激素。抗利尿激素的主要功能是促进肾远曲小管和集合管对水的重吸收,降低排尿量。ADH 的分泌主要受细胞外液渗透压的调节,血容量和血压也对其有调节作用。

> 想一想:
> 当大量饮水或摄入过多的食盐时,人体如何影响抗利尿激素、醛固酮的分泌,调节水和盐平衡。

1. 细胞外液的渗透压　下丘脑的渗透压感受器对体液渗透压的改变非常敏感。当人体大量失水时,细胞外液的渗透压升高,渗透压感受器兴奋,一方面,ADH 分泌增加,促进肾远曲小管和集合管对水的重吸收,体液渗透压恢复正常;另一方面引起口渴反射,经饮水后使细胞外液渗透压恢复正常。反之,大量饮水后细胞外液渗透压降低,渗透压感受器被抑制,ADH 分泌减少,肾对水的重吸收减少(尿量增加),体液的渗透压升高(图

15-1)。

2. 血容量和血压　当血容量增加、血压升高时,刺激左心房容量感受器,引起 ADH 分泌减少,从而引起利尿,排出体内过多的水分,使血容量和血压恢复正常。反之,ADH 分泌增多,促进肾对水的重吸收,有利于血容量和血压的恢复(图 15-1)。

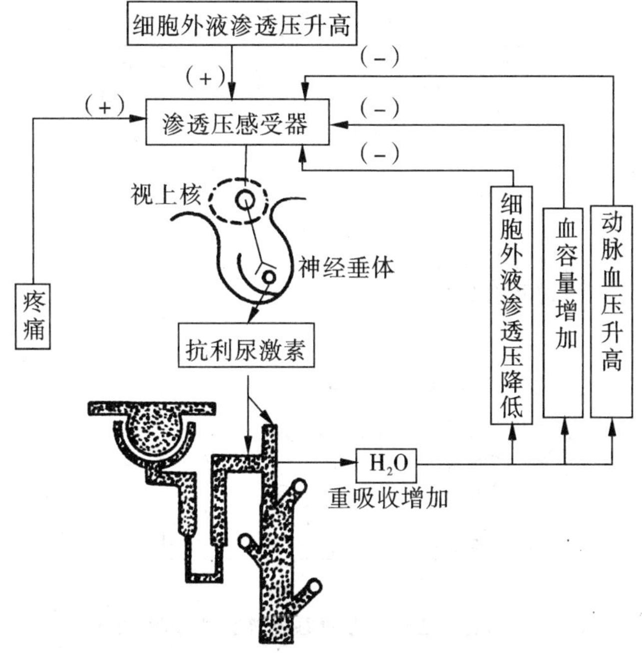


图 15-1　抗利尿激素的调节示意图

### (二) 醛固酮

醛固酮是肾上腺皮质球状带分泌的一种类固醇激素,又称盐皮质激素。醛固酮的主要功能是促进肾小管上皮细胞分泌 $K^+$ 和 $H^+$,重吸收 $Na^+$。醛固酮的分泌主要受肾素-血管紧张素系统和血 $K^+$ 与血 $Na^+$ 浓度的比值调节。

1. 肾素-血管紧张素　肾素是一种蛋白水解酶,它能催化血浆中的血管紧张素原,转变为血管紧张素Ⅰ,后者又在一特异性很强的血清转化酶作用下水解生成血管紧张素Ⅱ。血管紧张素Ⅱ具有很强的缩血管作用,使血压升高,并促进醛固酮的分泌(图 15-2)。

肾素的分泌主要由血容量来调节,当血容量减少、血压下降时,肾动脉压降低,肾血流量减少,通过远曲小管致密斑处的 $Na^+$ 减少以及交感神经的兴奋,使肾小球旁细胞分泌肾素增多,血浆中血管紧张素和醛固酮的浓度随之增加,从而促进肾小管对 $Na^+$ 的主动吸收,伴随水的被动吸收,使血容量和血压回升。当血容量增加,血压回升,肾素分泌减少,醛固酮的分泌也随之减少。恢复正常后,血管紧张素Ⅱ可被血浆和肾组织中的一种特异的肽酶(血管紧张素酶)水解而失活。

2. 血钾和血钠浓度的影响　当血钾浓度升高或血钠浓度降低,$[Na^+]/[K^+]$ 比值降低时,醛固酮分泌增多,尿排钠减少。反之,醛固酮分泌减少,尿排钠增多。

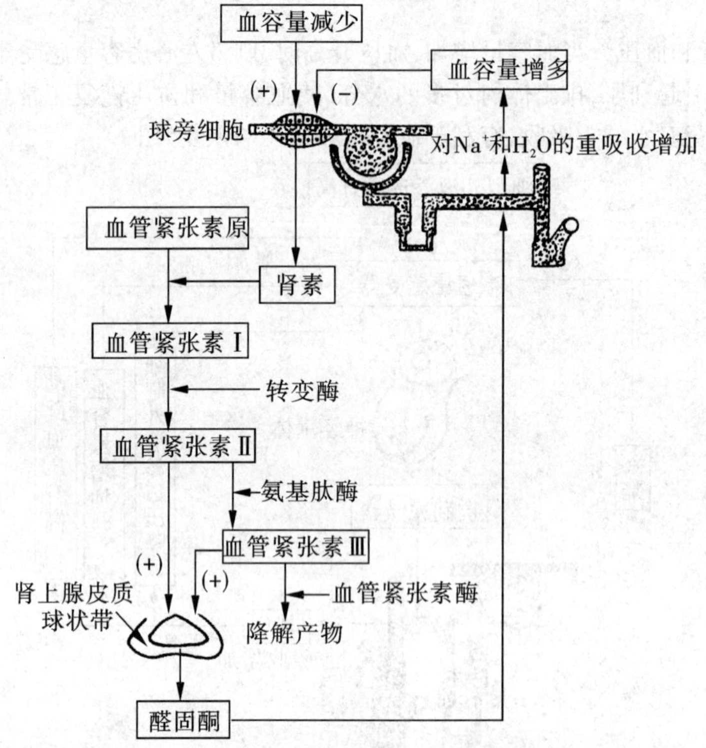


图 15-2 肾素-血管紧张素系统对醛固酮分泌的调节

**(三)其他激素的调节**

除抗利尿激素和醛固酮外,还有一些激素也参与水盐代谢的调节。如心房利钠因子(ANF),又称心房肽或心钠素,它具有极强的利尿、利钠、扩张血管和降低血压的作用;它通过抑制腺苷酸环化酶的活性来降低水和钠离子的重吸收。另外,心钠素还能抑制肾素、醛固酮和抗利尿激素的分泌。又如性激素对水盐平衡也有调节作用,其中雌激素能促进水和钠在体内的潴留。

# 第四节 钙磷代谢

## 一、钙磷的含量、分布与生理功能

**(一)钙磷的含量与分布**

钙和磷是体内含量最多的无机盐。正常成人体内钙总量为 700 ~ 1 400 g。磷的总量 400 ~ 800 g。绝大部分钙、磷存在于骨组织与牙齿中,其余部分以溶解状态分布于体液和其他组织(表 15-4)。

表 15-4　人体内钙磷的分布

| 部位 | 钙 | 磷 |
|---|---|---|
| 骨及牙 | 1 200 g(99.3%) | 600 g(85.7%) |
| 细胞外液 | 1 g(0.1%) | 0.2 g(0.03%) |
| 细胞内液 | 7 g(0.6%) | 100 g(14%) |

**(二)钙磷的生理功能**

> 议一议：
> 钙、磷在体内的含量与分布及主要生理功能，影响钙磷吸收的因素有哪些？

1. 参与形成骨骼和牙齿　人体内 99% 以上的钙和 86% 左右的磷以羟磷灰石[$3Ca_3(PO_4)_2 \cdot Ca(OH)_2$]的形式构成骨盐，参与骨骼、牙齿的形成。骨骼是机体的支架，又是体内钙磷的储存库。

2. 钙离子($Ca^{2+}$)的生理功能　①可作为激素的第二信使，在细胞信息传递中起重要作用；②能够降低毛细血管及细胞膜的通透性；③有降低神经肌肉兴奋性的作用；④增强心肌的收缩；⑤$Ca^{2+}$是凝血因子之一，参与血液凝固过程；⑥$Ca^{2+}$是很多酶的激活剂和抑制剂。

3. 磷的生理作用　磷除与钙结合成羟磷灰石作为骨的成分外，主要以磷酸根的形式在体内发挥生理作用：①是细胞膜、核酸及某些辅酶的组成成分；②直接参与体内物质代谢反应及代谢调节，如参与葡萄糖的磷酸化、酶的共价修饰等；③参与体内能量的生成、储存和利用；④构成磷酸盐缓冲对，参与体内酸碱平衡的调节。

## 二、钙磷的代谢

**(一)钙磷的吸收和排泄**

1. 吸收　成人每日需钙量为 0.5～1.0 g，儿童、孕妇约需钙 1.0～1.5 g。食物中的钙主要在酸度较高的小肠上段，以 $Ca^{2+}$形式吸收。钙的吸收受多种因素影响。①1,25-二羟维生素 $D_3$，可加强小肠对钙和磷的吸收，这是影响钙吸收的最主要因素。②饮食：食物中凡能降低肠道 pH 值的成分均可促进钙的吸收，如乳酸等。当食物中磷酸盐较多时，可与 $Ca^{2+}$结合成不溶性钙盐阻碍钙的吸收。③年龄：钙的吸收率与年龄成反比。婴儿对食物钙吸收率达 50% 以上，成人约为 30%，随年龄增长钙的吸收率还会下降，这是老年人缺钙导致骨质疏松的原因之一。

成人每日需磷量为 1.0～1.5 g。食物中的磷以磷酸盐形式存在，凡是能够影响钙吸收的因素也能够影响磷的吸收。磷的吸收部位也在小肠上段，磷的吸收较钙容易，吸收率约为 70%。

2. 排泄　正常成人每日排出的钙，约 20% 经肾排泄，80% 经肠道排泄。肾小管重吸收钙的能力受到甲状旁腺素调控，血钙浓度低时，则原尿中的钙几乎全部被重吸收，尿钙接近于零；如血钙浓度高，则重吸收减少。肠道排出的钙主要为食物未吸收的钙和消化液中的钙。

体内的磷有 60%～80% 由肾排出，少量经肠道排出。由于大部分磷经肾由尿排出，故当肾功能衰竭时可引起高血磷。

**(二)血钙和血磷**

1. 血钙　血钙指血浆或血清中的钙。正常人血钙浓度为2.25～2.75 mmol/L(9～11 mg/dL)。血钙有三种形式:①蛋白结合钙,指与血浆中清蛋白结合的钙,不能通过半透膜或细胞膜,称为非扩散钙;②扩散结合钙,指与柠檬酸、乳酸、碳酸氢根离子等结合在一起形成可溶性钙盐的钙,这种钙易于解离,可通过半透膜;③游离钙,即离子钙($Ca^{2+}$),易通过半透膜。故柠檬酸钙和离子钙又称为可扩散钙。血浆中只有离子钙才能直接发挥其生理功能。各种钙的存在形式可互相转变,保持动态平衡。

> 议一议:
> 血浆钙有哪些存在形式?它们之间的动态平衡受何因素影响?

离子钙受血浆 pH 值的影响。酸中毒时,氢离子浓度升高,则钙离子增多;碱中毒时,$HCO_3^-$浓度升高,则钙离子浓度减少,因此临床上出现抽搐现象。血浆中钙离子浓度与氢离子浓度和 $HCO_3^-$浓度的关系如下:

$$[Ca^{2+}]=K\frac{[H^+]}{[HCO_3^-]\times[HPO_4^{2-}]}\quad(\text{其中 }K\text{ 为常数})$$

2. 血磷　血磷主要是指血浆中的无机磷,它主要以无机磷酸盐的形式存在,如 $Na_2HPO_4$ 和 $NaH_2PO_4$。正常成人血浆磷浓度为1.0～1.6 mmol/L(3.0～4.5 mg/dL)。

3. 血钙与血磷关系　血中钙、磷浓度相当恒定,它们之间存在一定关系。以 mg/dL 表示时,$[Ca]\times[P]=35\sim40$。当乘积大于40时,钙磷以骨盐形式沉积于骨组织中;若小于35时,则发生骨盐溶解而产生佝偻病及软骨病。

**(三)钙、磷与骨的代谢**

1. 骨的组成　骨组织主要由骨细胞、骨基质和无机盐组成。骨细胞可合成和分泌骨基质,骨基质与无机盐以特殊方式附着在一起,使骨组织坚硬而富有韧性,构成了人体的支架组织。

(1)骨细胞:骨细胞有成骨细胞、破骨细胞等,它们都起源于未分化的间质细胞。

(2)骨盐:骨中的无机盐称骨盐,占骨干重的65%～70%,主要成分为磷酸钙,也有少量碳酸钙、柠檬酸、磷酸镁和碳酸钠等。骨盐主要以羟磷灰石形式存在。羟磷灰石是微细的结晶,晶格之间可吸附体液中的 $Ca^{2+}$、$Mg^{2+}$、$Cl^-$、$HCO_3^-$等离子。

(3)骨基质:骨基质是骨的有机成分,其中95%为胶原,还有少量的蛋白质和蛋白多糖等。胶原和蛋白多糖使骨有良好的韧性。

2. 成骨作用与钙化　骨的生长、修复和重建过程,称为成骨作用。新的骨组织生成,先由成骨细胞合成、分泌骨基质(胶原、蛋白多糖),然后骨盐沉积,骨盐沉积也称骨钙化,最终形成坚实的骨组织。碱性磷酸酶有利于成骨作用,因此血浆碱性磷酸酶活性的变化,被视为成骨作用的指标。生长发育的婴幼儿和某些佝偻病、骨软化症、甲状旁腺机能亢进等患者,血中碱性磷酸酶活性常升高。

> 想一想:
> 甲状旁腺素、降钙素、维生素 $D_3$ 有哪些主要生理作用?

3. 溶骨作用与脱钙　坚硬的骨组织也处在不断更新之中，在新骨组织不断生成的同时，原有旧骨持续溶解，达到动态平衡。溶骨作用是指在破骨细胞的作用下，骨基质水解、骨盐溶解的过程，骨盐的溶解称为脱钙。破骨细胞可释出溶酶体中的一些水解酶类，使骨组织的有机质被溶解。同时破骨细胞活动时，可释放出柠檬酸和乳酸，促进局部骨盐的溶解，于是骨组织被溶解吸收。

正常成人每年有1% ~4% 的骨组织需要更新，以改变骨骼的形态和结构，适应功能的需要。生长发育的婴幼儿、青少年成骨作用大于溶骨作用。而老年人溶骨作用显著增强，常因骨质减少导致骨质疏松症。

## 三、钙磷代谢的调节

钙磷代谢主要受甲状旁腺素、降钙素和1,25-二羟维生素 $D_3$[1,25-$(OH)_2$-$D_3$]的调节。与钙磷的吸收、排泄、储存调节相关的重要器官为肠、肾和骨组织。

**(一)1,25-二羟维生素 $D_3$**

1. 1,25-$(OH)_2$-$D_3$的生成　维生素 $D_3$在肝微粒体中，经羟化转变成25-OH-$D_3$，然后至肾皮质经1-羟化酶系的催化进一步转变成1,25-$(OH)_2$-$D_3$，它是维生素 $D_3$在体内的活性形式。1,25-$(OH)_2$-$D_3$由肾合成后进入血液，经血液循环运送到靶细胞，发挥生理作用。

2. 1,25-$(OH)_2$-$D_3$的生理作用　①1,25-$(OH)_2$-$D_3$的主要生理作用是促进小肠对钙磷的吸收。1,25-$(OH)_2$-$D_3$进入小肠黏膜细胞核，促进钙结合蛋白基因表达，从而增加 $Ca^{2+}$的吸收转运；此外1,25-$(OH)_2$-$D_3$还增加小肠黏膜细胞膜磷脂合成及不饱和脂肪酸的含量，进而增加 $Ca^{2+}$的通透性，有利于 $Ca^{2+}$吸收。②1,25-$(OH)_2$-$D_3$作用于骨组织，有溶骨和成骨的双重作用。1,25-$(OH)_2$-$D_3$能刺激破骨细胞活性而加速破骨细胞生成，产生溶骨作用，又能通过增强小肠钙磷吸收而促进骨钙化作用，并刺激成骨细胞分泌胶原等促进成骨作用。总的结果是促进骨的代谢，有利于骨骼的生长和钙化，同时也维持了血钙浓度的恒定。③1,25-$(OH)_2$-$D_3$作用于肾组织，促进肾小管对钙、磷的重吸收。

**(二)甲状旁腺素(parathormone,PTH)**

1. PTH 的分泌调节　PTH 是由甲状旁腺主细胞合成分泌的，由84个氨基酸残基组成的单链多肽。其分泌主要受血钙浓度的调节。当血钙浓度降低时，PTH 分泌增加；反之，分泌降低。血钙浓度与 PTH 分泌负相关。

2. PTH 的生理功能　①PTH 作用于骨组织，使间质细胞转化成破骨细胞，并增加破骨细胞活性；抑制破骨细胞转变为骨细胞，使破骨细胞增多发生溶骨作用；促进溶酶体释放各种水解酶，增加骨基质水解，促进骨盐溶解。②PTH 作用于肾促进肾对钙的重吸收，抑制对磷的重吸收。

**(三)降钙素(calcitonin,CT)**

1. CT 的分泌调节　CT 是甲状旁腺滤泡旁细胞分泌的一种单链32肽激素。CT 的分泌受血钙浓度的调节，当血钙浓度升高时，CT 分泌增多，两者呈正相关。

2. CT 的生理作用　① CT 作用于骨组织，抑制破骨细胞的生成，又加速破骨细胞转化为成骨细胞,因而抑制骨盐溶解,使血钙、血磷浓度下降。② CT 作用于肾抑制钙、磷的重吸收,促进尿钙、尿磷排泄。③ CT 还抑制 1,25-(OH)$_2$-D$_3$的生成,从而间接抑制肠道对钙、磷的吸收。

总之,体内钙、磷代谢在 PTH、CT 和 1,25-(OH)$_2$-D$_3$三者严密调控下,维持血钙、血磷的动态平衡。其中任何一种激素分泌异常或一个器官(骨、肾、小肠)功能失衡,均可使血钙、血磷浓度升高或降低,影响骨质结构。表 15-5 显示激素对钙磷代谢调节概况。

**表 15-5　激素对钙磷代谢的调节**

| 钙磷代谢 | PTH | 1.25-(OH)$_2$-D$_3$ | CT |
|---|---|---|---|
| 肾钙重吸收 | ↑ | ↑ | ↓ |
| 肾磷重吸收 | ↓ | ↑ | ↓ |
| 溶骨作用 | ↑ | ↑ | ↓ |
| 成骨作用 | ↓ | ↑ | ↑ |
| 小肠钙吸收 | ↑ | ↑ | ↓ |
| 小肠磷吸收 | ↑ | ↑ | - |
| 血钙 | ↑ | ↑ | ↓ |
| 血磷 | ↓ | ↑ | ↓ |

# 第五节　镁的代谢

## 一、镁的含量与分布

$Mg^{2+}$是体内主要的正离子之一,总量 20 ~ 28 g。镁主要存在于骨骼,其余分布于肌肉及肝、肾、脑等组织。正常成人血镁浓度为 0.8 ~ 1.1 mmol/L。

## 二、镁的吸收与排泄

人体每日镁的需要量为 0.2 ~ 0.4 g。食物中镁主要由小肠吸收,吸收率约 30%,正常膳食可满足镁的需要量。体内的镁 60% ~ 70% 随粪便排出,其余自尿液中排出,正常情况下从肾小管滤过的镁多被重吸收。肾是维持血镁浓度恒定的主要器官。

## 三、镁的生理作用

1. 镁作为部分酶的辅助因子或激活剂,参与核酸、蛋白质、糖、脂肪、能量代谢等重要代谢过程。

2. 镁对神经系统和心肌的作用　$Mg^{2+}$对中枢神经系统具有抑制作用。$Mg^{2+}$和 $Ca^{2+}$都能使神经肌肉兴奋性降低,但对于心肌兴奋性 $Mg^{2+}$具有抑制作用,而 $Ca^{2+}$具有兴奋作用。

3. 镁作用于周围血管系统引起血管扩张，使血压降低。

4. 血镁浓度可影响 PTH 和 CT 的分泌　血镁浓度过低，则 PTH 分泌受抑制；血镁浓度过高，可刺激 CT 的分泌。镁是骨细胞结构和功能所必需的元素。

5. 镁对胃肠道的作用　$Mg(HCO_3)_2$ 等碱性镁制剂是良好的抗酸剂，可中和胃酸。$Mg^{2+}$ 在肠道吸收缓慢，使水分潴留，因此镁盐可用作导泻剂。

# 第六节　微量元素

微量元素是指含量占体重 0.01% 以下的元素，在体内比较重要的具有特殊生理功能的微量元素有铜、锌、碘、锰、硒、氟、钼、钴、铬等，其总量不超过体重的 0.05%。人体对微量元素每日需要量以毫克或微克计，其来源主要为食物。微量元素缺乏时，可使机体的代谢过程及生理功能发生改变，而发生疾病。人们对微量元素的研究愈来愈受到重视。

## 一、铁

### （一）体内铁的概况

铁是体内含量最多的微量元素。成年男子平均含铁量约为每千克体重 50 mg，女性因妊娠、哺乳、月经而稍低于男子。正常成人每日需铁约 1 mg，儿童、妊娠期、哺乳期和月经期女性需铁量较多。体内的铁 65% 左右存于血红蛋白，5% 存于肌红蛋白，另有 25% 的铁以铁蛋白和含铁血黄素形式储存于肝、脾及骨髓组织中，这部分称为储存铁。

人体内铁的来源主要为食物铁和体内血红蛋白降解时释放铁的再利用。铁的吸收主要在十二指肠与空肠上段，胃酸可促使铁盐溶解，促进铁的吸收；动物性食物中的铁常以血红素铁形式存在，可直接被肠黏膜吸收；一般 $Fe^{2+}$ 比 $Fe^{3+}$ 易于吸收，维生素 C、谷胱甘肽等能使 $Fe^{3+}$ 还原为 $Fe^{2+}$，因而能促进铁的吸收；氨基酸、柠檬酸等可与铁形成复合物，也有利于铁的吸收；磷酸、草酸、植酸、鞣酸等能与铁结合成难溶的铁盐，因而妨碍铁的吸收。

人体大部分铁随粪便排出，还有部分铁自尿液排出。

### （二）铁的生理作用

铁在体内主要是参与血红素生物合成，而血红素是血红蛋白、肌红蛋白、细胞色素、过氧化氢酶等的辅基。因此铁与红细胞的运氧功能、能量代谢及多种物质的代谢密切相关。铁缺乏时，可导致贫血。

## 二、碘

### （一）体内碘的概况

成人体内含碘 25～50 mg，大部分集中于甲状腺组织中。碘的主要来源是膳食，食物中的碘在消化道吸收迅速而完全，成人每日需碘量为 100～300 μg。碘主要经肾排出。

### （二）碘的生理作用

体内碘主要用于合成甲状腺素（$T_4$），以调节物质代谢，并促进儿童正常生长发育。成人缺碘可引起甲状腺肿，此病在缺碘地区较常见。胎儿和新生儿缺碘可引起呆小症，表现为智力、体力发育迟缓等症状。

## 三、铜

### (一)体内铜的概况

成人体内含铜为 100 ~ 150 mg,以肝、肾、心和脑中含量最高。人体每日需要量为 1.5 ~2.0 mg。食物中的铜主要在十二指肠吸收,吸收后运输至肝脏。体内的铜 80% 以上随胆汁排出,其余由肾、肠道排出。

### (二)铜的生理作用

铜主要参与多种酶的构成而实现其生理作用。铜是细胞色素氧化酶的组成成分,参与生物氧化过程;铜可以促进无机铁转变成有机铁,使 $Fe^{3+}$ 变成 $Fe^{2+}$,有利于铁在小肠的吸收;在肝合成并分泌入血的血浆铜蓝蛋白,能使储存铁被动员利用;铜还参与单胺氧化酶和抗坏血酸氧化酶的分子组成,因这两种酶与结缔组织胶原纤维交联过程有关,从而维持血管壁、结缔组织和骨基质的韧性和弹性;$Cu^{2+}$ 是体内超氧化物歧化酶活性中心的必需金属离子,因此 $Cu^{2+}$ 参与了抗氧化作用。

## 四、锌

### (一)体内锌的概况

成人体内含锌为 2 ~3g,广泛分布于各组织中。头发含锌为 125 ~250 μg/g,其含量常作为人体内锌含量的指标。正常成人每日锌需要量为 15 ~20 mg。锌在小肠中吸收,吸收入血的锌与清蛋白结合而被运输。锌主要随胰液和胆汁经肠道排出,部分锌可从尿和汗排出。

### (二)锌的生理作用

锌是许多酶的组成成分或激活剂,其生理作用通过酶的作用来完成。锌参与 DNA 聚合酶组成,与 DNA 复制、细胞增殖等功能相关;锌参与碳酸酐酶组成,对于转运 $CO_2$、调节酸碱平衡等起重要作用;锌参与乳酸脱氢酶、谷氨酸脱氢酶等组成,与体内糖、氨基酸等物质代谢密切相关;锌在基因表达的调控中也发挥着重要作用;锌对胰岛素具有延长作用时间及增加活性的作用。

缺锌可引起儿童生长不良及生殖器官发育受损,伤口愈合迟缓以及记忆力下降等。

## 五、硒

### (一)体内硒的概况

成人体内硒含量为 4 ~10 mg,广泛分布于除脂肪以外的所有组织中。硒主要在小肠吸收。体内的硒大部分经尿排出。成人每日对硒的需要量为 50 ~200 μg/d。

### (二)硒的生理作用

硒是谷胱甘肽过氧化物酶的组成成分,能防止过氧化物对人体的损害,保护细胞膜的结构和功能的完整性;硒是多种酶的激活剂或组成成分,因此与物质代谢和能量代谢关系密切;硒还有促进人体生长,保护心血管和心肌的健康,解除体内重金属毒性的作用等。

硒的缺乏与多种疾病有关。如克山病、心肌炎、扩张型心肌病、大骨节病等。硒已被认为具有抗癌作用。

## 六、其他微量元素

1. 锰 人体含锰为 0.2 mmol(12 ~ 20 mg)。锰日需要量为 5 ~ 10 mg。锰是精氨酸酶、丙酮酸羧化酶和超氧化物歧化酶等的结构成分,对机体多种代谢过程有重要影响;锰参与骨骼的生长发育和造血过程,缺锰时常出现骨骼发育不良和畸形;锰参与性激素合成,维持正常生殖功能。

2. 铬 成人体内含铬约 0.1 mmol(6 mg),日需要量为 50 ~ 110 μg。目前认为铬通过与胰岛素形成复合物,促进胰岛素与其膜受体结合,对胰岛素发挥最大的生理效应,维持机体正常的糖代谢和脂类代谢。

3. 钴 体内含钴约 0.02 mmol(1.2 mg)。钴是构成维生素 $B_{12}$的组成成分,并通过维生素 $B_{12}$参与体内一碳基团的代谢和核苷酸的合成,进而促进核酸和蛋白质的生物合成。钴促进铁的吸收和储存铁的动员,增强造血,还促进锌的吸收,提高锌的生理效应。钴过多可导致甲状腺肥大和心脏损害。

4. 氟 正常成人含氟约 140 mmol(2.6 g),主要存在于骨和牙中。氟对骨、牙形成有重要作用。缺氟时易发生龋齿。氟过多会使牙齿呈斑状,骨骼变形,生长缓慢。

## 小 结

水和无机盐不仅参与人体的结构,而且作为营养物参与物质代谢,对维持机体正常的生理活动具有重要作用。

体液是指体内的水及溶于水中的无机盐和有机物构成的液体。体液分为细胞内液和细胞外液,细胞外液包括血浆和细胞间液。体液是细胞生活的内环境,也是细胞进行代谢的主要场所。

水是人体重要的组成成分,对生命极为重要。水的生理功能主要有:① 参与和促进物质代谢;②调节体温;③润滑作用;④维持组织的形态和功能。

无机盐的种类很多,功能各异,主要生理作用有:①维持体液的渗透压和酸碱平衡;②维持神经、肌肉的应激性;③维持或影响酶的活性;④构成骨骼、牙齿以及其他组织;⑤构成体内有特殊功能的化合物。

正常情况下,成人每天摄取水量和排出水量基本相等,约为 2 500 mL,称为水的平衡。机体即使不摄入水,每天至少要排出水 1 500 mL,因此,人体对水的每日最低生理需要量为 1 500 mL。$Na^+$和 $Cl^-$是细胞外液的主要离子,$K^+$是细胞内液的主要离子,它们对维持体液渗透压、酸碱平衡、神经、肌肉的兴奋性及物质代谢具有重要意义,水和钠、钾、氯代谢的平衡主要通过抗利尿激素和醛固酮的调节以及肾、肺和皮肤等器官的作用来实现的。

钙和磷是体内含量最多的无机盐,其在血浆中的含量相对稳定,主要依赖于钙、磷的吸收与排泄、钙化与脱钙之间的相对平衡。钙的主要生理作用是参与形成骨骼和牙齿,$Ca^{2+}$可作为细胞内第二信使等。磷的主要生理功能主要是参与构成高能磷酸化合物、核酸和磷脂等,无机磷酸盐还参与体内缓冲体系的组成。体内钙磷代谢主要受 1,25-二羟维生素 $D_3$、降钙素和甲状旁腺素调节。1,25-二羟维生素 $D_3$促进小肠对钙磷的吸收,促进肾小管对钙磷的重吸收；并有成骨和溶骨双重作用，以维持血钙、血磷浓度恒定。PTH能够促进骨盐溶解；增强肾小管对钙的重吸收，最终使血钙浓度增加。CT主要抑制溶骨和抑制肾小管对钙、磷的重吸收，而降低血钙和血磷。

$Mg^{2+}$是体内主要的阳离子之一，作为酶的辅助因子，在物质代谢中发挥重要作用。$Mg^{2+}$对中枢神经系统具有抑制作用。$Mg^{2+}$还可扩张外周血管，引起血压下降。

体内还有多种微量元素，如铁、铜、锌、碘、锰、硒、氟、钴、铬等。微量元素通过作为蛋白质、酶、激素、维生素等的结构成分，参与物质代谢，在体内起极为重要的作用。

（程　伟）

# 第十六章　酸碱平衡

**学　习　目　标**

◆说出酸碱平衡的概念，血液、肺、肾对酸碱平衡调节的主要作用。

◆熟悉血液中最重要的缓冲对及其特点，血液、肺、肾对酸碱平衡的调节过程。

◆列举体内酸碱性物质的来源。

◆理解 pH 值、$PaCO_2$、AB 与 SB、阴离子间隙的概念及临床意义。

◆识别酸碱平衡紊乱基本类型。

◆了解各种酸碱平衡紊乱的发生过程及相应生化指标的变化。

人体的体液环境不仅需要体液含量和渗透压的稳定、适宜的温度，还必须保持恒定的酸碱度才能维持正常的代谢和生理功能。正常人体血浆的酸碱度在很窄范围内变动，用动脉血表示 pH 值为7.35～7.45，平均值为7.40。在生命活动过程中，机体不断产生酸性和碱性物质，并经常摄入酸性和碱性食物，但是正常生物体内的 pH 值总是相对稳定，这是依靠体内各种缓冲系统以及肾和肺的调节功能来实现的。机体对体液 pH 的调节并使其维持在恒定范围内的过程称为酸碱平衡(acid-base balance)。

体液 pH 值的相对恒定，对维持机体组织细胞的正常代谢，尤其是维持细胞内酶的活性，保证机体的各种生命活动，具有重要的意义。任一调节过程出现问题，都将使体液中酸性或碱性物质增多或减少，而导致酸碱平衡紊乱。临床上许多原因可引起酸碱平衡紊乱。在许多情况下，酸碱平衡紊乱是某些疾病或病理过程的继发性变化，一旦发生酸碱平衡紊乱，就会使疾病更加严重和复杂，因此及时发现和正确处理常常是治疗成败的关键。

> 议一议：
> 　　什么叫酸碱平衡？

## 第一节　体内酸碱性物质的来源

广义地说，凡能供给 $H^+$的化学物质为酸性物质，如 HCl、$H_2SO_4$、$NH_4^+$ 和 $H_2CO_3$等；凡能接受 $H^+$的化学物质为碱性物质，如 $OH^-$、$NH_3$、$HCO_3^-$ 等。体液中酸碱性物质主要来自细胞内物质代谢产生的，其次来自食物、饮料和药物等的酸性和碱性物质。

## 一、酸性物质的来源

根据酸性物质的性质，体内酸性物质可分为挥发性酸和固定酸。

1. 挥发性酸　体内糖、脂类和蛋白质在其分解代谢过程中，彻底氧化均产生 $CO_2$ 和 $H_2O$。$CO_2$ 可与 $H_2O$ 化合即生成 $H_2CO_3$。正常人每分钟约产 200 mL（10 mmol）$CO_2$，每日相当于产生 10～20 mol 的碳酸，是体内产生量最多的酸性物质。由于 $H_2CO_3$ 在肺可重新分解为 $CO_2$ 而呼出，故称之为挥发性酸。

$$CO_2+H_2O \xrightleftharpoons{\text{碳酸酐酶}} H_2CO_3 \rightleftharpoons H^++HCO_3^-$$

> 想一想：
> 什么是挥发酸，什么是固定酸？

$CO_2$ 和 $H_2O$ 结合为 $H_2CO_3$ 的可逆反应虽可自发地进行，但主要是在碳酸酐酶的作用下进行的。碳酸酐酶主要存在于肾小管上皮细胞、肺泡上皮细胞、红细胞及胃黏膜上皮细胞等。

正常成人安静状态下每天可产生 300～400 L $CO_2$，如果全部与 $H_2O$ 生成 $H_2CO_3$，可释放 15 mol 左右 $H^+$，成为体内酸性物质的主要来源。

2. 固定酸（非挥发性酸）　物质代谢中产生的酸性物质，如蛋白质分解代谢产生的磷酸、硫酸和肌酸；糖酵解生成的甘油酸、丙酮酸和乳酸；糖氧化过程产生的三羧酸；脂肪代谢产生的乙酰乙酸和 $\beta$-羟丁酸等不能从肺里排出，过量时必须由肾排出体外，故称之为固定酸或非挥发性酸。另外，体内还有少部分酸性物质是经消化道摄入的，如调味用的醋酸、饮料中的柠檬酸、酸性药物阿司匹林、氯化铵等。一般情况下，固定酸的主要来源是蛋白质的分解。正常人其总量相当于 50～100 mmol 的 $H^+$。正常情况下，固定酸能继续代谢生成 $CO_2$，但缺氧、长期饥饿、代谢失调等可引起其过多而致酸中毒。

## 二、碱性物质的来源

主要通过摄取蔬菜和水果获得，因它们含有较多的有机酸盐，如柠檬酸、苹果酸的钠盐或钾盐。其酸根部分在体内可进一步氧化分解为 $CO_2$ 和 $H_2O$，被排出体外，而 $Na^+$（或 $K^+$）则与 $HCO_3^-$ 结合生成碱性的碳酸氢盐，增加血中碱性物质的含量，因此蔬菜、水果被称为成碱食物。此外，某些碱性药物及饮料中也含有碱性物质。另外体内物质代谢也产生少量的碱，如氨基酸脱氨基作用产生的氨等。

> 议一议：
> 体内酸碱性物质的主要来源有哪些？

正常情况下，体内酸性物质的来源远多于碱性物质，因此，酸碱平衡的调节以排酸保碱为主。

# 第二节　酸碱平衡的调节

体液 pH 值的相对恒定是体内一系列调节机制调节的结果，其中起主要作用的是血液的缓冲作用、肺对 $CO_2$ 排出的调节和肾对碳酸氢盐排出的调节。

## 一、血液的缓冲作用

生命活动中，内源性和外源性的酸碱性物质进入血液，均能被血液的缓冲体系缓冲，从而使血浆 pH 值保持在 7.35～7.45。

**(一)血液缓冲体系**

能够对抗外来少量的酸性或碱性物质的影响,保持其溶液的 pH 值几乎不变的作用称为缓冲作用。具有缓冲作用的溶液称为缓冲溶液。如血液、细胞内液。缓冲溶液是由一对或多对缓冲系统组成的。血液中含有一系列由弱酸与弱酸盐组成的缓冲体系,它们主要存在于血浆及红细胞内,可缓冲酸和碱。血液中重要的缓冲体系有:

血浆: $\frac{NaHCO_3}{H_2CO_3}$; $\frac{Na_2HPO_4}{NaH_2PO_4}$; $\frac{NaPr}{HPr}$

红细胞: $\frac{KHb}{HHb}$; $\frac{K\text{-}HbO_2}{H\text{-}HbO_2}$; $\frac{KHCO_3}{H_2CO_3}$; $\frac{K_2HPO_4}{KH_2PO_4}$

血浆中以碳酸氢盐($NaHCO_3/H_2CO_3$)缓冲体系含量最多,作用最重要,红细胞中以血红蛋白和氧合血红蛋白(KHb/HHb 及 $K\text{-}HbO_2/H\text{-}HbO_2$)缓冲体系最重要,它们之间关系密切。血液中各种缓冲体系的缓冲能力(以每升血液的 pH 值自 7.4 降至 7.0 时,各种缓冲体系所能中和 0.1 mol/L 盐酸的毫升数表示)的比较列于表 16-1。

**表 16-1　血液中各种缓冲体系的缓冲能力的比较**

| 缓冲体系 | 缓冲能力 |
|---|---|
| 碳酸氢盐缓冲体系 | 18.0 |
| 血红蛋白缓冲体系 | 8.0 |
| 血浆蛋白缓冲体系 | 1.7 |
| 磷酸氢盐缓冲体系 | 0.3 |

血浆中,碳酸氢盐缓冲体系具有如下特点:①含量最多;②缓冲能力最强;③最易调节,因为 $H_2CO_3$ 易通过肺进行调节,$NaHCO_3$ 可经肾调节;④只要血浆中 $NaHCO_3/H_2CO_3$ 保持在 20/1,血浆 pH 值即为 7.4。根据计算缓冲液 pH 的亨德森-哈塞巴(Henderson-Hasselbalch)方程式,$NaHCO_3/H_2CO_3$ 构成的缓冲溶液 pH 为:

$$pH = p_{Ka} + \lg\frac{[NaHCO_3]}{[H_2CO_3]}$$

> 想一想:
> 血浆中哪对缓冲对最重要?其有何特点?

式中 $p_{Ka}$ 是碳酸解离常数的负对数,37℃时为 6.1。体内碳酸浓度直接测定较困难,一般由二氧化碳分压(pressure of carbondioxide, $PaCO_2$)与其溶解系数的乘积来推算,即 $[H_2CO_3] = \alpha \cdot PaCO_2$,$\alpha$ 为气体溶解常数,计算公式可改写成:

$$pH = p_{Ka} + \lg\frac{[NaHCO_3]}{\alpha PaCO_2}$$

正常情况下,37℃时血浆 $CO_2$ 的溶解系数每 1 kPa 为 0.225 mmol/L,动脉血浆 $PaCO_2$ 平均为 5.33 kPa,$NaHCO_3$ 为 24 mmol/L,因此 $H_2CO_3$ 浓度为 0.225 mmol/(L·kPa)×

5.33 kPa=1.2 mmol/L,代入公式可得血浆 pH 值为:

$$pH值 = 6.1 + \lg(24/1.2) = 6.1 + 1.3 = 7.4\ (\lg 20 = 1.301)$$

由上可知,只要血浆中 $NaHCO_3$ 与 $H_2CO_3$ 的浓度之比为 20∶1,血浆 pH 值就可维持在 7.40。若 $NaHCO_3$ 与 $H_2CO_3$ 任何一方的浓度发生改变,而另一方也随之相应增减,其比值 20∶1 保持不变,血液的 pH 值都将维持在正常水平;如果 $NaHCO_3$ 与 $H_2CO_3$ 浓度的比值发生变化,血液 pH 将会升高或降低。因此人体酸碱平衡的实质就在于调整血浆中 $NaHCO_3$ 与 $H_2CO_3$ 含量,使二者的比值保持在 20∶1。一般说来,$NaHCO_3$ 反映体内代谢情况,故又称为代谢因素;$H_2CO_3$ 的浓度可以反映肺的通气情况,故又称呼吸因素。

**(二)缓冲系统的作用**

1. 对固定酸的缓冲作用　物质代谢产生的固定酸进入血液后,主要被碳酸氢盐缓冲体系中的 $NaHCO_3$ 进行缓冲,也被血浆中其他弱酸盐所缓冲。通过碳酸氢盐缓冲体系的作用,酸性较强的固定酸(硫酸、乙酰乙酸)转变为酸性较弱的挥发酸——$H_2CO_3$,减弱了固定酸对血液 pH 值的影响,使血液 pH 不至于发生明显的降低。生成的 $H_2CO_3$ 可进一步分解成 $CO_2$ 和 $H_2O$ 排出体外。

> 议一议:
> 机体主要通过哪些因素来缓冲固定酸、碱、挥发酸?

$$\underset{固定酸}{HA} + NaHCO_3 \longrightarrow \underset{固定酸钠}{NaA} + H_2CO_3 \qquad H_2CO_3 \longrightarrow H_2O + CO_2$$

血浆中其他缓冲系统对固定酸也能发挥缓冲作用,但含量低,作用较小。血浆中的 $NaHCO_3$ 是缓冲固定酸的主要成分,血浆中的 $NaHCO_3$ 的量在一定程度上可代表血浆对固定酸的缓冲能力,故习惯上把血浆中的 $NaHCO_3$ 称为碱储或碱储备。

此外,NaPr 和 $Na_2HPO_4$ 也能缓冲固定酸。

$$HA + NaPr \rightarrow NaA + HPr$$

$$HA + Na_2HPO_4 \rightarrow NaA + NaH_2PO_4$$

2. 对挥发酸的缓冲作用　主要被血红蛋白和氧合血红蛋白缓冲体系所缓冲,最终在肺以 $CO_2$ 形式排出体外。

当血液流经组织时,由于组织 $CO_2$ 分压高,细胞代谢产生的 $CO_2$ 扩散进入血。因血浆中没有碳酸酐酶(CA),所以只有极少部分 $CO_2$ 和与 $H_2O$ 化合生成 $H_2CO_3$。生成的 $H_2CO_3$ 由血浆蛋白盐及磷酸氢盐缓冲。其反应式如下:

$$CO_2 + H_2O \rightarrow H_2CO_3(慢而少)$$

$$H_2CO_3 + 2Na\text{-}Pr \rightarrow Na_2CO_3 + 2H\text{-}Pr$$

$$H_2CO_3 + Na_2HPO_4 \rightarrow NaHCO_3 + NaH_2PO_4$$

绝大部分的 $CO_2$ 由血浆扩散入红细胞,在红细胞内丰富的碳酸酐酶催化下,$CO_2$ 与 $H_2O$ 化合生成 $H_2CO_3$,然后与血红蛋白的运氧过程相偶联而被缓冲。同时,由于组织中 $O_2$ 分压低,红细胞内 $KHbO_2$ 解离释放出 $O_2$ 转变为 KHb,KHb 对 $H_2CO_3$ 作用,生成 HHb 和 $KHCO_3$。经过上述缓冲作用,红细胞中 $HCO_3^-$ 的浓度远高于血浆中 $HCO_3^-$ 的浓度,导致

$HCO_3^-$ 扩散入血浆中，但红细胞内的 $K^+$不能随 $H_2CO^-$一起扩散，为维持体液电中性，血浆中必须有等量的 $Cl^-$向红细胞转移，称为氯离子转移。从而保证了红细胞内生成的 $HCO_3^-$不断进入血浆生成 $NaHCO_3$。反应过程如下。

$CO_2 + H_2O \rightarrow H_2CO_3$（快而多）

$KHbO_2 \rightarrow KHb + O_2$（$O_2$进入组织细胞）

$KHb + H_2CO_3 \rightarrow HHb + KHCO_3$

$H_2CO_3 + K_2HPO_4 \rightarrow KHCO_3 + KH_2PO_4$

当血液流经肺时，随着 $O_2$的吸入，$CO_2$的呼出，肺泡中的 $O_2$扩散入血浆，并进入红细胞与 HHb 结合成 $HHbO_2$，而 $HHbO_2$的酸性较强，可释出 $H^+$，与红细胞内的 $HCO_3^-$结合 $H_2CO_3$，后者即由碳酸酐酶分解为 $CO_2$与 $H_2O$。$CO_2$经血浆扩散入肺，随呼气排出，使 $H_2CO_3$得以彻底调节。在此过程中，红细胞内 $HCO_3^-$的减少，使血浆中 $HCO_3^-$转入红细胞；为维持电中性，红细胞中的 $Cl^-$扩散入血浆，与在组织中的转移方向正好相反（图 16-1）。

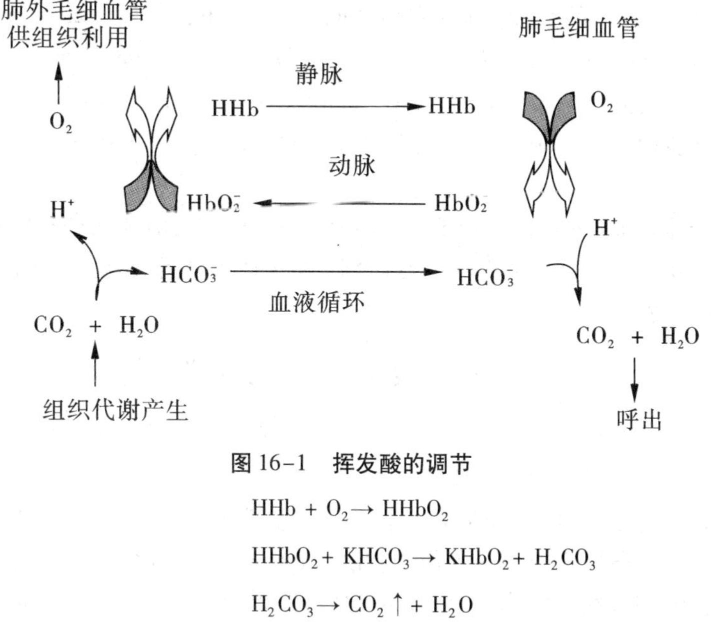


**图 16-1　挥发酸的调节**

$HHb + O_2 \rightarrow HHbO_2$

$HHbO_2 + KHCO_3 \rightarrow KHbO_2 + H_2CO_3$

$H_2CO_3 \rightarrow CO_2\uparrow + H_2O$

3. 对碱的缓冲作用　当碱性物质进入血液后，缓冲系统中抗碱的弱酸部分发挥作用。碳酸氢盐缓冲体系中 $H_2CO_3$的相对含量虽不多，但 $CO_2$可由体内代谢物质不断产生，所以也是对碱起缓冲作用的主要成分，血浆中其他缓冲体系如 $NaH_2PO_4$、HPr 也有缓冲作用。其反应式如下：

$OH^- + H_2CO_3 \rightarrow HCO_3^- + H_2O$

$OH^- + H_2PO_4^- \rightarrow HPO_4^{2-} + H_2O$

$OH^- + HPr \rightarrow Pr^- + H_2O$

结果较强的碱转变为较弱的碱，血液 pH 值不至于发生明显升高。生成过量的 $HCO_3^-$ 和 $HPO_4^{2-}$，最后还可由肾排出。

血液的缓冲作用快速，但短暂不彻底。在对酸缓冲后，血浆中 $HCO_3^-$ 含量减少，$H_2CO_3$ 增多，仍可使血液 pH 值降低；对碱缓冲后，血浆中 $HCO_3^-$ 浓度升高，$H_2CO_3$ 浓度下降，又可致血液 pH 值升高。因此仅靠血液缓冲作用，酸碱平衡很难维持，机体还需要肺和肾的调节。

## 二、肺对酸碱平衡的调节

肺主要通过改变呼吸的频率和深度，从而调节 $CO_2$ 排出量，控制血液中 $H_2CO_3$ 的浓度，以维持酸碱平衡。

> 想一想：
> 肺如何调节酸碱平衡的？

呼吸频率及深度受延髓呼吸中枢的控制，后者对血液 $CO_2$ 分压（$PaCO_2$）及 pH 值非常敏感。当体内 $H_2CO_3$ 增多时，血液 $PaCO_2$ 升高或 pH 值降低时，呼吸中枢兴奋，使呼吸运动加深加快，$CO_2$ 排出增多，使血液中 $H_2CO_3$ 的浓度降低；实验证明，若血浆 $PaCO_2$ 增加 0.53kPa（4 mmHg），即 $PaCO_2$ 为 5.87 kPa（44 mmHg）时，可使肺通气量增加 2 倍；但血浆 $PaCO_2$ 超过 8.67 kPa（65 mmHg）时，呼吸中枢反而受到抑制。当体内 $H_2CO_3$ 减少时，$PaCO_2$ 降低，pH 值升高，呼吸变浅变慢，$CO_2$ 排出减少，使血液中 $H_2CO_3$ 含量增多。

肺的调节作用快速、灵敏，但仅调控体内 $H_2CO_3$ 的浓度，对 $NaHCO_3$ 的浓度无调节作用。若血液中 $NaHCO_3$ 的浓度改变，则通过肾脏的排泄和重吸收功能，以调整 $NaHCO_3$ 的浓度，维持酸碱平衡。

## 三、肾对酸碱平衡的调节

肾是调节酸碱平衡最重要的器官。肾的主要作用是通过排出多余的酸或碱来调节体液中 $NaHCO_3$ 的含量，以维持体液 pH 值的恒定。

在正常膳食条件下，肾脏排出固定酸比碱多，每日排出 40～100 mmol 酸，尿液的 pH 值一般为 6.0 左右。根据体内酸碱平衡的状况，尿液 pH 值在 4.4～8.2 之间变动，可见肾脏有相当大的排酸和排碱的能力，以维持正常血液 pH 值。肾脏的调节机制主要通过肾小管上皮细胞的 $H^+$–$Na^+$ 交换，使被肾小球滤出的 $NaHCO_3$ 重吸收；使尿液酸化，补充被消耗的 $NaHCO_3$。此外，肾远曲小管和集合管上皮细胞还进行 $NH_4^+$–$Na^+$ 交换，也补充了被消耗的 $NaHCO_3$，同时能迅速排出多余的强酸。

1. $H^+$–$Na^+$ 交换

> 议一议：
> $H^+$ – $Na^+$ 交换、$NH_4^+$ – $Na^+$ 交换、$K^+$ – $Na^+$ 过程及意义？

（1）碳酸氢盐的重吸收：肾脏重新吸收碳酸氢钠的能力很强，人体每天从肾小球滤出的碳酸氢盐总量约 5000 mmol（相当于 420 g $NaHCO_3$），但排出量仅为 4～6 mmol，只占滤液的 0.1%。$NaHCO_3$ 的重吸收主要在肾近曲小管进行，占重吸收总量的 80%～85%，其余部分在髓袢和远曲小管重吸收。肾小管

重吸收的 $NaHCO_3$ 并非原尿中的 $NaHCO_3$，而是原尿中的 $Na^+$ 与肾小管细胞产生的 $H^+$ 进行交换的结果。肾近曲小管细胞含有碳酸酐酶，能催化 $CO_2$ 与 $H_2O$ 结合成 $H_2CO_3$，$H_2CO_3$ 再解离成 $HCO_3^-$ 与 $H^+$，$H^+$ 被分泌到肾小管腔，与管腔液中 $NaHCO_3$ 作用生成 $H_2CO_3$ 和 $Na^+$。$Na^+$ 被转移到管壁细胞内，与 $HCO_3^-$ 结合成 $NaHCO_3$，回到血液，此过程称为 $H^+$-$Na^+$ 交换。此时，管腔内 $H_2CO_3$ 在管壁细胞刷状缘上的碳酸酐酶催化下，又分解成 $CO_2$ 与 $H_2O$，其中的 $CO_2$ 还可扩散进入肾小管细胞内被利用（图 16-2）。

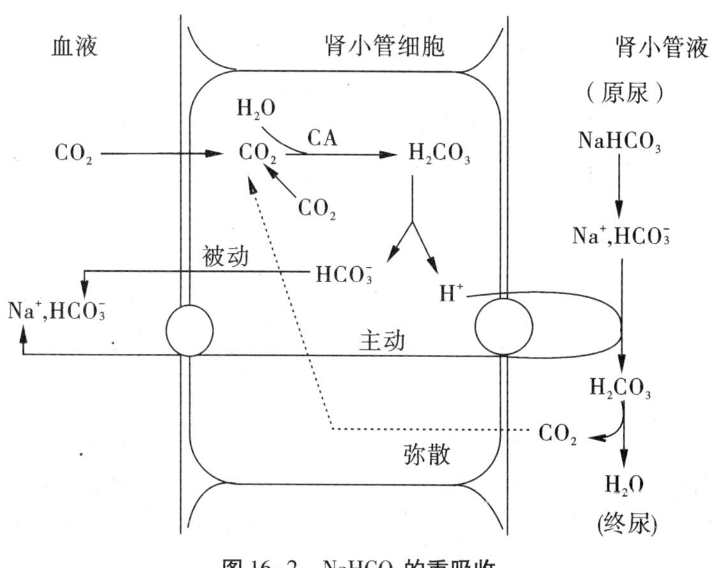


**图 16-2　$NaHCO_3$ 的重吸收**

（2）磷酸氢盐的酸化：$Na_2HPO_4$ 中的 $Na^+$ 也经过上述途径与 $H^+$ 交换，使原尿中 $Na_2HPO_4$/ $NaH_2PO_4$ 的比值逐渐变小，尿中 $NaH_2PO_4$ 增加，尿液变成酸性。健康人血浆中 $[Na_2HPO_4]/[NaH_2PO_4]$ 的值为 4∶1。近曲小管原尿中，磷酸氢盐缓冲系统两个组分的比值与血浆的相同。当原尿流经远曲小管时，由于管壁细胞中 $CO_2$ 与 $H_2O$ 在碳酸酐酶催化下生成 $H_2CO_3$，$H_2CO_3$ 再解离成 $HCO_3^-$ 与 $H^+$，$H^+$ 被分泌到肾小管腔，与管腔液中 $Na_2HPO_4$ 作用生成 $NaH_2PO_4$ 和 $Na^+$。随后 $Na^+$ 被转移到管壁细胞内，与 $HCO_3^-$ 结合成 $NaHCO_3$，回到血液。此过程也是 $H^+$-$Na^+$ 交换。此时，管腔液中 $Na_2HPO_4$ 转变成酸性的 $NaH_2PO_4$，尿液的 pH 值下降。如尿液的 pH 值降到 4.8 时，$[NaHCO_3]/[H_2CO_3]$ 之值由 20∶1 变为 1∶20，$[Na_2HPO_4]/[NaH_2PO_4]$ 之值由 4∶1 降至 1∶99。这说明原尿流经远曲小管时，在其 pH 值降为 4.8 的过程中，$NaHCO_3$ 几乎全部被重吸收，而 $Na_2HPO_4$ 几乎全部转变成 $NaH_2PO_4$。

$H^+$-$Na^+$ 交换是肾脏重吸收 $NaHCO_3$ 的主要形式。血浆 $PaCO_2$ 增高时，$H_2CO_3$ 的浓度增加，肾小管细胞分泌 $H^+$ 增强，$HCO_3^-$ 的回收也增加，尿液酸度增高；血浆 $PaCO_2$ 降低时，重吸收也减少。碳酸酐酶活性也影响 $NaHCO_3$ 的重吸收。

2. $NH_4^+$-$Na^+$ 交换　肾小管细胞内有谷氨酰胺酶，能水解谷氨酰胺生成谷氨酸和氨，细胞内的 α-酮戊二酸与氨基酸通过转氨基作用亦可生成谷氨酸。谷氨酸经谷氨酸脱氢酶

生成 α-酮戊二酸和氨。生成的氨分泌到原尿中与 $H^+$ 结合产生 $NH_4^+$，使原尿中 $H^+$ 浓度下降，有利于管壁细胞排出 $H^+$。$NH_4^+$ 与固定酸钠盐中的 $Na^+$ 交换，生成铵盐随尿排出，而 $Na^+$ 重吸收，此即为 $NH_4^+$-$Na^+$ 交换（图 16-3）。

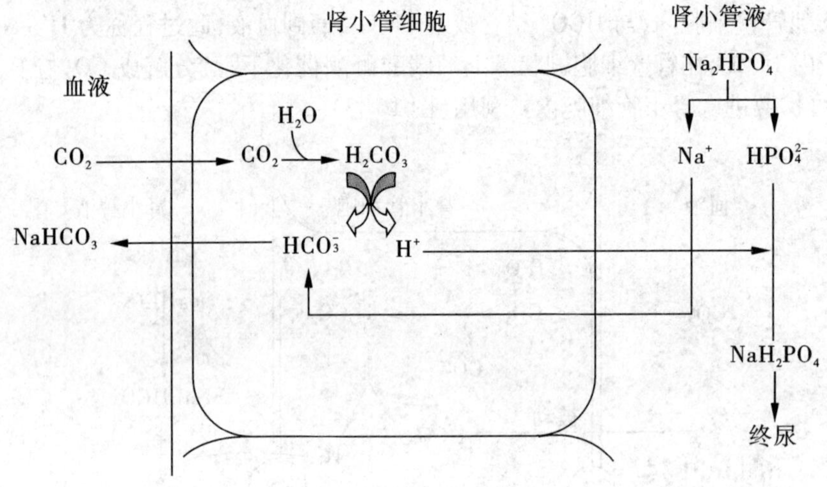


图 16-3　磷酸氢盐的重吸收

$H^+$-$Na^+$ 交换不适用于强酸生成的钠盐如 NaCl，$Na_2SO_4$ 等，因为交换的结果将生成 HCl，$H_2SO_4$ 等强酸。肾脏回收 NaCl，$Na_2SO_4$ 等盐中的 $Na^+$，是通过 $NH_4^+$-$Na^+$ 交换进行的。

氨的分泌随原尿的 pH 值而变化，原尿酸性越强，$NH_4^+$ 越易扩散进入管腔，$NH_4^+$ 排出越多，这就是酸中毒越严重尿液中铵盐越多的原因。$NH_4^+$-$Na^+$ 交换提高了肾脏的排氢能力。

正常人 24 h 内有 30～50 mmol $NH_3$ 与 $H^+$ 结合产生 $NH_4^+$，随尿排出体外。酸中毒时，每天排出量甚至增加 10 倍，达 400 mmol 之多（图 16-4）。

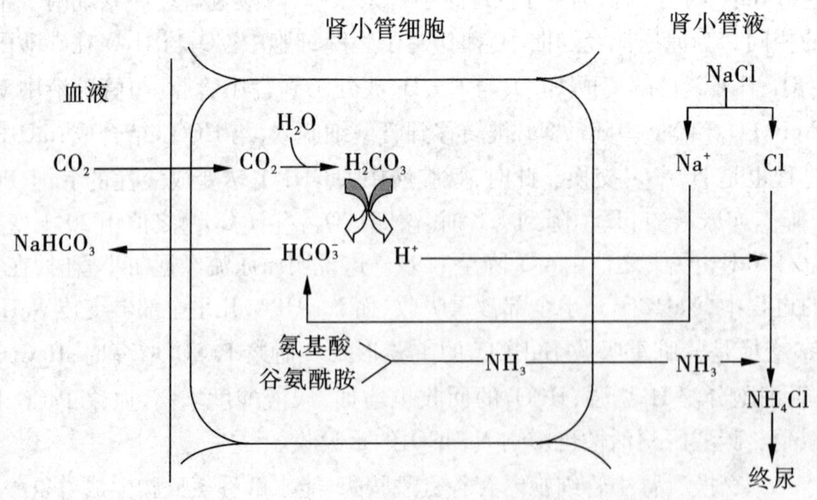


图 16-4　$NH_4^+$-$Na^+$ 交换

3. $K^+$-$Na^+$交换　原尿中$K^+$在近曲小管几乎全部被吸收。在远曲小管，远曲小管上皮细胞主动分泌$K^+$，分泌$K^+$可与管腔中$Na^+$交换，排出$K^+$回收$Na^+$。$H^+$-$Na^+$交换与$K^+$-$Na^+$交换均在远曲小管进行，形成竞争性交换。细胞外液$K^+$升高可抑制肾小管细胞分泌$H^+$，$K^+$-$Na^+$交换增加，$H^+$-$Na^+$交换减少，尿$K^+$排出增加，$H^+$保留在体内，产生酸中毒；细胞外液$K^+$降低时，$K^+$-$Na^+$交换减少，$H^+$-$Na^+$交换加强，可产生低钾性碱中毒。

综上所述，肾对酸碱的调节主要是通过肾小管细胞的活动来实现的。肾小管细胞在不断分泌$H^+$的同时，将肾小球滤过的$NaHCO_3$重吸收入血，防止细胞外液$NaHCO_3$的丢失。如仍不足以维持细胞外液$NaHCO_3$的浓度，则通过磷酸盐的酸化和泌$NH_4^+$生成新的$NaHCO_3$以补充机体的消耗，从而维持血液$HCO_3^-$的相对恒定。如果体内$HCO_3^-$含量过高，肾脏可减少$NaHCO_3$的生成和重吸收，使血浆$NaHCO_3$浓度降低。但血液pH值降低、血$K^+$降低、血$Cl^-$降低、有效循环血量降低，醛固酮升高及碳酸酐酶活性增强时，肾小管泌$H^+$和重吸收$HCO_3^-$增多。

人体调节酸碱平衡的过程主要是通过上述三方面的调节因素来共同维持的，但在作用时间上和强度上存在着差别。血液缓冲系统的作用最快，但缓冲系统能力有一定限度，且不能持续发挥作用。肺的调节也较快，通常在pH值改变15～30 min后开始起调节作用。但只能调节$H_2CO_3$的浓度，而且影响呼吸中枢的因素较多，调节效能常受到一定限制。肾脏的调节作用虽发挥得较迟，但效率高、持续时间长，是重要的调节系统。因此，良好的肾功能，是纠正酸碱平衡失调的重要条件。

### 四、其他组织细胞对酸碱平衡的调节

肌肉主要通过细胞内外的$K^+$、$Na^+$与$H^+$交换调节，故高血钾可致酸中毒，酸中毒可致高血钾。骨骼主要通过骨盐的溶解，$Ca_3(PO_4)_2$在血浆中与$H_2CO_3$反应而起到调节作用。骨细胞释放1分子$Ca_3(PO_4)_2$可缓冲4个$H^+$，因此，长期酸中毒时，导致大量骨盐溶解，最终可引起骨骼的严重软化。

> 想一想：
> 酸中毒为什么能引起骨软化？

## 第三节　酸碱平衡失调

如上所述，血液pH值取决于$HCO_3^-$与$H_2CO_3$的浓度之比，pH值7.4时其比值为20∶1。体内酸性物质或碱性物质的绝对量或相对量过多、过少，人体一时不能调整或缺乏调节能力，肺肾功能障碍、体内电解质平衡紊乱等原因都可引起酸碱平衡失调。当体内酸性或碱性物质过多，超过了机体的调节能力，血液pH值异常时，称酸碱平衡紊乱。酸碱平衡失调必然影响血浆中$NaHCO_3$和$H_2CO_3$的含量和比值。根据pH值异常情况可将酸碱平衡失调分为两类：体内酸绝对或相对过多，pH值降低称为酸中毒。体内碱绝对或相对过多，pH值升高则称为碱中毒。$HCO_3^-$的浓度含量主要受代谢性因素的影响，由其浓度原发性降低或升高引起的酸碱平衡紊乱，称为代谢性酸中毒或代谢性碱中毒。$H_2CO_3$的浓

度主要受呼吸性因素的影响,由其浓度原发性降低或升高引起的酸碱平衡紊乱,称为呼吸性酸中毒或呼吸性碱中毒。另外,在单纯性酸中毒或碱中毒时,由于机体的调节,虽然体内酸性或碱性物质的含量已经发生改变,但是血液 pH 值尚在正常范围之内,称为代偿性酸或碱中毒。如果 pH 值低于或高于正常范围,则称为失代偿性酸或碱中毒。

临床工作中,患者的情况是复杂的,在同一患者身上不但可以发生一种酸碱平衡紊乱,还可以有两种或两种以上的酸碱平衡紊乱同时存在,如果是单一的失衡,称为单纯性酸碱平衡紊乱(simple acid-base disturbance),如果是两种或两种以上的酸碱平衡紊乱同时存在,称为混合性酸碱平衡紊乱(mixed acid-base disturbance)。下面分别进行论述。

> 议一议:
> 何谓酸碱平衡紊乱?常见有哪些类型?

## 一、酸碱平衡失调的基本类型

### (一)单纯性酸碱平衡紊乱

1. 代谢性酸中毒　由于体内固定酸产生过多或排出障碍、$NaHCO_3$丢失过多或高血钾等原因引起血浆中 $NaHCO_3$含量原发性下降所致。

(1)特点:血浆 $NaHCO_3$浓度降低,血浆 $H_2CO_3$浓度继发性降低。

(2)原因和机制:①非挥发性酸产生或食入过多,如乳酸酸中毒,葡萄糖分解为丙酮酸后,在无氧条件下,丙酮酸生成乳酸,乳酸是糖酵解的终产物。引起乳酸中毒的原因主要是休克、心力衰竭、呼吸衰竭等引起的严重缺氧使乳酸生成增多、肝功能障碍。再如酮症酸中毒。血中出现较多的酮体包括乙酰乙酸、$\beta$ 羟丁酸。酮体是脂肪酸在肝氧化分解时产生的中间产物,在糖尿病、饥饿和酒精中毒时,脂肪分解增强产生酮体过多。②体内 $NaHCO_3$丢失过多。如腹泻、肠瘘、胆瘘或肠引流等,丢失大量的碱性肠液、胰液或胆汁。③高血钾、大面积烧伤引起大量血浆渗出等。④酸性代谢产物排出障碍。如肾功能衰竭时,由于肾小管分泌 $H^+$和 $NH_3$的能力下降,引起酸性代谢产物在体内积聚。

(3)代偿机制:体内增加的固定酸首先由血液中 $NaHCO_3$缓冲生成 $H_2CO_3$,$NaHCO_3$浓度降低而 $H_2CO_3$增多。血液 pH 值随代偿情况而定。血液中 $H^+$浓度增加刺激呼吸中枢使呼吸加深加快,$CO_2$排出增多,使血浆 $H_2CO_3$浓度减少。另外,肾小管细胞分泌 $H^+$、$NH_4^+$增加,排出固定酸,重吸收较多的 $NaHCO_3$。通过这些代偿过程,虽然血浆中 $NaHCO_3$和 $H_2CO_3$的实际浓度都减少,但只要二者比值接近 20∶1,血浆 pH 值仍保持在正常范围内,即为代偿性酸中毒。如果[$NaHCO_3$]/[$H_2CO_3$]的比值变小,使血浆 pH 值下降到 7.35 以下,则成为失代偿性酸中毒。

(4)治疗原则:治疗原发病以消除引起代谢性酸中毒的病因;恢复循环血容量,增加组织灌流量,以解除体内缺氧状态,减少乳酸的生成;改善肾功能,使之有利于固定酸的排泄和 $NaHCO_3$的重吸收;给予碱性药物(如碳酸氢钠或乳酸钠)以补充体内碱储备不足。

2. 代谢性碱中毒　由于固定酸丢失过多,或血钾降低,或血氯降低,或碱性药物摄入过多等原因引起血浆中 $NaHCO_3$含量原发性增多所致。

(1)特点:血浆 $NaHCO_3$浓度升高,血浆 $H_2CO_3$浓度继发性升高。

(2)原因和机制:①碱性药物摄入过多,超过肾脏排泄能力。②固定酸丢失过多。

③血钾降低。当肾小管细胞内 $K^+$浓度降低时，$K^+-Na^+$交换减弱而 $H^+-Na^+$交换加强，使 $NaHCO_3$进入血液增加，可造成细胞外碱中毒。④血氯降低。如胃液丢失和补充 NaCl 不足时，可引起体内氯缺少。此外，原发性醛固酮增多症或注射盐皮质激素过多等，都可以引起代谢性碱中毒。

（3）代偿机制：由于血浆 $NaHCO_3$浓度的增加，以至血浆 pH 值的升高，进而抑制呼吸中枢，使呼吸变浅变慢，保留较多的 $CO_2$，血浆 $H_2CO_3$含量增多；同时，肾小管细胞的 $H^+$和 $NH_4^+$的分泌减少，增加 $NaHCO_3$的排出。并且血浆中其他缓冲系统也与 $NaHCO_3$起反应生成 $H_2CO_3$。通过这些代偿过程，如能使[$NaHCO_3$]/[$H_2CO_3$]的比值接近 20∶1，血浆 pH 值仍保持在正常范围内，这种碱中毒称为代偿性代谢碱中毒。如果[$NaHCO_3$]/[$H_2CO_3$]的比值不能维持在正常范围内，pH 升高到 7.45 以上，则称为失代偿性代谢碱中毒。

（4）治疗原则：除针对原发病进行治疗外，对轻症患者补充适量盐水可得到纠正。对重症患者可给予一定酸性药物，常用 0.9% 的氯化钠溶液静脉注射。

3. 呼吸性酸中毒　是由于呼吸功能障碍导致体内 $CO_2$潴留，血浆中 $H_2CO_3$含量原发性增多所致。

（1）特点：血浆 $PaCO_2$、$H_2CO_3$浓度升高，血浆 $NaHCO_3$浓度代偿升高。

（2）原因与机制：①呼吸道和肺部疾病，如哮喘、肺气肿、气胸等。②呼吸中枢受抑制，如使用麻醉药、吗啡、安眠药等过量。③心脏疾病、脑血管硬化。

（3）代偿机制：呼吸机能发生障碍时，$CO_2$排出不畅，血浆 $PaCO_2$升高，肾小管内碳酸酐酶活性增强，加速了 $H_2CO_3$的生成，肾小管分泌 $H^+$和 $NH_3$增加，$H^+-Na^+$、$NH_4^+-Na^+$交换增强，$NaHCO_3$的重吸收增加，导致血浆 $NaHCO_3$含量相应升高。另外，血浆中$Na_2HPO_4$和 Na-Pr 可缓冲 $H_2CO_3$产生 $NaHCO_3$，红细胞中 KHb 在缓冲 $H_2CO_3$酸度方面也起一定的作用。通过这些代偿过程，如能使[$NaHCO_3$]/[$H_2CO_3$]的比值接近 20∶1，血浆 pH 值仍保持在正常范围内，称为代偿性呼吸酸中毒。如果 $H_2CO_3$浓度的增加超过了代偿能力，则[$NaHCO_3$]/[$H_2CO_3$]的比值变小，血浆 pH 值下降到 7.35 以下，则称为失代偿性呼吸酸中毒。

> 想一想：
> 何谓代谢性酸、代谢性碱、呼吸性酸与呼吸性碱中毒？

（4）治疗原则：主要在于针对病因改善通气和换气功能，促使体内潴留的 $CO_2$及时排出。情况紧急下，如血液 pH 值低于 7.20，或出现严重并发症（如高血钾和室颤），危及生命且又缺乏改善通气的治疗条件时，可输入碱性液体应急，以迅速升高血液 pH 值。

4. 呼吸性碱中毒　由于肺换气过快、过度，$CO_2$排出过多，血浆中 $H_2CO_3$含量原发性减少所致。

（1）特点：血浆 $PaCO_2$、$NaHCO_3$浓度降低，血浆 $NaHCO_3$浓度继发性降低。

（2）原因与机制：由于各种原因引起肺呼吸过快，$CO_2$排出过多，使血浆中 $H_2CO_3$浓度减少。如呼吸中枢兴奋（药物中毒、脑部疾患）、癔病、高热、甲状腺功能亢进等，亦可发生碱中毒。

（3）代偿机制：由于 $CO_2$排出过多，血浆 $PaCO_2$降低，甚至 pH 值升高，使肾小管细胞分泌 $H^+$和 $NH_4^+$下降，$NaHCO_3$的重吸收减少，导

> 议一议：
> 各种酸碱平衡失常时，机体如何代偿？

致血浆 $NaHCO_3$ 含量相应降低。经代偿后，如能使[$NaHCO_3$]/[$H_2CO_3$]的比值接近20:1，血浆pH值仍保持在正常范围内，称为代偿性呼吸碱中毒。如果 $H_2CO_3$ 浓度的降低超过了代偿能力，则[$NaHCO_3$]/[$H_2CO_3$]的比值变大，血浆升高到7.45以上，则称为失代偿性呼吸碱中毒。

(4)治疗原则：主要在于预防，应及时消除引起呼吸过度的原因。癔病患者应给予耐心细致的思想疏导，并嘱其逆气或用纸袋盖住其口鼻，使之重新吸入呼出的气体，以提高血液 $PaCO_2$。必要时可给予镇静剂和钙剂(表16-2)。

**表16-2　单纯性酸碱平衡失调时主要生化指标变化特征**

| 酸碱平衡失调类型 | pH | [$HCO_3^-$] | $PaCO_2$ |
|---|---|---|---|
| 代谢性酸中毒 | ↓ | ↓↓ | ↓ |
| 代谢性碱中毒 | ↑ | ↑↑ | ↑ |
| 呼吸性酸中毒 | ↓ | ↑ | ↑↑ |
| 呼吸性碱中毒 | ↑ | ↓ | ↓↓ |

共同特征：pH值与酸中毒或碱中毒一致，$PaCO_2$ 和[$HCO_3^-$]同向变化，原发改变更明显。

**(二)混合性酸碱平衡紊乱**

混合性酸碱平衡紊乱是指同一患者有两种或两种以上的单纯性酸碱平衡紊乱同时存在。如两种皆为碱中毒或酸中毒则称为酸碱一致性混合型或相加性混合型，这时pH值明显偏离正常。若既有碱中毒又有酸中毒则称为酸碱不一致性混合型或相消性混合型，这时血pH值由占主导地位单纯型酸碱平衡紊乱来决定，可以升高、降低或正常。

具体的混合性酸碱平衡紊乱有：呼吸性酸中毒合并代谢性酸中毒，呼吸性碱中毒合并代谢性碱中毒，呼吸性酸中毒合并代谢性碱中毒，呼吸性碱中毒合并代谢性碱中毒，代谢性碱中毒合并代谢性酸中毒。以上是两种单纯性酸碱平衡紊乱共存。此外还有三种单纯性酸碱平衡紊乱共存的情况，称为三重性混合性酸碱平衡紊乱，包括呼吸性酸中毒、代谢性酸中毒合并代谢性碱中毒和呼吸性碱中毒、代谢性酸中毒合并代谢性碱中毒。

1. 双重性酸碱失衡　双重性酸碱失衡可有不同的组合方式，通常将两种酸中毒或两种碱中毒合并存在，使pH值向同一方向移动的情况称为酸碱一致性或相加性酸碱平衡紊乱。如呼吸性酸中毒合并代谢性酸中毒；呼吸性碱中毒合并代谢性碱中毒；如果是一种酸中毒与一种碱中毒合并存在，使pH值向相反方向移动的情况称为酸碱混合性或相消性酸碱平衡紊乱。如呼吸性酸中毒合并代谢性碱中毒、代谢性酸中毒合并呼吸性碱中毒、代谢性酸中毒合并代谢性碱中毒。

2. 三重性混合酸碱平衡紊乱　三重性混合酸碱平衡紊乱只存在两种类型：呼吸性酸中毒合并阴离子间隙(AG)增高性代谢性酸中毒和代谢性碱中毒。呼吸性碱中毒合并AG增高性代谢性酸中毒和代谢性碱中毒。

三重性混合酸碱失衡比较复杂，必须在充分了解原发病情的基础上，结合实验室检查进行综合分析才能得出正确结论。

## 二、酸碱平衡与血钾浓度的关系

钾的主要来源是食物，主要经肾脏排出体外。人体内钾98%存在于细胞内，血钾浓度仅为3.5～5.5 mmol/L。钾的生理功能是：维持细胞新陈代谢和细胞膜静息电位，维持细胞内液的渗透压及调节机体酸碱平衡。

当肾功能正常时，酸碱平衡与血钾浓度之间的关系主要在于细胞内外 $H^+$ 与 $K^+$ 的交换与肾分泌 $H^+$ 与 $K^+$ 的相互竞争。

血钾浓度高于5.5 mmol/L 称为高血钾。当血 $K^+$ 浓度增高时，细胞外 $K^+$ 移到细胞内，细胞内 $H^+$ 移向细胞外，造成细胞外 $H^+$ 浓度升高，发生酸中毒；血钾升高使肾小管上皮细胞内 $K^+$ 浓度增高，肾小管 $K^+-Na^+$ 交换增强，而 $H^+-Na^+$ 交换减弱，随尿排出的 $H^+$ 减少，尿 pH 值增大，此时血液 pH 呈酸性，尿液却呈碱性，称为反常性碱性尿。反之，当血钾浓度低时（血钾浓度低于3.5 mmol/L 称为低血钾），细胞内 $K^+$ 移到细胞外，而细胞外 $H^+$ 移向细胞内，造成细胞外 $H^+$ 浓度降低，发生碱中毒；部分 $H^+$ 进入细胞内与 $K^+$ 交换；肾小管细胞分泌 $H^+$ 活动增强，$H^+-Na^+$ 交换增加，$K^+-Na^+$ 交换减少，尿排 $K^+$ 减少，排 $H^+$ 增多，血液 pH 值呈碱性，尿 pH 值降低，尿液却呈酸性，称为反常性酸性尿（图16-5）。

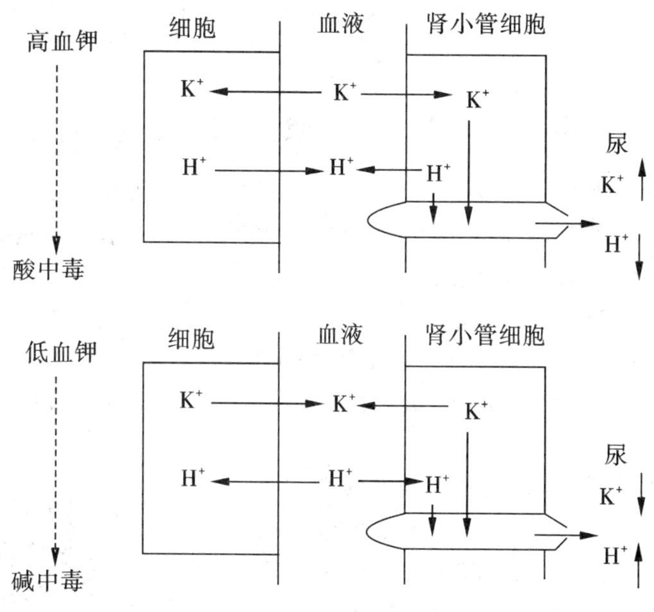


**图16-5　血钾浓度与酸碱平衡**

> 议一议：
> 酸碱平衡与血钾浓度的关系？

与上述情况相反，当酸中毒时，部分 $H^+$ 进入细胞内与 $K^+$ 交换；肾小管细胞分泌 $H^+$ 活动增强，$H^+-Na^+$ 交换增加，$K^+-Na^+$ 交换减少，结果可导致高血钾，尿排 $H^+$ 增多，排 $K^+$ 减少，尿呈酸性。反之，当碱中毒时，部分 $K^+$ 进入细胞内与 $H^+$ 交换，肾小管细胞分泌 $K^+$ 活动增强，$K^+-Na^+$ 交换增加，$H^+-Na^+$ 交换减少，结果可导致低血钾，尿排 $H^+$ 减少，排 $K^+$ 增多，尿呈碱性（图 16-6）。

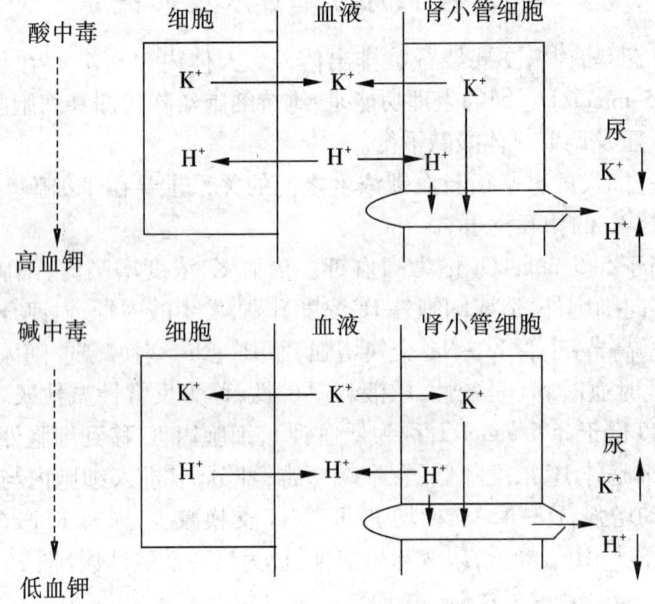


图 16-6　酸碱平衡与血钾浓度

## 三、酸碱平衡的主要生化诊断指标

临床上全面、正确地了解酸碱平衡的状况，对疾病的预防和治疗，特别是对严重的呼吸、心脏不全的患者病情的分析、诊断、治疗和抢救有一定的价值。为此，需要对血液中各种有关酸碱平衡的生化指标进行测定。

### （一）血液 pH 值

1. 概念　血浆 pH 值是表示血浆中 $H^+$ 浓度的指标。

2. 正常参考值　正常人动脉血 pH 值为 7.35 ~ 7.45，平均为 7.40。

3. 临床意义

（1）pH 值=7.35 ~ 7.45：见于正常或代偿型酸碱中毒。通常，代偿性酸中毒时，血液 pH 值接近正常值下限（7.35 ~ 7.39）；代偿性碱中毒时接近正常值上限（7.4 1 ~ 7.45）。

（2）pH 值<7.35：见于失代偿性酸中毒。

（3）pH 值>7.45：见于失偿性碱中毒。

> 想一想：
> 血液 pH 值正常参考值是多少？临床意义有哪些？

注意：血液 pH 值只能帮助诊断酸碱中毒，不能区分是代谢性还是呼吸性酸碱中毒。另外，pH 值在正常范围内，不一定都表示酸碱平衡正常，可以是代偿型酸中毒或代偿型碱中毒。

### （二）血液二氧化碳分压（$PaCO_2$）

1. 概念　血液二氧化碳分压 $PaCO_2$ 是指物理溶解于动脉血浆中的 $CO_2$ 所产生的压

力，是反映呼吸性酸中毒或呼吸性碱中毒的重要指标。

2. 正常参考值　正常动脉血 $PaCO_2$ 为 4.5～5.9 kPa，平均为 5.3 kPa（35～45 mmHg，平均 40 mmHg）。它是反映呼吸性酸碱平衡紊乱的指标。

> 想一想：
> 何谓 $PaCO_2$，其正常参考值是多少？临床意义有哪些？

3. 临床意义

（1）若 $PaCO_2$ 大于 6 kPa，提示肺通气不良，体内有 $CO_2$ 蓄积，为呼吸性酸中毒。

（2）若 $PaCO_2$ 小于 4.7 kPa，表示通气过度，$CO_2$ 排出过多，为呼吸性碱中毒。

（3）代谢性酸或碱中毒时，$PaCO_2$ 改变不明显。因此，该指标适用于鉴别患者是呼吸性还是代谢性酸碱平衡紊乱。

### （三）血浆二氧化碳结合力（$CO_2CP$）

1. 概念　血浆二氧化碳结合力 $CO_2CP$ 是指温度为 25℃、$PaCO_2$ 为 5.3 kPa 条件下，每 1 L 血浆以 $HCO_3^-$ 形式存在的 $CO_2$ 量（mmol），在一定程度上反映了血浆中 $HCO_3^-$ 含量。

> 议一议：
> 为什么代谢性酸碱平衡紊乱时机体代偿会 $PaCO_2$ 导致改变？

2. 正常参考值　正常参考范围为 23～31 mmol/L（50～70 mL/dL）。

3. 临床意义

（1）代谢性酸中毒时，$CO_2CP$ 降低；代谢性碱中毒时，$CO_2CP$ 升高。

（2）呼吸性酸中毒时，由于肾的代偿，$CO_2CP$ 升高；呼吸性碱中毒时，经肾的代偿，$CO_2CP$ 降低。

> 想一想：
> 何谓 $CO_2CP$，其正常参考值是多少？临床意义有哪些？

因此不能仅依碱储量的高低判断酸或碱中毒，还须根据临床症状综合判断患者属于何种酸碱平衡失调。$CO_2CP$ 的测定方法比较简单，因此该项检查被临床普遍采用。

### （四）实际碳酸氢盐[$HCO_3^-$]（AB）和标准碳酸氢盐[$HCO_3^-$]（SB）

1. 概念　实际碳酸氢盐（actual carbonate，AB）是指用与空气隔绝的全血样品于 37℃ 时测得的血浆中 $HCO_3^-$ 的真实含量。标准碳酸氢盐（standard bicarbonate，SB）是指全血在 Hb 的氧饱和度为 100%，温度为 37℃，$PaCO_2$ 为 5.3kPa 的标准条件下，测得的血浆中的 $HCO_3^-$ 含量。

2. 正常参考值　AB 正常波动范围为（24±2）mmol/L，它反映血液中 $HCO_3^-$ 的含量，也受 $H_2CO_3$ 浓度的影响。当体内 $H_2CO_3$ 含量升高时，$H_2CO_3$ 解离成 $H^+$ 和 $HCO_3^-$，AB 将随之升高；当体内 $H_2CO_3$ 含量降低时，AB 将随之降低。SB 不受血液中 $H_2CO_3$ 浓度的影响。正常情况下，AB＝SB，为（24±2）mmol/L。

> 想一想：
> 何谓 AB 与 SB，其正常参考值是多少？临床意义有哪些？

3. 临床意义

（1）代谢性酸中毒时，AB＝SB，均低于正常，如有肺的代偿，通气量增加，$PaCO_2 < 5.3$ kPa，则 AB<SB。代谢性碱中毒时，AB＝SB，均升高，如有肺的代偿，通气量下降，

$PaCO_2$>5.3 kPa，则 AB>SB。

(2)当呼吸性酸中毒时，$PaCO_2$>5.3 kPa，AB 升高，SB 正常，若有肾的代偿，SB 将升高，但 AB>SB。当呼吸性碱中毒时，$PaCO_2$<5.3 kPa，则 AB 降低，SB 正常，若有肾的代偿，SB 将降低，但 AB<SB。

**(五)碱过剩(BE)或碱欠缺(BD)**

1. 概念　碱过剩(base excess，BE)或碱欠缺(base deficient，BD)是指在 Hb 的饱和度为 100%，$PaCO_2$为 5.3 kPa 和 37℃标准条件下处理全血，分离血浆后用酸或碱滴定至 pH 值为 7.40 时，所消耗的酸或碱的量。健康人血液 pH 值为 7.4 左右，只需少量甚至不需用酸或碱调整。

若用酸滴定，结果为"+"，即为碱过剩；若用碱滴定，结果为"-"，即为碱欠缺。

2. 正常参考值　-3.0 ~ +3.0 mmol/L。

3. 临床意义

(1)BE>+3.0 mmol/L，表示代谢性碱中毒。

(2)BD<-3.0 mmol/L，表示代谢性酸中毒。

**(六)阴离子间隙(AG)**

血浆中主要的阳离子 $Na^+$、$K^+$称可测定阳离子，其余为未测定阳离子；主要阴离子为 $Cl^-$、$HCO_3^-$称可测定阴离子，其余为未测定阴离子。

> 想一想：
> 何谓 AG？其正常参考值是多少？临床意义有哪些？

1. 概念　指未测定阴离子与未测定阳离子的差值，可用下式算得：$AG=([Na^+]+[K^+])-([Cl^-]+[HCO_3^-])$。

2. 正常参考值　8 ~ 16 mmol/L，平均 12 mmol/L

3. 临床意义　升高见于代谢性酸中毒；降低见于低蛋白血症等。

## 小　结

体液中酸碱性物质主要由细胞内物质代谢产生的，部分来自食物、饮料和药物等的酸性和碱性物质。体内酸性物质主要来源于糖、脂类和蛋白质分解代谢，此外，少量的还来自食物、饮料及某些酸性药物等。根据酸性物质的性质，体内酸性物质可分为挥发性酸和固定酸。碱性物质主要通过摄取蔬菜和水果获得。

体液 pH 值的相对恒定是体内一系列调节机制调节的结果，其中起主要作用的是血液的缓冲作用、肺对 $CO_2$ 排出的调节和肾对碳酸氢盐排出的调节。血液中含有一系列由弱酸与弱酸盐组成的缓冲体系，它们主要存在于血浆及红细胞内，可缓冲酸和碱。血浆中以碳酸氢盐缓冲体系含量最多，作用最重要，红细胞中以血红蛋白和氧合血红蛋白缓冲体系最重要，它们之间关系密切。肺主要通过改变呼吸的频率和深度，从而调节 $CO_2$ 排出量，控制血液中 $H_2CO_3$ 的浓度，以维持酸碱平衡。肾是调节酸碱平衡最重要的器官。肾的主要作用是通过排出多余的酸或碱来调节体液中 $NaHCO_3$ 的含量，以维持体液 pH 值的恒定。肾脏的调节机制主要通过肾小管上皮细胞的 $H^+-Na^+$ 交换，使被肾小球滤出的 $NaHCO_3$ 重吸收；使尿液酸化，补充被消耗的 $NaHCO_3$。此外，肾远曲小管和集合管上皮细

> 议一议：
> 各种酸碱平衡失常时，机体如何代偿？

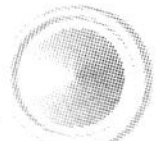

### (四)微量加液器

在医学基础研究中，通常需要定量移取微量体积的液体和试剂。微量加液器（数微升～数毫升）是主要加样工具。它具有加样准确、精密度高，使用方便等优点，已广泛用于临床生化实验室。

1. 加样器的基本结构与原理　加液器的基本结构包括：按钮、手柄、推杆、挤出杆、吸头、数字刻度（读数窗）等。工作原理：当按下加液器按钮时，加液器内活塞在活塞腔内做定程运动，排出活塞腔内一定体积空气。松开手柄后，利用弹簧使活塞向上复位产生负压，吸入一定量体积的液体。

加样器可分为定量加样器和连续可调式加样器，常用规格有：1～5 μL，5～25 μL，50～250 μL，100～1 000 μL 等。

2. 加样器的使用　操作加样器有一定的技巧，根据移液的种类和体积选择相应的移液方法。

方法一：前进移液法（适用于常规液体移取）

(1)将定量加样器（可调加样器调至所需刻度值）安装合适的一次性疏水吸头。

(2)将吸液按钮压至第一停点位置并保持，挤出吸头内空气，形成吸头内负压。

(3)将吸头浸入液面下 2～3 mm 深处，然后缓慢松开吸液按钮，液体进入吸头内。停留约 3 s 将加样器撤离液面，擦去吸头外侧的液体，注意不能接触吸头尖部。

(4)将加样器移入容器内，让吸头位于容器液面的近上方。缓慢压下按钮至第一停点位置，让液体流出，停留约 3 s 后，继续将按钮下压到第二停点位置，停留约 3 s 并让吸头尖部轻轻接触液面上方的容器壁，以免产生气泡。

(5)继续按住按钮，撤出加样器，将吸头弃于盛污染吸头的器皿中，松开按钮至起始位置。

方法二：倒退移液法（适用于高黏度液体或容易起泡液体的移取，以及微量液体的移取）

(1)将加样器装上一次性疏水吸头，将按钮压至第二停点位置。

(2)将吸头浸入液面下 2～3 mm 深处，缓慢松开按钮吸入液体。吸液完成后停留约 3 s，将吸头撤离液面并斜贴在试剂瓶的瓶壁上，以流去多余的液体。

(3)将加样器移至容器内，让吸头位于容器液面的近上方，缓慢压下按钮至第一停点，放出液体，停留约 3 s 并让吸头尖部轻轻接触液面上方的容器壁，以免产生气泡。

(4)放液完成后，移出加样器，吸头内仍有少量不包括在移液量之内的残留液体，可将残留液体随吸头一起扔掉。

方法三：全血移取法

采用前进法步骤(1)和(2)使吸头内吸满血液。用一块干净的干燥薄棉纸小心地将吸头外的血液擦干净。将吸头浸入液面下，然后缓慢将按钮压至第一停点位置，操作时务必确保吸头始终位于液面之下。慢慢松开按钮让按钮回到起点位置，此时吸头内逐渐吸入试剂，停留约 3 s 后。再按下按钮至第一停点位置，然后慢慢松开按钮。重复此项操作直至全血全部转移至溶液中。操作时应注意使吸头始终位于液面之下。最后，再按下按钮至第二停点位置，将吸头内的液体彻底放干净即可。

3. 加样器的维护

(1)长期不用时,应让加样器的刻度或读数停止在移液量程的最大值处,以免损坏弹簧。

(2)尽量避免让加样器接触有腐蚀性的物质。保持加样器的外部清洁。

(3)加样器使用后,应竖直悬挂在加样器架上。

**(五)离心机**

离心机的种类很多,根据转速不同,可将离心机分低速、高速和超速离心机,转速低于6 000 r/min 的称为低速离心机,低于 25 000 r/min 的称为高速离心机,超过 30 000 r/min 的称为超速离心机。以下就一般离心机(最大转速为 4 000 r/min)的操作过程作一简介。

(1)将欲离心的液体置于玻璃离心管中。

(2)将两支装有待离心液体的离心管分别装入两个完整的并且配备了橡皮软垫的离心套管之中。置天平两侧配平,向较轻一侧离心套管内用滴管加水,直至平衡。

(3)检查离心机内有无异物和无用的套管,并且运转平稳。将已配平的两个套管及离心管对称放入离心机,盖好盖子,开启电源。

(4)缓慢调节转速旋钮,增加离心机的转速。当离心机的转速达到要求时,记录离心时间。

(5)达到离心时间后,断开电源,当离心机自然停止后,取出离心管和离心套管。

(6)倒去离心套管内的平衡用水并将套管倒置于干燥处晾干。

(7)操作注意事项 ①应将离心机置于干燥的室内保管,使用时必须接地,确保安全;②离心机启动后,如有不正常噪声及振动,应立即切断电源,分析原因,排除故障。

**(六)分光光度计**

分光光度计是光谱光度分析技术中常用的分析仪器,可根据物质在紫外和可见光谱区范围(300 ~ 800 nm)内的吸收特性进行定量、定性分析。

1. 吸收光谱分析技术的原理 吸收光谱分析技术的基本原理是溶液中的物质在特定波长的入射光照射下,产生对光吸收的效应,进行定性、定量的分析方法。

(1)吸光度与透光度:当光线通过均匀、透明的溶液时可出现三种情况:一部分光被散射,一部分光被吸收,另有一部分光透过溶液。设入射光强度为 $I_0$,透射光强度为 $I$,$I$ 和 $I_0$ 之比称为透光度(transmittance,T),即:

$T=I/l_0$ $T\times100$ 为 $T\%$,称为百分透光度。

透光度的负对数称为吸光度(absorbance,$A$),即

$$A=-lgT=-lgI/I_0=lgI_0/I$$

(2)朗伯-比耳吸收定律:不同物质由于分子结构、性质的差异,对特定波长的光有选择性的吸收作用,光吸收程度和物质浓度与厚度有一定的比例关系,符合朗伯-比耳吸收定律。即当一束单色光通过溶液时,其溶液的吸光度与溶液浓度和溶液厚度的乘积成正比。数学表达式如下:

$A=KcL$($L$ 为溶液厚度,$c$ 为溶液浓度,$k$ 为吸光系数)

根据朗伯-比尔吸收定律,当入射光波长、强度不变时,同种物质对该波长光的 $k$ 值相同,这时用已知浓度的标准液($A_S$)和未知浓度的待测液($A_U$)进行 $A$ 值比较,就能求得待

测物的浓度。

①$A_U = Kc_U L_U$　②$A_S = Kc_S L_S$　因为 $L_U = L_S$、$K_s = K_u$

所以①÷②得　$c_U = A_U / A_S \times c_S$

2. 分光光度计的结构　目前，分光光度计种类很多，但仪器的基本结构相似。实验室常用的是721型分光光度计，一般包括下列部件：

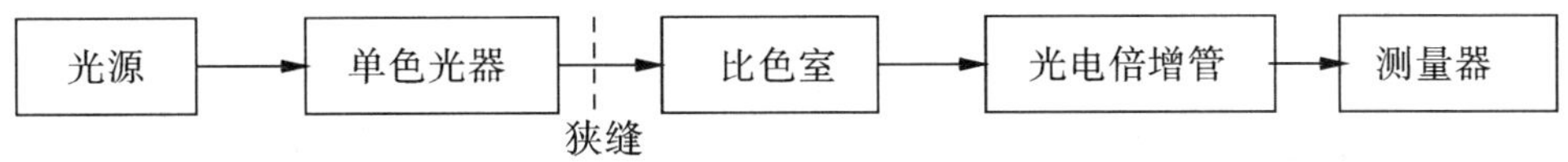


(1)光源：常用的光源有钨灯和氢灯，前者适用于340～900 nm范围的光源，后者适用于200～360 nm的紫外光区，为了使发出的光线稳定，供电需稳定电源供给。

(2)单色光器：指将混合光分解为单色光的装置，多用棱镜或光栅作为分光元件，它们能在较宽的光谱范围内分离出相对单一波长的光线，单色光的波长愈狭，仪器的敏感度愈高，测量的结果越可靠。

(3)狭缝：是指一对隔板在光路上形成的缝隙，通过调节缝隙的大小调节入射单光的强度，并使入射光形成平行光线，以适应检测器的要求，分光光度计的缝隙大小是可调节的。

(4)比色池：在可见光范围内测量时，选用光学玻璃吸收池；在紫外线范围内测量时必须用石英池。注意保护比色杯的质量是取得良好分析结果的重要条件之一，吸收池上的指纹、油污或壁上的一些沉积物，都会显著的影响其透光性，因此务必注意仔细操作和及时清洗并保持清洁。

(5)检测系统：主要由受光器和测量器两部分组成，常用的受光器有真空光电增管，它可将透过光转变为电能，并应用高灵敏放大装置，将弱电流放大，提高灵敏度。通过测量所产生的电能，在仪器上可直接读的 $A$ 值、$T$ 值。

3. 721型可见分光光度计的使用

(1)仪器应安放在坚固平稳、干燥的工作台上，室内照明不宜太强，更要避免阳光直射。将仪器的电源开关接通，电源指示灯亮。打开比色室暗箱盖，取出比色皿架。旋动波长旋钮，选择所需的单色光波长。

(2)调节“0”调节旋钮，使电表指针指示到“0”位。然后分别将盛有蒸馏水(空白)、标准液、待测液的比色皿依次放入比色架(拿比色皿时要手持比色皿非透光面)，再把比色架放入比色室，使蒸馏水(空白)杯对准光路，合上比色室箱盖。调节“100”调节旋钮，使电表指针指示 $T$=100%，预热20 min。

(3)预热后，反复调节数次“0”和“100%”使之稳定。

(4)推动(或拉动)比色架拉杆，依次将标准液、待测液分别推入光路，读取其吸光度。

(5)测量完毕，打开比色室箱盖，取出比色皿，关闭仪器电源开关。倒掉比色皿中废液，将比色皿清洗干净，晾干备用。

# 实验一　蛋白质的沉淀

**【目的】**

通过硫酸锌、无水乙醇、钨酸沉淀蛋白质的现象，说明重金属盐、有机溶剂、某些酸沉淀蛋白质的原理、条件及其在医学中的应用。

**【原理】**

1. 重金属盐沉淀蛋白质　向蛋白质溶液中加入碱后，使之 pH 值大于蛋白质 pI，带有负电荷的蛋白质可与重金属离子（如 $Zn^{2+}$）结合成不溶性的蛋白盐而沉淀。

2. 有机溶剂沉淀蛋白质　有机溶剂（乙醇等）能破坏蛋白质分子表面的水化层和分子内部的氢键，还能降低水的介电常数，使蛋白质颗粒之间的引力增大，使蛋白质沉淀。

3. 酸类沉淀蛋白质　蛋白质溶液中加入酸（磺基水杨酸、苦味酸等）后，使之 pH 值小于蛋白质 pI，酸根可与带正电荷的蛋白质结合成不溶性的蛋白盐而沉淀。

**【试剂】**

10% 鸡蛋清、2% 硫酸锌、10% 钨酸钠、0.1 mol/L 硫酸、无水乙醇、0.1 mol/L 氢氧化钠等。

**【操作】**

1. 重金属盐沉淀蛋白质　取两支试管各加蛋白溶液 20 滴，然后，在其中一管加入 0.1 mol/L 硫酸 5 滴，另一管加入 0.1 mol/L 氢氧化钠 5 滴，同时在两管加入硫酸锌 10 滴，观察实验现象，说明之。

2. 酸类沉淀蛋白质　取两支试管各加蛋白溶液 20 滴，一管加入 0.1 mol/L 硫酸 5 滴，另一管加 0.1 mol/L 氢氧化钠 5 滴，而后，在各管加入 10% 钨酸钠 10 滴，观察实验现象。

3. 有机溶剂沉淀蛋白质　在蛋白溶液中加入适量的无水乙醇，观察实验现象。

**【思考题】**

（1）通过实验观察，总结重金属盐、酸类沉淀蛋白质的实验条件。

（2）简述酸类和重金属盐沉淀蛋白质在医学实践中有何应用。

# 实验二　血清蛋白醋酸纤维薄膜电泳

**【目的】**

了解电泳法分离血清蛋白质的原理，掌握醋酸纤维薄膜电泳法的操作方法及临床意义。

**【原理】**

血清蛋白质的等电点大都在 pH 值 7.0 以下，故在 pH 值 8.6 的缓冲溶液中都带有负电荷，在电场中向正极泳动。因血清各种蛋白质等电点不同，带负电荷量的多少不同，加之各种蛋白质相对分子质量大小也各有差异，所以在同一电场中泳动速度快慢不等。带电荷多相对分子质量小者，泳动速度快，反之则慢。用醋酸纤维薄膜作支持物进行电泳，可将血清蛋白质分5条主要区带，从正极端起依次为清蛋白、$\alpha_1$、$\alpha_2$、β和γ-球蛋白5条区带。再经染色、洗脱和比色，即可算出各部分蛋白质的相对百分含量。

**【试剂】**

1. 巴比妥缓冲液（pH值8.6,0.07 mol/L，离子强度0.06） 称取巴比妥钠12.76 g，巴比妥1.66 g，加蒸馏水约500 mL，加热溶解，冷至室温后，加蒸馏水至1000 mL。

2. 氨基黑染液 称取氨基黑10B 0.5 g，加入冰醋酸10 mL、甲醇50 mL及蒸馏水40 mL，混匀，在具塞试剂瓶内储存。

3. 漂洗液 取95%乙醇45 mL、冰醋酸5 mL及蒸馏水50 mL，混匀，在具塞试剂瓶内储存。

4. 透明液 取冰醋酸20 mL和无水乙醇80 mL，混匀，装入试剂瓶中塞紧备用。

**【器材】**

电泳仪、醋酸纤维薄膜、滤纸、培养皿、剪刀、镊子、加样器或盖玻片、直尺、玻璃板、铅笔、试管、试管架、吸量管等。

**【操作】**

1. 薄膜的准备 将醋酸纤维薄膜切成2 cm×8 cm大小，在无光泽面的一端约1.5 cm处用铅笔画一直线作为点样位置，并做好编号。将薄膜无光泽面向下，浸入巴比妥缓冲溶液中，待完全浸透（约20 min），即薄膜已无白斑后取出，放在滤纸上，吸去多余的缓冲液。

2. 点样 取少量血清置于玻璃板上，用加样器取血清5～10 μl，均匀地加于点样线上，待血清渗入膜内后，移开加样器。应使血清形成具有一定宽度、粗细均匀的直线。

3. 电泳 将薄膜点样的一端靠近阴极，无光泽面向下，平整地贴于电泳槽支架的滤纸桥上，使其平衡约5 min，打开电源开关，调节电压为100～160 V，电流为0.4～0.6 mA/cm膜宽；通电40～50 min，使电泳区带展开约3.5 cm即可关闭电源。

4. 染色 用镊子小心取出薄膜，浸入染色液中染色3 min，然后取出，浸入漂洗液中反复漂洗数次，直至背景颜色脱净为止。即可观察到5条蛋白色带，从正极端起，依次为清蛋白、$\alpha_1$、$\alpha_2$、$\beta$和$\gamma$-球蛋白。

5. 透明 将完全干燥的薄膜置于透明液中浸泡3 min，然后取出，贴于玻璃板上，注意不要存有气泡，经2～3 min，薄膜便完全透明。

6. 定量 将干燥的薄膜放入光密度扫描仪内，对蛋白区带进行扫描，自动绘出电泳图形，并直接打印出各部分蛋白质的相对百分含量。

**【正常值】**

清蛋白:57%～72%　$\alpha_1$-球蛋白:2%～5%　$\alpha_2$-球蛋白:4%～9%

$\beta$-球蛋白:6.5%～12%　$\gamma$-球蛋白:12%～20%

**【临床意义】**

（1）慢性肝炎、肝硬化时清蛋白降低，$\gamma$-球蛋白升高2～3倍。

（2）肾病综合征时，清蛋白降低，$\alpha_2$及$\beta$-球蛋白升高。

（3）结缔组织病（如红斑狼疮、类风湿病等）时，清蛋白降低，$\gamma$-球蛋白显著升高。

（4）多发性骨髓瘤时，清蛋白降低，$\gamma$-球蛋白升高，并于$\beta$和$\gamma$区带之间出现“M”带。

【思考题】

(1)电泳分离血清蛋白质的原理是什么?

(2)电泳实验时应注意哪几个关键环节?

(3)醋酸纤维薄膜电泳可将血清蛋白依次分为哪几条区带？有何临床意义?

## 实验三　酶的特异性及影响酶促反应速度的因素

【目的】

通过本实验,证明酶对底物催化的专一性,以及 pH 值、温度、激活剂、抑制剂对酶促反应速度的影响。

【原理】

唾液淀粉酶能专一地催化淀粉水解,生成一系列水解产物,即糊精、麦芽糖、葡萄糖。麦芽糖或葡萄糖都属于还原糖,能使班氏试剂中的二价铜离子($Cu^{2+}$)还原成亚铜,并生成砖红色的氧化亚铜($Cu_2O$)。淀粉酶不能催化蔗糖水解,且蔗糖本身不是还原糖,所以不能与班氏试剂作用呈色。以此证明酶催化底物的专一性。

淀粉或淀粉的水解产物遇碘会呈现不同的颜色,淀粉遇碘变蓝色;糊精遇碘则根据其相对分子质量的大小依次呈现紫色、褐色、红色;而麦芽糖、葡萄糖遇碘不呈色。通过颜色变化可以了解淀粉酶在不同条件下水解淀粉的程度,以观察 pH 值、温度、激活剂、抑制剂对酶促反应速度的影响。

【器材】

试管、试管夹、样品杯、滴瓶、温度计、恒温水浴箱、煮沸水浴箱、冰箱等。

【试剂】

1. 1% 淀粉溶液　称取可溶性淀粉 1 g,加 5 mL 蒸馏水调成糊状,徐徐倒入 80 mL 煮沸的蒸馏水中,不断搅拌,待其溶解后,加蒸馏水至 100 mL。此液应新鲜配制,防止细菌污染。

2. 1% 蔗糖溶液　称 1 g 蔗糖,加蒸馏水至 100 mL 溶解。

3. pH 值 6.8 缓冲液　取 0.2 mol/L 磷酸氢二钠溶液 154.5 mL,0.1 mol/L 柠檬酸溶液 45.5 mL 混合即可。

4. pH 值 4.8 缓冲液　取 0.2 mol/L 磷酸氢二钠溶液 98.6 mL,0.1 mol/L 柠檬酸溶液 101.4 mL 混合即可。

5. pH 值 8.0 缓冲液　取 0.2 mol/L 磷酸氢二钠溶液 194.5 mL,0.1 mol/L 柠檬酸溶液 5.5 mL 混合即可。

6. 班氏试剂　溶解结晶硫酸铜($CuSO_4 \cdot 5H_2O$)17.3 g 于 100 mL 热的蒸馏水中,冷却后加水至 150 mL 为 A 液。取柠檬酸钠 173 g 和无水碳酸钠 100 g,加蒸馏水 600 mL,加热溶解,冷却后加水至 850 mL 为 B 液。将 A 液缓慢倒入 B 液中,混匀即可。

7. 稀碘液　称取碘 1 g,碘化钾 2 g,溶于 300 mL 蒸馏水中。

8. 0.9% NaCl 溶液。

9. 0.1% $CuSO_4$溶液。

10. 0. 1% $Na_2SO_4$溶液。

11. 稀释唾液的制备　用清水漱口，清除食物残渣。再含蒸馏水 30mL 做咀嚼运动，2 min后将稀释唾液收集于样品杯中备用。

【操作】

1. 酶的专一性　取两支试管，编号，按下表操作：

| 加入物(滴) | 1 号管 | 2 号管 |
|---|---|---|
| pH 值 6.8 缓冲液 | 20 | 20 |
| 1% 淀粉溶液 | 10 | — |
| 1% 蔗糖溶液 | — | 10 |
| 稀释唾液 | 5 | 5 |
| 将各管混匀，置 37℃ 水浴箱保温 10 min 后取出 | | |
| 班氏试剂 | 15 | 15 |
| 将各管混匀，置煮沸水浴箱煮沸 3 ~ 5 min，观察结果 | | |

2. pH 值对酶促反应速度的影响　取三支试管，编号，按下表操作：

| 加入物(滴) | 1 号管 | 2 号管 | 3 号管 |
|---|---|---|---|
| pH 值 4.8 缓冲液 | 20 | — | — |
| pH 值 6.8 缓冲液 | — | 20 | — |
| pH 值 8.0 缓冲液 | — | — | 20 |
| 1% 淀粉溶液 | 10 | 10 | 10 |
| 稀释唾液 | 5 | 5 | 5 |
| 将各管混匀，置 37℃ 水浴箱保温 5 ~ 10 min 后取出 | | | |
| 稀碘液 | 1 | 1 | 1 |
| 观察各管的颜色 | | | |

3. 温度对酶促反应速度的影响　取三支试管，编号，按下表操作：

| 加入物(滴) | 1 号管 | 2 号管 | 3 号管 |
|---|---|---|---|
| pH 值 6.8 缓冲液 | 20 | 20 | 20 |
| 1% 淀粉溶液 | 10 | 10 | 10 |
| 将 1、2、3 号管分别置于 0℃、37℃、100℃ 预温 5 min | | | |

续表

| 加入物(滴) | 1 号管 | 2 号管 | 3 号管 |
|---|---|---|---|
| 稀释唾液 | 5 | 5 | 5 |
| 继续将 1、2、3 号管分别置于 0℃、37℃、100℃预温 5 ~ 10 min | | | |
| 稀碘液 | 1 | 1 | 1 |
| 观察各管的颜色 | | | |

4. 激活剂、抑制剂对酶促反应的影响　取四支试管,编号,按下表操作:

| 加入物(滴) | 1 号管 | 2 号管 | 3 号管 | 4 号管 |
|---|---|---|---|---|
| pH 值 6.8 缓冲液 | 20 | 20 | 20 | 20 |
| 1% 淀粉溶液 | 10 | 10 | 10 | 10 |
| 蒸馏水 | 10 | — | — | — |
| 0.9% NaCl 溶液 | — | 10 | — | — |
| 0.1% $CuSO_4$溶液 | — | — | 10 | — |
| 0.1% $Na_2SO_4$溶液 | — | — | — | 10 |
| 稀释唾液 | 5 | 5 | 5 | 5 |
| 将各管混匀,置 37℃水浴箱保温 5 ~ 10 min 后取出 | | | | |
| 稀碘液 | 1 | 1 | 1 | 1 |
| 观察各管的颜色变化 | | | | |

【注意事项】

1. 唾液淀粉酶的活性存在个体差异,同时受唾液稀释倍数影响,收集唾液时应事先确定稀释倍数,或收集 2 ~ 4 人的混合唾液。

2. 酶促反应的保温时间,直接影响本实验的效果。根据各实验室条件通过预试,确定最佳保温时间。

【思考题】

结合本试验说明 pH 值、温度、激活剂、抑制剂对酶促反应速度的影响。

## 实验四　血糖测定(GOD-POD 法)

【目的】

掌握葡萄糖氧化酶法测定血糖的原理和方法,培养学生的实际操作能力。

【原理】

葡萄糖氧化酶(GOD)催化葡萄糖氧化生成葡萄糖酸和 $H_2O_2$,$H_2O_2$ 在过氧化物酶(POD)催化下,将无色的色原氧受体4-氨基安替比林和苯酚氧化缩合生成红色的醌类化合物。其颜色深浅在一定范围内与葡萄糖的含量成正比,与同样处理的标准管比较,即可求得标本中葡萄糖浓度。

$$葡萄糖+2H_2O+O_2 \xrightarrow{GOD} 葡萄糖酸+2H_2O_2$$

$$H_2O_2+4-氨基安替比林+酚 \xrightarrow{POD} 红色醌类化合物$$

【试剂】

推荐使用有批准文号的优质市售试剂盒。以下试剂配制仅供参考。

1. 0.1 mol/L 磷酸盐缓冲液(pH 值7.0)　溶解无水磷酸氢二钠8.67 g 及无水磷酸二氢钾5.3 g 于800 mL 蒸馏水中,用1 mol/L 氢氧化钠或盐酸调节至 pH 值7.0,然后用蒸馏水稀释至1 L。

2. 酶试剂　取葡萄糖氧化酶1 200 U,过氧化物酶1 200 U,4-氨基安替比林10 mg,加上述磷酸盐缓冲液至80 mL 左右,调节至 pH 值7.0,再加磷酸盐缓冲液至100 mL,置冰箱保存。至少可稳定3 个月。

3. 酚溶液　重蒸馏酚100 mg 溶于100 mL 蒸馏水中,储存于棕色瓶中。

4. 酶酚试剂　酶试剂及酚溶液等量混合,储存棕色瓶中,在冰箱内可以存放1 个月。

5. 葡萄糖标准液　5.55 mmol/L。

【操作】

取数支16 mm×100 mm 的试管,按下表进行操作:

**葡萄糖氧化酶法操作步骤**

| 加入物/mL | 测定管(u) | 标准管(s) | 空白管(b) |
|---|---|---|---|
| 血清 | 0.02 | | |
| 葡萄糖标准液 | | 0.02 | |
| 蒸馏水 | | | 0.02 |
| 酶酚混合试剂 | 3.00 | 3.00 | 3.00 |

混匀,置37 ℃水浴中,保温15 min,分光光度计波长505 nm,比色杯光径1.0 cm,以空白管调零,分别读取标准管和测定管的吸光度。

【计算】

$$血清葡萄糖\ mmol/L\ \frac{测定管吸光度}{标准管吸光度}\times 5.55$$

【参考值】

健康成年人,空腹血清葡萄糖3.9 ~6.1 mmol/L。

【思考题】

血糖浓度为什么能保持动态平衡？血糖测定有何临床意义？

## 实验五 细胞色素氧化酶的抑制与解毒

【目的】

通过活体动物实验和组织匀浆实验观察 $cytaa_3$ 的作用和被氰化物毒害而阻断呼吸的现象。

【器材】

小白鼠、生理盐水、0.5% KCN、5% $Na_2S_2O_3$、0.2% 对二氨基苯、1/15 mol/L $Na_2HPO_4$ 等。

【实验方法】

(1)动物活体实验：取小白鼠6只分别称体重，随机分为两组(每组3只)。第一组经腹腔注射生理盐水0.5mL/只，第二组经腹腔注射5% $Na_2S_2O_3$ 0.5 mL/只，观察5 min。而后将两组白鼠按每3 g体重腹腔注射0.5% KCN 0.01 mL/只，观察动物的表现。第一组因注射KCN抑制 $cytaa_3$ 递电子作用，使细胞呼吸中断而死亡。第二组注射KCN同时也注射了 $Na_2S_2O_3$，因动物体内有丰富的硫氰酸酶使氰化物转变成无毒的硫氰酸，最终从尿中排泄而解毒。

(2)组织匀浆实验：取肌肉2克加入1/15 mol/L $Na_2HPO_4$ 6 mL制成肌匀浆，取上清液备用。分别在1、2号试管中加入上清液、0.2%对二氨基苯各10滴，另外在2号管再加1滴0.5% KCN，然后不断振摇两支试管(促进反应、供氧)，观察颜色变化。1号管肌匀浆中 $cytaa_3$ 能催化对二氨基苯脱电子氧化生成对二亚氨基苯而呈红色。2号管由于氰化物抑制 $cytaa_3$ 的递电子作用，不能使对二氨基苯脱电子氧化，故无颜色变化。

【思考题】

(1)人若食入(或误食)过多含有氰化物的植物或中药(如苦杏仁、银杏等)或在有氰化氢污染的环境中长时间工作(如电镀、炼金，热处理等工种)，均可使细胞呼吸受阻，甚至危及人的生命，讨论其中毒机制。

(2)氰化物中毒应采取哪些急救措施？

## 实验六 肝中酮体的生成作用

【目的】

通过实验证明肝中酮体的生成作用。

【原理】

本实验利用丁酸作为底物，与新鲜肝匀浆混合后一起保温，肝组织中的酮体生成酶系能催化丁酸生成酮体。酮体中的乙酰乙酸和丙酮可与显色粉中的亚硝基铁氰化钠起反应，生成紫红色化合物：

$$丁酸\xrightarrow[\text{肝匀浆}]{\text{酮体生成酶系}}酮体\xrightarrow[\text{显色粉}]{\text{亚硝基铁氰化钠}}紫红色化合物$$

经同样处理的肌肉匀浆不产生酮体，因此无显色反应。

**【器材】**

试管、试管架、滴管、匀浆器或研钵、恒温水浴箱、离心机或小漏斗、白瓷反应板、解剖器材。

**【试剂】**

1. 0.9%氯化钠溶液。

2. 洛克氏溶液　氯化钠 0.9 g、氯化钾 0.042 g、氯化钙 0.024 g、碳酸氢钠 0.02 g、葡萄糖 0.1 g，将上述各试剂混合溶于蒸馏水中，溶解后加蒸馏水稀释至 100 mL，置冰箱储存备用。

3. 0.5 mol/L 丁酸溶液　取 44.0 g 丁酸溶于 0.1 mol/L 氢氧化钠溶液中，溶解后用 0.1 mol/L 氢氧化钠稀释至 1 000 mL。

4. pH 值 7.6 磷酸缓冲液(1/15 mol/L)　量取 1/15 mol/L 磷酸氢二钠溶液 86.8 mL 和 1/15 mol/L 磷酸二氢钠溶液 13.2 mL 混合即可。

5. 15% 三氯醋酸溶液。

6. 显色粉　亚硝基铁氰化钠 1 g，无水碳酸钠 50 g，硫酸铵 50 g，混合后研碎。

**【操作】**

(1)肝匀浆和肌匀浆的制备：取小白鼠一只，断头处死，迅速剖腹取出肝和肌肉，剪碎后分别放入匀浆器中，加入生理盐水(按重量：体积为 1∶3)，制备成匀浆(或在研钵内充分研磨成匀浆)。另外，匀浆也可用大动物的肝脏和肌肉制取，制取方法是：取大动物的肝和肌肉，除去脂肪和筋膜，剪成碎条后用生理盐水浸洗 2～3 次，然后制成匀浆。

(2)取四支试管，编号后按下表加入各种试剂：

| 试剂(滴) | 1 号管 | 2 号管 | 3 号管 | 4 号管 |
|---|---|---|---|---|
| 洛克氏溶液 | 15 | 15 | 15 | 15 |
| 0.5 mol/L 丁酸 | 30 | – | 30 | 30 |
| pH 值 7.6 磷酸缓冲液 | 15 | 15 | 15 | 15 |
| 肝匀浆 | 20 | 20 | – | – |
| 肌匀浆 | – | – | – | 20 |
| 蒸馏水 | – | 30 | 30 | – |

(3)将各管摇匀，放置于 37℃ 恒温水浴箱中保温 40 min(每隔 10 min 摇动一次试管可加快反应)。

(4)取出各管，分别各加入 15% 三氯醋酸 20 滴，混匀后用离心机离心 5 min(3 000 r/min)或用脱脂棉过滤。

(5)用滴管吸取上列四支试管的滤液(或上清液)各 10 滴，分别放置白瓷反应板的 4

个凹孔中,然后向各凹孔内加显色粉 0.1 g(约 1 小药匙),观察所产生的颜色反应。

【思考题】

比较并分析上述实验结果,说明酮体生成的部位和意义。

# 实验七　血清总胆固醇测定(酶法)

【目的】

学会胆固醇测定的原理、方法,认识血清胆固醇测定的临床意义。

【原理】

胆固醇酯酶(CEH)将血清中的胆固醇酯水解成游离胆固醇,在胆固醇氧化酶(COD)催化下将胆固醇氧化成胆烷-4-烯-3-酮和 $H_2O_2$,接着在过氧化物酶(POD)催化下,利用 $H_2O_2$ 将色原物 4-氨基安替比林和酚氧化成红色醌类化合物,其颜色深浅与胆固醇含量成正比。

【器材】

(1)自动(半自动)生化分析仪或分光光度计,电热恒温水浴箱。

(2)胆固醇测定(酶法)商品试剂盒等。

【操作】

取三支试管标明测定管、标准管和空白管,按下表操作:

| 加入物/mL | 测定管 | 标准管 | 空白管 |
|---|---|---|---|
| 待测血清 | 0.02 | - | - |
| 标准液 | - | 0.02 | - |
| 蒸馏水 | - | - | 0.02 |
| 酶工作液 | 2.00 | 2.00 | 2.00 |

混匀,置 37℃ 水浴保温 15 min,用分光光度计,波长 510 nm,以空白管调零,测定各管吸光度,按参考血清为标准计算结果。

【计算】

$$\text{血清胆固醇 mmol/L}=\frac{\text{测定管吸光度}}{\text{标准管吸光度}}\times c_S$$

【参考值】

3.10 ~ 5.70 mmol/L。

【临床意义】

1. 胆固醇增高　常见于动脉粥样硬化、原发性高脂血症、糖尿病、肾病综合征、胆总管阻塞、甲状腺功能减退、肥大性骨关节炎、老年性白内障和牛皮癣。

2. 胆固醇降低　常见于低脂蛋白血症、贫血、败血症、甲亢、肝脏疾病、严重感染、营养不良、肠道吸收不良和慢性消耗性疾病,如癌症晚期等。

【思考题】

(1)试述酶法测定胆固醇的原理。

(2)胆固醇升高常见于哪些疾病?

# 实验八　肝与肌肉组织中丙氨酸氨基转移酶活性的比较

【目的】

通过本实验证明肝中 ALT 活性高于肌肉,测定血清 ALT 活性对诊断肝病有重要的临床意义。

【原理】

底物丙氨酸和 $\alpha$-酮戊二酸经 ALT 催化生成丙酮酸和谷氨酸,丙酮酸与 2,4-二硝基苯肼作用在碱性环境呈棕红色,颜色深浅与 ALT 活性成正比。

【试剂】

1. 0.1 mol/L 磷酸盐缓冲液(pH 值 7.4)　将 420 mL 0.1 mol/L 磷酸氢二钠溶液和 80 mL 0.1 mol/L 磷酸二氢钾溶液混匀,加氯仿数滴,置冰箱内保存。

2. ALT 底物缓冲液　精确称取 1.79 g DL-丙氨酸和 29.2 mg $\alpha$-酮戊二酸,先溶于约 50 mL 0.1 mol/L 磷酸盐缓冲液中,用 1 mol/L 氢氧化钠(约 0.5 mL)调节到 pH 值 7.4,再加磷酸盐缓冲液至 100 mL,置冰箱保存。

3. 2,4 二硝基苯肼溶液　称取 19.8 mg 2,4 二硝基苯肼,溶于 10 mL 10 mol/L 盐酸中,完全溶解后,加蒸馏水至 100 mL,置棕色玻璃瓶,室温中保存。若有结晶析出,应重新配制。

4. 0.4 mol/L 氢氧化钠溶液　将 16 g 氢氧化钠溶解于水中,并加水至 1 000 mL,置具塞塑料试剂瓶内,室温中可长期稳定。

【操作】

1. 肝匀浆和肌匀浆的制备　取小白鼠一只,断头处死,迅速剖腹取出肝和肌肉,剪碎后分别放入匀浆器中,加入生理盐水(按重量∶体积为 1∶3),制备成匀浆(或在研钵内充分研磨成匀浆)。另外,匀浆也可用大动物的肝脏和肌肉制取,制取方法是:取大动物的肝和肌肉,除去脂肪和筋膜,剪成碎条后用生理盐水浸洗 2 ~ 3 次,然后制成匀浆。最后用医用脱脂棉过滤,即制成肝匀浆、肌匀浆的酶浸出液。

2. 取两支试管编号　按下表操作:

| 加入物 | 1 号管 | 2 号管 |
|---|---|---|
| ALT 底物 | 10(滴) | 10(滴) |
| 肝匀浆浸出液 | 5(滴) | - |
| 肌匀浆浸出液 | | 5(滴) |

续表

| 加入物 | 1 号管 | 2 号管 |
| --- | --- | --- |
| | 37℃保温 20 min | |
| 2,4-二硝基苯肼 | 10(滴) | 10(滴) |
| | 37℃保温 15 min | |
| 0.4 mol NaOH/mL | 5.0 mL | 5.0 mL |

室温放置 5 ~10 min 后,观察各管的颜色深浅。

【思考题】

(1)肝和肌肉那种组织 ALT 活性高,为什么?

(2)测定人体血清 ALT 有何临床意义?

(代林远)

# 参考文献


[1] 查锡良.生物化学[M].7版.北京:人民卫生出版社,2008.

[2] 周爱儒.生物化学[M].6版.北京:人民卫生出版社,2004.

[3] 周新,府伟灵.临床生物化学与检验[M].4版.北京:人民卫生出版社,2008.

[4] 刘彬,谷兆侠,张学武.医学生物化学与分子生物学[M].3版.郑州:郑州大学出版社,2008.

[5] 王易振,李清秀.生物化学[M].北京:人民卫生出版社,2009.

[6] 吴梧桐.生物化学[M].6版.北京:人民卫生出版社,2010.

[7] 刘粤梅.生物化学[M].北京:人民卫生出版社,2007.

[8] 程伟.生物化学[M].2版.北京:科学出版社,2007.

[9] 潘文干.生物化学[M].6版.北京:人民卫生出版社,2010.